내추럴 히스토리

내추럴 히스토리
자연을 탐구한 인간의 역사

지은이 존 앤더슨
옮긴이 최파일
디자인 김미영
펴낸이 송병섭
펴낸곳 삼천리
등 록 제312-2008-121호
주 소 08255 서울시 구로구 부일로 17길 74(2층)
전 화 02) 711-1197
팩 스 02) 6008-0436
이메일 bssong45@hanmail.net

1판 1쇄 2016년 7월 28일

값 27,000원
ISBN 978-89-94898-39-1 93470
한국어판 © 최파일 2016

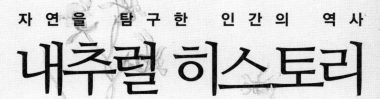

자연을 탐구한 인간의 역사

내추럴 히스토리

존 앤더슨 지음 · 최파일 옮김

삼천리

우리는 모두 자연사 학자로 타고났다. 그다음에 무슨 일이 벌어질지는 우연과 환경, 우리의 특정한 서사의 상황들에 달려 있다. 나는 운 좋게 진지한 두 아마추어 자연학자 사이에서 태어났다. '아이들을 낳기' 전에 어머니는 실험실 과학자였고 아버지는 고전 고고학자였다. 두 분 모두 야생의 장소와 동식물에 그칠 줄 모르는 깊은 열정과 주변 환경에 대한 주의 깊은 관찰력을 가지고 계셨다. 나는 1960~1970년대에 캘리포니아에서 성장했는데, 그때는 아이들이라면 당연히 야외에서 많은 시간을 보낼 수 있고 또 그래야 한다고 다들 생각하던 시절이었다. 나는 캠핑 능력을 가장 기본적인 자질이라고 여기던 마지막 세대의 보이스카우트였다. 십대 시절 여름만 되면 나는 시에라네바다산맥에서 한 달씩 하이킹과 캠핑을 하고, 차가운 호수에서 수영을 하며 눈 녹은 물이 흐르는 개울에서 거르지 않은 물을 마시며 지냈다.

내가 몇 해 여름을 보내면서 캠프에 차츰 자리를 잡은 뒤, 아버지는 캠프 상주(常住) 성인 자격으로 여름마다 한 주 동안 캠프를 방문했다. 자연 부문 우수 배지를 받기 위한 훈련을 시켜 주기 위해서였다. 우수 배지를 받으려면 다양한 동식물을 찾아내야 하는데, 그것들을 어디서 찾을 수 있는지, 그것들이 무엇을 하고 있을지, 그것들 주변에는 대체로 무엇이 있을지, 전반적으로 훌륭한 감각을 길러야 했다. 캠프 위쪽 절벽에 튀어나온 울퉁불퉁한 바위 위에서 햇볕을 쬐던 마모트들에게 몰래 다가갈 때의 재미와, 찾아내야 할 식물 목록을 완성하기 위해 스노플랜트(snoeplant, 잎이 없고 꼭대기에 무성하게 꽃이 달리는 북아메리카 원산의 노루발과 기생식물―옮긴이)를 시간에 맞춰 아슬아슬하게 찾아냈을 때 느낀 안도감이 생생히 기억난다. 자연 부문은 '어려운' 우수 배지로 여겨졌고, 특히 앤더슨 교수님이 시험 감독관을 맡으실 때는 결코 가볍게 여겨서는 안 될 과정이었다.

나중에 나는 버클리 캘리포니아대학에 다녔다. 성적이 우수한 학생이 '아니었다.' 드러누운 채 베이에어리어(샌프란시스코 만 연안 광역도시권―옮긴이)의 황금빛으로 물든 산비탈 위에서 까닥까닥하는 독수리를 관찰하느라 한나절을 다 보내거나, 쭈그리고 앉아서 산길 너머로 미끄러져 가는 가터뱀을 관찰하는 데 너무 많은 시간 보낸 탓이라고 하고 싶지만, 안타깝게도 나는 그저 게으르고 자만에 빠진 학생이었던 것 같다. 정신을 차려 내 점수로는 의대에 진학하지 못할 것 같다는 사실을 깨달았을 때는 이미 너무 늦어 버렸다.

지금도 여전히 알 수 없지만, 무슨 까닭인지 그 무렵 버클리대학의 의예과 전공은 모든 학생들에게 척추동물 자연사나 무척추동물 자연사 강좌를 필수 과목으로 듣게 했다. 현장 생물학 분야에서 이 대학을 동부의 교육기관들과 대등한 수준으로 자리 잡게 만든 선구적 조류학자 조지프 그리널이 개설한 수업이었다. 나는 서점에 가서 조얼 웰티가 쓴 나의 첫 번째 《조류 생태》(The Life of Birds)를 찾아냈고, 책을 펼치는 순간 곧장 빠져들었다. 강의는 네드 존슨(조류학), 로버트 스테빈스(양서 파충류학), 빌 리디커(포유류학) 이렇게 훌륭한 자연학자 세 분으로 이루어진 팀이 맡았다. 일반적인 강의나 실험실 포맷 외에도 주말마다 지역의 국립공원과 야생동물 보호구역으로 한나절짜리 현장학습을 떠났다. 우리는 나중에 볼 시험에 대비해서 기본적인 캘리포니아 척추동물을 암기해야 하고, 고도로 정식화된 그리널 시스템을 활용해 현장 노트도 작성해야 했다. 그 시절 의예과 친구 두 명이 노트를 제출하기 전에 생명과학부 건물 화장실에서 노트에 분주하게 물을 흩뿌리던 일이 여전히 기억난다. 대체 무슨 속셈이냐고 물었더니, 두 친구는 현장 관찰 노트를 나중에 다시 작성했는데—그리널 시스템 아래서는 엄격하게 금지되는 행위다—그 현장학습 날에 비가 많이 내렸다는 것이 떠올라서 물을 뿌리는 것이라고 대답했다. 조교들이 뚜렷한 빗방울 흔적이 없는 깨끗한 노트를 받았으면 금방 부정행위를 알아챘을 것이다!

두고두고 감사하게도, 네드 존슨 교수는 자신의 조류학 수업을 듣게 하고, 척추동물학박물관(MVZ)에서 보조 큐레이터를 돕는 무보수 말단 조수로 일하는 것을 허락했다. 두 경험 다 박물관 설립자 조지프 그리널과 애니 알렉산더까지 이어지는 캘리포니아 자연사의 계보와 직접 접촉할 수 있는 기회가 되었다. 박물관은 '공공 전시 불가'라고 확실하게 표시된 평범한 문을 통해 들어가는 어둡고, 동굴 같은 곳으로 기억된다. 거기에는 연구용 피부 조직을 담은 용기가 끝없이 쌓여 있었고, 용기마다 꼼꼼하게 적힌 라벨은 내가 수업에서 따라하려고 애썼던 것과 유사한 현장 노트에서 유래한 것이었다. 현장 노트는 지역과 습성에 관한 상세한 정보로 가득한 경우가 많았다. 어떤 것들은 자연사에 관해 정보가 덜한 대신 자연사 학자들에 관한 암시적 정보가 담겨 있었다. 이 모든 것이 강의실에 한없이 늘어선 좌석을 훨씬 너머 뻗어 있는 모험과 이해의 놀라운 세계를 보여 주었다.

그중에서도 압권은 그리널-밀러도서관 컬렉션 한쪽에 자리 잡은 작은 방이었다. 빛이 가득한 그 방에는 그리널이 가지고 작업했고 "잎사귀 사이로 새들이 있다"(Inter folia, Aves)는 라틴어 모토가 새겨진, 개인 장서표가 붙은 바로 그 책들이 소장되어 있었다. 이상하게도 그 도서관의 책은 단 한 권도 기억나지 않지만, 새들에 관한 정보가 가득한 책들을 소장하고 있는 도서관이라는 생각은 나의 주의를 사로잡았다. 그 생각은 아직도 변함이 없다.

이듬해 가을에 나는 빌 리디커와 짐 패튼 교수의 포유류학 강좌에 유일한 학부생으로 슬그머니 참석하는 데 성공했다. 주사위는 던져졌다. 박제 기술과 현장 연구에 대한 평생의 애정을 심어 준 것 말고도, 패튼은 자연사가 무엇보다도 '재미있는 것'라는 점을 분명히 했다. 자연사 학자들은 흥미로운 장소에 가서 아름다운 것들을 보고 특이한 사람들을 만나고, 끝없이 질문을 던져야 했다. 자연사는 살아서 숨 쉴 때 가장 멋진 학문이었다. 나는 박물관 간이식당에 앉아서 교수들과 대학원생들이 생태학과 생물지리학의 문제를 놓고 치열하게 논쟁하는 것을 어깨너머로 들었고, 강의에서 '사실'(fact)로 제시되는 것 다수가 사실은 기껏해야 이런저런 예비 가설에 불과하다는 것을 깨닫게 되었다. 그리고 가능하다면 이러한 사실들에 이의를 제기하고 검증하고 반박하는 것이 우리의 임무가 되리라고 생각했다.

이 모든 것은 굉장히 흥미진진했다. 여전히 훌륭한 학생은 아니었지만 적어도 내가 무엇을 하고 싶어 하는지는 알게 되었고, 들여다보면 볼수록 더 멀리까지 기원이 거슬러 올라가는 그 놀라운 사람들의 집단에 어떻게든 나도 합류하고 싶은 마음에 사로잡혔다. 네드 존슨은 올든 밀러의 제자였고, 밀러는 그리널의 제자였고, 그리널은 다윈을 읽었고, 다윈은 훔볼트를 읽었고…… . 그들은 발견의 항해를 떠났고, 웃고, 욕설도 내뱉고, 끔찍한 여건 속에서 형편없는 음식을 먹었고, 동료와 싸우기도 하고 적들 가운데 친구를 발견하기도 했으며, 역사라는 더 큰 이야기의 일부가 되는 이야기를 저마다 지니고 있었다. 시간이 흘러, 나는 운 좋게도 그들과 같은 일을 하면서 동일한 장소를 방문하고 자연사에 관련된 사람들도 만날 수 있었다.

결국에 나는 지금 대학교수가 되어 있다. 나한테는 제자들이 있다. 어떤 학생들은 그리 훌륭하지 않다. 적어도 처음에는. 어떤 학생은 앞으로도 영영 꿈도 못 꿀만큼 나보다 훨씬 똑똑하다. 지도하려면 배려와 인내심이 필요한 학생들도 있다. 또 어떤 학생들은 세상에 나와서 빛을 발할 기회만 있으면 된다. 나는 그들 모두한테서 의미 있는 것들을 찾기 위해 애쓴다. 또 그들이 나의 실수로부터 배울 수 있도록 노력한다. 요즘에는 너무도 흔한 일이 되어 버렸지만, 역사에 관해 어떻게 생각하거나 무엇을 아느냐고 물어보면 "사실 하나도 몰라요. 지루하다는 것만 빼고요" 하고 대답하는 사람들을 만나게 된다. 대단히 슬프고도 걱정스러운 일이다. 역사를 잃어버리면 불가피하게 자신의 문화는 물론, 아닌 게 아니라 그 자신의 많은 부분과의 연결도 상실하기 때문이다. 결국에 우리는 개인사의 산물이며, 개인의 역사는 다시 장소와 민족, 문명들로 이루어진 더 큰 역사라는 폭넓게 규정된 관념들과 맞닿아 있다.

진정코 나는 한 번도 역사가 지루하다고 생각한 적이 없다. 역사라는 것은 그 자신들과 우리에게 영향을 끼친 실제 어떤 행위를 한 실제 사람들을 다룬 '이야기'이다. 우리가 어떤 사건이 일어난 맥락을 전혀 모르고서 그 사건을 제대로 이해한다는 것은 상상하기 힘들며, 만약 어떤 사람이 당연하게 여기는 세계를 우리가 어느 정도 안다면 그 또는 그녀가 왜, 어떤 일이나 어떤 생각을 했는지 이해하기 훨씬 쉽다. 역사를 그토록 매혹적인 것으로 만드는 까닭은 역사가 곧 '우리'이기 때문이다.

역사란 이런저런 소문에 관해 수다를 떠는 것이다. 역사는 잔혹하고, 부드럽고, 고무적이고, 우울하고, 재미있고, 아이러니하지만 결코 지루하지 않다. 우리는 사건과 사람들로 이루어진 무한히 긴 사슬에서 나왔고, 무한한 미래를 향해 뻗어 있는 사슬의 한 고리이다. 이 책을 통해 내가 공부하는 학문과 그 학문을 둘러싼 문화를 이해할 수 있게 도와준 사람들과 이야기들을 여러분에게 소개할 수 있다면 좋겠다. 이제 우리는 그들과 함께 여행을 떠날 것이다. 이 여행의 동반자들과 즐거운 시간 보내길!

차 례

머리말 · 5

서론 아담의 임무, 욥의 도전

  이 책은 전문 역사가가 쓴 책도, 전문 역사가를 염두에 둔 책도 아니다. 과학이나 문화 발전에 관해 무슨 대단한 테제를 제시하려는 것도 아니다. 다만, 현대의 생태학적 이해를 위한 무대를 마련한 사람들과 이야기들을 되살리고자 한다. 무엇보다 먼저 내가 대학에서 가르치고 연구한 경험을 풍요롭게 해준 고학년 학부생과 대학원생들을 위해 이 책을 쓰고 있다. 다음으로는, 진지한 아마추어 자연학자를 위해서 쓰고 있다. 어쩌면 오랜 세월에 걸쳐 자연사에 대한 인식과 자연사의 발전에 중요한 역할을 담당해 온 사람일 것이다. 갈수록 이론과 기술로 추진되는 과학 분야들이 부상함에 따라 소외감을 느끼고 있을지도 모를 사람이다. 이 두 부류의 집단이 이 책을 읽으며 자신의 학문 분야에 대해 얼마간의 통찰력과 유익한 정보를 얻을 수 있으면 좋겠다.

  몇몇 제자들은 이 책의 초고를 읽고, 왜 책 제목과 본문에서 성서적 테마를 골랐는지 물었다. 어떤 이는 종교적 모티프 때문에 관심을 접거나 아니면 지은이와 책의 의도에 관해 잘못된 이미지를 그리게 될지도 모른다고 우려했다. 나의 선택은 의도한 것이며, 나는 종교에 관한 믿을 수도 안 믿을 수도 있는 그 어떤 것과도 거의 관련이 없다. 하지만 역사와 역사적 인물을 평가하면서 맥락과 배경을 고려하는 일이 중요하다고 생각한다. 좋든 싫든 서양 문화는 1700년 넘게 성서에 배경을 두어 왔다. 신성로마제국 황제 프리드리히 폰 호엔슈타우펜이든, 셀본의 부목사 길버트 화이트이든, 자연선택을 발견한 찰스 다윈이든 모두가 창조와 질서, 역사와 목적의 성서 이야기들에 친숙했을 것이다. 이 책은, 수많은 생각과 글이 이러한 문화적 공통성의 틀 안에서 전개되었고 이 공통성이 자연사의 발전에 어떤 영향을 끼쳤는지 그리고 우리가 그 공통성으로부터 멀어지면서 어떤 일이 일어났는지를 살펴본다. 종교와 과학은 언제나 불편한 동반자였지만 둘 다 우리가 살아가는 이야기의 일부가 된다.

창세기 2장에서 하느님은 들판의 모든 짐승과 하늘의 모든 새를 데려와 아담에게 이름을 지으라고 시킨다. 아담은 피조물들에게 이름을 붙이는데, 그와 하느님만 놓고 보면 그걸로 충분한 것 같았다. 그런가 하면, 욥기 38장부터 41장까지에서 하느님은 자연사의 중심에 자리한 야심찬 연구조사 프로그램이라 할 만한 것을 내놓는다. 하느님은 욥을 꾸짖으며, 천문학부터 동물학에 이르기까지 극도로 무지하다고 꼬집는다. 욥은 "땅의 넓이를 측량하지" 않았고(욥기 38장 18절) 온갖 수수께끼를 비롯하여 "언제 산양이 새끼를 치는지"나 "암사슴이 언제 새끼를 낳을지"(욥기 39장 1절)를 몰랐다. 그러므로 그는 하느님으로부터 설명을 요구할 처지가 아니라는 것이다. (주변의 자연 현상에 무지한 욥은 자신에게 닥친 뜻밖의 고통과 불행에 담긴 하느님의 뜻을 감히 헤아릴 수도, 그에 대한

설명을 요구할 수도 없다는 뜻이다. 욥기 39장 전후를 참조하라—옮긴이)

사물에 이름을 붙임으로써 인간은 점점 복잡한 수렵 패턴과 토지 이용을 허용하는 사회구조를 위해 통용 수단을 확립했다. 이름 짓기는 또한 생태와 습성에 관해 비교학적 세부 정보를 포함하기도 하는 다양한 분류학에 틀을 제공한다. 은유적 의미에서 아담은 욥의 선임자들이 건설해 왔고 또 그의 후계자들이 건설해 나갈 과정을 시작한다. 도시에 살아가는 인간의 비중이 갈수록 커지면서 우리는 길들여지지 않은 자연에 관한 이해를 적잖이 잃어버릴 위험이 있다. 그러한 상실은 하나의 지식을 넘어서는 일일 수도 있다. 우리가 존재하고 있는지 인지하지도 못하는 것을 제거하기는 쉬운 반면에 우리가 그것을 이해하기 위해 많은 시간을 보낸 것들에 대해 '마음을 쓰기 않기'란 여간 어려운 일이 아니다.

인간은 생물학적 다양성과 경험의 측면에서 극도로 복잡한 세계 안에서 진화했다. 문명의 의도적인 노력 가운데 다수는 이 다양성을 제거하거나 대체하고, 세상을 훨씬 더 예측 가능하고 안정적인 곳으로 만드는 것이었다. 우리는 하루 동안 접하는 온도가 몇 도 이상 차이가 나지 않도록 하려고 막대한 양의 에너지를 투입한다. 음식 섭취량은 일반적으로 정해진 한계 안에 머문다. 진정으로 위험천만한 상황에 맞닥뜨릴 가능성은 거의 없다. 우리의 이동 패턴은 구역을 돌든 세계를 돌든 질서정연하고 예측 가능한 틀 안에 들어맞는다. 이 세계적 통제에는 물론 엄청난 이점이 있지만, 한편으로 에너지 소비가 지구 기후에 미치는 효과 이상이 포함되어 있지는 않은지 자문해 보아야 한다. 우리 인류는 다양한 세계 안에서 생존을 위한 선택의 산물이고, 우리가 그 다양성을 무지나 멸종을 통해 상실한다면 우리 자신에게 위험한 결과를 예상할 수도 있지 않을까? 이런 맥락에서 자연사는 야생 동식물과 야생의 장소, 궁극적으로는 우리 자신을 이해하고 보존하는 기반이 된다.

역사를 읽어 내려고 애쓰면서 우리는 우리가 읽는 내용을 이해하는 방식에서 시간과 문화가 만들어 내는 유사점과 차이점을 염두에 두어야 한다. 나는 인터넷이 없던 세상을 기억할 수 있지만, 우리 학생들은 그렇지 않다. 나는 직통 전화가 없던 세상을 경험하지는 않았지만, 어린 시절 교환원을 거쳐야 통화할 수 있었던 과정을 설명할 수 있는 사람들과 이야기를 했다. 또 그들은 그들대로 최초의 우표를 기억할 수 있는 사람들을 알고 지냈다.

우리는 예나 지금이나 모두들 다른 사람과 의사소통할 유사한 필요성을 갖고 있지만 주어진 시대에 이용 가능한 방법들은 의사소통의 형식과 내용에서 심오한 차이를 낳고, 이 차이는 다시금 우리 시대의 문화에 영향을 미치고 또 거기에 영향을 받는다. 비글호에서 지내면서 케임브리지에 있는 스승과 연락을 하고 싶을 때 다윈은 편지를 쓴 다음, 항구를 지나가는 배가 잉글랜드까지 실어다 주길 기대하면서 영사관에 맡기거나 다음에 들르는 항구의 상인에게 맡겼다. 그래서 편지를 쓰고 답장을 받기까지는 반년이나 1년을 기다렸을 수도 있다. 그런데 오늘날 나는 뉴질랜드에 있는 학생과도, 차로 몇 시간 거리에 있는 사람과 하는 통화처럼 쉽게 (때로는 그 사람과의 통화보다 더 저렴하게) 전화 통화를 할 수 있다.

우리가 다윈이 편지를 교환할 때 지체된 시간과 간극에 관해 '이야기할' 수는 있다지만, 과연 그런 사정이 다윈에게 어떠했을지 정말로 '이해할' 수 있을까? 우리는 어떤 것들을 너무도 당연하게 여겨서 그것들이 우리가 사는 세계를 어떻게 형성해 왔는지 놓칠 수도 있다. 다윈은 비글호에 카메라를 가져가지 않았다. 가져갈 카메라가 없었기 때문이다. 카메라 대신에 그는 화가를 데려가고 총을 챙겨 갔고, 될 수 있으면 많은 표본을 총으로 사냥해 박제하거나 병에 담아 왔다. 19세기, 심지어 20세기 초반부터 중반까지만 해도 척추동물학자는 총 없이 현장에 나가는 경우가 좀처럼 없었지만, 21세기의 동물학자는 총을 한 번도 안 쏴봤을지도 모른다. 이러한 차이는 혼란을 낳는다.

한번은 매우 총명한 학생 한 명이 앨도 레오폴드에 관해 이야기하면서 "그 사람, 자연을 좋아하지 않은 게 틀림없어요" 하고 말했다. 나는 충격을 받고 그게 무슨 뜻이냐고 물었다. "그는 항상 뭔가를 총으로 쏘고 있는 것 같던데요" 하고 대답했다. 레오폴드가 거위에 대해, 거위의 생태에 대해, 그리고 그가 방아쇠를 당기는 바로 그 순간 거위를 담고 있던 풍경에 대해 깊은 애정과 존경을 품을 수도 있었다는 생각이, 사실 그의 애정과 존경의 많은 부분은 정확히 언제 어떻게 방아쇠를 당기는지를 배우면서 생겨났다는 생각이 그 학생한테는 완전히 생소했던 것이다. 최상의 모습일 때 역사란 여러 이야기와 만남의 사슬이다. 그 사슬을 통해 우리는 사실로 간주하는 것을 얻고, 맥락과 정서를 이해할 수 있다. 방금 언급한 그 학생은 나한테 (자기 생각을) 이야기했다. 예전에 나는 레오폴드의 아들과 딸, 말하자면 함께 사냥을 하고 식물 표본을 채집했으며 레오폴드가 자연에 관해 어떻게 생각했을지 누구 못지않게 잘 알 만큼 그를 직접 아는 사람들과 이야기를 나눈 적이 있다. 나는 학생들에게 내가 들은 이야기를 들려줄 수 있고, 어쩌면 언젠가 학생들도 두 다리 건너서 들은 이야기를 다른 사람들한테 들려줄 것이다. 이야기의 사슬은 우리가 고리를 잇는 한 끝없이 이어진다.

시간은 중요하다. 사람들이 무엇을 보고, 그들이 역사와 자연계에 관해 어떻게 생각했을지 설명하려고 할 때 이 점을 염두에 두어야 한다. 우리 시대 사람들이 역사를 '지루하다'고 거부함과 동시에 우리의 시간 관념이 붕괴된 것은 안타까운 일이다. 우리가 리처드 닉슨에 관해 이야기하든 샤를마뉴나 아우구스투스 황제에 관해 이야기하든, 죄다 '최근' 아니면 '옛날'이다. 이런 태도는 여러 문화와 땅이 여러 축을 따라서 변화할 수 있는 정도를 과소평가하는 경향이 있다. 내가 가르치는 학생들이 베트남전쟁의 참상이 벌어지고 한참 뒤에 태어난 것처럼, 아리스토텔레스는 펠로폰네소스전쟁의 사회적·생태학적 참화가 벌어지고 한참 뒤에 태어났다. 동남아시아 정글에서 벌어지는 맹그로브 파괴를 우리가 끔찍하게 생각하는 것처럼, 아리스토텔레스 시대에 아티카에서 벌어진 올리브 나무의 파괴도 그만큼 끔찍해 보였을 터이다. 하지만 스파르타인들이 데켈레아에서 빠져나간 것은 정말로 무척 오래전 일이며, 그 이후로 다른 여러 일들이 그리스인들과 그들의 풍경에 영향을 끼쳐 왔다.

이 책은 3천 년이 넘는 세월에 걸쳐 자연사의 발전에 중요했던 생각과 장소, 사람들을 소개하려는 의도로 쓰였다. 나는 거의 전적으로 유럽과 영미권의 관점에서 썼는데, 이것만이 우리가 구할 수 있는 자연사여서가 아니라 다른 두 가지 이유 때문이다. 첫째, 지구적 관점에서 책을 쓰려면 훨씬 더 대규모로 다뤄야 하는 반면, 이 책의 제한된 접근(서구 중심의 자연사 서술—옮긴이)에는 일정한 내적 논리와 일관성이 있다. 둘째, 현대 생태학을 탄생시킨 것은 바로 이런 형태의 자연사이다.

이 책에서 각 장은 하나의 학문으로서 자연사의 발전에 핵심적인 공헌을 한 특정 개인이나 집단을 중심으로 전개된다. 이 전략은 의도적인 것이다. 한편으로는 이들이 진정으로 흥미로운 사람들이기 때문이고, 한편으로는 과학 일반과 특히 자연사는 여러 배경과 동기, 의도가 뒤섞인 실제 사람들에 의해 이루어졌지만, 거듭거듭 발견의 기쁨으로 서로 이어진 매우 인간적인 추구 활동이기 때문이다.

비교적 최근이라고 볼 수 있는 18세기까지만 해도 근대과학은 대부분 자연사 학자로 볼 수 있는 사람들에 의해 수행되고 있었다는 사실을 깨달을 수 있다. 이들 가운데 많은 사람은 진정한 박학가였고 철학과 신학에도 깊은 관심을 두었다. 그들은 우리가 요즘 화학, 물리학, 식물학, 동물학이라고 부를 만한 분야에서 똑같이 훌륭하게 활동했다. 과학을 이루는 요소들의 성격도 지금 우리 시각에서 보기엔 다소 의심스러운 점이 있다. 현대 과학 분야 학과 어디에서도 천문학이나 해부학과 더불어 점성술이나 사령술 강좌를 제공하지는 않겠지만, 자연사의 창립자들 다수는 자신들의 우주론 안에 이 각각의 요소들을 결합하는 데 아무런 문제가 없었다. 이것은 상황을 다소 혼란스럽게 만들며, 내가 편향적으로 취사선택한다는 비난을 불러일으킬 수도 있다. 왜 '이 사람'은 포함시키면서 '저 사람'은 빠뜨렸는가? 나로서는 이런 비난이 타당하다고 인정할 수밖에 없다. 나는 어떤 사람들이 다른 사람들보다 본래 더 흥미롭고, 어떤 이야기들이 다른 이야기들보다 더 유익하다고 생각한다.

이 책이 최종적으로 완성된 역사라고 강변할 생각은 없다. 다만 책이 다 끝날 때쯤이면 여러분을 충분히 자극하고 짜증나게 했으면 좋겠다. 그래서 여러분도 바깥으로 나가 저마다 자신만의 남녀 영웅 목록을 작성하길 바란다.

1장 수렵채집인에서 아시리아제국까지

'선사시대'라는 용어의 정의상, 당연하게도 그 시대 사람들은 자신들이 누구이고 무엇을 했는지 알려줄 만한 문자 기록을 남기지 않았다. 우리는 유물이나 구전으로 전해 오는 이야기 또는 유사한 환경에서 유사한 기술과 자원을 이용하는 듯 보이는 더 나중의 인류에 관한 비교 연구를 통해 그들의 이야기를 추론할 수밖에 없다. 이 모든 것에는 분명한 위험이 있으며, 가정을 종종 한 문명이나 문화의 단편들에만 토대를 둘 때 그 위험성은 특히 커진다.[1] 그러나 어떤 패턴은 충분히 자주 되풀이되는 것 같으니, 자연사의 측면들이 초창기 인류 사회들에 수행했을 역할에 관해 적어도 작업가설을 제시해도 무방할 듯싶다.

하느님이 욥기에서 던진 수많은 질문은 유목 민족들에게 쓸모 있었을 딱 그런 종류의 지식을 탐구하며, 이러한 질문들은 인간이 한곳에 정착해 살아갈 때 불가피하게 뒤따라오는, 더 넓고 더 거친 야생 세계와의 접촉의 상실에 대한 알레고리로 보아도 될 것 같다. 미리 적당하

21

게 썰고 조리한 포장 음식이 넘쳐나는 오늘날 우리는 이러한 상실을 주로 미학적 상실로 느낀다. "우리 것인 자연에서 우리가 보는 것은 거의 없다"는 윌리엄 워즈워스의 말에 동의할 수 있지만, 자연에 대한 개인적 이해와 경험은 이제 더 이상 생존을 좌지우지하는 문제가 아니다. 적어도 단기적 차원에서는 그렇다.

수렵채집인은 무척 실용적인 사람들이다. 아니, 그래야만 한다. 사냥감을 비롯한 여러 자원은 분포와 풍부함의 측면에서 흔히 계절적 성격이 커서 사람들은 어느 때는 과잉에 직면하다가도 다음 순간 굶주림에 허덕일 수도 있다.[2] 한 지역의 인구수는 세대 내에서 그리고 세대 사이에 크게 달랐을지도 모른다.[3] 비교적 안정적인 자연과 균형이나 조화를 이루는 비서구 사회라는 전통적 시각은 더 세심한 분석들에 의해 도전받고 있다.[4] 생존 문제는 사냥감이 될 만한 종들의 습성에 관해 상세한 지식의 발전을 요구했다. 이런 의미에서 자연사는 퍽 오래된 것이며, 우리 학문 가운데 가장 오래된 것이라도 해도 좋으리라. 사람들은 종이에 인쇄된 글을 읽는 법을 터득하기 오래전에 환경을 읽어 내는 법을 터득했고 구름과 바다, 동식물의 생활 방식과 계절은 그저 흥미로운 외부 현상이 아니라 일상생활의 본질적 요소였다.

수렵채집인 사회에서 특정한 사냥의 성패는(궁극적으로는 어느 사회집단의 성패도 마찬가지겠지만) 어느 정도 사회적 금기와 부족 집단의 필요라는 제약 안에서 사냥감을 찾아내고, 어떤 경우에는 그것을 관리하는 현지 전문가들의 능력에 달려 있었다. 피식자 종의 성장과 생식, 이동의 패턴들은 수확 방법을 둘러싼 문화적 관습의 발달에 영향을 끼쳤다. 특정 식량 자원을 특화하고 피식자 종에 관한 고도의 지식을 발전시키는 데는 주요 이점들이 있지만 변화하는 환경에서 과잉 특화라는 진짜 위험도 존재한다. 그 밖에도 만약 먹잇감을 너무 많이 수확하면 사회적으로나 생물학적으로 참사가 벌어질 수도 있다.

증거를 살펴보면 과잉 살육의 충격은 결코 어느 한 문화적 집단이나 지리적 집단에 국한되지 않는다. 예를 들어 기술적으로 진보한 인간이 순진한 피식자 종에 초래한 효과는 폴리네시아에서 거듭 입증되어 왔다.[5] 뉴질랜드에 처음 도착했을 때 마오리족은 세계에서 가장 큰 날지 못하는 새인 모아 새(디노르니스 속)을 비롯해 대단히 다양한 조류군과 맞닥뜨렸다. 선조들은 확실히 육지 새도 먹고 살았지만, 마오리족은 장거리 여행을 할 수 있고 물고기를 비롯한 바다 생물에 기대어 살아갈 수 있는 해양 민족이었다.[6] 그들이 뉴질랜드에서 발견한 것은 말 그대로 사냥꾼 낙원, 바로 조직적인 육상 포유류의 포식 활동에 익숙하지 않은 날지 못하는 새였다. 팀 플래너리는 고고학 증거를 논의하면서, 그 결과 초래된 살육은 죽인 새의 대부분을 소비하려는 시도가 거의 없거나 전혀 없는 상황에서 엄청난 낭비였음을 명백히 보여 준다.[7] 200년 만에 모아 새 대부분은 멸종당했고 유럽인이 처음 건너올 무렵 뉴질랜드의 조류군은 이전 모습을 거의 찾아볼 수 없었다.

식량으로 삼기에 적당한 동식물의 자연사를 이해한 사람들이 어떤 사회에서든 힘 있는 지위에 있었을 것이다. 한 집단의 문화를 우리가 모르는 다른 집단에 투영하는 것은 위험한 일이지만, 근래의 워슈 문화, 파이우트 문화, 쇼쇼니 문화에서 보이는 것처럼 사람들을 생태, 포획, 특정 식량의 가공 처리 전문가로 구분하는 습관이 얼마간 변형된 형태가 장기적인 모델로 가능할 것 같다. 북아메리카 그레이트베이슨 원주민 부족들 사이에 '토끼 두목'이나 '영양 두목'은 사냥 계획을 짜고 사냥감의 포획과 준비 과정에서 부족의 다른 구성원들을 지휘할 책임이 있었다.[8] 그러므로 두목은 필연적으로 그 자신의 특정한 목표물 종이나 다른 분류 집단의 생활사 요소들에 매우 친숙했을 게 틀림없다.

두목은 남성이든 여성이든 특정 생물이나 분류 집단을 면밀히 연구하고 그 분류군에 관해 현지나 특정 지역의 전문가로 인정된다는 의미에서 자연사 학자였다. 이런 형태의 자연사에는 뚜렷하게 다른 '느낌'이 있는데, 이 점에 관해서는 한참 뒤에 베네수엘라에서 알렉산더 폰 훔볼트와 "독물(毒物)의 달인"이 조우하는 장면에서 논의할 것이다. 현지 전문가의 활동은 빅토리아 시대 자연사 학자의 활동과 (적어도 분야 면에서) 별로 다르지 않을지도 모르지만 궁극적 목표는 달랐다. 현지 전문가의 활동 목적이란 보통은 일차적 의미에서 대단히 실용적이었다. 다시 말해 그의 활동 목적은 잘 먹고 사는 것이다. 빅토리아 시대 자연사 학자는 특정 연구 결과와 상관없이 잘 먹고 살 수도 못 먹고 살 수도 있지만, 그의 의도는 호기심을 충족시키고 다른 곳에서 사회적 지위를 얻는 것이었다.

구석기인들의 채집 행위(사실 그들의 전반적 생활양식)의 정확한 성격은, 특정 지역에 인류가 도래한 시기와 방식에서부터 그들이 특정한 종에 끼친 충격의 정도에 이르기까지 끝없이 토론해야 할 주제이다.[9] 전문화나 일반화를 지지하는 비용과 혜택이라는 이론 생태학 모델에 의존하는 것도 솔깃하지만 문화적 규범과 시간의 경과는 무엇이 수확할 만큼, 따라서 연구할 만큼 가치 있는 것인지 고려하는 데 불가피하게 영향을 준다. 예를 들어 비록 우리 사회와 매우 다른 사회들에, 남자의 일과 여자의 일을 구분하는 현대의 관념을 너무 무성의하게 적용하는 일을 피해야겠지만 성 역할은 풍경과 환경을 이해하는 데 영향을 끼쳤다.[10] 선사시대 생활양식의 중심 항목으로서 큰 짐승 사냥이라는 박진

감 넘치는 그림에 초점을 맞추는 것이 유행이었지만, 대형 동물의 산물에 전적으로 의지해서 살아온 인류 문화는 거의 없을 것이다. 채집, 가공, 제조는 어느 것 할 것 없이 갈수록 환경에 관한 면밀한 지식을 요구했고, 향후 수천 년이 지나 등장하는 더 추상적 관념의 자연사에 기틀을 닦았다.

인류 문화가 이리저리 떠도는 수렵채집 생활에서 가축 사육과 마침내는 정주적인 농경 생활 방식으로 변화하면서 인류의 관심사도 수렵의 즉각적 요구 사항들로부터 통제되는 생산과 수확이라는 더 장기적인 쟁점들로 이동했다. 많은 수렵채집 사회들은 사냥감에 접근성을 높이거나 먹음직스러운 열매와 산딸기의 성장을 촉진하는 복잡한 토지 관리 체계를 누렸을 것 같다. 구전과 시추표본 층서학에는 나무와 관목, 탁 트인 초지가 적당히 섞인 원하는 땅을 만들어 내기 위해 주기적으로 땅에 불을 질렀다는 증거가 많다. 초기 탐험가들이 보고한, 아프리카와 아메리카 대륙의 이른바 '자연' 풍경들 다수는 더 깊이 조사해 보니 문화적 관행이자 개간 활동으로서 정교한 불의 적용이 낳은 산물이었던 듯싶고, 이는 이주 패턴들과 더불어 입수 가능한 식량 자원에서 생산성을 극대화했다.

농사는 인간과 땅 사이에 새로운 관계를 요구한다. 특정한 땅뙈기에 더 많이 투자하면 할수록 인간은 그 땅을 포기하고 떠나기를 꺼리게 된다. 만약 특정 지역을 개간하기 위해 온갖 노력을 기울이고 상당한 정주지를 세우고 특정한 유형의 동식물을 선정했다면, 그저 새로운 지역으로 이주하기보다는 현지의 생산성 저하를 돌파하는 혁신이 뒤따를 공산이 크다. 땅을 갈아엎는 농업은 떠도는 생존 방식보다 특정 장소에 더 즉각적인 관심을 요구했고, 농업이 없다면 제어되지 않은 환경이 부과할지도 모르는 변동을 어느 정도 감소시키는 잠재력도 있었다.

유목 생활에서 더 정주적인 생활 방식으로의 이행은 더 추상적이고 덜 응용적인 자연사의 발달에 필수불가결한 과정이었던 듯하다. 이 이행의 생태학적 경제는 다양한 저자들에 의해 논의되었고[11] 여러 시공간에서 반복적으로 나타났다. 이 책의 목적을 고려해서 일단은 서아시아 역사에만 집중할까 한다. 비옥한 초승달 지대를 포함한 인도와 시리아 사이 지역 말이다.[12] 이 지역 일반, 특히 티그리스 강과 유프라테스 강 사이 지대는 오랫동안 서양 문명의 발상지로 여겨져 왔다.

아메리카 대륙과 달리 유라시아에는 몸집이 작은 것부터 중간 크기까지 가축으로 탈바꿈시킬 수 있는 포유류가 풍부했다. 염소와 양의 가축화는 서아시아에서 9천~1만 년 전에 일어났다.[13] 대략 같은 시기에 가축 소 품종들도 야생종으로부터 개량되어 나왔다.[14] 농업이 더 집약적으로 바뀌면서 소는 고기와 견인력 둘 다를 제공했다. 말은 훨씬 나중까지 사육 풍경으로 들어오지 않은 것 같은데, 어쩌면 기원전 3500년 무렵에나 사육되기 시작했을 것이다.[15] 최초의 기마 문명들은 비옥한 초승달 지대보다는 그보다 더 북쪽인 오늘날의 카자흐스탄과 중앙아시아 지역에서 발달했다. 처음에 말은 젖을 얻는 것과 더불어 썰매를 끌고 사람이 타는 용도로 이용되었다. 마침내는 기마병의 이점이 아시아 군대를 동쪽과 서쪽의 상대에 맞서 거의 무적으로 만들었다. 유럽인들이 말을 구할 수 있게 되자마자 곧장 받아들인 것은 당연한 일이다.

초기 수렵채집인의 실용적 자연사는 세월을 거쳐, 오늘날 우리라면 농업생태학이라고 부를 수 있는 형태로 탈바꿈했을 것이 틀림없다. 성공적인 농부들은 특정 토양 유형을 경작하는 갖가지 기술을 개발했고 물과 관련한 요구 조건들, 정확한 파종기와 추수기, 함께 재배할 수 있는 작물 종류와 함께 재배할 수 없는 작물 종류에 관해도 깊은 지식을 보유했다. 그들은 유해 동물과 식물 병해를 비롯한 잠재적 손실 요인에도 친숙했다. 성공적인 농부는 이전의 성공적인 수렵채집인처럼 유용한 기술은 전수하고 품이 너무 많이 들거나 돌아오는 몫이 적은 작업은 포기했다. 그들은 신들과 '연줄'이 있다고 여겨졌거나 아니면 그냥 운수가 좋다고 여겨졌을지도 모르지만, 심지어 오늘날에도 과도한 과학에 고개를 저으며 "최상의 품종을 최상으로 길러내고 최상의 결과를 기대하자"라고 말하는 경마 사육사들을 볼 수 있다. 조직적 농업과 가축 사육이 존재해 왔던 한 그와 유사한 감정이 일반적이지 않았을까? 그러한 초기 자연사는 여전히 지식 자체를 위해 추구하는 지식이나 세계에 대한 더 폭넓은 이해는 아니었지만 훗날의 학자들이 작업할 수 있는 토대를 마련했다.

학문으로서 자연사에 관한 최초의 증거는 고대 민족인 아시리아인들로 거슬러 올라간다. 여러 왕들 아래서 중동의 많은 부분을 지배하다 기원전 7세기 메디아인들에 의해 멸망한 아시리아는 전성기에 북쪽에 이집트부터 터키 중심부까지, 동쪽으로 오늘날 이란의 서쪽 경계에 이르는 드넓은 땅의 주인이었다. 비옥한 초승달 지대의 기름진 땅에 자리한 심장부와 더불어 아시리아인들은 복잡한 문명을 발전시키기에 더 없이 좋은 위치에 있었다. 그들은 제국의 여러 도시를 잇고 서아시아 전역에 걸쳐 교역을 촉진하는 잘 닦인 도로망을 창출했다. 또 농경과 축산을 현대적이라고 할 수 있을 만한 수준으로 끌어올렸고 플리니우스와 아리스토텔레스 같은 후대 학자들에게 심오한 영향을 끼친 천문학, 의학, 철학을 연구했다.

아리시아인들이 새겨 놓은 부조들은 고문과 노예 노동, 적의 도시와 군대의 파괴를 묘사하고 있지만 양식화된 형식과 더 사실적인 형식으로 예술적 감수성과 자연 묘사에 대한 강조가 갈수록 커졌음을 보여 준다.[16] 아시리아 지배자들은 제국 전역에서 고른 동식물들을 모아서 사냥터와 '낙원들'을 만들었는데,[17] 이런 곳은 어느 정도 자연스러운 환경에서 동물을 연구할 기회를 제공하는 한편 고대 세계의 7대 불가사의 가운데 하나인 바빌론의 공중 정원 이야기를 낳았다.

기원전 668년부터 626년까지 니네베와 바빌론을 통치한 아수르바니팔[18]은 오늘날 우리가 생각하는 자연사의 잠재적 시조로 봐도 될 것 같다. 서아시아의 다른 지배자들은 자연에 관해 어느 정도 과학적 연구를 수립했을지도 모르지만, 아수르바니팔은 자신의 도서관에 소장할 문헌을 모으고 이전 작가들의 작업에 의존하면서 체계적 연구를 했다는 증거를 보여 준다. 실용적인 차원을 넘어 세계의 구조에 대한 폭넓은 관심사를 보여 주는 문헌 내용들은 오늘날 전해지는 최초의 사례이다.

아시리아 군대의 장교 아수르바니팔은 재위 중인 왕이 부재한 틈을 타 쿠데타로 왕좌를 차지한 사르곤의 증손자였다. 사르곤의 아들과 손자들은 음모와 계략을 꾸미고 앞길을 가로막는 자는 무자비하게 살해하여 왕좌를 지키면서 제국의 영토를 확장해 나갔다. 알고 보니 아수르바니팔은 대단히 유능한 군사령관이었고 적들의 혼란과 앙숙 관계를 이용해 아시리아의 경계를 이전에 병합하거나 탐험하지 않은 지역으로까지 넓혔다.

모든 반대를 제압한 뒤 아수르바니팔은 니네베로 귀환해 아시리아 문명의 황혼기에 마지막 황금기였음이 드러나게 될 다음 20년을 다스렸다. 그 왕중왕은 위대한 수집가였을 뿐 아니라 약간 탐미주의자였던 듯하다. 갖가지 조각상과 프리즈(띠 모양 부조 장식—옮긴이)로 장식된 왕궁은 전임자들의 궁전보다 훨씬 정교했다. 니네베에서 벌인 고고학 발굴 작업으로, 아수르바니팔이 사자를 사냥하고 자신의 '낙원들'을 말없이 바라보고, 국왕의 갖가지 임무와 사제의 임무를 수행하는 모습을 세밀하게 묘사한 부조 패널이 모습을 드러냈다. 이런 묘사들 다수에서 두드러지는 것은 식물과 동물 묘사에서 세부에 대한 꼼꼼한 관심인데, 왕과 궁정인들이 자연의 사실주의적 해석을 엄격히 따지는 이들이었을 수도 있음을 시사한다.

국왕의 삶을 묘사한 초상만으로도 니네베 유적 발굴은 굉장한 중요성을 띠었겠지만, 더 흥미로운 것은 어느 시점에는 왕궁들에서 틀림없이 상당한 비중을 차지했을 방대한 쐐기문자 서판 도서관의 발견이었다. 부서진 서판 무더기가 왕궁의 가장 낮은 층을 30센티미터 두께 이상 덮고 있었는데, 그것들이 자리 잡은 모양새는 단순히 지하 저장고에 놓여 있었다기보다는 그보다 더 고층에서 떨어졌음을 암시한다. 이 서판들 다수는 번역이 되었고 그 원본은 흔히 우리에게는 망실된 그보다 더 고대의 텍스트 사본이라는 사실이 밝혀졌다. 아수르바니팔의 도서관 보물 가운데에는 《길가메시 서사시》(어쩌면 오늘날 전하는 가장 오래된 '책')와 더불어 성서에서 노아의 이야기를 예시하는 홍수에 대한 묘사도 있다. 또한 우리는 여기에서 100가지가 넘는 약용식물에 관한 광범위한 약초 묘사를 포함하여 교역과 상업, 의학의 맥락에서 자연적 대상에 관해 최초로 체계적으로 정리한 증거를 만날 수 있다.

국왕 본인이 적극적으로 자연사 연구에 관여했다는 증거는 없다. 따라서 내가 역사에서 '이 왕과 이 시점'을 생계유지가 아닌 모종의 과학으로서 자연사의 출발점으로 정한 것은 자의적 선택임을 인정한다. 식물과 관련한 장서 가운데 번역된 부분들에서 발견된 내용 다수는 특히 의학적 적용과 관련이 있다는 점에서 실용적이다. 이런 의미에서 아시리아인들이 하고 있던 것과 거의 2천 년 뒤에 중세 수도사들과 수도원장들이 하고 있던 일에는 별반 차이가 없다. 니네베의 장서와 왕궁 낙원들의 이미지는 더 폭넓은 테마를 암시한다. 즉 적절한 후원으로 큰일들이 이루어질 수 있다는 테마이다. 지식은 증진될 수 있고 미래 세대를 위해 저장될 수도 있다. 또 문자로 기록된 말들은 연속성뿐 아니라 구전으로는 부족할 수도 있는 정확성을 제공해 준다.

안타깝게도 아수르바니팔은 아시리아의 가장 위대한 왕으로만 그치지 않았다. 그는 최후의 위대한 왕이기도 했다. 그가 세상을 떠난 뒤에 제국은 점차 공격을 받았고, 다름 아닌 니네베도 기원전 607년 무렵에 메디아와 바빌로니아 반란 연합군에게 함락되었다.[19] 그로부터 200년도 더 지나도록 아수르바니팔의 장서는 꽤 많이 살아남아, 일부 학자들에 따르면 알렉산드로스 대왕이 알렉산드리아의 대도서관을 구축하는 데 영감을 주었다고 한다. 물론 그 도서관은 알렉산드로스의 장군 프톨레마이오스와 그 후계자들의 작품일 가능성이 더 크지만 말이다. 아이러니하게도 더 오래된 아수르바니팔의 장서들은 점토판에 쓰였던 덕에 보존된 반면 더 최근의 알렉산드리아 도서관은 불이 잘 붙는 파피루스를 이용했던 탓에 소실되고 말았다.

아시리아가 쇠퇴기로 접어들던 바로 그 순간에 그리스의 도시국가들은 천문학, 의학, 식물학, 동물학, 수학에 관한 전문화된 지식의 발전을 장려할 어느 정도의 부와 안정의 조짐을 보여 주고 있었다. 그러나 바로 그리스가 쇠퇴기에 접어들 무렵이 되어서야 우리는 비로소, 최초의 자연사 학자의 감독 아래 세계에 관한 최초의 진정한 백과사전적 묘사를 만날 수 있다. 자연사 학자라는 칭호를 붙이는 데 아무런 논쟁의 여지가 없는 그는 바로 아리스토텔레스이다.

2장 아리스토텔레스와 고대 그리스

    자연학자로서 아주 초창기부터 찰스 다윈은 이전 저자들의 저작들에서 흥미진진한 재미를 발견하며 늘 기뻐하는 왕성한 독서광이었다. 죽기 두 달 전에 쓴 편지에 찰스 다윈은 이렇게 적는다.

    나는 아리스토텔레스의 업적을 높이 평가해 왔습니다만 그가 얼마나 경이로운 사람인지는 조금도 짐작하지 못했습니다. 린나이우스(카를 폰 린네의 라틴어식 이름—옮긴이)와 퀴비에 두 사람은 지금까지 줄곧 제게 신이었습니다. 하지만 이 두 사람은 비록 매우 다른 방식이기는 해도 아리스토텔레스에 비하면 어린 학생일 뿐이지요![1]

    다윈의 작업 대부분은 세심히 관찰한 사실들의 기록이라는 아리스토텔레스 전통 속에 확고히 자리 잡고 있었다. 하지만 대학을 졸업할 때까지는 아리스토텔레스를 역사적 인물로만 접해 왔을 게 틀림없고, 위의 편지에서 알 수 있듯이 아리스토텔레스의 저작을 결코 읽지 않았음이 분명하다.[2] 어쩌면 그리 놀라운 일은 아니다. 아리스토텔레스는 근대 생물학을 위한 골격을 만들었지만, 19세기에 접어들면서 그의 저작은 나중의 연구들로 너무 많이 덧입혀져서 그의 저작을 건너뛰고 당대로 오기 십상이었다. 다윈 앞 세대인 윌리엄 맥길리브레이는《저명한 동물학자들의 생애》(Lives of Eminent Zoologists)에서 "현대의 자연학자는 정보를 얻기 위해서가 아니라 단순히 호기심을 채우기 위해서만 그의 저술을 참고한다"며 아리스토텔레스를 간단하게 무시해 버렸다.[3]

이러한 경향은 시간이 흐르면서 심해지기만 했다. 안타까운 일이다. 사람들이 요즘에 아리스토텔레스에 관해 생각한다고 하더라도, 그를 플라톤과 비슷한 시기의 철학자로나 후대 학자들에게 원자료가 되는 대량의 정보를 모은 사람 정도로만 여긴다. 이러한 태도는 진정한 자연사의 발전에서 차지하는 아리스토텔레스의 핵심 역할을 과소평가하는 것이다. 아리스토텔레스와 그의 추종자들은 사고방식에서 과거와의 중대한 단절을 대표하며, 이러한 단절 덕분에 비로소 자연사가 가능해졌다. 아리스토텔레스의 몇몇 구체적 자료들은 틀렸지만 그의 생각은 많은 경우 옳고, 후대 많은 학자들이 잘못을 저지른 쟁점들에서 그가 맞은 경우가 오히려 많았다.[4]

아리스토텔레스는 기원전 384년에 그리스 북동부, 스타게이라 시에서 태어났다.[5] 그의 아버지는 알렉산드로스 대왕의 할아버지의 어의로 활동했지만 아리스토텔레스는 어린 나이에 고아가 되어 후견인과 함께 살도록 보내졌다. 다윈처럼 젊은 시절 아리스토텔레스는 전도유망한 인재로 보이지는 않았던 것 같다. 게다가 양식 있는 삼촌과 엄격한 아버지를 둔 다윈의 이점도 갖지 못해서 술과 여자, 노래에 빠져 젊은 나이에 아버지의 유산을 다 날려 버리고 아테네에서 약제를 팔아야 하는 신세로 전락했다.

비행을 조장하는 유혹도 많지만, 아테네로 간 것은 아리스토텔레스의 삶에서 결정적 중대 국면이었음이 드러난다. 아테네에 도착하자마자 그는 아카데미에 입학하여 철학 사상들을 접하게 되었고 늙어 가고 있던 플라톤의 스타 제자로 빠르게 부상한다. 플라톤의 죽음을 전후해서 아리스토텔레스는 아테네를 떠나는데, 아카데미를 누가 이끌어 가야 하는가를 두고 발생한 의견 충돌 탓일 수도 있고 아니면 북부 '야만인'들과 관계있는 사람이라면 누구한테든 드러내 보이는 아테네인들의 외국인 혐오증이 점점 심해진 탓일 수도 있다. 이 외국인 혐오증은 아버지가 마케도니아와 관련이 있다는 점에서 아리스토텔레스한테도 해당되는 사항이었을 것이다.[6] 어느 경우든 간에 30대 후반 나이에 아리스토텔레스는 그 무렵 페르시아인들의 지배 아래 있던 소아시아의 미시아로 옮겨 갔다.

페르시아는 옛 아시리아제국의 잿더미에서 등장하여 키루스 대왕이 기원전 539년에 바빌론을 함락한 뒤 강대국이 되었다.[7] 페르시아제국은 이집트와 이스라엘을 비롯해 과거 아시리아 영토 대부분을 재통일하고, 오늘날의 터키에 해당하는 지역을 정복하면서 다음 50년 동안 꾸준히 팽창했다. 소아시아의 페르시아 정부와 그리스 본토 동쪽 섬들에 대한 아테네의 간섭은 기원전 498년 전면적 반란으로 이어졌다. 반란을 진압한 뒤 페르시아인들은 잠재적 경쟁자이자 제국의 서쪽 경계를 따라 말썽을 일으키는 원천으로 간주한 그리스를 복속하고자 나섰다.

수적 우세에도 불구하고 페르시아 군은 그리스 군을 제압하지 못한 채 기원전 490년 마라톤전투와 기원전 480년 살라미스해전, 마지막으로 기원전 479년 플라타이아이전투에서 굴욕적인 패배를 당했다. 완전히 정복하는 데는 실패했지만 페르시아는 그리스 도시 국가들을 이간시키며 계속해서 그리스 사안에 적극적으로 개입했다. 페르시아는 아이고스포타미 해전에서 스파르타가 결정적 승리를 거둘 수 있도록 스파르타 해군에 자금과 무기를 제공하면서 아테네와 스파르타 사이에 벌어진 펠로폰네소스전쟁의 최종 국면에 지대한 역할을 했다.

페르시아가 지배하던 소아시아에 살고 있는 그리스인은 용인은 되지만 신뢰는 받지 못했을 공산이 크다. 미시아에서 3년을 보낸 뒤 아리스토텔레스는 후원자인 헤르메이아스 총독과 함께 페르시아에 맞서는 음모를 꾸몄다고 고발을 당하는 곤란한 처지에 놓이게 되었다. 헤르메이아스는 아르타크세르크세스 왕의 명령에 따라 처형당했고 아리스토텔레스는 레스보스 섬으로 도망쳐 그곳에서 헤르메이아스의 양녀와 결혼했다. 바로 이 레스보스 섬에서 아리스토텔레스와 그의 절친한 친구이자 가장 중요한 제자인 테오프라스토스가 자연사에 대한 연구를 시작했을지도 모른다.

일부 저자들이 밀레투스의 탈레스(기원전 624~540년)를 현대적인 과학적 관념들의 진정한 창시자로 보기도 하는 것처럼 그리스 자연사는 확실히 아리스토텔레스보다 앞서 시작되었다.[8] 탈레스는 사건과 사물에 신비적 원인을 거부하고 자연 현상에 대한 합리적 설명을 추구했다. 적어도 아리스토텔레스의 일부 생각들의 토대는 탈레스에게 돌릴 수 있을 것 같지만, 탈레스가 아리스토텔레스가 했다고 하는 조금이라도 비슷한 수준으로 연구를 수행했다고 할지라도 지금까지 전해지는 탈레스의 연구는 거의 없다.

탈레스 이후로 그리스 철학은 갈수록 추상적 쟁점들에 집중했다. "들판과 나무는 나에게 아무것도 가르쳐 주지 않겠지만 도시의 인간들은 내게 가르침을 준다"[9]는 《파이드로스》(Phaedrus)에 나오는 유명한 발언에서 보다시피 소크라테스와 그 뒤의 플라톤은 자연사에서 관심을 돌렸다. 따라서 아리스토텔레스는 소크라테스 이전 철학자들이 세상을 떠난 이래 방치된 분야에서 자신만의 연구를 발전시켜야 했다.

아리스토텔레스는 오늘날의 대학원생들이 연구하는 방식과 대단히 유사한 방식으로 갖가지 주제에 접근했다. 모름지기 대학원생이라면 우선 그 주제에 관해 여태껏 어떤 책이나 논문이 나와 있는지 찾아본다. 그다음 이전 저자들을 참고한 뒤에 그 주제에 관한 현재의 이해는 어떨지 심사숙고한다. 일단 연구할 만한 것이 있다고 결론을 내리면 밖으로 나가서 주의 깊게 새로운 관찰을 수행하고 자신이 찾아낸 것이 이전 연구에 들어맞는지 아니면 추가적 연구나 출판을 할 만큼 이전 연구에서 많이 벗어나 있는지를 살펴본다.

아리스토텔레스의 저작 상당 부분은 기술적이었다. 실제로 해부를 많이 해 보았거나 아니면 적어도 작업을 곁에서 많이 지켜봤음에 틀림없다. 《동물의 신체 부위》(Parts of Animals)의 섹션들은 세심한 검시 보고서처럼 읽힌다. 아리스토텔레스 본인은 동물학에 집중했던 것 같은데, 아리스토텔레스 이름으로 나온 식물학 저서에서 적어도 일부는 테오프라스투스가 작성했을지도 모른다. 필자가 정확히 누구인지를 꼬집어 말하기는 어려우며, 아리스토텔레스 개인한테 돌려지는 많은 저작들은 아마도 '아리스토텔레스학파'의 작품이거나 요즘 용어로 표현하자면 '아리스토텔레스 연구실'이나 '아리스토텔레스 강의 노트'에서 나온 것이라고 보는 게 맞을 것이다.

아리스토텔레스는 체계적 분류학의 첫 단계라고 할 만한 작업에서 어떤 기관들은 공유하지만 다른 기관들은 공유하지 않은 명확한 물리적 특징들을 구분해 내고자 했다. 그는 속과 종 수준에서는 어느 정도 분류에 성공했지만 더 종합적인 분류 체계를 실제로 만들어 내지는 못했다. 그의 선택 가운데 일부는 자의적인 것 같지만(일례로, 붉은 피가 있는 것과 없는 것으로 동물을 나누는 방식) 이러한 사소한 불만거리에도 불구하고 순전히 방대한 조사 자체는 경이롭기까지 하다. 《동물사》(History of Animals)의 어느 부분을 들여다보더라도 깊이 생각해 보고 후속 작업을 할 만한 귀한 내용을 발견할 수 있다.

아리스토텔레스는 오늘날이라면 생태학이나 동물의 습성이라고 불렸을 쟁점들도 다루고 있다. 저작을 관통하여 자신의 관찰 내용에 어디서 듣거나 다른 책에서 읽은 내용을 곁들인다. 또 독자들에게 방법론과 관찰 내용에 관한 주의 사항을 알려주기도 한다. 예를 들어 《동물사》 9권에서 "상대적으로 눈에 잘 안 띄고 수명이 짧은 동물들의 특성은 더 수명이 긴 동물들의 특성보다 우리에게 그렇게 확실하게 인지되지 않는다"고 그는 지적한다.[10] 이것은 지금도 맞는 말이다. 같은 책 뒷부분에서는 오늘날 우리라면 '영양학적 단계 반응'(먹이사슬에서 특정 단계의 포식자가 증가하거나 감소하여 그 먹이를 증가시키거나 감소시킴으로써 그다음 단계의 먹이사슬에도 연쇄반응을 일으키는 현상. 예를 들어, 초원의 육식동물이 감소하면 그 먹잇감인 초식동물이 증가하고 이는 다시 초목의 감소로 이어진다—옮긴이)이라고 부를 수 있는 과정을 기술하고 있다. 물론 아리스토텔레스한테서는 그러한 과정이 동물들이 서로 '전쟁을 벌이는' 형태를 띠지만 말이다. 꾀꼬리에 관해 이야기할 때도 다시금 그 내용 가운데 일부는 직접 관찰로부터, 일부는 들은 이야기로부터 나온다. "전하는 이야기에 따르면, 꾀꼬리는 원래는 죽은 사람을 화장하는 장작더미에서 태어났다고 한다."[11] 황당무계하다고? 물론이다. 그러나 한편으로 "전하는 이야기에 따르면"이라고 진술하며 아리스토텔레스가 신중한 태도를 취하는 것에 주목하라. 그리고 현재의 비신화적인 부화를 허용하는 표현인 "원래는 태어났다"라는 표현도 눈여겨보라. 다윈처럼 아리스토텔레스는 그 주제에 일생 동안 노출된 이들의 경험에서 도움을 얻고자 양봉인, 해면 채취 잠수부, 어부에 이르기까지 실제로 경험이 풍부한 사람들을 찾아갔다.

성장하고 있는 아리스토텔레스의 철학은 이전 시기의 순전히 실용적인 농업생태학과 당대에 이르기까지 서양 사상의 대부분을 지배해 온 유신론(有神論)적 설명으로부터 참신한 단절이었다. 만약 자연에 관한 '왜'라는 어느 질문에든 "신들의 뜻이 그러하니까"라는 답변으로 일관한다면 과학적 탐구의 여지는 없어진다. 소크라테스의 운명을 염두에 두면서 아리스토텔레스가 그런 노골적인 불경은 피했을 게 틀림없지만 그의 연구는 더 이상 신이 필요 없는 방식으로 표현되어 있다. 사람은 자기가 원하는 신들을 모두 믿을 수는 있지만, 아리스토텔레스의 과학은 믿음보다는 증거의 노선에 따라 수행된다. 이러한 단절과 더불어 진정한 조사 연구가 시작될 수 있다. 레스보스 섬에 반망명한 상태에서, 아리스토텔레스는 동물과 식물을 관찰할 여유가 많았다. 그는 연구를 확대하는 데 필요한 후원을 곧 얻게 될 터였다.

아테네가 주도하는 황금기 동안 그리스인들은 마케도니아를 야만족 왕국에 불과하다고 여겼다. 하지만 마케도니아인들은 야심만만하고 유능한 전사들이었으며 그리스인들한테 무시당하는 것에 분개했다. 알렉산드로스 대왕의 아버지 필리포스 2세는 페르시아와 직접 맞설 수 있는 단일한 공동의 제국으로 모든 그리스 국가들을 통일하고자 했다. 자기 아들에게는 우수한 교육의 모든 이점을 누리게 했는데, 공부를 시키기 위해 왕위 계승자를 외국으로 보낼 수는 없는 노릇이므로 적당한 가정교사를 찾아서 궁정으로 데려와야 했다.

아리스토텔레스는 젊은 알렉산드로스를 가르치도록 레스보스 섬에서 마케도니아로 초청되었다. 이 초청은 엄청난 기회임과 동시에 중대한 위험성도 안고 있었다. 마케도니아 왕실은 분명 그리스 정치에서 떠오르는 스타였고, 장래 그리스 세계의 통치자로 유망한 사람의 스승이 될 기회는 굉장한 유혹이었을 것이다. 그러나 한편으로 마케도니아의 지배가 결코 확실한 일은 아니었다. 마케도니아로 가는 것은 더 인습적인 그리스인들에게 아리스토텔레스의 충성심이 더 이상 옛 기성 질서에 있지 않음을 분명하게 선언하는 행동이고, 만약 마케도니아가 그리스나 페르시아와 벌이는 쟁투에서 진다면 패배자의 후계자 교육을 담당한 철학자는 극도로 난처한 처지에 놓이게 될 게 뻔했다.

기원전 343년에 테오프라스토스를 대동했을 수도 있는 아리스토텔레스는 북쪽으로 길을 떠나 4년 동안 알렉산드로스의 교사로 일했다.[12] 필리포스 2세는 아리스토텔레스에게 크게 만족했던 모양이다. 이 철학자에게 후속 연구를 위한 재정을 지원했을 뿐 아니라 마케도니아가 이전 전쟁에서 파괴한 아리스토텔레스의 고향 스타게이라 시를 재건하는 데에도 돈을 댔다. 알렉산드로스는 결국에 출정 군대에 합류했고 기원전 338년 자신의 아버지가 테베와 아테네 연합군을 패퇴시킨 카이로네아전투에 참가한다. 이로써 마케도니아는 의문의 여지없는 그리스의 주인이 되었다. 2년 뒤 필리포스 2세는 페르시아 침공에 나서려던 찰나에 자신의 근위대 일원에게 살해당하고 만다.

필리포스 2세 살해에 관여했다는 일각의 이야기에도 불구하고 알렉산드로스는 왕위를 계승했고 예정된 페르시아 침공을 감행했다. 이 시기 내내 아리스토텔레스는 마케도니아에 남아 있었던 것 같다. 윌리엄 맥길리브레이는 아리스토텔레스가 과거 자신의 제자였던 알렉산드로스와 동행하여 이집트까지 갔다가 기원전 334년 무렵에 아테네로 귀환했을 가능성이 있다고 보았다.[13] 분명한 기록은 남아 있지 않지만, 중동을 통과하는 여행에 자신의 부유한 후원자와 동행할 기회를 얻는 것은 어느 자연사 학자한테든 유혹이었을 것이다. 하지만 누가 봐도 군사 원정이란 힘들고 위험이 따르는 일이므로, 위험은 피하는 게 상책이라 결론 내린 아리스토텔레스가 재빨리 발을 빼 처음에는 마케도니아 궁정으로, 궁극적으로는 자신의 학문이 원숙해졌던 아테네로 갔다 해도 놀랄 일은 아닐 것이다.

우리는 아리스토텔레스의 여정 전 범위를 결코 알지 못하겠지만, 그의 저술에 등장하는 일부 동식물 종으로부터 연구를 위한 새로운 표본을 수집하는 차원에서 알렉산드로스 동방 원정의 이점을 누렸다는 점은 분명하다. 알렉산드로스의 동방 정복은 이전까지 그리스인들이 구경할 수 없었던 고대 문헌과 완전히 새로운 연구 영역에 친숙한 학자들에게 접근할 수 있는 기회가 될 수 있었다. 아리스토텔레스는 제자가 페르시아제국 정복 원정에서 승승장구하는 동안 그와 꾸준히 접촉을 유지한 것 같지만 결국에 가서는 사이가 틀어지게 된다. 어쩌면 알렉산드로스가 갈수록 페르시아 관습을 채택하는 것을 둘러싸고 생겨난 갈등 탓이었을 수도 있다.

아리스토텔레스의 아테네 귀환은 성공이었다. 아테네인들은 마케도니아인들이 카이로네아전투 참패 이후 자신들을 살려 준 것에 감사했고, 아리스토텔레스의 명성은 그보다 앞서 아테네에서 이미 자자한 상황이었다. 그는 리케움에 학교를 설립하고 12년 동안 학생들을 가르치며 저술하는 데 힘썼다. 그의 교수법은 학생들과 함께 아테네 시와 주변 시골을 거닐면서 철학이나 자연사를 강의하는 방식이었다. 이런 교습 스타일의 결과 아리스토텔레스의 제자들은 페리파토스학파(소요학파, 이리저리 산책하는 학파)라고 불리었고, 이 이름은 철학 학파 전체와 동의어가 되어 왔다. 이렇게 산책하며 학문을 익힌 이들은 아리스토텔레스가 물리적 세계와 지적 세계의 범주를 계속 분류해 가는 동안 유능한 조수 집단이 되었을 것이다.

철학적 층위에서 아리스토텔레스는, 단순한 상황의 우연이나 신들의 뜻을 넘어서는 이유 때문에 현상이 발생한다는 '자연목적론'(natural teleology)을 제시했다.[14] 철학자의 목표(곧 자연사 학자의 목표)는 상태나 대상, 유기체를 될 수 있으면 세심하게 기술한 다음 어떤 요인 때문에 그 대상이 관찰되는 상태로 존재하고 활동하는지를 알아내는 것이다. 어떤 현상이 왜 일어나는지 결론을 내리는 과정에 아리스토텔레스는 네 가지 형태의 인과관계를 제시한다. 바로 질료인(material cause), 형상인(formal cause), 작용인(efficient cause), 목적인(final cause)이다.[15] 그는 과학자의 역할이란 게 어느 정도는 이렇게 각각의 원인으로부터 나오는 질문들에 답하는 것이라고 주장했다. 이 구조는 명백히, 행동의 이유를 설명하는 20세기의 동물생태학자 니코 틴베르헌의 유명한 '네 가지 이유'(Four Whys)의 중심에도 있다.[16] 아리스토텔레스나 틴베르헌 둘 다 어느 한 층위에 절대적 우위를 두지 않는다. 원래의 관찰자에게 맡긴다. 대신에 두 사람은 이 층위들 어디에서든 매우 유용한 작업이 이루어질 수 있다고 제안하며 또한 '궁극적' 답변에 접근하는 해법을 구하려면 어느 때든 가능한 많은 층위를 다루는 것이 유익하다고 믿는다.[17]

아리스토텔레스의 자연목적론은 유신론적 해석으로부터 완전히 벗어나지 못했다. 사물의 궁극적이고도 최종적인 원인, 즉 모든 사물을 움직이게 만들고 따라서 존재하게 만드는 '부동의 동자'(unmoved Mover)를 주장하면서 그는 일종의 교묘한 속임수를 부리고 있다. 리케움의 학생들이 학교를 나서면서 운동자가 신들과 대체 얼마나 다른지 궁금해하는 모습이 상상이 간다. 이러한 미흡함에도 불구하고 인간의 감각으로 지각할 수 있는 대상에 대한 직접적 연구를 강조하는 아리스토텔레스의 철학은 지적인 의미에서 어느 정도 자연사를 유용하게 만들었다. 반면 엄격하게 신학적 설명에서는 자연사가 그만큼 쓸모 있지 않았다.

아리스토텔레스는 만물에 똑같은 유형의 인과관계나 증명을 기대하지 않는다. 우리는 해부를 통해 신체 구조에 관해 많은 것을 밝혀낼 수 있고 많은 간을 조사한 뒤 간의 형태에 대해 얼마간 확실성을 얻을 수 있지만, 해부로는 사랑을 알아내는 데 그다지 진전을 보지 못할 것이다. 그렇지만 한편으로 사랑과 간은 둘 다 연구할 가치가 있는 주제이고 묘사되고 분류될 수 있다.[18]

아리스토텔레스는 장래에 연구자가 될 이들을 위한 방법론을 제공했을 뿐 아니라 막대한 양의 사실을 수집했다. 이 내용들은 이해하기 쉬운 형태로 정리되어 작성되었으며, 세심한 묘사와 기능에 대한 설명을 제시하고 있다. 기능을 설명한 상당 부분은 훗날 틀린 것으로 드러나지만 그가 관찰한 내용은 종종 검토해 볼 만하다. 이를테면 새는 귀관을 갖고 있지만 귓바퀴는 없다는 묘사는 맞지만,[19] 새의 피부는 '딱딱하지 않고' 귓바퀴의 부재는 새의 피부 구조 탓이라고 할 수 없다.

명성에도 불구하고 아리스토텔레스에게는 비판자도 있었다. 디오게네스 라에르티오스는 아리스토텔레스가 다리가 가늘고 혀짧배기소리로 말하며 고급 옷가지와 보석을 좋아했다고 하며 험담을 늘어놓는다. 게다가 아리스토텔레스가 따뜻한 기름으로 목욕하고 "나서 그 기름을 판매"하는 것을 즐겼다는 이야기를 들려준다.[20] 이 이야기가 사실인지는 분명하지 않지만 아테네 사람들과 아리스토텔레스의 관계는 언제나 애증이 교차하는 관계였다. 많은 아테네인들이 리케움으로 몰려들었지만, 라에르티오스는 아리스토텔레스가 아테네인들이 밀과 법을 발명했지만 밀만 이용하고 법은 무시했다고 말했다고도 전한다. 아리스토텔레스는 그 무렵 아쉬운 대로나마 존재하던 법과 불가피하게 충돌했고 친구 헤르메이아스에게 바치는 찬가를 지어 불경죄로 고발당했다. 선고를 받기 위해 아테네에 남았던 소크라테스와 달리 아리스토텔레스는 부동산을 보유하고 있던 칼키스로 물러갔고, 얼마 안 있어 그곳에서 죽었다.

아리스토텔레스의 친구이자 동료인 테오프라스토스라는 이가 있었다. 기원전 371년 레스보스 섬 에레소스에서 태어났고 본명은 티르타니움이었지만 논쟁에서 보인 뛰어난 능력 때문에 아리스토텔레스가 그에게 테오프라스토스("신에 맞먹는 화술")라는 별명을 지어 준 것 같다. 아리스토텔레스처럼 테오프라스토스도 플라톤의 아카데미에 다녔고 아리스토텔레스가 마케도니아로 옮겨 갔을 때 함께 아테네를 뜬 것 같다.

테오프라스토스는 식물학에 관한 저작으로 가장 잘 알려져 있는데, 이 책에서 그는 식물을 전체적 높이와 줄기 구성을 토대로 나무와 관목, 풀로 분류하는 방식으로 아리스토텔레스의 방법론을 적용했다.[21] 그는 철학 교육과 저술에도 폭넓게 관여했지만 그중 다수는 오늘날 남아 있지 않다. 사물에 목적인을 어느 정도까지 부여할 것인지에 관해 아리스토텔레스와 의견이 갈렸고, 그는 어떤 더 심오하고 더 궁극적인 목적과 관련한 설명보다는 우연과 우발적 사건이나 물질적 필요성을 더

기꺼이 인정했던 듯하다.[22)]

테오프라스토스는 누가 봐도 중요한 교사였다. 아리스토텔레스가 떠나자 리케움을 떠맡았고 자신이 운영하는 동안 2천 명이 넘는 학생이 등록했다. 그가 이끈 36년 동안 리케움은 창립자가 남긴 광범위한 저작과 입수 가능한 추가 저작을 활용해 아리스토텔레스가 시작한 방법론과 사상을 더 정교하게 발전시켜 나갔다. 아리스토텔레스와 달리 테오프라스투스는 정말로 인기가 많았던 것 같고 불경죄로 고발당했을 때는 대체로 이 대중적 호의 덕분에 무사히 위기를 모면할 수 있었던 것 같다.

오늘날 대다수의 생물학 교수들은 철학 박사학위를 갖고 있다. 그러나 실제로 철학을 공부한 사람은 거의 없다는 게 확실하고, 그 가운데 아리스토텔레스와 테오프라스토스, 그리고 그들이 가르친 학생들의 시간을 그렇게 많이 차지했던 인과관계의 특정한 문제들을 고민하는 이들은 더더욱 없다는 사실에는 어떤 아이러니가 느껴진다. 어쩌면 과학 분야 대부분에서 나타나는 경향일지도 모른다. 궁극의 질문들은 진정한 대답을 얻지 못하고, 문화는 변화하며 관여했던 사람들은 죽고 중요한 질문을 이루었던 것도 변한다. 나는 내 동료들 대다수가 생물학의 여러 측면에서 최종 원인으로 자연선택에 따른 진화를 꼽을 거라 생각한다(또 그러기를 바란다). 우리 가운데 어떤 이들은 아마도 아리스토텔레스나 테오프라스토스보다 우연과 우발적 사건을 더 자유롭게 감안하겠지만 우리는 아리스토텔레스가 선사한 방법론을 높이 평가하고 하나의 세계관을 낳은 방대한 연구를 기릴 수 있다. 그리고 아리스토텔레스의 연구가 낳은 최초의 세계관은 아무리 불완전하다고 해도 그가 죽은 뒤에도 긴 세월에 걸쳐 줄곧 발전해 나갔다.

3장 플리니우스와 로마제국

    알렉산드로스는 기원전 323년(아리스토텔레스가 죽기 1년 전)에 세상을 떠났고 그의 제국은 곧바로 허물어졌다. 그의 피를 물려받은 성인 후계자가 없는 상황에서(알렉산드로스의 아들들은 다들 아기여서 쉽게 제거되었다) 수하 장군들은 제국을 개별 영토로 분할했다. 알렉산드로스의 후임자들 가운데 어쩌면 가장 현명한 프톨레마이오스(기원전 367~283년)는, 3면은 사막으로 마지막 한 면은 지중해로 보호되는 이집트의 알렉산드리아를 중심으로 왕조를 열었다.

    프톨레마이오스는 아리스토텔레스가 마케도니아에 있을 때 그곳 궁정에 있기에 딱 맞는 나이였다. 그가 알렉산드로스와 함께 아리스토텔레스에게 개인 지도를 받은 젊은이 집단에 실제로 속해 있었는지는 영영 알 수 없겠지만 그는 분명히 학문에 취미를 붙였다.[1] 왕국이 수립되자마자 그는 알렉산드리아에 과학과 철학 연구센터를 발전시키기 시작했다. 그것은 뮤즈(Muse, 철학, 역사, 음악, 무용에 이르기까지 인간의 예술과 학문 분야를 관장하는 시의 여신—옮긴이)들에게 바쳐진 공간, 무세이온(Mouseion) 곧 무세움(Museum)이었다. 이 기관의 초대 관장은 아테네에서 아리스토텔레스와 테오프라스토스에게 배운 팔레론의 데메트리오스였다.[2] 소요학파의 철학은 따라서 아테네가 급격히 기울고 있던 바로 그 순간에 지중해 건너편에서 새로운 거처를 얻었고, 중동은 그리스와 알렉산드로스의 더 넓은 영토에서 수집한 지식의 저장소가 되었다. 데메트리오스가 만든 새로운 기관은 리케움을 본뜬 것이 거의 확실한데, 연구와 교육을 위한 공간과 더불어 프톨레마이오스의 후계자들이 세계에서 가장 큰 지식의 보고로 만들겠다고 결심한 도서관도 갖추고 있었다.

프톨레마이오스왕조는 도서 수집을 역사상 없었던 열정의 대상이자 예술의 경지로 끌어올렸던 것 같다. 모든 기록을 힘들게 손으로 필사해야 했던 시대에 그들은 사본보다 원본을 선호했다. 왕국의 영토 안에 들어온 새 책들을 몰수한 뒤 원래 주인한테는 사본만 돌려주는 경우도 많았다. 알렉산드리아 도서관은 한때 50만 권의 장서를 소장하고 있었는데 아마도 도시 여러 장소에 나뉘어 보관되었을 것이다. 도서관에 체계를 갖춘 서지학 기관, 원본에 대한 면밀한 주의, 큐레이션, 문서를 필사하고 편집·수정할 수 있는 시설을 갖추고 있었다는 뚜렷한 증거가 있다.

무세움이 아리스토텔레스나 테오프라스토스 같은 자연사 학자를 배출하지는 않았지만 학문적 환경을 제공함으로써 에우클리데스(유클리드)는 그곳에서 기본적인 기하학 법칙들을 정립했다. 그러나 누구 혼자만의 업적을 뛰어넘어, 박물관과 도서관 내에서 교육과 학문 연구에 대한 강조는 소요학파 철학이 후속 세대한테까지 계속 이어지게 했다. 자연사와 철학, 역사와 문학의 초기 저작들 다수가 보존된 것은 도서관과 박물관 덕분이다. 그리스 세계가 쇠퇴하고 로마가 알렉산드로스 대왕도 상상하지 못했던 지역으로까지 영토를 확장해 가던 때에 그러한 배움의 중추가 일관된 후원자들의 후원을 받으며 존재했다는 것은 다행스러운 일이다.

로마는 이탈리아 중부의 언덕 위에 자리 잡고 있던 여느 도시들과 다를 바 없이 출발했지만 여러 왕들의 통치를 거치면서 반도 내에서 중요한 세력으로 떠올랐다. 그리고 기원전 509년 무렵에 공화정으로 변신했다. 성장하던 경제력과 군사력이 결합하여 로마인들은 다른 이탈리아 도시들을 정복하고, 다른 부족들을 공동의 정치적·문화적 단위로 편입시키면서 남과 북으로 세력을 확장해 나가 결국에는 알프스산맥을 넘어 갈리아 지방(오늘날의 프랑스 일대—옮긴이)으로까지 뻗어 나갔다. 율리우스 카이사르는 기원전 54년에 다소간 미온적으로 브리타니아 섬침공을 시도했지만 실제로 그 지방을 복속해 제국의 영역으로 편입하는 과업은 거의 100년 뒤에 클라우디우스의 몫이었다. 흥미롭게도 클라우디우스의 승리는 브리턴족의 기병에 맞서 코끼리와 낙타를 이용함으로써 적잖은 도움을 받았다. 클라우디우스는 꽤 학구적인 인물이었다. 따라서 제국 안에 서식하던 몸집이 큰 동물의 분포와 습성을 잘 알고 있었을 것이다. 대체로 작은 섬에 갇혀 있던 사람들이 보기에 전쟁터에 낯선 동물을 타고 나타난 로마인의 모습은 틀림없이 대단한 충격이었으리라. 브리턴족이 타고 있던 말은 낯선 짐승의 면모와 냄새에 겁에 질려 결정적 교전 중에 정신없이 달아났다.

로마인들은 한동안 그리스 문명과 접촉이 늘어 가고 있었다. 로마인들이 막 기지개를 펼 무렵에 그리스인들은 이미 이탈리아 남부와 시칠리아에 주요 식민지를 건설해 왔다. 이 도시국가들은 때로는 아르키메데스의 죽음 같은 비극적 결과와 함께 점차 로마의 세력권 안에 흡수되어 갔다. 전하는 이야기에 따르면 시라쿠사 약탈 당시 당대 최고의 과학자라 할 아르키메데스는, 어느 로마 군단병에게 자신이 기하학 문제를 풀고 있으니 빛을 가리지 않게 비켜 달라고 요청했다가 죽임을 당했다고 한다.

우리가 로마 문명이라고 부르는 상당 부분은 사실 그리스 헬레니즘 문화를 비롯해 로마가 정복한 일련의 문화들로부터 차용하고 적절히 개조한 것이다. 로마인들은 마케도니아를 물리친 다음 코린토스 파괴로 막을 내리는 기원전 200~146년에 걸친 전투를 통해 나머지 그리스까지 정복했다. 그리스인과 그리스 철학을 향한 로마인들의 태도는 확연히 애증이 교차한 것 같다. 카토 같은 로마 공화주의자는 그리스인들을 타락한 민족이며 진정한 로마 문명의 발전에 부정적 영향을 끼친다고 본 반면 또 어떤 이들은 열성적으로 그리스 문화를 채택했다.[3]

프톨레마이오스왕조 이집트는 그리스보다 좀 더 오랜 기간 독립을 유지했지만 도서관은 이미 기원전 47년에 카이사르의 일부 병사들에게 부분적으로 파괴당했다.[4] 의도적으로 불을 질러 무세이온의 장서나 거기에 담긴 사상을 억압하려는 시도는 아니었던 것 같다. 그보다는 화재는 폭동의 와중이나 아직 명목상으로는 독립 왕국인 이집트에서 로마 세력의 존재에 반대하는 현지의 저항에 대응하다가 인근 선거(船渠)에서 시작되었던 것 같다.

최전성기 로마제국의 영토는 스코틀랜드 해안에서 프랑스와 남유럽 전역을 거쳐 소아시아 한참 안쪽까지 이르렀다. 제국의 광대한 영토 덕분에 로마 철학자들은 연구를 위해 방대한 범위의 문화와 서식 환경, 주제들에 접근할 수 있었다. 제국을 먹여 살리는 교역망은 남아시아와 발트 해 일부까지 아울러 그보다 더 넓은 이해관계의 세력권을 제공했다.

로마가 지중해 분지를 지배하게 되면서 학자들은 500년이 넘는 지난 자연사 연구 성과에 잠재적으로 친숙해졌다. 한편으로는 이점이었지만 다른 한편으로는 다소 주눅이 드는 상황이었다. 고대인들이 이미 연구할 만한 것은 모조리 알아냈다고 생각하기 쉬웠을 것이다. 로마는 중요한 문학 작품을 얼마간 내놓았지만, 사물을 바라보는 완전히 새로운 방식을 발전시키기보다는 이전 권위를 차용하고 거기에 의존했던 측면이 있다. 로마는 의학과 철학에서 여전히 그리스와 동방에 기댔지만 자연사 학자를 자체적으로 배출하기도 했다. 그중에 가장 위대한 학자는 바로 플리니우스(가이우스 플리니우스 세쿤두스)이다.

플리니우스는 서기 23년에 베로나 또는 이탈리아 북부 코모에서 태어난 것으로 알려져 있다(코모 쪽이 더 신빙성이 있다).[5] 그는 젊은 시절 로마군에 복무하여 빠르게 진급한 뒤 법학을 공부했고 이후에는 다시 관직에 몸을 담갔다. 맥길리브레이는 플리니우스의 생애와 작업 습관과 관련한 상세한 내용은 그의 조카 소(少)플리니우스를 인용한다. 플리니우스는 불면증이 있었던 모양인데, 낮 동안은 정무를 수행하고 저녁 시간의 태반은 철학이나 저술에 할애했다. 맥길리브레이는 우리에게 그 위인의 유쾌한 초상을 그려 보인다. "여름날 잠시라도 짬이 나면 그는 햇볕 아래 누워서 누군가에게 책을 소리 내어 읽게 시킨 뒤 그 내용을 꼼꼼히 필기했다. 그는 세상에 교훈을 전혀 담고 있지 않을 만큼 변변찮은 논고는 없다고 곧잘 말하곤 했다."[6]

플리니우스는 강박적인 독서가여서 로마 외곽으로 길을 떠날 일이 있으면 공부에 투자할 수 있는 시간을 조금도 허비하지 않도록 언제나

가마를 타고 가겠다고 고집을 피웠다. 그는 군인으로서 나중에는 정무와 관련하여 제국을 두루 여행했다. 네로 황제가 제위에 있던 시기를 살았지만 어쩌면 다행스럽게도 궁정 인사는 아니었다. 네로가 암살되자마자 그는 곧 또 다른 불면증 환자인 베스파시아누스 황제의 개인 비서로 두각을 나타냈다. 소플리니우스는 외삼촌이 날마다 '해도 뜨기 전에' 황제에게 업무 보고를 했다고 전한다.[7]

변칙적인 근무 시간 덕분에 플리니우스는 자연 세계에 관한 서적과 이야기를 수집하는 개인적 열정을 불태울 시간을 확보할 수 있었다. 그는 스토아주의자로 교육받았고 자연 질서를 관찰함으로써 올바른 행동에 관한 지침을 얻을 수 있다고 믿었다. 아리스토텔레스나 테오프라스토스와 달리 플리니우스는 직접 관찰하고 실험하는 쪽은 아니었던 것 같다. 아리스토텔레스의 저술 몇몇 대목을 읽다 보면 특정한 표본을 해부하는 현장에 함께하는 듯한 느낌을 받는다. 반대로 플리니우스의 저술은 거리를 두면서 학문을 연구한 기색이 역력하다.

새 황제의 총애를 받는 신하로서 플리니우스는 로마의 권력이 닿는 범위 안에 존재하는 동식물에 관해서라면 거의 모든 설명에 접근할 수 있었을 것이다. 군인으로 북아프리카에서 복무했지만 그가 장서를 살펴보기 위해 알렉산드리아에 갔다는 기록은 없다. 그러나 여러 문헌들의 사본은 틀림없이 로마에서도 구할 수 있었을 테고 제국의 수도는 먼 지역의 이야기들과 기이한 견문 사례를 함께 나누길 원하며 곳곳을 두루 다니는 철학자들을 끌어당기는 자석이었다. 생애 말년에 플리니우스는 힘닿는 한 이러한 자료를 최대한 수집해 한편의 방대한 문헌으로 엮는 데 집중했고, 그 결실인 《박물지》(Naturalis Historia, 자연사)는 그의 대작 가운데 유일하게 오늘날까지 남아 있는 대표작이다.

《박물지》는 과학 분야의 전체를 아우르는 백과사전 저술로서 사실과 전설, 전해들은 이야기와 소문이 잡다하게 뒤섞인 책이다. 다소 자의적인 방식으로 구성되어 있지만 플리니우스 당대에 알려져 있거나 알려져 있다고 생각되는 내용 대부분을 담고 있다.[8] 모두 37권인 《박물지》는 실제로는 서기 77~79년에 집대성되었을텐데, 이제는 대체로 소실된 원저들을 읽고 요약한 다년간의 노고에 기댄다. 플리니우스는 후원자 베스파시아누스의 아들인 티투스에게 이 책을 헌정했으며 책은 좋은 반응을 얻고 널리 배포되었던 것 같다.

자신이 직접 관찰을 많이 하지 않았기 때문에 플리니우스는 여러 문헌을 서로 대조하는 방식 말고는 원자료의 진위 여부를 확인할 길이 없었다. 그래서 종종 실수를 저지르거나 아주 기초적인 사전 조사만으로도 금방 거짓으로 드러날 진술까지 포함시켰다. 동물 목록에는 실제 생물은 물론 불사조 같은 신화에 나오는 짐승까지 모두 포함되어 있다. 자신만의 철학을 펼치거나 설명적 이론화를 딱히 시도하지 않았기에 어떤 이들은 그의 저술에 과학 자체는 별로 없다고 불평한다. 하지만 그를 비판하는 이들조차도 그가 특정 주제를 다룰 때면 생생하게 살아나는 듯한 단순하고 소박한 스타일을 지녔다는 점은 인정한다.

아이러니하게도 대규모 자연 현상을 몸소 관찰하기 위한 플리니우스의 시도라고 유일하게 기록된 사례는 그를 죽음으로 이끌고 말았다. 일흔 나이에 그는 미세눔에 정박해 있는 로마 해군의 사령관으로 임명되었고 베수비우스 화산이 폭발해 폼페이와 헤르쿨라네움 시를 뒤덮었을 때 마침 기지에 머물고 있었다. 그는 바닷가에 대기한 채 생존자를 구조하라고 함대에 명령을 내린 뒤 상황을 직접 살펴보기 위해 작은 배를 타고 나갔다. 함께 배에 오른 이들이 두려워하자 그는 "행운의 여신은 용감한 자들을 총애하니, 폼포니아누스의 빌라를 향해 배를 몰아라" 하고 명령했다고 한다.[9] 플리니우스와 그가 이끄는 무리는 상륙한 뒤 한동안 해변에 머물면서 음식을 먹고 피난민을 돌봤다. 그런데 갑자기 플리니우스가 땅에 주저앉아 마비 증세를 호소하더니 곧 숨을 거두었다고 한다. 일부 역사책들은 그가 화산에서 뿜어져 나오는 유독가스에 질식했다고 주장하지만 심장마비를 일으켰을 가능성이 더 커 보인다. 뭍에 있던 그의 친구와 친척들은 모두 구조되었고 부분적으로 부석에 뒤덮인 그의 시신은 사흘 뒤에 회수되었다.

플리니우스는 자신을 이미 존재하는 지식을 집대성하고 조직하는 편찬자라고 생각했고 그의 저작은 매우 포괄적이고 글은 매우 만족스러워서 그리스 로마 시대 자연사가 암흑기와 중세를 거쳐 후대로 전달되는 데 중심 출전이 되었다. 조지 사턴은 플리니우스의 저작을 퍽 적절하게 요약한다. "고대 과학의 분묘인 동시에 중세 구전 지식의 요람이다."[10]

플리니우스 말고도 로마 시대 자연사에 관한 역사라면 두 사람을 더 거론할 만한데 바로 갈레노스(서기 129~200년?)와 디오스코리데스(서기 40~90년)이다. 갈레누스와 디오스코리데스는 엄밀하게 말해서 주로 의학에 관심을 가졌다. 이들은 이런저런 질환을 치료할 때 다양한 식물을 폭넓게 사용하여 니네베로까지 거슬러 올라갈 수도 있는 더 오래된 문헌들에도 의존했을 뿐 아니라 테오프라스토스의 저작에 새로운 지식을 덧붙이기도 했다.

디오스코리데스는 로마 시대 많은 의사들처럼 그리스인이었다. 그는 소아시아 남부에서 태어나 군의관으로 로마군에 입대했다가 의학을 더 폭넓게 공부하기 위해 나중에 타르수스로 갔다.[13] 그의 저작 《약제학》(De Materia Medica)에는 대략 500가지 식물이 묘사되어 있고 다양한 질병에 대해 1천 가지가 넘는 치료법이 열거되어 있다. 디오스코리데스는 여러 약초를 비롯하여 식물학 지식에 크게 의존하고 있지만 그의 글은 후대의 본초서(本草書, 약제용, 의학적 용도의 식물에 대한 연구서—옮긴이)에서 발견되는 것처럼 철저하지는 않다. 그러나 디오스코리데스의 저술은 더 체계적인 식물학으로 이어지는 중세 후기와 르네상스의 여러 저작에 토대가 되기 때문에 그는 자연사에서 중요한 인물로 남아 있다. 그의 저작은 절판되지 않은 채 다른 고전기 학자들의 저작보다 훨씬 오랫동안 이용되었던 것 같고, 많은 주석이 달리고 수정을 거듭했다.[14]

프랭크 에거턴은 디오스코리데스의 주요 공로가 정확한 동정(同正, 채집한 생물 개체를 개별 종으로 올바르게 구분하는 일—옮긴이)에 대한 강조라고 보며, 현대 식물학 문헌과 비교하여 그의 저작을 후하게 평가한다. 현대 식물학 저서들은 디오스코리데스의 분류에 한계가 있음을 인정하지만 후대 저자들이 식물의 지리적 분포에 주의를 기울이도록 촉구한 점에서 중요성을 강조한다.[15] 다수의 다른 초창기 자연학자들처럼 디오스코리데스에게는 종(species)이나 유형(type)을 넘어서는 진정한 분류 체계가 없었다. 그는 여전히 매우 실용적 이유를 염두에 두고 글을 쓰고 있었다. 그에게 특정 식물을 구분할 필요가 있는 까닭은 의학에서 쓸모 때문이지 그 식물이 어떠한 진화적 의미나 더 큰 계통상의 의미에서 다른 식물과 연관되어 있기 때문은 아니었다.

갈레노스는 소아시아 페르가몬에서 태어났다. 그는 부분적으로는 아버지의 예지몽 때문에 의학을 공부했다고 한다. 그가 페르가몬에서 태어난 것은 행운이었다. 한때 페르가몬은 규모와 장서 범위에서 알렉산드리아 도서관에 견줄 만한 도서관을 발전시켰기 때문이다. 페르가몬에서 초창기 그의 의학 공부와 이후에 스미르나에서 학업은 이 특별한 선물로부터 혜택을 보았을 것이다. 그는 결국에는 그리스로 갔다가 나중에 알렉산드리아로 건너가 그곳의 박물관과 도서관에 친숙해졌다.

갈레노스는 소아시아로 잠시 돌아왔다가 로마로 가서 여생을 보냈지만 역병이 창궐했거나 아니면 제국 수도에서 의사들과 철학자들 간의 시기와 질투에 찬 내분 때문에 주기적으로 도시에서 도망쳐 나왔다. 린손다이크는 그 시기 직업 의사들 사이에서 보이는 경쟁심과 반감이 얼마나 심했는지를 강조한다. 그는 갈레노스가 당대인들 다수는 "산적 떼만큼 진짜로 강도 일당"이나 다름없다고 말한 것을 인용한다.[16]

당시 통용되던 의술은 대개 민간요법과 부적, 약초부터 다종다양한 똥까지 온갖 것을 헝겊에 바른 습포제, 그리고 제국의 사방팔방에서 모인 고대 문헌들의 상이한 번역본에 의지하는 관행이 기이하게 혼합된 모습이었다. 갈레노스는 그저 돈을 벌기 위해서 수도로 몰려든 많은 돌팔이 의사들을 당연히 경멸했을 테고 새로운 사고가 과학에 거의 도입되지 않는 것을 걱정했다.

갈레노스는 마르쿠스 아우렐리우스를 비롯해 황제들의 어의로 일했지만 전기 작가들은 그를 남의 흥을 깨는 사람으로 그린다. 그는 툭하면 다른 사람들이 공부를 소홀히 한 채 재미만 좇는다고 불평하고 다른 의사들이 자신의 의술을 훔쳐서 제 잇속을 챙긴다고 끊임없이 생각한다. 갈레노스는 약초와 약용 광물을 수집하며 제국 동부를 널리 여행했고 의학 논고를 광범위하게 저술했는데, 그의 저작은 디오스코리데스의 저작처럼 적어도 르네상스 때까지 필수 의학 교과서로 여겨졌다. 비록 갈레노스의 명성은 거의 전적으로 의학에 끼친 공로에 바탕을 두고 있지만 그는 과학의 성격 자체에 관한 근본적 질문들도 다룬다. 그는 직접 경험과 논리학, 1차 자료에 대한 의존 사이에서 균형을 이루는 일에도 관심을 보인다. 갈레노스는 히포크라테스 치료법의 여러 측면을 논의하면서 이렇게 말한다. "당신은[히포크라테스는] 고향을 떠나 멀리 여행해 보지 않았고 지방마다 나타나는 차이를 경험한 일이 없는 것 같습니다."[17] 여기서 갈레노스의 다소 투덜대는 힐난조가 잘 드러나지만 그는 계속해서 치료에 반응하는 지역적 변형에 관해 흥미로운 주장을 내놓는다. 같은 책의 뒷부분에서 그는 의사들에게 환자와 눈앞에 드러난 특정한 증상만 살필 것이 아니라 환자와 질환을 환경과 직업, 관계들이라는 더 넓은 맥락 속에서 맞춰 보는 데 애쓰라고 권장한다. 가히 2천 년 흐른 뒤에도 유효한 훌륭한 조언이다.

갈레노스는 서기 200년 무렵에 죽었지만 광범위한 저작과 로마 귀족 사회에서 폭넓게 얻은 존경 덕분에 그의 사상은 사후에도 살아남게 된다. 종국적으로 그의 다양한 논고들은 중세 의사들의 필독서 가운데 하나로 자리 잡았고, 과학과 의학 둘 다의 발전을 틀어막는 효과를 낳은 고대 문헌의 정전(正典)으로 통합된다. 갈레노스와 같은 고대인들이 이러저러한 일을 했다면 감히 어느 중세 의사가 일반적으로 인정되는 관행에 도전하겠는가?

642년이 되자 아랍인들은 알렉산드리아를 정복하고 북아프리카 해안을 따라 꾸준히 서쪽으로 밀고 들어왔고 결국에는 에스파냐 태반을 차지했다. 동쪽에서는 거듭된 공격이 콘스탄티노플 성벽까지 도달하여 마침내 비잔틴제국 황제들은 서방에 도움을 요청하게 되고 이는 십자군의 형태로 실현되었다. 제4차 십자군 기간 동안 베네치아인들은 아랍인들과 싸움에서 빠져 대신 콘스탄티노플을 약탈하고 도시의 가장 귀중한 재산 다수를 약탈해 갔다.[18] 제국은 이 패배로부터 결코 다시는 회복하지 못했고, 1453년 콘스탄티노플은 정복자 메메트에 의해 함락되고 동방 제국의 마지막 황제는 도시의 성벽에서 싸우다 죽었다.

알렉산드리아 도서관의 정확한 운명은 앞으로도 영영 알 수 없을 것이다. 확실한 사실은 도서관이 서기 1세기 카이사르에 의해서든 4세기 테오도시우스 황제의 명령에 의해서든, 7세기 아랍인들에 의해서든 아니면 이 세 사건 가운데 일부나 전부가 합쳐져 불탔다는 것뿐이라고 존 팀은 말한다.[19] 도서관의 소실은 어느 정도 학문 접근성의 전반적 쇠퇴를 상징적으로 보여 주며, 이는 로마제국 자체의 붕괴와 더불어 오랜 기간 동안 서유럽에서 조금이나마 조직적인 자연사라고 할 만한 분야의 소멸로 이어졌다. 다행스럽게도 아랍 정복자들 다수는 학문 연구에 무척 관심이 높았고[20] 철학, 의학, 자연사의 고전기 저작들 다수가 그리스어와 라틴어에서 아랍어로 번역되었다.[21]

원고를 통째로 복사하는 일이 마우스 클릭 한 번으로 이루어지고 도서관 장서를 전부 마이크로칩에 저장할 수 있는 우리 시대에 책이 소실될 수 있다는 것은 상상하기 힘들다. 그러나 인쇄기의 발달 이전에는 문서의 모든 사본은 반드시 손으로 글자 한 자 한 자를 베껴 써야 했다는 사실을 기억할 필요가 있다. 이 과정은 몇 주나 몇 달씩 걸릴 수 있고, 필사 과정에서 오류, 누락, 재해석의 가능성이 컸다. 그러나 중동에서 많은 원전에 접근할 수 있었던 아랍 학자들은 풍부한 고전 지식의 보고를 보존할 수 있는 멋진 입장에 있었다. 그리스나 알렉산드리아에서 기원한 문헌들은 새로운 아랍제국을 가로질러 에스파냐 북부까지 퍼져 나갔다. 세월이 흐르면서 이 저작들은 잠에서 깨어나는 유럽에서 재번역을 위해 다시 구할 수 있게 되지만, 그에 맞는 태도와 자원을 지닌 적임자가 나타날 때를 기다려야 할 터였다.

4장 신성로마제국 황제와 그 후예들

　로마제국의 멸망과 르네상스의 시작 사이 1천 년 동안을, 과학이나 인문학에서 진정한 진보가 이루어지지 않은 비참한 암흑기로 보는 시각이 일반적이다. 로버트 헉슬리는 말한다. "고전기의 종말부터 15세기의 시작까지 자연사에 관한 독창적인 사고와 추측은 사실상 막혀 있었다."[1] 앞선 저자들은 헉슬리보다 더 혹독하다. 헨리 니컬슨은 플리니우스만 간략하게나마 언급하고 넘어갈 뿐 다른 로마 작가들은 완전히 무시한다. "아리스토텔레스의 죽음과 더불어 자연사에 대한 과학적 추구는 단기간이 아니라 여러 세기 동안 사실상 종말을 고했다."[2] 이렇게 서술한 뒤 니컬슨은 곧장 16세기로 넘어가 버린다.

　그런가 하면, 애그니스 아버는 중세에 훨씬 더 호의적이다. 그녀는 서론에서 9세기와 13세기에 아리스토텔레스의 '재발견'을 특징으로 하는 학문 부흥의 중요성을 지적한다.[3] 중세 학자들이 앞선 로마인들처럼 대체로 이전의 원천들로부터 아이디어들을 빌려왔음을 암시하는 증거가 뚜렷하지만 적어도 독창적인 사례도 '몇몇' 존재했다.

로마의 쇠망과 더불어 서유럽은 아랍인들에게 지배받게 될 가능성에 직면했다. 732년에 이르자 아랍인들은 이베리아반도를 장악했다고 제법 자신할 수 있게 되었고 마침내 피레네산맥을 넘어 프랑스를 침공했다. 처음에는 성공적이었지만 침공군은 전리품을 잔뜩 챙긴 채 북쪽으로 전진하면서 점차 강력해지는 저항을 마주쳤다. 서양 역사에서 가장 의미심장한 전투 가운데 하나라고 일컫는 전투에서 카롤루스 마르텔은 프랑크족을 집결하여 투르에서 침공군을 무찔렀다. 그는 아랍 지도자 압데르라흐만을 죽이고 잔존 병력을 피레네산맥 너머로 몰아냈다.[4]

카롤루스 마르텔의 손자는 처음에 프랑크족의 왕으로, 나중에는 로마인의 황제로 768년부터 814년까지 통치한 샤를마뉴(문자 그대로 '카롤루스 대제'란 뜻)였다. 로마 멸망 이후 진정한 제국의 영토를 획득하고 보유한 최초의 서방 군주인 샤를마뉴는 예술과 학문을 후원하여 부흥시켰다.[5] 샤를마뉴는 궁정에서 학문 연구를 장려했고 또 왕국 곳곳에 있는 수도원 학교를 후원했다. 그 시기 가장 중요한 자연사 학자로 라바누스 마우루스(776~856)를 꼽을 수 있다.[6] 라바누스는 아홉 살 때 수도원에 들어갔지만 수도원장이 대단한 장래성을 발견하고 개인 지도를 위해 샤를마뉴가 프랑스로 초대한 요크의 알퀸과 공부하도록 투르로 보냈다.

알퀸 아래에서 학업을 마친 뒤 라바누스는 풀다에 있는 수도원 학교를 운영하도록 임명되었다. 얼마 안 있어 수도원장은 교습을 폐지하고 라바누스와 동료들에게 교회를 지으면서 육체노동을 해야 한다고 주장했다. 라바누스는 황제에게 불만을 호소하여 수도원장이 쫓겨나자 교습을 다시 시작할 수 있었다. 842년부터 947년까지 그는 세비야의 이 시도루스가 번역한 플리니우스에 크게 기댄 백과사전적 저작인 《우주》(De Universo)를 집필했다.

라바누스는 이 백과사전에서 200종이 넘는 식물을 묘사하면서 상당 부분을 식물학에 할애했다. 이 책에서 그는 나무가 그저 크게 자란 풀이라고 잘못 생각하고 있지만, 식물의 생장에서 토양 유형의 중요성을 논의하고 지의류를 뚜렷이 구별되는 독자적 유형으로 구분했으며 포도나무에 관해 미사여구를 늘어놓는다. 전반적으로 그 저작에는 과거 저자들한테서 발견할 수 없는 내용이라고는 거의 없었던 것 같고 실제 실험한 결과보다는 '고대인들의 이야기'로 가득하다. 하지만, 라바누스가 "부드러운 땅속에 켜켜이 파묻혀 두 번 다시 인간의 눈길이 닿을 가능성이 거의 없는 견고한 석재 중 하나, 묵묵히 땀 흘리는 가운데 이제는 거대한 구조물을 지탱하는 기초를 놓아 온 사람 중 한 명"이라는 C. 하트위치의 평가에 동의하고 싶어진다.[7] 라바누스는, 그러한 노고가 없었다면 방치되었을지도 모르는 자연사라는 관념을 계속 이어 간 유럽 학자를 대표한다.

지난날 알렉산드로스처럼 샤를마뉴도 마찬가지로 사후까지 오래 지속될 제국을 창출하지 못했다. 888년이 되자 카롤링거 제국은 돌이킬 수 없을 만큼 해체되었다. 마지막 프랑크 황제는 924년에 죽었고 그때쯤 되면 '제국'이라는 칭호는 이탈리아의 일부 지역에만 제한적으로 적용되었다. 그 사이 오늘날의 독일 땅에 다수의 공국으로 이루어진 샤를마뉴의 영토 동쪽 부분은 스스로 자신들의 지도자를 뽑기 시작했다. 이 과정은 국민투표로 이루어지지 않았다. 그보다는, 제후들 스스로 권력과 책임이 불명확한 일종의 '동류 가운데 첫째'를 선출했다. 962년에 오토 1세가 로마인의 황제로 왕관을 쓰면서 마침내 신성로마제국이 출범하게 된다.

중세의 과학적 시도를 하나의 정연한 범주 안에 넣는 것은 굉장히 어렵다. 그러한 연구에 관여한 사람들 다수는 여러 학문 분야 사이에 다리를 놓았고 폭넓은 관심사와 열정으로 고무되었다. 이 시기 자연사의 정의 자체만큼 이 점이 분명히 드러나는 데도 없다. 추상적 연구는 흔히 신학이나 다소 더 일반적인 철학에 초점이 맞춰졌지만, 여러 철학자들이 수학에 관심을 갖게 되었고 그로부터 천문학과 점성술로 이어지는 것은 시간문제였다. 자연사 전부를 포괄하는 단일 이론이 있다면 그것은 아마도 '스칼라 나투라이'(scala naturae), 곧 '존재의 대사슬'일 것이다. 이 개념은 어떤 면에서는 혼돈의 시대에 일정한 질서와 확실성을 제공했다.[8] 대사슬은 세 가지 근본 원리에 지배되었는데 바로 풍부함, 연속성, 단계성의 원리였다.

풍부함의 원리 아래 신은 이미 알려진 모든 것과 상상할 수 있는 모든 것을 포함하여 '가능한' 모든 종을 창조했다. 따라서 코끼리와 용 둘 다를 담고 있는 세계에 모순 따위는 없었다. 만약 인간의 정신이 용을 생각해 낼 수 있다면 신의 정신은 얼마나 더 큰 다종 다기함을 품고 있겠는가? 용이 중세 유럽의 세계에서 아직 관찰되지 않았다 해도 바깥세상은 넓기에 다른 곳에 용이 존재할 여지는 충분하다. 연속성의 원리는 종들 사이에 "간극"이나 분리가 없음을 암시한다. 한 집단은 매끄럽게 다음 집단으로 합쳐지고 이 연속된 사슬이 신의 정신까지 필수적인 연결고리를 제공한다. 마지막으로 단계성의 원리는 서로 다른 집단들 사이에 매겨진 전체적인 서열에 정당한 근거를 제공한다. 무생물계는 엄격하게 단선적인 위계질서의 밑바닥을 차지한다. 그다음에는 단순한 유기체(이끼와 지의류)가 뒤를 잇고, 그다음은 다시 더 복잡한 식물과 동물,

그리고 다양한 인간 "등급"으로 이어진다. 인간 위에는 천사와 대천사, 맨 꼭대기에 신이 있다. 비록 존재의 대사슬은 19세기 중반에 이르자 과학계에 의해 대부분 거부되었지만 생태학적 등가와 생태적 적소 이론(생태학적 등가는 서로 관련이 없는 유기체가 유사한 서식 환경에 살아가면서 닮아 가는 것, 수렴 진화 이론의 중요 개념이다. 생태적 적소는 생태학에서 생태계의 한 종이 차지하는 위치와 역할—옮긴이) 같은 20세기 생태학의 관념들과 지구적 상호 의존과 연결성에 대한 신념을 견지하는 현대 환경 운동에서 흥미로운 지적 반향을 여전히 감지할 수 있다.

아마도 우리에게는 음악 작곡으로 가장 잘 알려져 있겠지만, 힐데가르트 폰 빙엔(1098~1179)은 건강과 의술 연구에도 관여했다.[9] 그녀는 《형이하학》(Physica)이라는 백과사전적 저작을 집필하면서 거의 1천 가지 식물과 동물을 열거하거고 부분적으로 묘사했다. 또한 구체적으로 의학서인 《원인과 치료》(Causae et Curae)는 특정 질환에 다양한 처방을 제시한다. 힐데가르트가 조합해 낸 학문은 우리가 알고 있는 것과 같은 자연사는 아니지만 그녀는 아리스토텔레스나 플리니우스의 전통에 분명히 속하는 한편, 특정한 치료법의 처방이나 치료약 조제에서 특징적인 게르만적 요소를 유지하고 있다.[10]

힐데가르트가 저술에서 영성과 실용성을 혼합한 측면을 언급할 만하다. 그녀는 기초과학을 연구했지만 한편으로는 어린 시절부터 환상을 보았다(또 그 경험에 관해 썼다). 그녀가 본 환상의 성격은 한동안 논쟁거리가 되어 왔고 현대의 권위자들은 그녀가 평생 편두통 환자였다고 주장하기도 한다. 그녀의 환상 체험 가운데 일부는 편두통을 앓기 전에 나타나는 징후와 놀라울 만큼 유사하다.[11] 힐데가르트는 자신의 환상 체험과 연결 짓지 않은 채 편두통(그리고 잠재적 치료법)을 기술했다. 한

때 종교적 체험으로 받아들여진 현상에 현대의 인과적 설명을 부과하는 일은 물론 과도한 환원주의일 수 있지만, 실험으로부터 도출된 설명들과 비교하여 현대의 독자가 어떤 사건들에 대한 순전히 '경험에 의거한' 설명의 역할을 해석할 때 직면하는 문제를 부각시킨다.[12]

자연사는 플리니우스의 죽음 이래 줄곧 진짜 영웅을 기다려 왔다. 1194년 마침내 그런 영웅이 나타났다. 신성로마제국의 황제이자 시칠리아와 예루살렘의 국왕인 호엔슈타우펜 왕가의 프리드리히 2세는 그해 크리스마스 이튿날 이탈리아 제시에서 태어났다. 그는 황제 하인리히 6세와 시칠리아의 여왕 콘스탄차 사이에 태어난 아들이었다.[13] 적어도 한 현대 문헌은 자신이 아기의 진짜 어머니임을 대중에게 확신시키기 위해 콘스탄차가 미래의 황제를 시 광장 한복판에서 낳았다고 주장하지만 꾸며낸 이야기일 게 뻔하다. 마흔 살 콘스탄차가 출산하기에 나이가 많은 것은 틀림없는 사실이며 지난 8년간의 결혼 생활에서 아이가 없었다는 것은 혼란스런 당시의 시대상을 고려할 때, 특히나 후계자의 적법성에 관해 온갖 추측을 불러일으켰을 것이다. 프리드리히의 출생에 관해 훨씬 더 합리적인 설명은 윌리엄 버스크의 저작에서 찾을 수 있는데, "그 결과 무려 열다섯 명이나 되는 고위 성직자가 출산 현장을 지켰다고 한다"고 말하고 있다.[14] 대체 이런 이야기들이 왜 중요한지 궁금한 사람도 있겠지만, 프리드리히가 실제로 콘스탄차의 아들이 아니라면 (일생 동안 그의 적들은 불임의 '어머니'에게 자신이 아기를 팔았다고 증언하는 '증인들'을 여러 명 데려왔다) 그는 시칠리아왕국이나 신성로마제국의 왕위를 주장할 수 없었을 것이다.

신성로마제국의 정확한 성격은 800년에 걸쳐 존속하는 동안 거듭 변화해 왔다. 볼테르는 다소 비방조로 "신성하지도 로마적이지도 않으며 제국도 아니다"라고 논평했다. 하지만 볼테르는 신성로마제국이라는 제도의 황혼기에 글을 쓰고 있었고, 위 표현의 과도한 인용은 중세와 르네상스 시대라는 오랜 기간에 걸쳐 신성로마제국 황제들이 간헐적으로 유지한 대단히 실제적인 사회적·정치적 중요성을 간과한다.[15]

출생의 적법성 문제가 드러내 주듯이 프리드리히는 황제가 교회와 귀족 대부분에게 양가적인 관계를 맺고 있는, 뒤숭숭한 상황 속에서 태어났다. 아버지 하인리히가 1197년에 죽었을 때 프리드리히는 세 살이 채 못 됐다. 일 년 뒤에는 콘스탄차가 죽었지만 아들이 시칠리아 국왕으로 즉위하고 난 뒤였다. 소년은 다음 여러 해 동안 여러 왕궁과 준(準)왕궁을 이리저리 떠돈 것 같고, 그 사이 아주 운 좋게도 왕위를 노리는 수많은 경쟁자들 손에 살해당하지 않고 살아남았다. 콘스탄차는 시칠리아 왕위에 대한 권리를 주장한 경쟁자들 어느 누구보다도 영리했다. 죽기 전에 교황을 아들의 공식 후견인으로 지명한 것이다. 인노켄티우스 3세는 교황의 지위를 영적 사안만이 아니라 세속적 사안에서도 최고 심판자에 올려놓으려고 작심한 빈틈없고 타산적인 인물이었다. 아마도 어린 피후견인을 마음대로 주무를 수 있을 것이라고 자신하여 인노켄티우스 교황은 시칠리아 왕위를 둘러싼 경쟁자들의 권리 주장을 막아내고 프리드리히가 황제가 될 수 있도록 적어도 가능성이나마 살려 두었다.

교황은 어린 프리드리히의 양육을 훌륭하게 감독했던 것 같다. 시칠리아왕국은 프리드리히의 어린 시절 내내 거의 끊이지 않는 내전으로 갈가리 찢겨져 있었지만, 인노켄티우스 교황은 어린 국왕을 대신해 군대에 급료를 지불하는 것이 전략적으로 중요하다는 사실을 깨달았다. 그는 프리드리히가 제대로 교육을 받도록 신경 썼다. 토머스 킹턴은 프리드리히의 교사 가운데 일부는 아리스토텔레스와 다른 고전기 저자들의 사본에 직접 접근할 수 있었을 아랍 철학자들로 추정되는 무슬림이었다고 말한다.[16] 프리드리히는 언어 감각이 뛰어났고(최종적으로 여섯 개 언어를 유창하게 구사하게 된다) 역사와 철학, 수학을 배웠다.

프리드리히가 어머니로부터 물려받은 유산은 여러 문화와 민족이 뒤섞인 흥미로운 혼합물이었다. 지중해 한가운데에 자리 잡고 있는 만큼 시칠리아 섬은 기독교 유럽, 이슬람 북아프리카, 동방정교 그리스, 가톨릭 로마에 똑같이 가까웠다.[17] 시칠리아왕국은 시칠리아 섬과 오늘날 남부 이탈리아의 상당 부분으로 이루어져 있었다. 로마인과 게르만 침공자, 비잔틴 세력에 오랫동안 지배를 받은 뒤 시칠리아 섬은 9세기에 무슬림 사라센들에게 정복당했지만, 정복자들이 이탈리아 본토에는 지배력을 유지하지 못했다. 11세기 말에 이르면 노르만 용병들이 무슬림을 몰아내기 위해 불려 와서 섬을 재탈환하고 기독교 왕국을 수립했다. 그러나 섬에는 아랍어를 쓰는 상당수 인구가 남아 있었고 프리드리히는 제국에 남아 있는 그리스인과 아랍인의 형태로 동방의 사고와 문화에 노출될 기회가 있었을 것이다.

1212년 열일곱 살의 프리드리히는 주변의 부추김을 받아 독일로 갔고, 프리드리히의 삼촌 필립이 살해되자마자 왕위를 주장해 왔던 오토를 대신해 자신이 황제임을 주장하게 되었다. 비록 결과가 무척 의심스럽긴 했지만, 인노켄티우스 황제는 어느 정도는 마지못해 프리드리히의 권리 주장을 지지하기로 했다. 프리드리히는 대담하게 알프스산맥을 넘어감으로써 오토한테 붙잡히는 위기를 간신히 모면했고, 그 뒤 갈수록 더 많은 독일 제후들이 그를 황제로 공식 인정했다. 그해 말에 그가 황제로 선출되었음이 선언되었다.

제1차 십자군은 11세기 말에 예루살렘왕국을 수립했고, 그 뒤 200

년 동안 연이은 십자군이 중동에서 기독교 세력의 지배를 확대하거나 중간에 상실한 영토를 되찾으려고 시도했다. 이 노력에서 중대한 역할을 담당하는 것은 신성로마제국 황제의 의무라고 널리 여겨졌다. 그러나 십자군 원정을 떠나는 데 들어가는 막대한 비용과 몇 달, 아니 몇 년 동안 자신의 권력 기반에서 떠나 있어야 할 필요성(전사하거나 병사할 매우 현실적 위험은 말할 것도 없고)을 고려할 때 전쟁터에서 얻을 영예나 성지 탈환, 성유물 회수를 통해 얻는 영적 구제의 가능성은 그다지 매력적이지 않았을지도 모른다.

인노켄티우스가 죽은 뒤 보좌를 계승한 호노리우스 교황의 분명한 기대에도 불구하고 프리드리히는 어쩌면 놀랍지 않게도, 어느 정도 평화를 확립하자마자 십자군 원정을 위해 독일을 떠나는 것을 내켜하지 않았다. 그러나 교황의 권위에 불복종하는 것은 파문과 추가적인 내전이 벌어질 수 있음을 의미했다. 프리드리히는 즉위를 미루다가 마침내 1220년 로마로 가서 신성로마제국의 황제로 공식 대관식을 치렀다. 이 의례의 일환으로 그는 교황에 대한 복종을 재차 확인하도록 요구받았고, 교황은 그가 기회가 나는 대로 곧장 유럽의 군대를 이끌고 아랍인들로부터 예루살렘왕국을 구원하겠다고 한 맹세를 계속 상기시켰다.

프리드리히는 다음 여러 해를 시칠리아왕국의 질서를 회복해 나갔고 다수의 무슬림을 이탈리아 본토로 이주시켜 많은 이탈리아인을 경악시켰다. 본토로 이주시킨 무슬림은 일종의 제국의 예비군으로 기능했는데, 유사시 무슬림은 교황과 전쟁을 벌이는 데 아무런 거리낌도 없을 것이었기에 이는 특히 영리한 전략이었다. 그런가 하면 프리드리히는 1224년에 나폴리대학을 설립했다. 유럽 최초의 대학 가운데 하나인 이 대학은 지금도 전 세계에서 가장 오래된 국립대학으로 남아 있다. 나폴리대학은 학문에 대한 황제의 커져 가는 관심을 보여 주는 분명한 첫 신호이기도 했다.

　마침내 1227년 여름 프리드리히는 4만 명이나 되는 병력을 이끌고 중동으로 떠났다.[18] 사흘 동안 바다 위에서 보낸 뒤 황제는 너무 몸이 아파 원정을 계속할 수 없다고 선언하고 이탈리아로 돌아왔다. 교황은 진노했고 곧 프리드리히를 공개적으로 파문했다. 십자군 원정은 1228년 6월 말에 재개되었다. 전임자들과 달리 프리드리히는 아랍 세계의 정치적·문화적 분위기를 잘 이해하고 있었던 것 같고, 파멸적인 전쟁보다는 될 수 있으면 협상으로 많은 것을 얻어 내고자 했던 것 같다. 교회의 협조만 얻었더라면 그는 최소한의 수고로 팔레스타인 전역을 확보했을 것이다. 뛰어난 지도자들이 죽고 후계자들은 너무 어리거나 반목하는 상황이라 무슬림 칼리프 국가는 혼란에 빠져 있었다.

　프리드리히는 예루살렘 반환과 나머지 다른 성지로 여행하는 순례자를 보호하는 사안을 놓고 술탄 알카밀 무함마드와 협상하여 어떤 의미에서는 일을 매우 잘 처리했다. 술탄과 황제는 서로 만나지도 않은 채 친구가 되었던 것 같다. 두 사람은 다수의 흥미로운 야생동물을 비롯하여 다양한 선물을 교환했고, 순회 동물원을 보유하고 있던 것으로 이미 유명한 프리드리히는 술탄한테서 받은 선물을 자신의 동물원에 추가했다. 두 군주는 서로 철학적·과학적 질문을 주고받으며 전반적으로 대대로 내려온 원수라기보다는 지적으로 대등한 사람으로서 행동했다는 이야기도 있다. 피 흘리지 않은 이런 성공이 모두를 기쁘게 했을 것이라고 생각하겠지만 그것은 정확히 교회를 격앙시킨 이교도와의 교류였다.

　1229년 6월 프리드리히가 귀향했을 때 신민들은 황제를 열광적으로 맞이했다. 황제는 18년 전에 유산을 상속 받으러 독일로 떠난 뒤로 거의 한시도 한곳에 머무르지 못했다. 그의 삶은 일련의 궁중 암투와 음모, 그에 맞선 계략과 내전, 반란으로 점철되어 있었기에 그가 어느 한곳에 일 년을 머물 수 있으면 운이 좋은 편이었다. 교황과의 일시적 화해는 마침내 정착하여 학문 연구의 열정에 헌신할 공간과 한숨을 돌릴 여유를 허락했다. 이 시기 어느 시점에 (이 부분에서 작가에 따라 이야기가 크게 차이가 난다) 프리드리히는 황제와 유럽의 자연사 부흥 양쪽에 심오한 영향을 끼치게 될 놀라운 사람을 만난다. 바로 유명한 수학자이자 학자, 점성술사, 어쩌면 마법사였을 마이클 스콧이었다.[19]

스콧은 영국에서 태어났지만 교육을 받던 초기에 파리로 갔던 것 같다. 파리에서 그는 수학을 전공하고 성직에 몸을 담았을지도 모른다. 100년 뒤에 단테는 "모든 마법적 간계를 빠짐없이 실천한" 스콧을 다른 점성술사나 점쟁이들과 더불어 여덟 번째 지옥에 묘사하게 되지만[20] 프리드리히가 궁정으로 불러들였을 무렵 스콧은 언어 능력과 그리스 철학, 과학에 대한 지식으로 가장 유명했다.

마이클 스콧은 그리스 철학을 아마도 톨레도에서 접했던 것 같은데 톨레도의 대주교는 고대 그리스 문헌을 아랍어에서 라틴어로 번역하도록 독려했다. 스콧은 이 일련의 번역본을 준비하면서 어떤 경우에는 원본에 자신의 주석을 덧붙이거나 특정 문헌을 자신의 목적에 맞게 수정하거나 축약했다. 그가 많은 책을 프리드리히에게 헌정한 것은 주목할 만하다. 프리드리히 본인도 아리스토텔레스의 자연사와 철학에 관해 될 수 있으면 열심히 읽으려고 했고 관심을 보였음은 확실한 것 같다.

우리는 여기서 멀리 에둘러 돌아가는 여정을 만나게 된다. 고대 그리스 저작들은 시리아어로 번역되어 알렉산드리아로 흘러 들어갔다가 그곳에서 결국 아랍어로 중역되었다. 그다음 북아프리카를 한참 이동하여 바다를 건너 에스파냐로 갔다가 거기서 어떤 스코틀랜드인에 의해 라틴어로 번역된 뒤 그 내용이 자신의 제국 전역으로 퍼져 나가길 바란 이탈리아계 독일 황제에 의해 읽히게 된 것이다. 아리스토텔레스 본인은 무척 재미있어 했을 것이라고 생각할 수밖에 없다.

스콧은 아마도 톨레도에서 프리드리히의 궁정으로 풍성한 자료를 가져왔을 테고 프리드리히가 자신을 위해 번역을 해주고 과학과 철학에 관한 질문에 답해 줄 사람을 얻어 기뻐한 것은 분명하다. 아리스토텔레스에 관한 저작 말고도 스콧은 악마와 마법에 관한 서적을 얼마간 보유하고 있다고 인정했고 천문학과 그 시대 천문학의 '실용적' 형태인 점성술에 무척 관심이 많았다. 그는 별들이 '사건을 일어나게 한다'고 믿지는 않았던 것 같다. 그보다는 별자리가 미래를 알아낼 수 있는 징조가 된다고 생각했다.[21]

스콧과 황제의 관계는 진지한 상호 존중과 단순한 즐거움이 섞인 관계였던 것 같다. 찰스 해스킨스는 스콧이 교회의 탑을 이용해 "별이 총총한 하늘까지의 거리"를 계산하면서 삼각법의 원리를 황제에게 증명해 보였을 때의 일화를 들려준다. 스콧이 계산을 마친 뒤 프리드리히는 몰래 탑의 높이를 낮추게 한 다음 스콧에게 다시 계산해 보라고 시켰다. 스콧은 다시 계산을 한 뒤 탑이 땅속으로 가라앉았거나 하늘까지의 거리가 줄어들었는데, 둘 다 불가능한 일이라고 보고했다. 황제는 스콧의 정확성을 칭찬했고 아마도 자신이 장난을 쳤다고 사과했을 것이다.[22]

스콧은 낙석에 맞아 죽을 것이라고 자신의 죽음을 예측했다. 이 운명을 피하기 위해 그는 조그만 철모를 손수 만들어 언제나 쓰고 다녔다. 안타깝게도 1232년 교회에서 미사를 드리기 위해 모자를 벗었는데 그만 지붕에서 떨어진 돌에 맞아 그가 정확히 예언한 대로 죽고 말았다고 한다. 그의 사후에 로저 베이컨 같은 후대의 학자들은 그가 아리스토텔레스의 저작을 형편없이 번역했고 독창성이 부족하다고 비난했지만, 이러한 비난에는 직업적 시기심이 작용했다는 느낌이 강하게 든다.

프리드리히가 자연사 학자라고 주장할 수 있는 가장 큰 근거는 의심의 여지없이 그가 1244년부터 1250년 사망할 때까지 대가다운 솜씨로 작업한 조류학 논저 《새로 사냥하는 기술》(De Arti Venandi cum Avibus)이다. 프리드리히는 언제나 동물을 좋아했고 이런 성향은 아주 잘 알려져 있어서 술탄 알카밀 무함마드는 십자군 원정 기간에 현명하게도 그에게 코끼리를 비롯한 이국적 짐승들을 선물로 보내 환심을 샀다. 다른 군주들과 달리 프리드리히는 학문의 후원자로 그치는 데 만족하지 않았고 몸소 학문에 이바지하기를 원했다.

프리드리히를 가장 신랄하게 비판하는 이들조차 그의 학식은 인정했고 그가 《새로 사냥하는 기술》의 실제 저자라는 사실은 틀림없다. 매를 조련하는 법은 어린 시절부터 줄곧 열정의 대상이었고 프리드리히는 오늘날에도 시골 풍광 위로 우뚝 솟아 있는 요새화된 아름다운 수렵 산장을 아풀리아에 여러 채 지었다. 이곳은 봄가을마다 아프리카와 북유럽을 이동하는 수천 마리 명금류(鳴禽類)가 잠시 머무는 곳이다. 이러한 풍경은 매에게 안성맞춤이며 프리드리히는 다양한 종류의 맹금류(猛禽類)를 기르고 돌보는 일뿐 아니라 포식 동물과 먹잇감에 관한 자신의 연구도 무척 자랑스러워했다.

《새로 사냥하는 기술》은 새의 생태와 습성, 신체 구조에 관한 일반적 개관으로 시작한다. 이 가운데 일부는 아리스토텔레스와 다른 고대 문헌에 기대고 있지만, 대부분은 새로운 내용이며 자신의 연구 내용을 빠짐없이 기록한 노트를 가지고 작업하는 진지한 관찰자의 느낌이 난다.

프리드리히는 물새와 육지새, 물떼새와 마도요처럼 육지와 바다 사이를 오가는 '중간적 새'를 구분한다.[23] 프리드리히는 구체적 특징과 습성을 종합해서 종을 분류하는 방식에서 분명히 아리스토텔레스적이다. 그는 펠리칸이 전복족(네 발가락이 모두 물갈퀴로 연결되어 있는 형태)이라고 올바르게 파악하며, 다시금 형태학과 습성을 바탕으로 맹금류를 다른 조류 집단으로부터 분리해 낸다. 프리드리히는 방법론 측면에서 아리스토텔레스를 따르지만 자신의 관찰 내용과 다를 때는 주저하지 않고 고전과 의견 차이를 진술한다.

본문을 읽어 나가다 보면 독자는 거듭해서 직접 관찰과 개인적 실험의 분명한 증거와 만나게 된다. 프리드리히는 알을 품어 부화시키는 과정에 큰 흥미를 보인다. 그는 다양한 종류의 새알을 닭에게 품게 하거나 그냥 햇빛에 노출시키는 실험을 한다. 새의 이동 문제도 고려하고 깃털 구조와 해부학적 구조, 전체적 형태학을 탐구한다. 일단 새에 관한 생물학을 충분히 서술하고 나서 매 조련법이라는 더 전문적인 문제로 넘어간다. 여기서는 사냥에 적합한 새를 알아내고 잡는 데 도움이 되는 길잡이, 즉 젓갖(매의 발에 매어 두는 짧은 가죽 끈)과 덮개의 준비, 사냥용 새 길들이기, 들판에서 기술 훈련, 길이 잘못 든 매의 잘못 교정하기 등을 만날 수 있다.

전반적으로 《새로 사냥하는 기술》은 과학적 조사에서 거대한 도약을 대표한다. 다른 사람들의 저작에 의존하는 플리니우스와 그 후임자들의 흔적은 전혀 찾아볼 수 없다. 프리드리히는 이전의 참고문헌을 활용하지만 자신의 연구 조사를 위한 출발점으로만 이용할 뿐이다. 그는 분명히 조류 일반, 특히 매의 습성에 매료되어 있었다. 글도 명료하고 짜임새가 있으며 포괄적이다. 그는 요점마다 자신의 의도를 밝히고 사례를 들어 논의를 예시하면서, 주의 깊게 차근차근 독자를 자신의 논증으로 이끌어 간다. 본문의 대부분은 육식 새를 다루지만 프리드리히는 다양한 종류의 다른 새들도 폭넓게 포함하고자 적잖이 노력하며, 그의 추측 가운데 일부는 나중에 틀린 것으로 판명되지만 《새로 사냥하는 기술》은 현대 조류학 강좌에서도 훌륭한 교과서가 되고 남을 만큼 사실과 일치한다.

안타깝게도 프리드리히는 자신의 걸작을 완성할 만큼 오래 살지 못했다. 교황들은 연이어 프리드리히의 권위를 약화시키려고 기를 썼고 그의 적들을 부추겼다. 북부 이탈리아와 독일에서 내전이 일어났다. 프리드리히는 벌어진 반란 다수를 진압하고 또 한 차례의 파문에서 살아남았으며 패배 직전에 몰린 듯 보일 때마다 멋지게 재기하는 데 성공했다. 어느덧 50대에 접어들었다. 그 시대 기준으로 결코 고령은 아니었지만 그는 점점 눈에 띄게 지쳐 가고 있었다. 1250년이 되면 더 이상 몸소 군대를 이끌지 않았고 마지막으로 병이 들었을 때 죽음은 금방 찾아왔다. 그는 자신이 사랑하던 시칠리아 섬 팔레르모의 거대한 영묘에 묻혔다. 비록 전설은 여전히 그가 어느 알프스 동굴에서 잠든 채 아서 왕처럼 언젠가 침략자들로부터 백성을 구하고자 귀환할 날을 기다리고 있다고 하지만.

프리드리히는 최초로 '조류학자'라고 부를 만한 사람이며, 아리스토텔레스 이래 직접적인 관찰과 실험을 강조한 최초의 사람이다. "진리에 대한 전폭적 확신은 그저 전해들은 말로부터만 얻을 수 없다."[24] 나는 이 놀라운 인물의 발언보다 더 고귀한 묘비명을 생각해 낼 수 없다. 안타깝게도 그가 세상을 떠난 뒤 과업을 이어 갈 만큼 프리드리히의 위상에 근접조차 하는 사람도 없었다. 그의 아들은 곧 제국에 대한 정치적 통제력을 상실했고 자연사는 찬란한 한순간 학문의 중심이 되었다가 전문가들의 고립된 영역으로 물러나야만 했다. 프리드리히의 시간과 에너지가 교회와 끝없는 다툼으로 그토록 허비되지 않았다면 그가 과연 어떤 위업을 이룰 수 있었을까 그저 궁금할 따름이다.

프리드리히와 마이클 스콧을 잇는 자연사 학자 가운데에는 스콧처럼 살짝 마법의 기운을 풍기는 로저 베이컨(1214~1294)이 있다. 베이컨과 스콧은 각자 다른 시대에 잉글랜드와 스코틀랜드 접경지대에 있는 에일던 언덕을 세 조각으로 쪼갰다는 이야기가 전한다. 베이컨은 악마의 도움을 받아 이 일을 해냈다고 한다. 전설에 따르면 베이컨은 흑마술(악의적, 이기적 목적을 위한 초자연적인 힘의 이용—옮긴이)을 부려 악마를 불러냈다. 문제는 악마를 계속 바쁘게 해야 한다는 것인데 그렇지 않으면 악마가 주인에게 달려들어 갈가리 찢어 놓을 것이기 때문이다. 베이컨은 처음에 악마에게 노트르담의 모든 종을 치라고 시켰고 악마는 하룻밤에 그 일을 해냈다. 그다음 베이컨은 악마에게 에일던 언덕을 세 조각으로 쪼개라고 했고 이번에도 악마는 하루아침에 해냈다. 마지막으로 베이컨은 자포자기의 심정으로 악마에게 솔웨이 모래사장을 밧줄로 엮으라고 시켰는데 악마는 아직도 이 임무를 완수하기 위해 애쓰고 있다. 내가 아주 어렸을 때 들은 이 이야기는 우리가 썰물 때 해변에 가면 모래 위에 물결무늬를 볼 수 있는 이유를 알려준다. 베이컨은 이미 800년 전에 죽었지만 지금도 악마는 밧줄을 엮으려고 애쓰고 있다. 이야기꾼에게는 안타깝게도 에일던은 베이컨이나 스콧이 태어나기 몇 백 년 전에 이미 로마인들에게 트리몬티움('세 개의 산')으로 알려져 있었으므로 우리는 이 눈에 띄는 세 봉우리에 그보다 덜 낭만적인 지질학적 설명에 기대야 할 것 같다.[25]

베이컨은 어떤 질문에도 대답할 수 있는 황동 두상을 만들었다고도 전해진다.[26] 신탁할 수 있는 황동 두상과 말을 할 수 있는 여타 기계 제작은 중세 연금술사들에게 퍽 인기 있는 시도였고, 베이컨은 그런 무수한 이들 가운데 한 사람이었을 뿐이다. 그 제작자에게는 안타까운 일이지만 베이컨은 무능한 조수를 고용했다고 한다. 두상이 식기를 기다리는 동안 지친 베이컨은 조수에게 두상이 말을 하면 자신을 깨우라고 지시한 뒤 눈을 붙이러 갔다. 얼마쯤 지나서 두상이 "할 때이다"라고 말했다. 조수는 겁에 질려 베이컨을 깨우지 못했다. 나중에 두상은 다시 말을 했다. "할 때였다." 다시금 조수는 주인을 깨우지 않은 채 구석에서 벌벌 떨고만 있었다. 두상은 마지막으로 한 번 다시금 입을 열었다. "때가 지났다." 그런 다음 두상은 산산조각 나 버렸다. 베이컨은 실제로 이런 이야기들에 기분이 상했을 것 같다는 생각이 든다. 당대의 문헌에 실린 이야기들은 그가 얼마간 보수주의자였음을 암시하며, 비록 연금술에 손을 댔더라도 수학과 신학에 훨씬 관심이 많았다.[27] 결국에는 교황과 충돌하게 되지만, 이는 악마를 불러내려는 계획적 시도보다는 성서의 문제와 더 관련이 있을 것이다.

아마도 이런 사람들 다수가 우리에게 마법사라는 꼬리표와 함께 전해지는 것은 우연이 아닐 것이다. 그 시대의 보통 사람들이 보기에는, 시신에 대한 "불건전한" 관심 그리고 각종 약물과 화합물의 제조는 가장 번듯한 철학자마저도 마법을 부린다는 의심을 품게 했으리라. 베이컨은 때로 화약을 발견한 인물이라고도 하는데, 화약은 마법사라는 의심을 확신시키기에 안성맞춤인 물질이다.[28] 그는 몇몇 실험에 화약을 이용했던 것 같지만 독창적인 실험으로 화약을 개발했다기보다는 이미 알려져 있던 사실로부터 더 정교한 아이디어를 발전시켰을지도 모른다.[29]

그 시기 또 다른 중요 연금술사이자 식물학자는 알베르투스 마그누스(1193~1280 무렵)이다.[30] 부유한 집안에서 태어난 알베르투스는 원래 굉장히 멍청하다고 여겨진 모양인데 그 때문에 교육에 대한 희망을 거의 포기할 정도였다. 전설에 따르면, 공부를 포기할 찰나에 성모 마리아의 환영이 눈앞에 나타나 그에게 학문이나 종교에서 위대한 사람이 될 가능성이 있다고 말했다.[31] 알베르투스는 학문을 선택했고, 마리아는 인생 말년에 가면 다시 예전처럼 멍청해질 것이라는 경고와 함께 소원을 들어주었다. 알베르투스는 널리 존경 받는 교사이자 철학자가 되고, 예언에 들어맞게 인생 말년에는 알츠하이머병처럼 보이는 증상이 나타나고 정신 이상에 빠져들었다.

자연사에 알베르투스가 얼마나 공헌했는지는 다소 논쟁거리이다. 그는 프리드리히가 불러 모은 학자 집단에 속하지는 않았던 것 같은데 어쩌면 교회와 관계가 좋았기 때문에 그랬을 수도 있다. 알베르투스의 가장 위대한 제자는 토마스 아퀴나스인데 두 사람 다 철학, 의학, 연금술 연구에 관여했던 것 같다. 이야기에 따르면 베이컨처럼 그들은 청동 두상을 만들었다고 하지만 두 사람이 만든 두상은 계속 말을 해서 아퀴나스의 생각을 방해할 정도였고 참다못한 그는 망치를 들어 두상을 박살내 버렸다. 알베르투스는 유럽의 학문에 아리스토텔레스 사상이 복귀한 또 다른 사례이다. 그는 확실히 다른 여러 작가들과 더불어 아리스토텔레스의 저작 상당 부분을 가지고 연구했다(또 그로부터 발췌했다).[32] 그의 가장 중요한 공헌은 식물학 분야인 것 같고 그는 여러 수도원에서 사역하는 동안 특화된 식물원을 지었을 수도 있다.[33]

마술과 과학은 과학자에 대한 대중의 인식에서 그리 멀리 떨어져 있지 않았다. 대중은 청동 두상의 제작 외에도 알베르투스에게 계절을 마음대로 바꿀 수 있는 능력이 있다고 여겼다. 알베르투스가 자신을 방문한 백작에게 한겨울인데 정원에서 식사를 하자고 초대했다는 일화가 있다. 모욕을 느껴 화가 난 백작이 막 말을 타고 떠나려는 찰나 알베르투스는 마법을 부려 눈 덮인 풍경을 꽃이 만개한 여름 풍경으로 탈바꿈시킨다. 노먼 로키어는 이 이야기가 어쩌면 의도적으로 추위에 강한 여러 해살이를 심은 겨울 정원을 보여 준 것으로 더 잘 설명될 수 있지 않을까 주장하지만, 다시금 우리는 여기서 중세의 자연사와 마법에 대한 믿음 사이에 그럴 듯한 접점을 볼 수 있다.[34]

1920년대에 린 손다이크는 중세 내내 진지한 사상의 중요한 부분을 차지한 과학과 점성술, 연금술, 예지력, 신학, 수학에 이르기까지 다양한 분야 학문과 사람들이 잡다하게 뒤섞인 모습을 개관하는 방대한 저작을 내놓았다.[35] 손다이크의 논제는 우리가 마법이라고 부르는 것과 과학이라고 부르는 것이 같은 뿌리에서 나왔으며, 흔히 동일한 사람들이 양자를 수행하며, 방법론과 심지어 결과의 측면에서도 주의 깊은 연구자를 제외하면 이 둘을 구분할 수 없을지도 모른다는 것이다. 손다이크가 제시한 이 같은 개념이 도전받지 않은 것은 아니지만 확실히 고려해 볼만 가치가 있다.[36]

자연사에서 중요한 두 가지 사건이 15세기 초에 일어났다. 먼저 1417년에 포조 브라치올리니는 유일하게 남아 있던 루크레티우스의 시적 논저 《사물의 본성에 관하여》(De rerum Natura) 사본을 발견했다.[37] 이 책은 인과관계를 종교적 설명에 의존하는 것을 반박하고 주의 깊은 연구를 통해서 메커니즘을 파악할 수 있는 원자적 우주 개념을 제시한다. 1426년 과리노 다 베로나는 아울루스 코르넬리우스 켈수스(기원전 25~서기 50년)의 두꺼운 저작 발췌본인 《의술》(De Medicina)을 재출간한다. 켈수스의 글은 매우 읽기 좋은 것으로 드러났고 옛 문헌들을 검토하고 전반적 의학 지식을 평가해 볼 새로운 동기를 제공했다.

마법과 과학처럼, 의학과 자연사도 두 학문 분과의 초기 역사에서 상당 기간 동안 긴밀하게 얽혀 있었다. 의술을 수행하는 사람들은 치료제에 쓸 특정한 식물들을 (그리고 식물의 일부분까지도) 알아볼 수 있어야 했고, 약을 조제하고 특정한 상처를 치료할 때는 동물의 해부학 구조에 관한 지식도 유용했다. 이 무척 실용적인 필요에 따라 중세 전체에 걸쳐 다수의 약초서가 편찬되었다. 그중에 일부는 현지에서 구할 수 있는 식물에 집중되어 있었고 일부는 갈레노스와 디오스코리데스, 아리스토텔레스나 테오프라스토스 저작 가운데 발췌하거나 단편을 골라 싣기도 했다. 제목에도 불구하고 약초서에는 종종 식물학 정보와 동물학 정보가 섞여 있고, 어떤 경우에는 서식 범위와 심지어 습성에 관한 생태학 정보까지 담고 있다. 그러므로 이런 문헌 가운데 일부는 엄밀하게 의학 분야가 아니라 일반 자연사의 영역에 속한다고 볼 수 있다.

인쇄 기술의 발달은 서적 일반뿐 아니라 약초서의 제작과 표준화, 보급에 매우 긍정적 효과를 끼쳤다. 비록 본문 자체는 적어도 100년은 더 오래되었을 수도 있지만, 15세기 후반이 되자 콘라트 폰 메겐베르크의 《자연의 책》(Das Buch der Natur) 같은 삽화가 실린 저작이 출현하기 시작했다.[38] 1485년에 출판된 《건강의 정원》(Gart der Gesundheit)은 도판의 품질이 우수하기로 유명하다.[39] 어쩌면 약초서 가운데 가장 유명한 책은 《건강의 정원》이 출판되고 6년 뒤에 나온 《호르투스 사니타리스》(Hortus Sanitaris, 라틴어로 역시 '건강의 정원'이란 뜻이다—옮긴이)일 텐데, 비록 그 품질은 앞선 책들보다 떨어지지만 1천 점이 넘는 삽화를 수록하고 있다.

《호르투스 사니타리스》는 주로 식물에 초점을 맞추고 있지만 쉽게 알아볼 수 있는 공작 도판을 비롯해 동물에 관한 논의와 삽화도 싣고 있다. 중세 의술에 흔히 이용되는 많은 종을 수록하고 있지만 유니콘과 생명나무 같은 신화적 동식물도 실려 있다. 책은 굉장한 인기를 누려서 1539년에 《르 자르댕 드 상테》(Le Jardin de santé, 프랑스어로 역시 '건강의 정원'이라는 뜻—옮긴이)란 제목으로 마지막 발간될 때까지 여러 판을 거듭했다. 그런데 이 국면에 이르면 유럽은 완전히 새로운 식물학, 동물학과 씨름하고 있었다. 콜럼버스와 그 후예들이 아메리카로 항해함으로써 완전히 새로운 종류의 동식물을 발견한 것이다. 사람들은 이제 신세계의 동식물을 다뤄야 했을 테고, 동시에 과학과 공학의 발전이 가속화되면서 고대 지식에 의존하던 수준을 뛰어넘기 시작했다. 유럽은 더 이상 사라져 버린 과거에 대한 경외심에 사로잡혀 있지 않았고 흥미진진한 미래를 끌어안고자 물리적으로 정신적으로 손을 뻗치고 있었다.

5장 신세계

15세기 말이 되자 유럽인들은 자신들이 열심히 들여다본 그리스와 로마의 문헌이 암시하는 것보다 세계가 훨씬 크다는 사실을 이미 알고 있었다. 초창기 지도 제작은 클라우디우스 프톨레마이오스가 제작한 세계 전도에 크게 의존해 왔다. 프톨레마이오스는 지도 제작 시스템을 창안하고 자신이 직접 갖가지 지도를 만들어 냈지만 원본은 하나도 남아 있지 않다.[1] 프톨레마이오스의 지도는 인도 해안의 윤곽을 개략적으로 묘사했고 멀리 인도차이나반도까지 뻗어 있으며, 심지어 일본의 존재도 암시하지만 해당 거리는 심각하게 과소평가되었다. 중세 대부분의 기간 동안 지도 제작자들은 사실상 그 너머로 여행을 제한하는 '오케아노스 강'(River Oceanus)이라는 모호한 이름의 바다로 알려진 세계의 경계를 긋는 프톨레마이오스 스타일로 자신들이 경험한 세상의 가장 바깥 경계를 묘사하는 데 만족했던 것 같다.[2]

콘스탄티노플 함락(1453년)에 뒤이어 중동과 소아시아를 무슬림이 지배하면서 동방으로 가는 교역로가 두절됨에 따라 남쪽과 서쪽으로 해상 탐험이 더욱 탄력을 받게 되었다. 1469년 아라곤의 페르난도가 카스티야의 이사벨라와 결혼하여 에스파냐의 가장 큰 왕국 두 곳이 통합되고 남유럽에서 아랍인을 몰아낼 대연합이 탄생했다. 무어인들의 마지막 주요 거점인 그라나다는 1492년, 콜럼버스가 아시아로 가는 단거리 항로를 찾기 위해 첫 출항한 바로 그해 에스파냐인의 수중에 떨어졌다.

그다음 100년은 '대발견'[3]의 시대라고 일컬어진다. 거의 500년 전에 빈란드(뉴펀들랜드)와 마르클란드(래브라도)로 간 바이킹의 항해 이야기 가운데 적어도 일부는 에스파냐와 이탈리아에 도달했을 법도 하다. 하지만 콜럼버스와 선원들은 그들 앞에 놓인 대양이나 목적지인 중국과 그들 사이를 가로막고 있는 대륙들이 얼마나 광대한지 전혀 감을 잡지 못했다. 그러나 50년 안에 세계 일주가 이루어졌고, 우리는 대륙의 윤곽을 쉽게 알아볼 수 있는 대단히 '현대적인' 지도들을 만날 수 있다. 이때 제작된 지도들은 다음 몇 세기 동안 점점 더 상세해질 뿐이었다.[4]

플리니우스와 아리스토텔레스 같은 고대 학자들에 대한 의존은 수백 년 동안 새로운 발견을 가로막는 브레이크로 작용해 왔다. 특히 플리니우스는 독자적인 작업을 지체시키는 원인이었을지도 모른다. 그는 어떤 면에서는 오래된 대저택의 다락방 같은 존재이다. 어떤 것은 일부가 파손되기도 하고, 어떤 것은 그 쓰임이나 기원이 오래 전에 잊힌, 흥미로운 물건들이 잔뜩 쌓여 있는 다락방 말이다. 아메리카 대륙이 정복과 식민화를 위해 열리면서, 플리니우스와 아리스토텔레스 저작에서 본 그 무엇도 유럽인들이 이제 막 대서양을 건너올 새로운 정보의 보고를 수용하기 위한 마음의 준비를 시켜줄 수 없었다.[5] 대서양 횡단은 그 자체만으로, 또 저절로 혁명을 가져오기에 충분하지 않았다. '운 좋은 레이프'

(Lief the Lucky)의 탐험은 서쪽으로 땅을 찾아가는 대이동의 물결을 낳지 못했다. 바이킹들은 '왔노라 보았노라, 그러고는 집으로 돌아갔노라'에 그쳤을 뿐이다. 굉장한 항해라는 위업 말고도 콜럼버스가 이룩한 것은 머나먼 대양의 건너편이 방문할 만하고 심지어 정착할 만한 곳이라는 사실을 보여 준 점이다.

유럽인의 아메리카 대륙 발견과 이후 전 지구적인 무역이 발달했고 이동이 가져온 생태학적 충격은 어마어마했다. 앨프리드 크로스비는 이 광경을 유려한 글로 설명한다. "돛 꿰매는 사람의 바느질로 잡아당겨진 판게아의 솔기는 봉합되고 있었다. 닭이 키위를 만났고, 소떼가 캥거루를 만났으며, 아일랜드 사람들이 감자를 만났고, 코만치 부족이 말을 만났으며, 잉카인들이 천연두를 만났다. 이 모든 일이 처음으로 일어났다."[6]

탐험의 시대에 어쩌면 가장 인상적인 것은 그것이 유럽인의 세계관을 얼마나 급속도로 변화시켰느냐가 아니라 유럽인들이 그 세계를 돌아다닌 능력이었는지는 모른다. 1491년에 대서양을 횡단하는 모험은 미친 사람한테나 어울리는 항해인 듯했다. 사람들은 '대양의 강'(Ocean River)에서 영원히 돌아오지 못할 것이라고 진짜 믿었다. 1600년에 이르면 충분한 현금을 보유하고 4년가량 시간을 낼 수 있으며, 적당한 연줄이 있는 상인이라면 세계 일주 항해를 예약할 수 있게 된다. 과거 1천 년 동안 상대적으로 보잘것없는 공동 가용 자원을 놓고 옥신각신하던 유럽의 강대국들은 새로운 상품과 오래된 상품의 새 원천을 구할 수 있게 된다. 그에 따라 시장과 국가 전체를 만들어 내고 파괴할 지구적 제국이란 개념을 다루어야 했다. 유럽인들 자신이, 발견되고 있는 새로운 종 그리고 새로운 땅과의 장기적 접촉에서 살아남을 수 있을지는 열린 질문, 어쩌면 자연사 학자들이 답할 수 있을지도 모르는 질문이었다.

16세기는 약초서와 자연사의 여러 측면을 다루는 갖가지 서적 출판이 폭발적으로 일어난 시기이다. 이런 출판물의 범위와 규모는 엘리노어 로드가 어느 정도 깊이 있게 탐구해 왔다. 로드는 후기 앵글로색슨 문서까지 거슬러 가는 영어 문헌 사례들에 집중하면서 우리에게 출전 사본에 관한 꽤 포괄적인 문헌 목록을 제시한다.[7] 특히 주목할 만한 것은 네덜란드 식물학자이자 의사로서 오스트리아 황제의 주치의로 봉직한 렘베르투스 도도나이우스(1517~1580)의 약초서이다. 그의 약초서는 원래 1554년 네덜란드어로 출판되었다가[8] 프랑스어로 번역되었고, 프랑스어 판본이 다시 1578년에 헨리 라이트에 의해 영어로 번역되었다가 1583년 런던 왕립내과협회(Royal College of Physicians)의 '프리스트 박사'가 두 번째 영어판 번역에 착수했다.[9] 프리스트는 번역을 다 마치기 전에 죽었고 미완의 임무는 존 제라드에게 넘겨져 1597년 《본초학 또는 런던의 존 제라드가 수집한 식물의 종합적 역사》(The Herball or Generall Historie of Plantes Gathered by John Gerarde of London)라는 다소 장황한 제목 아래 도판이 실린 개정판이 출간되었다.

《본초학》은 여러 면에서 중요한 책이다. 무엇보다 이 책은 널리 출간되고, 편집되고, 재출간되고, 발췌되고 본보기로 이용되었다. 또 식물학에서 미신이 쇠퇴하고 진정으로 지구적 시야가 펼쳐지는 확실한 증거를 보여 준다. 미신의 쇠퇴와 지구적 시야의 등장 사례는 책 곳곳에 풍부하며, 책은 체계적으로 서술되어 각 종에 대한 설명은 기본적 묘사(나중 판본에서는 도판이 곁들여져)와 대략적 분포 범위 추정, 이명(異名, 동일 종을 가리키는 다른 이름—옮긴이), "성질과 장점," 의학적 적용과 조제 가능성에 초점을 맞춘 "성질과 장점"으로 이루어져 있었고, 종종 이전 저자들을 참조하라는 언급도 달려 있다.

존 제라드는 자신의 식물 목록에 맨드레이크(흔히 '만드라고라'라고 한다. 마취제에 쓰이는 유독성 식물로 옛날에는 마법의 힘이 있다고 여겨졌다—옮긴이)를 포함시키지만, 이 식물을 둘러싸고 스스로 '아낙네들의 어리석은 이야기'라고 부른 내용을 철저히 무시한다.[10] 이전의 시각과 반대로 그는 맨드레이크 뿌리를 개한테 묶어서만 채취할 수 있고(맨드레이크 뿌리를 뽑는 사람은 저주를 받는다는 속설이 있어서 그 뿌리를 동물[주로 개]한테 묶고 그 동물을 잡아당겨서 뽑았다—옮긴이) 맨드레이크의 뿌리를 뽑으면 맨드레이크의 비명으로 개가 죽는다는 생각을 거부한다. 그는 상스러운 내용으로 가득해 도저히 인쇄할 수 없고 입에 올리고 싶지도 않은 애정 물질에 관한 온갖 민담들"도 거부한다.(205쪽) 우리 가운데 풍설을 좋아하는 몇몇 사람들은 그런 '애정 물질'을 즐겼을지도 모르지만 "그런 몽상과 흰소리들은 다음과 같은 사실을 명심한 채 지금부터 그대들의 책과 기억에서 모조리 몰아내야 한다. 그것들은 하나도 빠짐없이 새빨간 거짓말이라는 것을."(205쪽) 제라드는 자신이 직접 "엄청나게 많은" 맨드레이크를 무사히 "캐내고, 심고, 옮겨 심었다"고 힘주어 밝히면서 그 식물이 전혀 사람처럼 생기지 않았다고 단언한다.

제라드의 약제는 방대한 종류의 "하제"(下劑, 설사를 하게 하는 약—옮긴이)에서부터 오늘날 우리라면 심리 질환이라고 간주할 질병에 대한 치료에 이르기까지 모든 범위를 아우른다. 그는 '인도가시무화과'(Prickly Indian Fig, 반건조 지역에서 자라는 선인장 종—옮긴이)로 만든 약물을 마시면 환자가 죽지 않을까 걱정될 만큼 붉은 오줌이 나올 수 있다고 경고하지만 오줌 색깔은 단지 식물 자체에서 나온 색깔일 뿐이라고 안심시킨다. 퍽 사랑스럽게도 그는 바질 씨가 "마음의 병을 치료하며 멜랑콜리에서 오는 슬픔을 없애 주고 사람을 즐겁고 기쁘게 만든다"

고 언급하기도 한다.(28쪽) 제발 정말로 그랬기를!

그가 신봉하는 일부 "치료법"에는 여전히 중세의 흔적이 강하게 남아 있지만 종류와 결과를 직접 조사하려는 새로운 에너지와 의욕이 엿보인다. 직접적인 연구에 대한 강조는 플리니우스보다는 아리스토텔레스를 돌아보게 하며, 제라드라면 프리드리히의 궁정에서 흥미롭고 유용한 일원이 되었을 것 같다는 생각이 든다.

제라드는 자신이 실제로 본 것을 넘어설 때 문제를 일으킨다. 《본초학》 제3권에서 그는 여러 저자들이 논의한 바 있는 기이한 따개비거위 (Branta leucopsis, 얼굴은 희고 목은 까만 그린란드산 흑기러기—옮긴이) 이야기를 인정함으로써 동식물이 뒤섞이도록 만든다.[11] 일찍이 12세기에 새나 적어도 새처럼 생긴 생물을 부화하는 열매가 맺히는 경이적인 나무에 관한 이야기들이 인도에서 나왔다. 제라드는 스코틀랜드와 아일랜드 서해안 앞바다에 떠다니는 나무에서 발견되는 따개비가 틀림없이 그와 비슷한 나무에서 나왔을 것이며, 그것들이 알에서 부화하여 해안 일대에서 겨울을 나는 거대한 거위 떼가 된다고 믿는다(흑기러기 둥지는 북극권에 있고 늦가을에만 남쪽으로 내려온다). 이 이야기가 로저 베이컨과 알베르투스 마그누스에 의해 이미 거부되었지만, 17세기까지 런던 왕립학회의 토론 주제가 될 만큼 널리 논의되었다는 사실은 흥미롭고 주목할 만하다.[12]

제라드가 그 시기에 식물학이나 자연사에 관해 저작을 출판한 유일한 인물은 아니다. 흑기러기 이야기에 넘어간 또 다른 자연사 학자 윌리엄 터너가 있다.[13] 터너는 1508년 무렵에 잉글랜드에서 태어나 성직자 교육을 받았다. 대단히 비정통적인 종교적 견해를 견지한 그는 적잖은 세월을 대륙에서 망명자로 보내야 했다. 그러나 콘라트 게스너

(1516~1565)와 친구가 되면서 이런 상황은 자신의 또 다른 관심 영역인 조류학에는 나쁜 일이 아니었다. 게스너는 식물학 시리즈와 《동물의 자연사》(The Natural Histories of Animals)라는 제목으로, 도판이 실린 묵직한 백과사전을 집대성하고 있는 중이었다. 두 자연학자는 매우 훈훈한 관계였던 것 같고 터너는 영국 국교회와 주기적으로 불화를 일으키던 시기 한동안 스위스에서 게스너와 함께 지냈던 것 같다. 터너는 아마 《플리니우스와 아리스토텔레스가 주목한 주요 새들에 관한 간결한 약사》(Short and Succinct History of the Principal Birds Noticed by Pliny and Aristotle)를 유럽에 있는 동안 집필하기 시작한 것 같고 바다오리(여덟 달 동안 직접 기르고 보살핀 새끼 가운데 하나)를 비롯한 추가적 종에 관한 설명은 직접적으로 게스너를 상대로 한 것이다.

　제목이 암시하듯 터너는 플리니우스와 아리스토텔레스에게 기대고 있지만 그들을 비판하는 것도 서슴지 않았으며, 고대와 지중해에서 관찰한 내용을 "내 눈으로 직접 목격한 것"과 연결하려고 시도한다. 그는 제한된 수입으로 종합적 논고를 작성하려고 애쓰는 어려움을 고려해달라고 독자들에게 다소 처량하게 하소연하면서 후원의 이점을 언급하면서 책을 마무리한다.

　　명성이 자자한 알렉산드로스, 모든 왕 가운데 가장 위대하고 가장 이름난 이 대왕은 …… 아리스토텔레스가 동물에 관한 집필에 착수했을 때 48만 크라운을 하사했다. 그 철학자가 개인 수입만으로 그 과업을 이룩할 수 없다는 점을 알았기 때문이다 …… 그런 알렉산드로스가 오늘날 존재하기만 한다면 새로운 아리스토텔레스가 어디선가 탄생하리라 믿어 의심치 않는다.[14]

터너의 불평이 근거가 없는 것은 아니었다. 정평이 난 그의 신랄한 재치 탓에 어쩌면 더 악화된 다양한 종교 당국과의 갈등이 어느 정도 원인이 되어 터너는 자금 마련에 어려움을 수도 없이 겪었을 것이다. 한번은, 자신이 집도 땅도 없고 "아이들 울음소리 때문에" 책에 손을 뻗칠 수도 없다고 말한다.[15]

터너의 친구이자 서로 편지를 주고받은 콘라트 게스너는 독자적 공헌으로 따로 언급하고 넘어갈 만한 사람이다. 그는 취리히의 변변치 않은 집안 환경에서 태어났고 부모를 일찍 여의었다.[16] 그럼에도 전문적 경력을 쌓겠다고 단단히 마음먹고 파리로 가서, 베른 출신 젊은 귀족의 후원을 받는 동안, 맥길리브레이의 불평에 따르면 "그의 문학적 욕구를 실컷 채웠다."(107) 그 뒤 스위스로 돌아와 결혼을 하고 잠깐 동안 그래머 스쿨에서 가르쳤다. 얼마 지나지 않아 사람들은 그의 재능을 알아보았고 정부가 댄 비용으로 의학을 공부하도록 그를 바젤로 보냈다. 고전에서 발휘한 능력 덕분에 그는 그리스어 교수 자리를 얻었고 마침내 1541년 의학 공부를 마쳤다. 4년 뒤 그는 여태까지 나온 모든 책을 아우르는 도서목록으로 의도한 《비블리오테카 우니베르살리스》(Bibliotheca Universalis)를 출판했다. 그는 인생 후반기 내내 자연사 연구에 몰두했던 것 같고, 1555년 취리히에서 자연사 교수로 임명되었다. 세상을 떠나기 마지막 9년 동안 그는 《동물 자연사》(Historia Naturalis Animalium)을 집필했다. 사망 당시 미완성이었던 이 책을 제자가 완성하여 축약된 영어 번역판을 비롯해 널리 출간되었다. 맥길리브레이는 이 작품을 "순서나 구분 없이 주로 아리스토텔레스와 아엘리아누스, 플리니우스로부터 발췌한 내용으로 아무렇게나 구성했으나 독자적 관찰 내용이 무수히 섞여 있으며, 조잡한 판화들이 수록된" 작품이라고 일축한다.(107쪽) 이것은 혹독한 비판인데, 다행스럽게도 오늘날의 독자는 다른 판단을 내릴 기회가 있다. 게스너가 고대인들에게 빚을 지고 있는 것은 맞지만, 터너처럼 자신만의 흥미로운 관찰 내용을 담고 있으며, 다수의 매력적인 목판화 삽화는 결코 '조잡하지' 않고, 때로는 무슨 종을 묘사하고 있는지 독자들에게 분명하게 알려주는 핵심적인 특징이 담겨 있다. 게스너는 유니콘과 사티로스 같은 신화 속 상상의 동물을 많이 수록하고 있지만 그의 책은 과거와 핵심적 단절을 보여 준다. 작가는 플리니우스를 뛰어넘어 종을 새로이 포괄적으로 검토하고 있다. 게스너의 죽음은 영웅적이라고 할 만하다. 그는 역병이 창궐한 취리히를 뜨기를 거부하고 자신이 병에 걸릴 때까지 계속 환자들을 돌봤다. 그 뒤 그는 조수들에게 자신을 서재로 옮겨 달라고 지시했고 거기서 자신의 문서들을 정리하다가 죽음을 맞이했다.

16세기에 생산된 텍스트들은 순전히 그 양만으로도 주목할 만하다.[17] 엘리노어 로드는 그 시기에 출판된 약초서의 다양한 판본을 10쪽에 걸쳐 소개하고 있다.[18] 다수의 책들이 유사한 정보를 담고 있으며 일부 경우에는 서로 그대로 베낀 것이었다. 특별이 언급할 만한 책 가운데 존 매플릿의 《푸른 숲 또는 자연사》(A Greene Foreste or a Naturall Histoire)가 있다.[19] 매플릿은 1540년 무렵에 태어나서 1564년 케임브리지대학에서 학사 학위를 받았다. 그 뒤에 미들섹스 시골 교구의 목사, 다시 말해 자연학자로 변신한 시골 교구 목사들이라는 이름난 족속 가운데 한 명이 되었다. 1567년에 출판된 그의 책은 어느 정도는 스스로 제목에 실제로 '자연사'라는 표현을 썼기에 주목할 만하다. 그러나 이를 제외하고는 그의 글은 터너 같은 더 독창적인 사상가들의 선례에 그다지 부응하지 못하며 그는 미래보다는 과거를 더 바라본다. 매플릿이 지질학부터 동물학까지 모든 것을 다루고 싶어 했다는 점은 분명하지만 기록한 것 대부분은 아리스토텔레스와 플리니우스, 알베르투스 마그누스의 번역본으로부터 나왔다.

존 매플릿은 분류의 고전적 형식들을 인정하고 있다. 예를 들어 식물을 '풀,' '관목,' '나무'로 나누고 '혈액이 있는' 동물과 '혈액이 없는' 동물에 관해 이야기하는 점에서 아리스토텔레스를 따른다. 물론 종을 나누는 방식으로서 습성과 신체 형태를 언급하기는 한다. 본문의 실제 구성에서 혁신적인 면모는 더 일반적 집단들 안에서 모든 것을 알파벳순으로 정리한 점이다. 그는 스스로 무척 자랑스러워하는 듯한 이러한 정리 방식이 독자들이 원하는 것을 찾은 데 도움이 되리라 확신하고 있다.

《푸른 숲 또는 자연사》의 3부는 동물에 관한 것인데 가장 매력적인 부분이다(1, 2부는 각각 보석과 식물을 다루고 있다). 매플릿은 생물을, 심지어 쉽게 구할 있는 종들조차도 굳이 직접 살펴보지는 않은 것 같다. 책은 평범한 동물과 그 옆에 편안하게 자리 잡은 경이로운 신화 속 동물들로 가득하다. 영국의 평범한 새들 바로 옆에 우리는 "깃털이 풍성하고 빽빽한데다 네 발 달린 새"로 "북극 바로 아래 하이퍼보레아"(그리스어로 '북풍 너머의 곳'이란 뜻으로 24시간 언제나 태양이 빛난다는 전설 속의 지역—옮긴이)에서 살고 또 "녹섬석, 벽옥 같은 귀금속을 지키고" 있다는[20] 그리핀을 만나게 된다. 1부로 돌아가면 우리는 '녹섬'이란 에메랄드이며, 그것은 미래의 일을 점치는 데 이용될 수 있다는 사실을 알게 된다.

매플릿이 믿기로, 코끼리는 천문학에 대한 지식이 얼마쯤 있어서 별을 이용해 의례적인 목욕과 정화 시간을 결정한다. 코끼리는 훌륭한 자연사 학자이기도 하며 암컷과 수컷 모두 맨드레이크를 이용한다. 맨드레이크는 코끼리 몸속에서 수컷의 '열렬한 욕망'을 키우고 암컷의 경우

그림 1 코끼리의 몸을 휘감고 있는 용.
《애버딘 동물우화집》(1542). 이 삽화는 13세기 무렵에 그린 것으로 추정된다(애버딘대학 제공).

임신을 돕는다. 코끼리는 인간의 훌륭한 친구이지만 쥐는 무서워한다. 코끼리의 가장 가증스러운 적은 용인데, 코끼리는 자신의 등에 올라탄 인간을 용으로부터 보호한다. 코끼리가 용을 공격하는 방식은 용에게 달려들어 짓밟는 것이다. 물론 용이 먼저 재빨리 코끼리의 등을 휘감아 [코끼리를 물고] 그렇게 물린 코끼리가 많은 피를 흘려 죽지 않는다면 말이다. 비록 코끼리가 용에 올라타는 데 성공한다 해도 이 대결에서 둘다 죽을 수도 있다.

이 책을 통틀어 가장 길게 묘사되어 있는 것 가운데 코끼리와 용이 맞붙는 이야기는 재미있으면서도 처음에는 좀 당황스럽다. 매플릿이 용은커녕 진짜 코끼리를 보았을 가능성도 별로 없지만 그는 분명히 그 동물들에 푹 빠져 있다. 1542년 《애버딘 동물우화집》 같은 당대 문헌에서 코끼리와 용에 관한 글과 삽화가 나오는 것은 그 이야기를 사람들이 널리 믿고 있었음을 암시한다.[21]

코끼리와 용 이야기의 원천 가운데 하나는 플리니우스의 책에서 찾아볼 수 있다.[22] 앞선 시기 로마 작가들은 거대한 코끼리를 집어삼키는 거대한 아프리카 뱀 이야기를 들려주었으므로 어쩌면 플리니우스가 뱀을 용으로 둔갑시켰다고 해도 지나친 비약은 아닐 것이다.[23] 그러나 매플릿은 그 이야기에 더 직접적인 연결 고리를 갖고 있을 수도 있다. 존 머크(1318?~1414?)는 《페스티얼》(Festial, '교회 축일'이란 뜻의 중세 영어—옮긴이)이라는, 여러 축일에 어울리는 설교들을 한데 모아 놓은 책을 냈다. 매플릿처럼 박식한 사람이라면 이 문헌도 친숙했을 법한데 이 책에서 묘사한 성 요한 축일의 관례와 풍습에서 우리는 코끼리와 용이 벌이는 전쟁을 만날 수 있다. 매플릿은 원전을 찾아봤을 수도 있고 아니면 그냥 동료 성직자가 늘어놓은 설명에 만족했을 수도 있다. 어쨌거나 이 이야기는 자연사 연구의 발전에 여전히 따라다니던 권위주의의 위험성을 포착하고 있다. 매플릿의 코끼리와 용 이야기는 로마 신화와 15세기 기독교 의례, 16세기 포괄적 연구와 목록 작성 시도가 혼합된 것이었다. 매플릿은 아직 근대적이라고 할 수 없지만 자기 생각에 질서를 부여할 필요성과 작업 체계의 필요성을 인지하고 있었다.

그 사이 에스파냐의 신세계 탐험은 확장된 자연사에 재료를 만들어 냈다. 프란시스코 에르난데스(1514~1587)는 톨레도에서 플리니우스의 저작을 번역하며 여러 해를 보낸 뒤에 1570년 신대륙의 멕시코에 도착했다.[24] 아메리카에서 해야 할 임무는 본질적으로 오늘날이라면 민속 식물학(특정 지역 토착민들이 보유한 전통적인 식물 정보와 문화적 가치, 관례 따위를 연구하는 학문—옮긴이)이라고 부를 만한 것이다. 그는 의학용으로 이용할 수 있는 식물을 찾고자 했다. 에르난데스는 추가적 연구와 더불어 새로운 진귀한 여러 생물에 대한 글로 된 묘사와 그림들을 발전시키기 위해 에스파냐 궁정으로 보낼 동식물 표본도 수집하고 마련하라는 명령도 받았다.

에르난데스는 맡은 임무를 너무하다 싶을 정도로 잘 해냈다. 1577년 에스파냐로 귀환할 때 그는 1천여 종의 식물에 대한 묘사와 더불어 정보를 담은 폴리오판 38권을 함께 가져왔다. 이 풍성한 정보는 펠리페 2세가 정말로 원하던 것 이상이었던 것 같다. 원고는 다시 편집을 거쳐 에르난데스가 죽고 한참 뒤에 《누에바에스파냐 의료 물질의 보고》(Treasure of the Medical Things of New Spain)라는 제목으로 출간되었다. 에르난데스의 저작의 동물학 부분은 결국에 《누에바에스파냐 동물사》(The History of the Animals of New Spain)라는 영어판으로 번역되었다. 에르난데스의 저술 원본은 불행하게도 1671년에 발생한 화재로 상당 부분이 소실되었지만 사본은 남아서 편집되고 재출간된다.

신세계 정착은 땅 자체와 인간 말고도 그곳 생물에 대한 관심을 증대시켰다. 1637년 토머스 모턴(1579~1647)은 뉴잉글랜드의 개요를 포함한 《뉴잉글랜드의 가나안 또는 새로운 가나안》(New English Canaan or New Canaan, Containing an Abstract of New England)이라고 이름 지은 소책자를 출판했다. 여기에는 뉴잉글랜드 아메리카 인디언에 대한 묘사와 일반적 풍경, 그곳에서 발견할 수 있는 '야생 짐승'과 나무, 풀에 관한 논의가 담겨 있다.[25] 진짜 자연사에 가까운 훨씬 더 상세한 묘사는 본디 1672년에 출판된 존 조슬린(1610?~1675?)의 《뉴잉글랜드에서 발견된 진기한 생물들》(New England Rarities Discovered)이다.[26] 조슬린은 자연을 관찰하는 뛰어난 안목으로 다양한 뉴잉글랜드 토착 동식물을 폭넓게 묘사했을 뿐 아니라 최초 식민자들이 도착한 이후로 짧은 기간 동안 도입된 종들의 목록도 포함시킨다.

조슬린한테도 오류와 공상적 내용이 없는 것은 아니다. 그는 '카리부' 를 앞이마에 "유니콘의 뿔처럼 나사모양으로 꼬인" 세 번째 뿔이 곧게 솟아 있는 동물로 묘사한다(56쪽). 물론 그러한 동물이 매우 드물게 발견된다고 인정하고는 있지만. 조슬린은 '자칼'을 "사자를 먹잇감으로 사냥하는 동물"(57쪽)로 묘사하며(혹시 실제로는 자칼이 아니라 코요테가 아닐까?) 이것을 아메리카 대륙에 사자가 서식한다는 이야기의 근거로 삼는다. 그는 분명히 칠면조에 감탄하며 비록 어떤 사람들은 23킬로그램이 넘는 거대한 새를 이야기하지만, 자신도 적어도 14킬로그램이나 나가는 새를 먹어 봤다고 장담한다. 그는 또한 "새끼 사슴과 자칼을 잡아먹는" 거대한 어느 독수리보다도 큰, 어마어마한 몸집의 맹금류를 묘사하고 있다. 물론 이번에도 이 새가 뿔 셋 달린 카리부처럼 좀처럼 구경하기 힘들다고 인정하기는 한다.

윌리엄 우드는 1629년부터 1633년까지 뉴잉글랜드를 방문했고 《뉴잉글랜드 풍경》(New England's Prospect)에서 그 지역의 일반적인 자연사를 설명한다.[27] 우드는 "마음으로 여행하는 독자의 지식을 풍성하게 하거나 장래 여행자들에게 보탬이 될 지식을 제시하기를" 바란다.(2쪽) 그는 이 임무를 흥미로운 본문으로 충실히 해내고 있으며 책은 여러 차례 인쇄되었다(헨리 데이비드 소로는 《일기》Journals에서 우드를 거듭 언급한다). 우드는 집을 '3층 높이로' 짓는다고 묘사한 비버를 비롯해 다양한 동물에 대해 탁월하게 묘사하고 있다.(48쪽) 또한 '무지개처럼 찬란한' 벌새에도 깊은 감명을 받았으며(50쪽) 나그네비둘기의 거대한 이동에 관해서도 이야기를 들려준다. "나는 이것들이 마치 비둘기로 이루어진 무수한 둥지처럼 [무리를 이루어] 날아가는 것을 본 적이 있지만 수백, 수천만 마리 이 새떼 무리가 어디서 시작해서 어디서 끝나는지, 얼마나 길고 폭이 얼마나 넓은지는 보지 못했다." 그의 글쓰기에 드러나는 '실험적' 성격(책의 전체 제목에 언급된)은 자신이 직접 본 것에 최대한 의존하려는 고집을 보여 준다. 다른 사람들의 진술에 의존할 경우 그는 이 점을 적시하는데, 전반적으로 존 조슬린보다는 들은 이야기에 의존하기를 꺼린다.

과학의 국제화가 증대되었다는 것은 조사자가 식물이나 동물을 묘사할 때 자신이 정확히 무엇을 이야기하고 있는지 폭넓은 독자들에게 분명히 밝혀 주는 것이 더 중요해졌다는 뜻이다. 자연사가 그 영역의 양쪽 끝에서 동일한 종을 직면하거나 아메리카나 아프리카, 아시아 종을 친숙한 유럽의 생물종을 가지고 한데 뭉뚱그리려고 하면서 이전의 '통칭'은 걷잡을 수 없는 혼란을 불러일으킬 수 있었다. 수집가들이 더 큰 종 목록을 축적하면서 단순한 종이나 속보다 더 고도의 관련성이 제시되어야 한다는 점이 분명해졌다. 아리스토텔레스가 제공한 제한된 범주들로부터 영구적으로 단절하게 될 모종의 체계적 접근의 필요성이 커져 갔다. 그러한 체계적 접근에 도달하기까지는 한 세기가 걸리고 여러 차례 잘못된 출발과 부분적 성공을 거치게 되지만, 바야흐로 새로운 질서는 분명히 생겨나고 있었다.

6장 세계에 질서를 부여하다
레이, 린나이우스

17세기와 18세기 초반은 과학 일반, 그중에서도 특히 자연사에서 괄목할 만한 시기였다. 새 세기의 첫 10년은 중세 마법사이자 과학자의 전형이라 할 프로스페로가 등장하는 셰익스피어의 〈템페스트〉 공연을 목도했다. 그 세기가 끝나갈 때쯤이면 뉴턴이 《프린키피아》(Principia)를 출판한다. 존 레이와 동료들은 식물학을 약초의(藥草醫)의 영역으로부터 떼어 내고 윌리엄 하비는 척추동물에서 혈액 순환을 입증해 내며, 과학과 마법은 최종적으로 영구히 갈라섰다. 근대과학의 탄생에서 특히 중요한 것은 다양한 범위의 사람들에게 확대되는 이동과 통신의 자유였다. 전쟁과 혁명, 역병에도 불구하고 자연사 학자들은 돌아다니거나 광범위한 종과 기후를 경험하는 일이 갈수록 쉬워졌고, 늘어나는 동료 집단과 편지를 교환하기도 편해졌다.

1660년 영국에서 왕립학회(Royal Society)가 창립된 이래 학회 차원의 광범위한 학문 연구 지원과 출간은 전에는 볼 수 없던 방식으로 과학을 주류로 끌어올렸다. 학회의 좌우명 "누구의 말도 그대로 받아들이지 말라"(Nullius in verba)는 과거와 노골적 단절을 선언하고 권위에 의존하기보다 직접 관찰할 것을 촉구했다. 과학은 대학과 세속으로부터 격리된 종교적 맥락을 넘어섰고, 이제는 확대되어 가는 동료 사회에 기댈 수 있는 재능 있는 "아마추어"의 영역이기도 했다. 이 사회는 새로운 생각들을 논의하고 토론하고 주고받을 수 있는 박식한 친구들로 이루어져 있었다.

다른 경계들도 허물어지기 시작했다. 정확성이 높아진 광학 기기는 우주와 소우주(microcosmos, 우주의 일부이면서 그 자체가 하나의 우주인 우주의 축소판. 주로 미생물 같은 아주 작은 세계를 가리킨다—옮긴이) 연구에서 새로운 진보를 가능케 했다. 갈릴레이와 그의 망원경은 16세기 후반에 이 새로운 광학 기술이 가져온 효과에서 마땅히 유명한 사례이지만, 현미경의 발전도 그만큼 중요했으며 자연사 연구에 망원경보다 훨씬 큰 영향을 끼쳤다. 미시 세계에 대한 진정으로 인기 있는 최초의 설명은 1665년에 출간된 로버트 후크(1635~1703)의 《마이크로그라피아》(Micropraphia)이다. 여러 차례 쇄를 거듭하며 개정되고 재출간된 이 책의 성공을 설명해 주는 한 가지 가능성 있는 이유는 커다란 동판 인쇄 삽화를 수록한 점이다.[1] 어쩌면 그 책만큼 아름다운 저작은 《식물의 해부학적 구조》(Anatomy of Plants)를 비롯해 1682년 식물의 구조에 관한 상세한 연구서를 출판한 니어마이어 그루의 저작이다.[2] 후크처럼 그루는 자신의 저술에 이전의 독자들은 구경할 수 없었던 수준의 세밀한 동판 삽화를 아낌없이 수록했다(그림 2와 3을 보라).

새롭게 발견되고 있던 생물의 엄청난 수 자체와 이 풍성한 자료를 정리하고 이름을 붙일 더 보편적 체계의 필요성은 진정한 생물분류학을

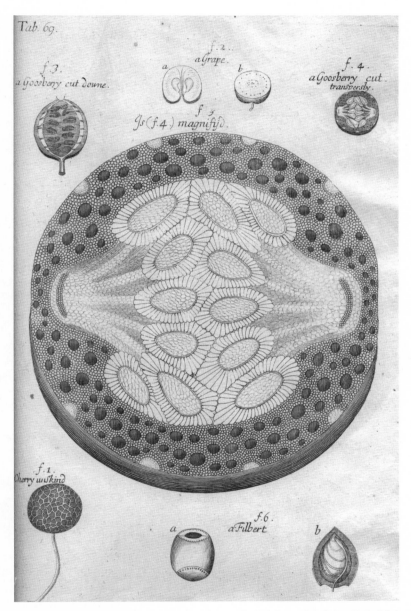

그림 2 니어마이어 그루의 《식물의 해부학적 구조》(1682년)에 실린 구스베리 단면도. 확대 이미지의 우수한 세부 묘사를 주목하라.

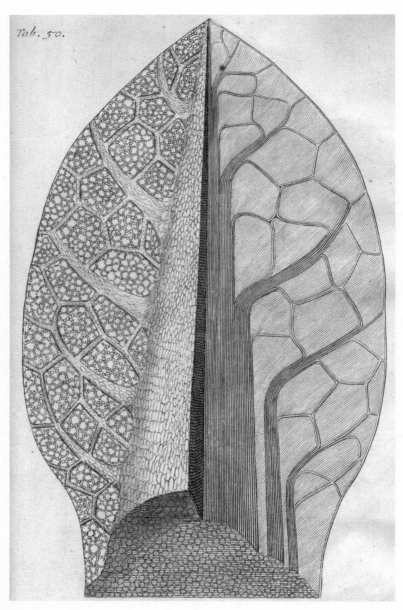

그림 3 《식물의 해부학적 구조》에 실린 잎사귀 상세 해부도.

요구했다. 전통적으로 생물분류학 또는 계통분류학이라는 개념은 린나이우스의 것으로 돌려지지만 그 밖에도 많은 학자들이 그 탄생에 기여했다. 그 가운데 첫손 꼽히는 인물은 말수가 적은 잉글랜드의 신학자이자 자연사 학자인 존 레이였다.

존 레이는 잉글랜드 농촌에서 1628년 대장장이의 아들로 태어났다.[3] 그의 인생은 잉글랜드 역사에서 가장 힘들었던 시기 가운데 하나에 걸쳐 있다. 레이가 1649년 케임브리지대학에서 석사 학위를 마쳤을 때는 잉글랜드 내전이 일어나 찰스 1세가 재판을 받고 처형되었으며, 올리버 크롬웰이 막 아일랜드를 침공하려던 시점이었다. 레이는 공화정과 호국경 시대 내내 케임브리지 트리니티칼리지에 머물면서 라틴어와 그리스어를 가르치고 대학 내 직위를 서서히 밟아 나갔다.

비록 케임브리지셔 식물을 알파벳순으로 정리한 목록인 그의 첫 명시적인 생물학 출판물은 1660년에야 나왔지만 레이는 일찍부터 자연사에 관심을 보였던 것 같다.[4] 그 목록 출판 이전에 레이는 식물학 표본과 여타 표본을 직접 살펴보기 위해 연달아 드넓은 잉글랜드 도보 여행을 다녔다. 레이는 제자들과의 만남에서 굉장히 운이 좋기도 했다. 그는 프랜시스 윌러비(1635~1672)라는 상당한 재산을 소유한 젊은이와 친구가 되었는데, 두 사람은 자연사에 대한 관심을 공유했으며 특히 윌러비는 조류학에 흠뻑 빠졌다. 레이는 식물을 연구하고 윌러비는 조류 연구하기로 하고 두 사람은 함께 영국제도를 탐험하기로 결심했다.

윌러비는 지주 계급 출신으로 딱히 생계를 걱정할 필요 없이 일생을 과학 연구에 전념할 수 있는 처지였다. 그는 왕립학회에 선출된 초대 회원 가운데 한 명이었다.[5] 인생 말년에 어느 정도 관리가 필요한 적잖은 유산을 물려받게 되지만 전체적으로 자신이 적당하다고 생각하는 대로 자유롭게 교육을 받을 수 있었으니, 그한테는 가장 좋아하는 스승의 장기간 개인 지도에 해당하는 것보다 더 좋은 교육도 없었을 것이다.

두 자연학자는 1661년 북부로 여행을 떠나 스코틀랜드 접경지대까지 나갔다. 레이는 이 여행을 포함해 여러 차례 여행 다닌 경험을 기록으로 남겼다. 여기에는 상세한 식물학적·동물학적 관찰 내용뿐 아니라 자신이 거쳐 간 지역과 사람들에 관한 더 일반적인 논평이 담겨 있다. 종종 매우 신랄하고 재치 넘치는 이 기록들은 아마도 출간을, 적어도 편집하지 않은 채 그대로 출간하는 것을 의도하지는 않았던 것 같지만 그의 사후에 《레이의 편력》(Ray's Itineraries)이라는 제목으로 다른 모음집의 일부로 실렸다. 300년이 지난 뒤에도 이 기록들은 여행기로서 대단히 훌륭한 읽을거리이며 여러 면에서 레이의 더 정제된 몇몇 저술보다 더 흥미롭다.

레이는 여느 잉글랜드인처럼 스코틀랜드인을 그다지 좋아하지 않았던 모양이라, 그들의 습관과 주거, 성격, 음식에 대해 툭하면 험담을 늘어놓는다. "그들에겐 좋은 빵이나 치즈, 음료가 없다. 그런 것을 만들 줄 모르고 만드는 법을 배우려고도 하지 않는다. 그들이 먹는 버터는 하도 변변찮아서 어쩌면 이토록 못 만들 수가 있을까 궁금할 지경이다."[6] 스코틀랜드인에 대한 레이의 반응(그리고 물론 그와 윌러비에 대한 스코틀랜드인의 반응)은 어느 정도는 그 시대의 정치 탓이었다. 스코틀랜드는 내전 때 널리 심각한 피해를 입었고 다음 다섯 세대 동안 추가로 침략과 점령, 반란, 진압을 겪게 된다. 새와 식물을 찾아 나선 두 잉글랜드 학자는 남쪽에서 가해 오는 탄압에 이미 지칠 대로 지친 사람들에게 사랑받지 못했을 공산이 크다.

일단 던바에 도착하자 그들은 에든버러 인근 바위섬 바스록 위의 광대한 바닷새 군락을 방문했고, 둥지를 틀고 있는 북양가마우지(레이는 솔란드 거위라고 불렀다)를 멋지게 묘사한 뒤에 레이는 이렇게 기록했다. "새끼들은 스코틀랜드에서 별미로 여겨지며 아주 비싼 값에 팔린다(깃털을 뽑은 것 한 마리당 1실링 8센트[현재 가치로 대략 20달러]). 우리는 던바에서 그 새 고기를 먹었다."[7] 레이는 이 섬의 소유주가 새알과 새를 팔아서 130파운드나 되는 큰돈을 벌고 있으며 알을 집어 오려는 사람들이 해마다 추락사하는 일이 발생한다고 언급한다. 새와 경제에 관해 다룬 다음 이어서 자신이 섬에서 발견한 식물 목록을 열거하고 있다.

이듬해 봄과 여름에 레이와 윌러비는 다시금 잉글랜드를 출발해 이번에는 스노든 산 등반을 비롯해 웨일스 일대를 여행했다. 스노든에서 레이는 고산지대 꽃에 관해 기록한 다음 콘월을 거쳐 잉글랜드 남해안을 여행했다. 그들의 여행 기록 곳곳에서 우리는 새와 식물에 대한 두 사람의 열정을 감지할 수 있다. 레이는 현지 주민들의 전설과 이야기도 기록하고 있지만 자신이 믿는 것과 믿을지 안 믿을지 독자들의 판단에 맡기는 것을 분명히 한다. 흥미로운 일례를 보자. 그는 크리스마스에는 연어를 손으로 잡고 싶어 하는 사람한테는 누구든 연어가 자기가 잡히는 것을 허락한다는 이야기를 듣는다. 이 이야기에 대한 그의 개인적인 반응은 성 아우구스티누스를 인용하는 것이다. "잘못을 저지르고 싶은 사람은 진실보다 자신이 바라는 것을 믿는다"(Credit qui cupit).[8] 이런 태도는 한 세기 전만 해도 자연사에서 흔히 아무 것이나 믿던 태도에서 눈에 띄게 변화한 것이다.

1662년 여름에 이 여행들에서 돌아왔을 때만 해도 레이는 평화로운 학자의 삶을 고대한 것 같다. 그는 1660년에 성직을 택했지만 내전 동안 온 나라를 휩쓴 종교적 논쟁에 얽히는 것을 피했다. 그러나 1662년 후반에 그는 통일령(종교 의례에 특정한 한계를 정하는 법령)을 지키겠다고 선서하라는 요구에 직면했고 선서를 거부하면서 트리니티칼리지의 교수직에서 물러날 수밖에 없었다.[9]

대학에서 사임하자마자 레이와 윌러비는 다른 학자나 대학도 방문하고 표본도 모을 겸 유럽 대륙으로 여행을 떠남으로써 나름대로 이 상황을 최대한 활용하기로 했다.[10] 두 사람은 다음 몇 년 동안 서유럽 대부분을 돌아다녔고 장터에서 갓 잡은 새를 사서 세심하게 절개한 뒤에 해부학적 세부 사항을 기록하기도 했다.[11]

윌러비는 유럽에 있는 동안 해부 실력을 쌓기 위해 잠시 의과대학을 다녔고, 레이는 계속해서 식물 연구에 몰두했다. 두 사람은 뭐든 필기해두는 버릇이 단단히 든 사람이었는데, 잉글랜드로 실어오는 도중에 그들의 노트 다수가 소실된 것은 안타까운 일이다. 윌러비는 에스파냐까지 갔다가 거기서 1664년에 잉글랜드로 돌아왔다. 레이는 계속 남유럽을 떠돌았고 시칠리아와 몰타, 그리고 스위스를 방문한 뒤 1666년에 귀국했다. 이 여행 이야기는 1673년 출판되었고 《편력》처럼 과학적 관찰과 여행기, 그리고 본질적으로는 장소와 사람들에 대한 한담이 뒤섞인 매력적인 글이다.[12]

오늘날 전하는 편지의 글투와 윌러비의 《조류학》(Ornithologia, 1676) 편집 출간에 레이가 보인 헌신으로 볼 때 두 사람은 친구로서도 퍽 좋은 관계였음이 분명하다. 편지에 나오는 몇몇 표현은 오늘날의 독자에게 놀랍게 비칠 수도 있다. 예를 들어 에스파냐에서 레이에게 보낸 편지에 윌러비는 이렇게 쓰고 있다. "무슨 일이 있어도 에스파냐에서 잠시 여행하시길 권합니다 …… 하지만 카나리아제도를 여행하려고 마음을 먹었거나 안달루시아 창녀한테 마음이 있는 게 아니라면 카르도나 너머로는 가실 필요가 없습니다."[13] 스승과 제자 사이에 오고가리라 꼭 기대되는 그런 편지는 아니지만 윌러비는 서른이 될까 말까 했을 테고, 레이는 성직에 출사했음에도 저속한 언어나 저잣거리의 세상사에 과하게 충격을 받을 사람은 확실히 아니었다. 불과 몇 년 뒤에 레이는 자신의 재미난 《영어 속담 전집》(Compleat Collection of English Proverbs) 서문에 이렇게 쓴다. "나는 비록 외설적인 내용을 언급하는 것을 규탄하나, 단정치 못하고 너저분한 표현을 사용하는 게 그러한 표현으로 이루어진 모든 속담을 버릴 것을 요구할 만큼 고상함에 위배된다고는 생각할 수 없다."[14]

윌러비는 될 수 있으면 멀리까지 여행하고 최대한 많은 것을 보려고 했다. "안달루시아 창녀"를 언급한 같은 편지에서 윌러비는 왕립학회가 둘 가운데 한 명이나 둘이 함께하는 테네리페 섬 정상 등반에 자금을 대 줄지도 모른다고 시사하고 있다. 테네리페 봉우리에 관해서는 다음 장들에서 또 만날 것이다. 윌러비는 아메리카 대륙을 방문할 계획도 세웠지만 계획을 실현할 만큼 오래 살지 못 했다. 만약 살아서 이 계획들을 완수했더라면 자연사에 얼마나 큰 공헌을 했을지 짐작만 해볼 따름이다.

1667년 윌러비가 결혼하기 전에 두 사람은 한 차례 더 잉글랜드 남부로 함께 여행을 떠났다. 가정을 꾸리고 아버지가 됨으로써 (윌러비는 다음 4년 동안 아이 셋을 낳았다) 한곳에 몰두할 수는 없었겠지만 이런 변화가 윌러비를 연구에서 아주 멀어지게 하지는 않았다. 두 사람은 1669년에 나무 수액에 관한 논문을 썼다. 레이는 혼자 요크셔로 여행을 다녀와서 《잉글랜드 식물 목록》(Catalog of English Plants)을 집필했다. 이 책은 전에 작성한 케임브리지 목록의 중대한 확장으로서 다른 자연학자들과 주고받은 편지와 더불어 윌러비와 함께 또는 혼자서 영국 곳곳을 누빈 여러 차례 여행에 바탕을 두고 있다. 《잉글랜드 식물 목록》은 1668년에 출판되었고 두 사람은 각각 식물 분야(레이)와 동물 분야(윌러비)를 맡아 종합적이고 백과사전적인 자연사 안에서 공통된 명명 체계를 작업하기로 했던 것 같다.

안타깝게도 원래도 좋지 않았던 윌러비는 건강이 점점 악화되었다. 1672년이 되자 더는 살지 못할 것 같았고 그는 레이를 자식들의 가정교사로 임명하고 연금 60파운드를 책정하는 유언장을 작성했다. 그 돈이면 비록 풍족하지는 않지만 레이가 여생 동안 다른 벌이에 의존하지 않고 살기에 충분했다. 마침내 윌러비는 동물학 연구를 미완으로 남겨둔 채 1672년 여름에 세상을 떠났다. 레이는 1673년 결혼했고 여러 차례 옮겨 다닌 뒤 고향인 블랙노틀리로 돌아와 여생을 집필과 연구 조사에 바쳤다.

자연사에서 레이의 가장 큰 공로는 아리스토텔레스의 분류법을 훨씬 넘어서는 계통분류법(hierarchical taxonomy)을 개발한 것이다. 그는 초창기 식물학 연구 시절부터 케임브리지에서 이러한 분류 작업에 착수했던 것 같은데, 처음에는 중복을 없애는 최소한의 시도만 한 채 단순히 종을 알파벳 순서로 나열했다. 작업이 확대되면서《잉글랜드 식물 목록》은 1673년 '잉글랜드에 자생하지 않는' 식물 목록으로 이어졌다) 그는 더 훌륭한 동정과 분류 체계의 필요성을 느꼈다.

식물학에 완전히 집중할 수 있기 전에 레이는 친구 윌러비가 착수한 조류학 작업을 먼저 완수해야 한다는 의무감을 느꼈다. 레이는 1676년 윌러비의 《조류학》(Ornithologia)을 편집해 출판했다. 어떤 사람들은 저작의 상당 부분을 레이가 쓴 것이라고 주장해 왔지만, 이러한 주장은 윌러비가 조류 분류법 개발과 조류의 신체 구조 및 습성 분석 양쪽에서 처음부터 중요한 역할을 담당해 왔다고 믿는 이들에 의해 거부되어 왔다.[15]

책은 프리드리히 폰 호엔슈타우펜의 분류와 유사한 방식으로 모든 종류의 새를 육지형이나 수생형으로 나눈다(프리드리히의 '중간형'은 빠져 있다). 최초 분류를 위해 서식지에 바탕을 두는 이런 방식은 나중에 레이가 혼자서 식물을 분류할 때는 거부되었으므로 《조류학》이 윌러비가 품어 온 생각을 따랐다는 주장에 힘이 실린다. 육지형은 다시금 부리 형태나 발톱 구조에 따라 나뉘고 그다음은 먹이 습성, 그다음은 어느 종이 야행성인가 주행성인가 등에 따라서 세분화된다. 수생 조류는 먼저 수금류(물에서 헤엄치는 종류―옮긴이)와 섭금류(물가를 걸어 다니는 종류―옮긴이)로 나뉜 다음 다시 발 구조와 부리 구조에 따라 세분화된다.

조류학에서 명명법은 여전히 퍽 어설퍼서 레이와 윌러비는 보통 속명에 해당하는 것에 라틴어 한 단어를 이용하고, 만약 그것이 그 속에 유일한 것이면 그 종에 한 단어만을, 그리고 그 속에 여러 종이 있으면 종명으로 둘이나 그 이상의 라틴어 단어를 이용했다.[16] 그들은 또한 특정한 새들을 동정할 때 영어 이름을 포함시키는 경향이 있고, 한 종에 복수의 통명을 포함시킬 때, 특히 그 통명에 특이한 이야기가 얽혀 있거나 통명 그 자체가 특이한 경우에 통명 표기에서 레이가 개입했음을 느낄 수 있다. 따라서 'woodpecker'(딱따구리)는 'woodspite,' 'pickatrees,' 'rainfowl,' 'highhoe' 따위로도 불린다고 등재되어 있다. 《영어 속담 전집》과 나중에 펴낸 "일반적으로 쓰이지 않는" 표현 모음집에서 빛나는 지방 민담과 특이한 이름에 대한 레이의 관심은 여기서 여분의 (때로는 주제와 무관한) 정보와 이명을 제공하는 역할을 한다.

이러한 이명은 현대 독자에게는 예스러운 아취를 풍기거나 사소한 짜증을 유발하는 것이지만 레이의 시대에는 동정을 하는 데 분명 유용했다.

윌러비가 죽고 나서 부인이 본문에 들어갈 판화 삽화 제작을 담당하고 있었는데, 전기 작가들은 그녀와 레이 사이에 긴장이 흘렀음을 암시한다.[17] 이미지 품질이 존 굴드나 심지어 존 제임스 오듀본만큼 좋지는 않았지만 판화의 전반적 상태를 고려할 때 다수의 삽화는 아마도 책의 목적에 도움이 되었을 것이다. [그림 4]에 보이는 것처럼 딱따구리의 부리는 따로 떼어 세밀한 그림으로 멋지게 묘사되어 있고 다른 여러 새들도 보기 좋게 그려져 있다.

윌러비의 대표작이 완성을 보자 이제 레이는 식물학에 집중할 수 있었다. 윌러비와 레이가 함께 작업한 두 번째 책《어류사》(De Historia Piscium)는 1686년에 출판되었고[18] 부분적으로는 윌러비도 기여한 것으로 여겨지는 《곤충사》(De Historia Insectorum)는 레이 사후 출판되었다. 1682년에 출판된 레이의 《새로운 식물학 방법론》(Methodus Plantarum Nova)은 식물에 대한 이해와 분류에서 중대한 진전을 보인다. 분포나 인간의 이용에 따른 분류를 거부한 레이는 진정한 조직 방법은 한 식물의 실제 구조와 형태를 식물 집단을 나누거나 한데 묶는 기초로 이용하는 것이라고 주장한다.[19]

레이는 식물을 분류하는 데 열매의 구조를 이용한 이탈리아 식물학자 안드레아 체살피노(1524~1603)의 선행 연구를 인정하지만, 자신의 분류 체계에 갖가지 다양한 특징을 폭넓게 포함시킴으로써 거기서 훨씬 더 나아간다. 그는 독자들에게 여러 식물에서 드러나는, 자유자재로 형태를 바꾸는 변형 능력을 토대로 잘못을 저지를 가능성을 신중하게 경고하며, 이전에 '종'으로 간주되던 많은 종을 단순히 국지적 기후

그림 4 딱따구리. 프랜시스 윌러비의 《조류학》(1676).

나 토양 유형, 재배의 차이에 의해 유발된 변종일 뿐이라고 보고 종으로 분류하기를 거부했다. 오늘날 우리가 생물학에서 '종 개념'(species concept)이라고 부를 만한 것을 견지하면서, 레이는 부모의 형질을 그대로 유지하고 다음 세대로 전달되는 변이만이 생물분류학을 위한 적절한 토대가 된다고 말한다. 그는 아리스토텔레스의 '초본'식물과 '목본' 식물 구분을 고수하지만, 본문에 그림으로 제시된 열매, 꽃, 잎사귀 따위에서 얻은 특징들의 조합을 이용하여 종에서 이분법적 구분의 핵심에 해당하는 것을 만들어 낸다.

1686년부터 1704년까지 레이는 궁극적으로 세 권으로 출간될, 영어-라틴어 명칭을 포함한 포괄적인 《식물사》(Historiae Plantarum)를 작업했다.[20] 이 책은 확실히 원래 포괄적 자연사 백과사전을 펴내려던 레이-윌러비의 마스터플랜 가운데 하나이다. 레이는 책들을 준비하고 종국에 출판할 때 한스 슬로언 경(1660~1753)과의 우정에 크게 도움을 받았다. 슬로언은 흥미로운 자연사 학자들의 연구를 지원했으며, 영국과 유럽의 엘리트 계층 사이에서 이미 맹위를 떨치고 있는 흥미로운 유물 수집에 대한 열정을 추구할 만큼 재력을 갖추고 있었다. 그의 개인 컬렉션은 나중에 대영박물관의 토대가 되었다. 레이가 계속 작업을 할 수 있도록 슬로언이 격려금을 제공했다는 사실은 의심의 여지가 없다.

자연사에 관한 더 과학적인 작업 말고도 레이는 신학과 과학을 결합하는 능력으로 가장 잘 알려져 있다. 아직 케임브리지대학에 있을 때 그는 학생과 교수들에게 "명문집"이라고 알려진 정기적인 주일 강연 임무를 맡고 있었다. 그의 가장 중요한 설교문인 《천지창조의 작품에 드러나는 신의 지혜》(The Wisdom of God Manifested in the Works of the Creation)는 정확히 언제 처음으로 설교한 것인지 분명하지 않지만 이러한 명문집 설교 가운데 하나로 시작했던 것 같다.[21] 설교문은 처음 출판될 무렵 여러 차례 수정을 거쳤고 나중에 윌리엄 페일리가 옹호한 자연신학의 기초를 이루게 된다.[22] 레이의 설교는 여러 가지 방식에서 놀랍다. 그는 플리니우스를 비롯해 여러 저자를 인용하면서 고대인에게 의존하지만, 설교 전반에 걸쳐 받는 느낌은 사실에 대한 직접 관찰이나 당대인들 간의 의견 교환을 강조하는 과학자 레이라는 인상이다. 설교의 제목이 보여 주는 것처럼 레이는 만물은 절대적으로 목적을 갖고 있어야 하며, 생물의 경우에 그 목적이란 일종의 위계질서 안에 놓여 있다는 어마어마한 목적론에 사로잡혀 있다. 즉 개체의 이익을 위해 이루어지는 일은 종을 위해 이루어지는 일이고, 그것은 다시 인간의 이로움을 위해 이루어지는 일이며, 궁극적으로는 신의 영광을 드러내 보이기 위해 이루어지는 일이다. 그러나 만약 우리가 이러한 목적성으로부터 잠시 비켜선다면, 오늘날의 생물학 세미나에서 제시되더라도 그다지 특이해 보이지 않을 발상들의 증거는 많다.

한 가지 실례로, 레이는 데이비드 랙보다 거의 300년 앞서서 새는 알을 낳는 능력에 제약을 받기보다는 번식 성공을 극대화하는 만큼만 알을 낳는다는 주장을 제시했다.[23] 레이는 이 가설을 뒷받침하는 것으로 닭과 제비가 낳은 알을 둥지에서 치워 버린 실험을 인용한다. 레이는 물론 이 모든 논의를 자연선택 작용보다는 신의 은혜를 입증하기 위한 시도로 이용하고 있지만, 어떤 발상들이 몇몇 경우들에는 어떻게 훗날의 발상들을 오래전부터 예시하고 있었는지를 살펴보는 일은 여전히 흥미롭다.

《신의 지혜》의 성공에 힘입어 레이는 1692년에 집필한 세계의 창조와 지속, 그리고 궁극적 "해체"에 관한 세 편의 에세이를 비롯해 과학과 종교에 관한 논고를 여러 편 내놓았다.[24] 다시금 레이는 몇몇 측면에서 시대를 대단히 앞서가고 있다. 그는 세계의 창조를 설명하고 가능한 종말들을 검토하기 위해 동일과정설(침식이나 화산 활동 같은 현재 관찰 가능한 현상을 과거에도 적용하는 것)로 알려지게 될 것을 끄집어낸다. 그는 화석을 한때 살았던 생명체의 유해 유물로 올바르게 묘사하며 세상은 태양이 수명을 다할 때에야 비로소 끝날지도 모른다고 주장한다.

1690년 레이는 맥길리브레이가 "영국 식물에 관해 그때까지 쓰인 가장 중요한 작품"이라고 믿는 《영국 식물 개관》(Synopsis Methodica Stirpium Britannicarum)을 출판한다.[25] 1695년 그는 자신의 식물 분류법에 대한 공격에 자신의 논의를 요약한 《짧은 논고》(Dissertatio Brevis)로 응수한다. 그의 《식물사》 마지막 권을 준비하는 과정은 아마도 1688년부터 1704년 사이 기간의 상당 부분을 차지했을 것이다. 그는 《식물사》 마지막 권을 준비하면서 30여 년 전에 윌러비가 시작했던 곤충 연구를 이어받아 쓴 원고도 손질하고 있었다. 1705년에 레이가 세상을 떠나자 과학에 대한 공헌과 그의 친절한 성품을 칭송하는 글이 여기저기서 나왔다.

레이와 윌러비가 출판한 저작들은 생물분류학의 풍경을 크게 바꾸어 놓았다. 진화생물학자 팀 버크헤드는, 레이가 "아마도 모든 시대를 통틀어 가장 예리한 통찰력을 지닌 자연학자"일 것이라고 말하지만, 여전히 미흡한 점이 많았다.[26] 레이와 윌러비 두 자연학자는 명명과 동정둘 다를 위한 표준화된 시스템을 제공하고, 말 그대로 동식물을 종이나 속으로 나누거나 조합하는 수단, 문자 그대로 열쇠가 되는 특징들을 파악하고자 했다. 두 사람의 분류 체계에서 가장 큰 약점은 너무도 자주, 그들이 기대한 것보다 어쩌면 더 가변적이거나 덜 특징적인 단일 특성들에 의존한 것이며, 그 결과 그들은 연관 집단들을 쪼개 놓았다.

명성과 방법론에서 레이를 밀어내게 될 사람은 출생과 기질에서 선배와 달랐다. 카롤루스 린나이우스(카를 폰 린네)는 레이가 죽고 고작 2년 뒤에 스웨덴에서 태어났다. 어느 모로 보나 그는 아주 일찍부터 식물학에 흥미를 보였다.[27] 시골 목사였던 아버지는 그가 소년일 때 이 열정적 취미 활동을 마음껏 추구하게 내버려 두었다. 그러나 부모는 아버지를 따라 아들이 장차 성직자가 되길 희망했고 그리스어와 라틴어, 고전을 배우도록 아들을 이웃 마을의 문법학교에 보냈다. 하지만 린나이우스는 그다지 훌륭한 학생이 아니었다. 지정된 문헌을 공부하기보다는 숲으로 나가 식물을 채집하고 동물을 관찰하는 것을 더 좋아했다. 고등학교에 다닐 때가 되자 린나이우스는 교사들이 그의 부모에게 불평할 정도로 학업에서 크게 뒤처져 있었고, 아버지는 학교를 완전히 그만두게 하고 아들을 구두공의 견습생으로 보내기로 결정했다.

그곳의 어떤 의사가 린나이우스를 눈여겨보고는 아이의 능력과 관심사가 의학 공부에 보탬이 될지도 모른다고 아버지를 설득했다. 린나이우스는 이윽고 2년 동안 그 의사 집으로 들어가 생활하게 된다. 그 뒤에 그는 룬드대학에 입학하여 한 교수와 친하게 된다. 이 교수는 숙식을 제공했을 뿐 아니라 그가 자연사를 공부하도록 격려했다.

후원자의 친절에도 불구하고 린나이우스는 룬드대학의 학업에 점차 싫증을 느꼈고 더 이름 높은 웁살라대학에서라면 좀 더 나을 것 같다고 생각한다. 자기중심적이고 무례하다고밖에 할 수 없는 처신을 보이며 사의를 표하거나 자신이 떠나는 이유를 설명하지도 않은 채 그는 교수 집에서 나와 웁살라로 옮겨 갔다. 웁살라에 도착하자마자 그는 거의 무일푼의 처지가 되었고, 새로운 친구들의 친절과 관대함에 의지해 살

왔다.

극도의 가난 속에서도 린나이우스는 자신의 경력에 그토록 두드러진 또 하나의 행운을 만나게 된다. 그는 식물원을 거닐던 중에 우연히 신학자 올라우스 켈시우스(1670~1756)을 만났다.[28] 켈시우스는 그에게 식물원에 있는 몇몇 식물에 대해서 물었고 린나이우스의 답변에 무척 깊은 인상을 받아서 이 남루한 학생이 대체 누구인지 알아보았다. 켈시우스는 그를 집으로 초대해 자신의 책과 논문을 읽을 수 있게 해주었다. 린나이우스는 켈시우스의 식물학 조사를 도왔는데, 그가 식물 분류의 토대로 꽃의 구조를 이용한다는 발상을 떠올린 것은 이곳 켈시우스의 서재에서 구할 수 있는 글을 읽는 동안이었던 것 같다.

켈시우스는 린나이우스를 1695년 라플란드에 다녀온 적이 있는 '아들' 올로프 루드벡(1660~1740)에게 소개하기도 했다. 스웨덴 최북단 지방인 라플란드는 그때까지만 해도 아직 전인미답의 신비로운 지역으로 자연사 학자에게 장래성이 대단히 큰 곳이었다. 웁살라대학의 식물학 교수인 루드벡은 이미 라플란드에서 예비 연구를 수행했고 린나이우스의 지식에 깊은 인상을 받아서 그가 식물원에서 강사료를 받고 강의를 할 수 있도록 특별 허가를 얻어 주었다. 아직 학위가 없는 젊은이에게는 이례적인 특혜였다. 루드벡은 자신의 이전 라플란드 탐험을 되풀이하고 보충하는 탐험에 린나이우스를 고용하기로 했다.

다섯 달 동안의 놀라운 라플란드 탐험 이야기를 린나이우스는 《라플란드 여행》(Lachesis Lapponica)에서 들려주고 있다.[29] 이 일지는 여전히 진심에서 우러난 자연스러움이 흘러넘치며 상세한 식물학적 스케치는 물론 라플란드 부족이 아이들을 흔들어 재우는 모습까지 매력적인 묘사도 담고 있다. 린나이우스는 자신이 입었던 옷가지와 자신의 '순방'

에 가져간 것들 목록을 열거하면서 이야기를 시작한다.

> 셔츠 한 장, 가짜 소매(false sleeves, 어깨에 걸쳐서 흘러내리는 스타
> 일의 소매—옮긴이) 두 쌍, 반셔츠 두 장, 잉크스탠드 하나, 필통 하나, 현
> 미경 하나, 망원경 하나, 가끔 각다귀로부터 보호해 주는 거즈 모자 하
> 나, 빗 하나, 둘 다 폴리오 판형인 일기장과 식물 건조용으로 꿰매어 붙
> 인 종이 뭉치, 내 원고 《조류학》(Ornithology), 《우플란드 식물지》(Flora
> Uplandica), 《속성》(Characteres generici). 나는 허리에 단검을 차고,
> 측정할 목적으로 눈금을 매긴 팔각형 막대기와 더불어 작은 엽총을 들
> 고 다녔다."[30]

거의 인간의 발길이 닿지 않은 영역을 수백 킬로미터 걷고 노를 저어
가는 식으로, 무려 넉 달이 넘게 걸리게 되는 여정에 고작 이것만 챙겨
간 것이다.

린나이우스의 여행은 보트니아 만 해안으로부터 내륙으로, 나중에는
오늘날의 핀란드 해안을 따라가는 동서 횡단 형태를 띠었다. 그의 정확
한 이동 범위를 두고는 약간의 논쟁이 있다. 맥길브레이는 상당수가
지지하는 "대략 3,800영국마일"을 인용하는데, 아마도 《라플란드 여행》
부록에서 얻은 수치인 것 같다.[31] 이것은 린나이우스가 이동해 가던
150일 동안 하루에 40킬로미터 이상, 그것도 '매일같이' 이동했다는 의
미가 된다. 우리는 린나이우스가 직접 쓴 일기를 통해 그가 식물을 채
집하거나 아니면 기상 조건 탓에 정기적으로 잠시 여행을 멈추고 한곳
에 머물렀다는 사실을 안다. 노라 굴리는 린나이우스가 주장하는 여행
기록 가운데 적어도 한 대목은 "다소 악의 없는 거짓말"이라고 지적한

다. 다른 이들은 굴리보다는 덜 친절해서 린나이우스가 본질적으로 자신이 이동한 거리와 맞닥뜨린 위험을 과장하는 사기를 저질렀다고 비난하기도 한다.[32]

여기서 린나이우스의 결점을 곱씹어 보기보다는《라플란드 여행》의 세부 내용으로 돌아가는 편이 더 좋을 것 같다.《라플란드 여행》은 어떤 측면에서 다윈의《비글호 항해기》에 견줄 만한데, 본디 출판을 염두에 두고 쓰인 것이 아니라는 점에서 더욱 솔직한 참으로 대단한 기록이다. 여러 쪽에 걸쳐 라플란드 부족의 결혼 풍습을 묘사한 뒤 곧장 안젤리카 속을 비롯한 식물 종의 현지 이름에 관한 논의로 넘어가는 서술을 대체 어떤 책에서 만날 수 있겠는가? 벌레에 물려 반쯤 돌아 버린 적이 있는 현장 생태학자라면 아래 대목에서 미소를 지을 뿐 아니라 깊은 인상을 받을 수밖에 없을 것이다.

나는 오래 전부터 라플란드 탐험 와중에 각다귀 때문에 겪은 고통을 이야기해 왔다. 여기서 나는 길이는 대략 1라인(2.12mm—옮긴이)이고 몸통이 가느다란 아주 작은 파리 때문에 한층 더 불편을 겪었다. 가슴쪽은 푸른 기가 도는 회색을 띠고 있고 앞머리는 희끄무레하고 눈은 검다. 날개는 투명하고 회색 몸통은 길쭉하고 가늘다. 날개가 달린 부분 양쪽에 하얀 비늘 같은 가루가 있다 …… 이 녀석들이 특히나 골치인 것은 자꾸만 얼굴에 날아들어 눈, 코, 입으로 들어간다는 점이다.[33]

묘사가 어찌나 꼼꼼한지 놀라울 정도다. 나중에 이루어진 편집과 번역을 감안하더라도, 린나이우스는 분명히 장래의 생물분류학적 실마리를 염두에 두고 글을 쓰고 있다. 하지만 이런 불평으로 글을 매듭지을

그림 5 카롤루스 린나이우스
(Handrik Hallander, 1853)

만큼 인간적이기도 하다. 앞선 문단에서는 산불을 피해서 불타는 나무 둥치들 사이로 내달려야 했던 일을 묘사하면서 "우리는 이 위험천만함 모험이 끝났을 때 적잖이 기뻤다"라고 말한다.[34]

과연 기뻐했겠지만 독자로서는 사람을 무는 파리와 모기의 끊임없는 고문이 산불이나 불어난 강물 같은 진짜 위험과 벌인 사투보다 더 끔찍하지는 않았는지 궁금하지 않을 수 없다. 전반적으로 독자는 매우 '젊은' 사람의 기록임과 동시에 기회만 된다면 탁월한 능력을 발휘할 것이며 앞으로 연구할 자료를 최대한 많이 보유해야 한다는 것을 알고 있는, 무척 대단한 사람의 기록이란 느낌을 받는다.

1723년 10월 라플란드에서 돌아오자마자 린나이우스는 탐험에 자금을 댄 웁살라의 왕립과학학회의 회원으로 선출되었다. 하지만 이런 명예에는 아무런 물질적 보상이 없었기 때문에 생활비를 벌기 위해 돈을 받고 자연사 강의를 시작했다. 린나이우스는 아직 아무런 학위도 받지 않았으므로 그의 행동은 곧 대학 관계자들로부터 곱지 않은 시선을 받게 되었다. 해부학 교수 니콜라스 로센이 학교 이사회에 불만을 표명했고 이사회는 그에게 더 이상 강의를 못하게 금지했다. 이 시점에서 린나이우스는 자제심을 완전히 상실했든지 아니면 과도한 쇼맨십에 빠졌던 것 같다. 그는 로센이 지나가는 길목에 숨어 있다가 그를 찔러 죽이려고 했다. 모두에게 천만다행으로 그의 검술 실력이 형편없었든가 아니면 단지 그럴싸하게 연기만 하고 있었는지, 심각한 피해가 생기기 전에 행인들이 그의 손에서 검을 빼앗을 수 있었다. 그러나 대학교수에 대한 위해는 가벼이 넘어갈 수 없는 사건인지라 린나이우스가 바로 제적되는 사태를 막고자 켈시우스는 무척 애를 써야 했다. 린나이우스는 징계를 모면했지만, 한동안 웁살라를 떠나 있는 게 좋겠다는 것이 중론이었던 듯하다.

이 무렵에 린나이우스는 적당한 여자와 결혼하면 가난에서 벗어날 수도 있겠다는 결론을 내렸다. 이내 사라 엘리자베트 모라에아라는 그러한 신붓감이 나타났다. 그녀는 스웨덴 팔룬에서 최고 부자 가운데 하나인 어느 의사의 딸이었다. 사라는 린나이우스한테 꽤 반한 것 같았지만 더 신중한 그녀의 아버지는 린나이우스가 학위를 마치고 이후 3년 동안 스스로를 입증해 보일 때까지 결혼을 미뤄야 한다고 완강하게 나왔다. 문제는 물론 린나이우스가 여행을 할 만한 돈이 없고 또 웁살라에서 환영받지 못하는 인물이라는 점이었다. 사라는 학위를 수여해 줄 기관을 찾아 해외로 나갈 충분한 돈을 약혼자에게 지원했다. 우리로서는 맹목적인 믿음이나 깜짝 놀랄 만큼 강렬한 애정에서 나온 헌신이라고밖에 볼 수 없다.

린나이우스는 네덜란드로 갔고 거기서 1735년 6월에 드디어 의학 학위를 받았다. 이것은 본질적으로 학위논문의 준비와 성공적인 방어를 의미했다. 네덜란드에 도착한 지 일주일 만에 완성된 린나니우스의 논문은 열병의 원인에 관한 것이었다.[35] 비록 나중에 대대적으로 비판을 받게 되지만 그 논문은 학위를 따기에 충분할 만큼 좋다고 여겨졌다.

린나이우스는 학위를 마치고 스웨덴으로 서둘러 돌아오지 않은 채 네덜란드에서 즐거운 시간을 보냈던 것 같다. 그는 레이던으로 갔고, 거기서 탁 까놓고 말해서 우려먹을 일단의 새로운 친구와 후원자들을 찾아냈다. 이미 자신과 사라 엘리자베트의 돈을 대부분 다 써 버린 터였기에 처음에는 레이던에서 다락방 신세였다. 이런 상황도 그가 자연사 연구를 추구하는 것을 조금도 막지 못했고 네덜란드에서 보낸 시간은 저술의 측면에서 굉장히 생산적이었다. 《라플란드 여행》에서 보건대 린나이우스가 체계적인 생물분류법을 어떻게 창안할 것인지 한동안 생각해 왔다는 점은 틀림없다. 하지만 어쩌면 사생활이 정리되지 않은 탓인지 자신의 생각들을 글로 옮기는 것을 미뤄 왔다. 그러나 레이던에서 그의 친구들이 이제는 집필을 해나갈 때라고 설득했고, 1735년에 린나이우스의 첫 출판물 《자연의 체계》(Systema Naturae)가 나왔다.

《자연의 체계》, 더 정확히 《종, 속, 목, 강에 따른 세 가지 계로 이루어진 자연의 체계》(Systema Naturae sive regna tria naturae systemice proposita per classes, ordines, genera, et species) 초판은 대형 폴리오 판형으로 고작 14쪽에 불과했다. 이 책은 열세 판을 찍었는데 마지막 판본은 린나이우스 사후에 나왔으며 더 많은 세부 사항과 더 많은 종이 정리되고 분류되면서 판이 나올 때마다 분량이 늘어나게 된다.

린나이우스의 체계는 더 높은 수준의 분류(계, 강, 목)가 관찰자의 편의를 위해 선택된 특징을 토대로 한다는 점에서 어느 정도는 "인공적" 이다. 그는 종과 속의 관계만 "자연적"이며 어떤 생물학적 의미나 심지어 신학적 의미를 반영한다고 여긴다. 린나이우스는 자연에 세 가지 계가 있다고 보는데, 이러한 인식은 당대뿐 아니라 레이를 거쳐 아리스토 텔레스까지 거슬러 올라가는 계보에서 나온 이해와 정의를 반영하고 있다. 즉, 광물은 생명과 감각 능력이 없고, 식물은 살아 있지만 감각이 없으며, 동물은 생명과 감각을 모두 갖추고 있고 적어도 생의 어느 시기 동안에는 움직일 수 있다.

린나이우스는 계 수준 아래로 생물을 강으로 나눈다. 동물의 경우 여섯 가지 강으로 나뉘는데 포유류, 조류, 양서류(파충류 포함), 곤충류, 어류, 벌레류로 나뉜다. 마지막 범주인 벌레류는 다른 분류군에 맞지 않는 것은 뭐든 들어가는 잡동사니 범주인 듯하며 이후 저자들에 의해 가장 먼저 제거된 범주인 것도 놀라운 일은 아니다. 각 강마다 린나이 우스는 더 특화된 형질을 공유하는 목을 두는데, 목 안에서 궁극적으로 "자연적인" 속과 종은 서로 뚜렷한 생물학적 연관성을 띤다. 린나이 우스가 이룬 생물분류학의 개혁에서 가장 항구적인 영향은 모든 종에 라틴어 이중 학명을 붙일 것을 고집한 점이다. 이것은 모든 현대 과학자 들이 한 생명체에 전문적인 이름을 붙일 때 사용하는 형태이다. 따라서 호모사피엔스는 세계 전역에서 '인간'을 의미하며, 서로 다른 배경에서 완전히 다른 언어로 말하는 과학자들이라도 어떤 논의에서든 적어도 하나의 종은 공유한다고 확신할 수 있다.

처음부터 린나이우스는 식물계의 거대한 다양성을 인식하고 있었다. 그는 꽃의 생식기관(암술, 수술 따위)의 구조를 토대로 자신의 분류 체계를 발전시켰다. 동물에서와 마찬가지로 속과 종은 다른 공유된 특징의 조합으로 결정되었다. 이러한 분류 체계의 이점은 그것이 비교적 단순해서 한 식물학자가 마주치게 될 만한 대부분(전부는 아니다)의 식물에 적용될 수 있으며, 그가 꽃으로 된 표본을 갖고 있는 한 쉽게 관찰할 수 있는 갖가지 특징에 기초를 둔다는 점이다.

1730년대에 네덜란드라는 나라는 자연사 학자에게 틀림없이 아주 흥미진진한 곳이었던 것 같다. 네덜란드 사람들은 수백 년 동안 해양 민족으로 활약해 왔고, 특히 오늘날 인도네시아 섬들을 비롯하여 동남아시아에 식민지를 수립했다. 또 아메리카와 아프리카, 중국과도 활발하게 교역을 하고 있었기에 네덜란드 동인도회사의 선박에 실려 엄청난 수의 동식물 종들이 쏟아져 들어왔다. 늘 그렇듯 좋은 후원자를 고르는 능력 덕분인지 행운인지 린나이우스는 이번에는 암스테르담대학의 식물학 교수인 존 버만한테서 후원자를 발견했다. 버만은 여러 식물 종을 구분하는 린나이우스의 능력에 깊은 인상을 받았고, 자신의 실론(스리랑카) 식물지 출판을 도울 수 있게 린나이우스가 네덜란드에 더 오래 머물도록 설득했다. 디트리히 스퇴버는 두 사람이 처음에는 어느 월계수나무 종의 올바른 분류를 놓고 논쟁을 벌였다고 말한다.[36]

1736년에 버만과 린나이우스는 동인도회사 이사이자 열성적 자연사 수집가인 조지 클리퍼드의 영지에 초대받았다. 클리퍼드는 이국적 열대 식물을 재배하는 커다란 온실 여러 채와 세계 곳곳에서 가져온 진기한 동물로 채운 개인 동물원을 보유하고 있었다. 그 역시도 린나이우스의 지식에 엄청나게 감명 받았고, 두 권을 소장하고 있던 한스 슬로언 경의 《자메이카의 자연사》(Natural History of Jamaica)를 한 권 주고 버만으로부터 린나이우스를 "사들였다." 린나이우스는 부유한 열성적 애호가들 사이에서 자신이 값어치 있는 상품처럼 취급되는 것에 별로 신경 쓰지 않았던 것 같다. 그는 분명히 세상에서 잘 나가고 있었고 클리퍼드는 희귀한 표본에 접근할 수 있는 기회는 물론 안락한 생활도 제공할 수 있었을 것이다.

린나이우스는 클리퍼드와 맺은 관계로 얻은 입지를 활용하여 분류 체계를 더 확장하고 한동안 작업해 온 여러 저술을 출판했다. 이 가운데에는 1737년에 나온 《식물 속》(Genera Plantarum)은 거의 1천 가지 식물 속을 묘사하고 있다. 《식물학 기초》(Fundamenta Botanica)는 식물학 연구의 기본 원리들이 간략하게 기술되어 있다. 그는 《클리퍼드의 정원》(Hortus Cliffortianus)이라는 제목의 클리퍼드 컬렉션 목록도 출판했다. 린나이우스는 여러 훌륭한 도서관과 가까이 있었던 이점을 활용하여 《식물학 문헌목록》(Bibliotheca Botanica)도 편찬했는데, 이 책은 거의 1천 종의 책에서 모은 발췌문을 싣고 있다. 클리퍼드는 매우 협조적인 후원자여서 자비를 들여 린나이우스를 런던에 보냈고 린나이우스는 런던에서 레이의 친구 한스 슬로언 경을 만났다. 슬로언은 처음에 린나이우스에게 별다른 인상을 받지 못했지만 자신의 장서(5만 권 이상으로 추정된다)와 수집한 유물을 구경하게 허락했고 자신이 주요 후원자로 있는 첼시 식물원에도 보냈다. 여기서도 린나이우스는 처음에는 얼마간 적대적인 분위기에 직면했지만 결국에는 식물원의 직원들에게 자신이 전문 지식을 꿰고 있음을 확신시킬 수 있었다.

린나이우스는 후원자 클리퍼드를 위해 대학 식물원에서 표본을 얻을 수 있으리라는 희망을 품고 첼시에서 옥스퍼드로 갔다. 그는 모르고 있었지만, 레이의 식물학 저작에 최신 정보를 추가한 판본을 출판한 요한 딜레니우스(1687~1747)는 린나이우스의 《식물 속》 신간 견본을 이미 입수한 상태였다. 딜레니우스는 린나이우스가 재분류한 것 다수에 화가

나 있었고 이 젊은이의 지식을 시험해 보려고 들었다. 린나이우스는 영어를 할 줄 몰랐으므로 두 학자는 라틴어로 대화를 주고받았다. 대화 어느 순간에 딜레니우스는 조수 쪽으로 돌아서서 "바로 이 사람이 식물학 전체를 혼란에 빠뜨린 사람일세" 하고 말했다.[37] 린나이우스는 자신이 무시당하고 있다는 것을 알 만큼은 상황을 이해하고 있었고, 막 자리를 뜨려던 참이었지만 떠나기 전에 딜레니우스에게 대체 무엇 때문에 그렇게 기분이 상했는지를 물었다. 딜레니우스는 그에게, 동의하지 않는다는 표시와 수정 내용을 잔뜩 덧붙여 놓은 린나이우스의 책을 보여 주었다. 두 사람은 곧장 논쟁에 빠져들었고, 딜레니우스는 린나이우스에 대한 견해가 크게 바뀌어서 린나이우스가 식물원에서 다양한 표본을 얻을 수 있게 허락하고 다른 옥스퍼드대학 교수 여러 명에게도 소개했다. 그런 교수들 가운데 몇몇은 훗날 린나이우스와 편지를 주고받는 유용한 동료가 된다.

잉글랜드에서 돌아오자마자 린나이우스는 저술에 전념하여 앞서 언급한 책들 외에도 《식물 속》에 대한 증보판을 완결하고 과거의 탐험을 바탕으로 하여 라플란드 식물지를 상세히 써 냈다. 우리로서는 린나이우스가 네덜란드에서 기약 없이 행복하게 머물렀을지도 모른다는 느낌을 받지만 고국에서의 사정은 그리 좋지가 않았다. 그는 약혼녀로부터 오랫동안 떨어져 있었고 그 사이 그녀에게 쓴 편지를 전달해 준 친구가 (그녀의 아버지가 직접적인 교신은 금지했다고 봐도 될 것 같다) 자신이 린나이우스보다 더 나은 구혼자가 될 거라고 판단했다.[38] 이런 상황에도 불구하고 린나이우스는 귀환을 서두르는 기색이 없이 파리에 들러 오랫동안 머물며 강연과 살롱에 참석하고 전반적으로 즐거운 시간을 보냈던 것 같다.

프랑스에서 여러 달을 보낸 뒤 마침내 스톡홀름으로 발길을 돌렸고 그가 사라 엘리자베트의 호의를 회복하는 동안 그녀의 아버지는 린나이우스가 가족을 부양하려면 괜찮은 직업을 가져야 한다고 여전히 고집을 피웠다. 그는 의사로 일하기 시작했고 초기에 더딘 진전을 보이다가 해군 관리로 임명되었다. 이 임명은 왕립 식물학자로 봉직하라는 국왕의 요청으로 이어졌다. 이러한 출세로 린나이우스는 마침내 오랫동안 참고 기다려 온 약혼녀와 1739년 6월에 결혼하게 되었다.

1741년 린나이우스는 웁살라대학 의학 교수로 임명되었고 결국에는 대학 식물원의 원장이 되어 식물원을 확장하고 자신의 분류학 노선에 따라 재조직했다. 다음 9년 동안 그는 학생들을 이끌고 스웨덴 국내에서 여러 차례 탐험 여행을 떠나고 이전 저작을 개정하고 편집했으며 식물지를 여러 권 펴냈다. 그의 생물분류학 체계에는 적이 많았다. 린나이우스의 성격이 어떤 사람들은 매료시키고 어떤 이들에게는 거슬렸던 것 같지만, 그의 체계 대부분에 특징적인 단순 명료한 논리는 이전의 혼란을 크게 해소해서 꾸준히 지지자를 얻어 갔다.

1750년에 린나이우스는 마침내 웁살라대학 총장으로 임명되었다. 그는 정규 강의에 식물원 "실습"과 식물 종을 수집하기 위해 주변 시골로 나가는 주말 견학 여행을 섞어 가며 변함없이 학생들을 가르쳤다. 어느 모로 보나 그는 인기 있는 교수였고 자신의 "사도들"이라고 부른 특히 총애하는 제자들을 주변으로 끌어모았다. 그들은 린나이우스의 생물분류 체계라는 복음을 전파했을 뿐 아니라 외국으로 나가 지구 곳곳의 새로운 식민지에서 얻은 흥미로운 표본을 노교수에게 보냈다. 이 제자들 가운데 가장 유명한 이는 1748년부터 1751년까지 북아메리카 동부 여러 지역을 여행한 페터 칼름(1715~1779)이다. 그는 동식물 수백 종과 그곳의 풍광에 관한 광범위한 인상서를 가지고 돌아왔는데, 그중 다수는 이전에 기술되지 않은 내용이었다.[39] 칼름은 식민화가 계속되면서 궁극적으로 멸종하고 말 것이라는 우려를 나타내면서 유럽인의 정착이 아메리카 토착 식물군과 동물군에 불러온 충격에도 주목했다.[40]

또 어떤 제자들은 제임스 쿡의 남양 항해에 참여하고, 아프리카로 탐험을 떠났으며 일본을 방문하기도 했다. 묘한 선견지명으로 미래의 논쟁을 암시하듯 할러는 "린나이우스는 자신을 제2의 아담이라고 여겼고 전임자들을 전혀 신경 쓰지 않은 채 특징적 지표에 따라 모든 동물에 이름을 붙였다. 그는 인간을 원숭이로 만들거나 그 원숭이를 인간으로 만들지 않고는 못 배긴다"고 논평한다.[41]

1751년 린나이우스는 《식물학》(Philosophia Botanica)을 출판한다. 이 책은 생물분류학에 대한 자신의 이전 저작들을 요약하는 동시에 현장 연구와 식물 표본 관리, 재배에 안내서 역할을 의도한 것이다. 1753년에는 700종이 넘는 식물이 그의 분류 체계에 따라 정리된 《식물 종》(Species Plantarum)이 나왔다. 이러한 활동들은 다시금 왕실의 관심을 끌었고 린나이우스는 보통은 군인과 귀족에게만 하사되는 영예인 '북극성기사단' 기사 작위를 받았다. 왕실은 변함없이 린나이우스가 스웨덴에 얻어다 주는 명성에 고마워했으며, 그는 1761년에 귀족이 되어 이름을 카를 폰 린네(Carl von Linné)로 바꾸었다.

1772년이 되자 린나이우스의 건강은 나빠지고 있었고 총장 자리에서 사퇴한 뒤 웁살라 시 바깥의 농장으로 물러났다. 2년 뒤는 장차 여러 차례 고생하게 될 뇌졸중을 처음 겪었고 증상이 나타날 때마다 신체적·정신적 건강은 갈수록 상태가 심각해졌다. 1777년 후반 마지막 뇌졸중 증상이 찾아왔을 때 그는 꼼짝도 할 수 없는 상태가 되었고 1778

년 1월에 세상을 떠났다.

린나이우스가 소장하고 있던 책들과 컬렉션의 운명은 무척 흥미롭다. 원래 영국의 자연학자 조지프 뱅크스 경(1743~1820)이 린나이우스의 컬렉션에 관심을 보였으나 그는 그 사안을 더 이상 붙잡지 않기로 결론 내렸다. 뱅크스는 자연사에 높은 관심을 보이는 제임스 에드워드 스미스(1759~1828)라는 부유한 젊은이와 친구가 되었다. 스미스는 흥미로운 집안 출신이었다. 증조할아버지는 결혼을 여섯 번 하고 이스트앵글리아 소택지에서 운하와 배수 시설 계획으로 적지 않은 재산을 날린 것으로 유명했다.[42]

스미스는 린나이우스가 한 작업의 중요성을 잘 알고 있었는데, 뱅크스가 린나이우스의 컬렉션이 1천 기니(요즘 가치로 약 20만 달러)에 매물로 나왔다고 알리는 스웨덴에서 온 편지를 받았을 때 마침 함께 아침 식사를 하고 있었다. 뱅크스는 스미스에게 이 소장품을 구매하라고 제안했다. 이내 스미스와 스미스의 아버지 간에 재미난 편지가 오고 갔다. 아들은 자신의 식물학 영웅의 전작을 입수할 전망에 아주 신이 나 있었고 아버지는 이해할 만하게도 신중한 태도를 보였다. 결국에 거래가 성사되어 린나이우스의 컬렉션과 원고, 개인 문서들이 잉글랜드 브리그 선 '어피어런스호'(Appearance)에 실렸다. 전하는 이야기에 따르면 배가 출항하자마자 스웨덴 사람들이 자신들의 실수를 깨닫고 전함을 파견해 어피어런스호를 뒤쫓았지만 따라잡지 못했다고 한다. 이 이야기가 사실일 수밖에 없지 않겠는가? 스웨덴의 많은 과학자들은 국보나 다름없는 이 컬렉션을 잃어버린 것에 크게 상심했다. 그러나 참으로 안타깝게도 월프리드 블런트는 이 이야기가 "전혀 근거가 없다"고 말한다.[43] 10년 뒤 스미스는 "모든 부문에서 자연사 학문의 증진을 도모하는"

런던린네학회를 설립했다. 학회는 여전히 린나이우스의 유물을 다수 소장하고 있으며, 뒤에 살펴보겠지만 린나이우스 사망 80년 뒤에 자연선택에 관한 다윈과 월리스의 생각을 담은 발표문이 처음 낭독되는 장소로 선택되기도 했다.

진화론적 계통발생학에 관한 현대의 초점은 아이러니하게도 레이와 월러비, 린나이우스가 이룩하려고 애썼던 몇몇 목표들을 좌절시켜 왔다. 월러비라면《피터슨의 현장 안내서》(Peterson's Field Guides)나 그에 상응하는 저작들을 굉장히 좋아했을 것이다. 그는 관찰자가 눈앞에 보고 있는 것이 무엇인지 빠르고 정확하게 확인하는 데 쓰일 수 있는 책을 원했고, 누구든 쉽게 인지하고 또 동의하는 특징을 이용하여 그 책이 "이치에 맞는" 방식으로 구성되기를 원했다. 생물분류학자들이 진화적 관계에 초점을 맞추고 생물 분화의 기준으로 분자유전학을 이용하기 시작했을 때 그들은 캐럴 윤이 '그들만의 기이한 새로운 여정'이라고 부른 것에 나서고 있었다.[44]

윤은 생물분류학에 "본능과 과학 간의 충돌"이 있다고 타당하게 지적해 왔고, 두 종은 '임의적' 특징들의 근거에서 서로 다르다고 말한 에른스트 마이어와 린나이우스 같은 생물분류학자들의 '비과학적' 접근법을 크게 강조한다. 그녀는 전통적 생물분류학자들이 생물분류학적 결정을 내릴 때 '움벨트'(umwelt, 일종의 본능적 질서 감각 그리고 그 질서를 구성하기 위해서 어떤 특징들을 이용해야 하는지에 대한 감각)에 의존했다고 주장한다. 궁극적으로 이 체계는 어느 정도 권위주의를 낳았다. 어떤 종이 종인 이유는, 말하자면 마이어나 린나이우스 또는 현재 학계의 권위자인 누군가가 그렇다고 말했기 때문이다. 나는 이런 지적이 다소 초점을 놓치고 있다고 생각한다. 우리가 개별 DNA 서열 수준에 이르기까지 갈수록 더 미세한 구조들을 이해하게 되면서 생물분류학에서 깜짝 놀랄 만한 혁명들이 벌어졌지만, 그와 동시에 처음에 "권위자"의 움벨트에 의해 정의된 엄청난 수의 종들은 여전히 유용한 분류학적 집단들로 남아 있다. 린나이우스나 레이는 그들이 분류한 집단들 다수가 서로 "연관되어 있다"는 점을 몰랐을 수도 있지만(그리고 그들의 세계관을 바탕으로 볼 때 아마 신경 쓰지도 않았을 것이다) 그들은 펠리칸과 가마우지를 구분할 수 있었고, 중요한 건 그것이었다.

거의 맨눈으로 자연에서 패턴을 찾아내는 훌륭한 자연학자의 능력을 보여 주는 또 다른 사례는 나비의 분포와 생물 분류에 관한 블라디미르 나보코프의 선구적인 업적에서도 찾을 수 있다.[45] 문학 경력 외에도 나보코프는 생애 상당 기간 동안 아마추어 인시류(鱗翅類, 나비류와 나방류―옮긴이) 연구가로 활동했고(《에이다》의 독자들은 여주인공이 나비에 매혹된 것을 기억할 것이다), 푸른 나비 가운데 어떤 종들은 아시아에서 아메리카로 퍼졌다고 주장했다. 대체로 고전적인 형태론 분석에 바탕을 둔 이 참신한 발상을 제시했을 때 과학계 동료들은 나보코프의 의견을 받아들이지 않았다. 그러나 2011년 그의 주장은 철저한 DNA 샘플 연구를 통해 사실상 하나도 빠짐없이 입증되었다.[46] 아마도 나보코프가 자신의 가설이 이렇게 '더 과학적인' 입증을 받았다는 사실을 알게 되었다면 기뻐하면서 동시에 재미있어 하지 않았을까?

7장 관찰과 탐험의 여정
화이트, 뱅크스, 바트람

18세기의 두 번째 사반세기에 린나이우스의 라플란드 여행은 점점 확대되는 자연계의 사례들을 직접 가서 보고 연구하기 위해 가져오는 임무를 떠맡은 자연학자-탐험가들이라는 훨씬 더 전반적 경향의 일부였다. 이 겁 없는 모험가들은 때로는 부유한 후원자의 지원을 받거나 유럽 전역에서 우후죽순처럼 생겨나고 있던 학술협회와 손을 잡았다. 때로는 가고 싶은 곳으로 떠나기 위해 자신이 보유한 자원에 의존했다. 어떤 이들은 돌아와 명성과 지위를 얻었고 어떤 이들은 곧 잊혔으며 어떤 이들은 결코 돌아오지 않았다. 그러나 1700년과 1900년 사이에 그들은 지도를 그리고 목록을 작성하고, 어떤 의미에서는 그들이 살고 있는 세계를 설명하는 대단한 일을 해냈다.

현장으로 간 초창기 여성 가운데 한 사람이 마리아 지빌라 메리안 (1647~1717)이다.[1] 여자가 현업 과학자로 활발히 활동하는 것은 고사하고 혼자서 여행하는 일도 아주 드물던 시대에 메리안은 프랑크푸르트에서 태어났다. 메리안은 미술가였지만 자연사, 특히 곤충의 자연사에 매혹되어 있었다. 그녀의 가족은 내다 팔기 위해 누에나방을 키웠고 메리안은 변태 과정, 곧 알에서 애벌레와 번데기를 거쳐 나방이나 나비로 변신하는 과정을 연구했다. 아리스토텔레스까지 거슬러 올라가는 그 시대의 믿음은 대부분 곤충이 흙이나 썩은 고기에서 자연적으로 생겨난다는 것이었다. 메리안은 곤충의 생애 주기의 진정한 경로를 상세하게 제시했고 채색 그림과 스케치로 자신의 작업을 설명했다. 1679년에 그녀는 《애벌레의 놀라운 변태》(The Miraculous Transformation of Caterpillars)라는 제목으로 연구 결과를 출판했다. 이 책은 더 '과학적인' 라틴어가 아니라 독일어로 쓰였기 때문에 적어도 대중적 사교계 안에서 그녀에게 일종의 명성을 가져다주었다. 하지만 어쩌면 이 선택이 독자층을 제한했을지도 모른다.

가정을 꾸린 뒤에 메리안은 수리남 총독과 안면을 트게 되었다. 수리남은 남아메리카의 네덜란드 식민지였는데, 당시에는 그야말로 변경지대로서 유럽 여성이 혼자 드나들 만한 곳이 아니었다. 그녀의 딸 하나가 수리남 식민지의 무역상과 결혼하게 되어, 1699년에 메리안은 딸집을 방문하고 유럽으로 실려 오고 있던 열대 곤충을 원래 환경에서 조사하기 위해 수리남으로 갔다. 메리안은 여러 곤충을 그리고 스케치하며 2년을 보냈고 그 작업 성과는 1705년에 《수리남 곤충의 변태》(Metamorphosis Insectorum Surinamensum)로 출판되었다.

그 무렵 또 다른 주목할 만한 예술가이자 여행자로 마크 케이츠비 (1682?~1749)가 있다.[2] 에식스에서 태어났을 가능성이 큰[3] 케이츠비는 일찍이 자연사에 대한 관심을 키웠고 동료 자연학자들과 공부하기 위해 런던으로 갔다. 케이츠비의 누이인 엘리자베스는 "아버지의 반대를 무릅쓰고" 북아메리카 버지니아 식민지의 국무대신인 윌리엄 코크 박사와 결혼했다.[4] 이 같은 가족사에도 불구하고 가족 내 관계는 화기애애하여 케이츠비는 표면적으로는 누이를 방문하고자 1712년에 버지니아로 여행을 떠났다. 그는 1715년에 자메이카에 잠시 들르는 등 아메리카에서 7년을 보냈지만 영국의 동료들에게 표본들을 좀 보낸 것을 제외하면 특별히 자연사 관련 활동을 하지는 않았던 것 같다.

1719년 잉글랜드로 돌아오자마자 케이츠비는 (레이와 린나이우스와의 관계로 우리가 앞에서 만난 적 있는) 한스 슬로언 경과 교분을 맺었다. 1707년 자메이카를 방문한 적이 있는 슬로언도 어마어마한 부자이며, 명성 높은 왕립학회 회장과 상대적으로 알려지지 않은 케이츠비와 일종의 공통된 연결고리가 있었다. 슬로언은 자신의 동식물 컬렉션을 한창 구축해 가던 중이었고 늘 흥미로운 표본을 제공할 새로운 원천이 없는지 살피고 있었다.

슬로언의 후견으로 케이츠비는 1722년에 아메리카로 돌아가 거기서 거의 4년을 머물렀다. 그는 찰스타운을 중심으로 작업했고 오늘날 미국 남동부의 상당한 지역을 두루 돌아다녔다. 그는 추가로 표본을 수집하고 목록을 작성하기 위해 배를 타고 카리브 해 섬들도 여행했다. 그 지방의 환경과 그곳 주민들에 대한 케이츠비의 태도는 기이하고도 흥미로운 사실을 드러내준다. 《캐롤라이나, 플로리다, 바하마 제도의 자연사》(The Natural History of Carolina, Florida, and the Bahama Islands)에서 그는 "캐롤라이나에서 사람이 거주하는 지역은 해안으로부터 서쪽으로 100킬로미터가량 뻗어 있고 평평하고 낮은 저지대인 길쭉한 해안지대 거의 전체이다"[5]라고 쓴다. 여기서 "거주"란 누가 봐도 "유럽 정착민의 거주"를 의미한다. 선주민에 대한 언급은 없으며 사실 그는 자신이 방문한 다른 지역에 "사람이 거주하지 않는다"고 분명히 밝힌다. 케이츠비는 방문 첫 해에 거주 지역을 탐험하고 그곳에서 표본을 수집한 뒤 야생 지대로 향했다. 흥미롭게도 그는 자신이 수집한 식물에 영어와 라틴어 표현뿐 아니라 인디언들이 부르는 이름도 포함시키고 있다. 따라서 그는 인디언을 알고 있었지만 그들이 의미 있는 거주민은 아니라고 생각했던 것이다.

캐롤라이나에서 관찰하고 채집하는 일 외에도 케이츠비는 멀리 남쪽으로 플로리다까지 갔다. 멕시코 방문까지 고려했지만 자금도 부족하고 에스파냐 정부가 통행 허가증을 내주려고 하지 않아 이 모험은 이루어지지 않은 것 같다. 이 무렵에 이미 케이츠비는 뛰어난 화가였다. 그는 1731년에 왕립학회의 후원 아래 출간되었고 1754년 재출간된 《캐롤라이나, 플로리다, 바하마 제도의 자연사》에 수록하기 위해 동식물을 묘사한 최초의 채색 판화를 제작한 것으로 유명해졌다.

아메리카에서 돌아온 뒤 케이츠비는 자연사를 연구하고 집필하고 가정을 꾸리며 여생을 런던과 그 주변에서 보냈던 것 같다. 자연사 외에 그는 《영국령 아메리카 정원: 영국의 기후와 토양에 적응한 북아메리카의 85가지 신기한 나무와 관목》(Hortus Britanno Americus, or A Collection of 85 Curious Trees and Shrubs, the Production of North America, Adapted to the Climate and Soil of Great Britain)도 썼다. 부분적으로 이 책은 친구들이 다양한 식물원에서 재배할 수 있도록 토관에 담아 아메리카에서 실어 온 식물 종 귀화 실험의 결과인 듯하다. 과학에 관심이 많은 귀족계급 사이에 열풍을 불러일으키고 있던 신기한 유물 컬렉션의 경우처럼, 그 무렵에는 온실이나 시골 영지에서 살아 있는 표본을 재배하는 일에 커다란 관심과 적지 않은 경쟁이 일어났다.

부유한 후원자 네트워크를 갖춘 케이츠비는 영국에 도입된 이 신세계 종의 생존 여부를 연구하기에 안성맞춤이었다.

위에 언급한 두 권의 저작 말고도 케이츠비는 《런던왕립학회 철학회보》에 발표된 철새, 곧 '나그네 새'(birds of passage)에 관한 논문도 썼다. 적어도 19세기 초까지 존속된 철새에 관한 인기 있는 이론은, 많은 새들이 실제로는 이동하지 않고 그보다는 무리를 지어 깊은 동굴 속에서 겨울잠을 잔다는 것이었다. 케이츠비는 이러한 관념을 거부한다. "새들이 동굴이나 속이 빈 나무 속에 기운 없이 누워 있다는 보고와 그 비슷한 상태로 깊은 물 저 밑바닥에서 쉬고 있다는 보고는 전혀 입증되지 않았다. 이런 보고는 그 자체로 터무니없는 내용이라 언급할 가치조차 없다."[6] 그는 대신에 새들이 계절이 허락하는 대로 북쪽이나 남쪽으로 이동함으로써 먹이 공급 변화에 대응한다고 주장했다. 또한 명금류(鳴禽類)의 대규모 야간 이동은 포식자의 공격을 피하기 위한 행위라는 지극히 합리적인 가설을 내놓는다. 그는 아메리카에 곡물 농경이 도입되어 농업이 증대한 결과가 철새 종 분포와 습성 변화에 끼치는 영향에 주목한다. 이 논문의 한 판본은 더 대중적인 《젠틀먼스매거진》에도 발표되었는데, 왕립학회의 엄한 눈길에서 벗어난 케이츠비는 신빙성을 다소 희생시켜 가며 더 자유롭게 자신의 추측을 제시한다. 이 두 번째 에세이에서 그는, 철새가 처음에 곧장 높이 날아올라 자신들의 목적지를 볼 수 있는 고도에 이르면 그다음 목적지에 도달할 때까지 그냥 경사면을 따라서 강하한다고 주장한다.[7]

케이츠비는 1749년 무렵에 세상을 떠났다. 이때가 되자 의학은 갈수록 전문화되고 세속적인 성격을 띠었지만 자연에 관한 연구는 종교적 함의를 띠게 된다. 성직자들은 자신의 연구가 피조물에 관한 연구를 통해 신을 이해함과 동시에 그 영광을 드높이는 활동이라고 정당화했다. 존 레이의 유명한 설교는 이러한 발전 경향의 한 예이지만 "경건한 자연학자들" 가운데 가장 성공적 사례는 런던에서 대략 남서쪽으로 150킬로미터 떨어진 작은 마을 셀본에서 태어난 길버트 화이트(1720~1793)이다.[8]

지난 300년 동안 잉글랜드 남부에 휘몰아친 개발의 광풍 속에서 셀본은 이런 변화에서 어찌어찌 최악의 운명을 피한 듯하다. 마을은 좁고 구불구불한 시골길 탓에 여전히 세상으로부터 고립되어 있다. 화이트의 집 뒤편에 행어라는 이름의 커다란 언덕은, 화이트가 설교문과 편지를 작성하며 그곳을 거닐던 시절보다 이제는 나무가 더 많은 것 같긴 하지만 여전히 자연경관을 지배하고 있다. 주변에 있던 농장은 많이 사라졌지만 들판은 택지로 개발되지 않아 나무들이 무성하게 자라 있고, 고요한 교회 경내 안에 앉아 있노라면 이 환경이 어떻게 자연 세계에 관한 느긋한 묵상에 보탬이 되었을지 쉽게 짐작할 수 있다.

화이트 집안의 저택 '웨이크스'는 마을을 관통하는 큰길에 자리 잡고 있다. 세인트메리 교회와 선술집은 둘 다 그의 집 대문에서 엎어지면 코 닿을 데에 있다. 그나마 규모가 큰 가장 인근의 도시 베이싱스토크는 충분히 멀리 떨어져 있어 21세기의 소음과 분주함의 기미를 전혀 느낄 수 없다. 교회는 화이트 시절 이래로 복원되어 왔지만, 화이트와 마을 주인들은 금방 알아볼 수 있을, 12세기로 거슬러가는 거대한 노르만 양식 아치는 여전히 남아 있다. 성당기사단 기사의 관 뚜껑은 1780년대에 화이트가 살펴봤을 때보다 살짝 더 닳은 채 여전히 바닥에 박혀 있다. 한때 교회 옆에 우뚝 서 있던, 심지어 화이트의 시절에도 1천 년이 넘었다고 이름이 나 있던 거대한 주목 나무만이 1990년 큰 강풍에 쓰러져 자취를 감추었다.

길버트 화이트와 그의 마을은 더 화려하거나 영웅적인 자연사의 몇몇 인물들과 다른 방식으로 여러분에게 살그머니 다가가는 능력이 있다. 화이트는 셀본에서 태어났고 거의 한평생을 거기에서 보냈으며, 30년 넘게 살아온 집에서 눈을 감았다. 끝내는 자신이 수백 차례 주일 설교를 한 교회 안뜰에, 이름의 머리글자만 새긴 소박한 묘비 아래 묻혔다. 그는 두 친구에게 보낸 이런저런 편지로 이루어진 《사우샘프턴 카운티 셀본의 자연사와 고적》(The Natural History and Antiquities of Selborne in the County of Southampton)이라는 책 한 권만을 남겼으니, 화이트와 그의 책이 흔적도 없이 사라져 버릴 수도 있었다는 사정은 쉽게 이해가 갈 것이다.[9] 옥스퍼드대학 머턴칼리지의 학장은 그 책이 출판되었을 때 놀라운 통찰력으로 이렇게 말했다. "화이트는 신문 한두 군데에 실은 광고를 제외하면 아무런 관심도 끌지 않은 채 이 세상에 책 한 권을 내놓았다. 그러나 틀림없이, 책을 사 보는 사람 가운데 그 책을 들여놓지 않는 사람이 거의 없는 시대가 올 것이다."[10] 그 이후로 책은 275쇄가 넘도록 거듭 발행되었고 결코 절판된 적이 없으며, 오늘날에도 초기 생태학의 고전으로 정평이 나 있다.

린나이우스, 케이츠비, 메리안과는 대조적으로 화이트는 결코 나라 밖으로 여행한 적이 없었다. 여행이라고 해봐야 대부분은 고향에서 160킬로미터 안에서 이루어졌다. 그는 더 넓은 풍경에 대한 다소 흐릿한 인상을 얻기보다는 세상의 조그만 한구석이라도 잘 알게 되는 데 만족했다. 20세기의 가장 위대한 이론 생태학자 가운데 한 사람인 로버트 메이 경은 화이트의 책을 "아마도 최초의 생태학 책"이라고 묘사한다.[11]

화이트의 할아버지가 셀본의 교구 목사였던 사실은 화이트가 1720

그림 6 19세기 초 셀본의 경관을 보여 주는 인쇄물. 교회 종탑 위쪽으로 언덕 비탈에 '지그재그' 길이 보인다.

년 7월 18일 교구 목사관에서 출생한 것을 설명해 준다.[12] 길버트는 베이싱스토크의 문법학교에 입학했고 1740년에 옥스퍼드대학 오리얼칼리지로 가서 신학을 공부했다. 화이트는 1743년에 문학사 학위를 받고 졸업했으며 수학 강의에 참석하기 시작했다. 1744년에 오리얼칼리지의 선임연구원으로 선출된 그는 이 직위를 평생 유지하게 된다. 이 자리는 약간의 수입을 제공했고 칼리지에는 최소한만 나가면 되었기 때문에 마음이 분명히 시골 생활에 가 있는 사람에게 안성맞춤이었다. 강의에 참석하는 것 말고도 길버트는 여러 친척들과 시간을 보냈는데 그 가운데 가장 가깝고 중요한 사람은 '티머시'라는 애완 거북이를 데리고 있는 레베카 스누크 아주머니였다. 화이트는 분명히 티머시가 퍽 마음에 들었던 것 같고, 세월이 지나 아주머니가 세상을 떠난 뒤에 동면하고 있는 티머시를 땅에서 파내서 셀본으로 데려온다. 앞으로 보겠지만 셀본에서

그림 7 길버트 화이트가 살던 셀본의 저택 웨이크스의 뒤뜰.

티머시는 화이트의 계절 일지에 심심찮게 등장하게 되며, 그의 삶을 그다지 방해하지 않는 다양한 실험의 대상이 된다.[13]

화이트는 1746년에 문학 석사 학위를 받았고 1747년에는 옥스퍼드 주교로부터 부제 서임을 받았다. 이 영예로 그는 셀본 근처 스워러턴의 부목사가 될 수 있었다. 그 시기에 특정한 "성직록," 다시 말해 영국성공회연합 내 교구들은, 교구 사제직을 칼리지 졸업생한테 배정할 배타적 권리를 갖고 있는 옥스퍼드의 개별 칼리지에 조금씩 분배되었다. 길버트에게는 불행하게도 오리얼칼리지의 "성직록" 명부에는 셀본이 없었기에 그는 생애 대부분 동안 고향 마을의 교구 사제 역할을 하게 되지만 공식적으로 그 직함이나 봉록을 받지는 못했다.

다음 7년 동안 화이트는 잉글랜드 동남부 곳곳으로 다양한 대학 친구들을 방문하고 집안일로 케임브리지셔에 찾아가면서 즐겁게 지냈던 것 같다. 친구들과 주고받은 편지는 화이트가 세부적인 것을 놓치지 않는 뛰어난 눈이 있고 이미 주변 환경에 관해 기록하고 있었음을 암시한다.[14] 그는 칼리지 업무에는 드문드문 참여했지만 그럼에도 대학 직무 서열에서 승진하여 1752년에는 옥스퍼드대학의 학생감이 되고 오리얼 칼리지의 학생감도 되었다.

1758년에 아버지가 별세하자 화이트는 셀본에 있는 집안의 저택으로 영구적으로 이주한다. 집안의 소유지에는 제법 넓은 경지가 포함되어 있었고 한 면이 행어와 접하고 있었다. 나무가 우거진 가파른 언덕 꼭대기는 길버트와 그의 동생 존(1727~1780)이 교차하는 급커브 때문에 '지그재그'(the Zig-Zag)로 알려진 길을 내(실제 땅을 파 길을 내는 작업 상당 부분은 존이 했던 것 같다), 등산객에게 더 쉬운 등반을 허락하기 전까지는 상당히 힘겹게 기어올라야만 도달할 수 있었다. 화이트는 미관상 아름다움 때문에 꽃을 가꾸는 한편, 순전히 실용적 용도에서 채소를 기르는 두 측면에서 원예에 굉장히 관심이 많았다. 그는 웨이크스로 돌아오자마자 곧바로 채소를 기르기 위한 다양한 계획과 처리를 실험하기 시작했고, 말을 타고 교구를 돌며 농부들에게 특정 작물을 어떻게 성공적으로 재배했는지 묻고 다녔다.

비록 자신이 책임지고 있던 다양한 교구들에서 부목사의 의무에는 다소 건성으로 임했지만, 화이트는 재정적으로 또 그의 텃밭에서 나온 노고의 산물을 나누는 데 후한 품성으로 잘 알려져 있었다.[15] 따라서 토양 경작은 그에게 여러 가지 중요한 혜택을 안겨 주었다. 그는 상대적으로 적은 봉급 수입을 늘리고, 교구민을 돕고, 계절과 성장 패턴에 관해 세심히 기록할 수 있었다.

화이트의 명성은 일단 자신의 운명은 셀본에 있다고 결론 내린 뒤에 시작한 사려 깊고 부지런한 관찰에서 비롯되었다. 1751년부터 1767까지 자신이 '정원 달력'(Garden Kalendar)이라고 부른 것을 줄곧 적었는데, 여기에 정원을 가꾸는 활동과 식물의 성장, 주목할 만한 기상 현상을 묘사했다. 달력은 필연적으로 화이트가 옥스퍼드로 떠나 있거나 다른 곳을 여행했을 때 빠진 부분이 많이 있지만, 정원을 설계하고 채소를 심고 그 결과를 기록해 나가던 그대로 여전히 놀랍도록 '생생한' 느낌을 간직하고 있다. 이를 테면 1756년 4월 6일에 그는 이렇게 기록하고 있다.

두엄 운반차 두 대 분량 목사관의 두엄을 가져와 유리 온상 세 개짜리 오이 모판을 만들었다. 구덩이의 길이는 16피트이고 폭은 2.5피트, 깊이는 1.5피트이다. 두엄은 몇 인치 차이로 지면에 닿지 않았다.[16]

여기에 영웅적인 것도 없고, 머나먼 라플란드로 낭만적 탐험이나 캐롤라이나 주를 가로지르는 긴 모험 따위도 없다. 어쩌면 남들보다 작업에 더 진지하게 임하는, 하지만 봄에 채소 모판 작업을 일찍 시작하려고 애쓰는 여느 농부와 조금도 다를 바 없는 전형적인 정원 노트라고 작품 전체를 치부할 수도 있다. 그러나 화이트는 처음부터 실험가이기도 했다. 1756년 4월 10일에는 이런 간단한 메모를 남겼다.

요전에 곰팡이가 피었던 멜론 식물이 지속적으로 조금씩 죽어 가더니 끝내는 곰팡이에 완전히 먹히고 말했다. 감염된 부위를 가위로 잘라내는 실험을 했던 식물만 제외하면 말이다. 그것들은 회복되어 그 뒤로 잘 자랐다.[17]

다시금 여기에 영웅적인 것은 없지만, 핵심은 화이트가 '주의를 기울이고' 세심하게 노트를 작성하고 있으며 먼 장래를 위해 경험을 축적해 가고 있다는 점이다. 그는 결코 자신이 넓은 지역을 위한 보편적 교과서를 발전시키고 있는 척하지 않는다. 사실, 그의 철학 전체는 저마다 자신들이 매우 잘 아는 장소에 대한 분석과 세심한 묘사를 책임진, 많은 현지 전문가들의 중요성에 의존하는 것인 듯하다.

1766년부터 화이트의 스타일에는 변화가 보이고 초점도 더 미묘해진다. 그는 달력이라는 제목을 버리고 대신에 《셀본의 식물 그와 더불어 1766년 같은 시기에 발생한 철새의 이동, 곤충, 파충류의 출현 몇몇 사례》(Flora Selborniensis with Some Co-Incidences of the Coming & Departures of Birds of Passage & Insects & the Appearing of Reptiles for the Year 1766)를 내놓는다. 이 작품에서 그는 명시적으로 식물과 곤충, 파충류는 레이에게, 새는 윌러비에게 기댄다.[18] 말하자면 독자들은 레이와 윌러비가 실제 현장에서 "활동하는" 모습을 볼 기회를 얻게 된다. 그들의 작품은 더 이상 단지 목록이 아니다. 그 책들은 현장에서 실천하는 이들에게 참고가 되는 실제 이용 가능한 자료 형태가 되었다. 화이트는 특정 종의 출현과 활동에 주목하며 우리에게 그날그날 일어난 일을 그려 보인다. 각 종은 보통 명확성을 보장하기 위해 라틴어 이름이 표기된다. 문체는 마치 전보처럼 무척 간결하다. "만개" "개화" "나타남" "싹틈" "돋아남." 날씨 정보는 한 문장으로 줄어들었다. '눈과 짙은 서리,' "햇빛에 눈이 매우 빨리 녹음."[19]

식물지에는 동물의 습성도 포함되어 있다. "무어헨more-hen 혹은 워터헨water-hen(둘 다 쇠물닭을 가리키는 영어 이름―옮긴이), Gallinula chloropus major: 지저귐. 물장구치며 높."[20] 화이트가 동일한 새에 이명을 표기하고 월러비의 3중 학명으로 표기하는 데 주목하라. 이렇듯 그 어떤 기록도 린나이우스의 라플란드 관찰 노트의 상세함에 조금도 근접하지 못하지만, 화이트의 노트는 전혀 다른 목적을 위해 의도된 것이다. 린나이우스는 여태까지 알려지지 않은 종이나 서식지를 분류하고 싶어 했었지만, 화이트는 친숙한 것에 푹 파묻혀 있다. 명명은 이미 다른 사람들이 해놓았다. 화이트는 인접한 주변 환경 속에서 질서와 흐름을 파악하려고 시도하고 있다.

화이트의 동생 존도 자연사에 대한 형의 관심을 공유했다. 처음에 대학에서 잘못된 출발을 보인 뒤(처음에 비행으로 퇴학을 당했지만 결국에는 다시 받아들여졌다) 존도 성직을 택하여 군목으로 입대한 뒤 지브롤터에 파견되었다. 덕분에 그는 봄가을에 지브롤터해협을 건너 유럽과 아프리카를 오가는 철새의 이동을 관찰하기에 이상적인 처지였고, 길버트와 특정 철새 종들의 이동에 관해 활발히 편지를 교환했다. 린나이우스와도 서신을 교환하는 사이였던 존은 린나이우스한테서 생물분류학과 동물학을 논의하는 편지를 여러 통 받았다.[21] 어느 정도는 형의 요구로 존은 지브롤터의 자연사에 관한 원고를 써 나갔지만 책은 결코 출간되지 않았고 원고 대부분은 소실되었다.

18~19세기 역사에서 진정으로 중요한 측면 가운데 하나는 중간계급과 상류계급의 많은 사람들이 열렬한 편지 작성자들이었다는 사실이다. 그리고 그들은 자신들의 편지를 잘 간직했다. 흔히 장소와 사건들에 관한 생생한 묘사를 전달하기 위해 최선을 다하는 편지 쓰기(말이 났으니 말이지 그것도 손으로 쓰기)는 그야말로 예술이었다. 두 세기가 지난 이 시점에서 돌아보면 그들이 살아가는 현재가 우리에게는 역사가 될 사람들이 남긴 이야기로부터 감동받지 않을 수 없는데, 길버트 화이트의

경우에 그 현재란 자연사에서 결정적인 순간이 될 운명이었다.[22]

화이트는 자연사에서 특히 주목할 만한 두 사람과 편지를 주고받는 사이였다. 바로 토머스 페넌트(1726~1798)[23]와 데인스 배링턴(1727~1800)[24]이었다. 아마도 옥스퍼드에서 화이트를 처음 만났을 페넌트는 부유한 집안 출신이라 돈 걱정을 할 필요가 없었다. 그는 오리얼 칼리지(화이트가 다닌 곳)를 다녔지만 졸업은 못했으며 다소간 "대중적" 책을 쓰며 일생을 보냈다.[25] 애버릴 라이셋은 페넌트를 "레이와 다윈의 시대 사이에 활동한 가장 유능한 영국의 동물학자"라고 묘사하고 있다. 하지만 페넌트의 작업 가운데 독창적인 작업이라고는 거의 없었으며, 다른 사람의 공로를 제대로 밝히지 않은 채 그들의 작업을 가져다 쓰는 안타까운 버릇이 있었음을 인정한다.[26] 페넌트는 알아 둘 만한 가치가 있는 사람은 언제나 모두 알아 두었던 것 같고, 화이트가 배링턴에게 소개된 것도 그를 통해서이다.

배링턴은 귀족으로 태어나 판사가 되었고 생애 대부분 동안 왕립학회에 관찰 내용과 기록을 기고했다.[27] 배링턴과 페넌트 둘 다 당대에 유명 인사였고 여러 편의 대중적 과학 논문을 발표했으며 둘 다 왕립학회 회원으로 선출되었다.[28]

배링턴은 화이트의 관찰 노트를 더 공식적이고 쉽게 접근할 수 있는 포맷으로 정리하는 데 핵심적인 역할을 했다. 법학을 공부한 것이 작업에 바탕이 되는 명확한 사실 기록을 원하는 성향에 영향을 미친 것 같은데, 배링턴은 화이트가 채택하여 여생 동안 이용하게 되는 특정한 노트 필기 포맷을 발전시켰다. 1767년 배링턴은 화이트에게 한 페이지가 열두 단으로 나뉘어 각각 내용을 채워 넣을 수 있는 제본 노트로 이루어진 '자연학자 일지'(Naturalist's Journal)를 한 권 보냈다.[29] 열두 단

상단에는 각각 '날짜,' '장소,' '기압,' '온도,' '풍향,' '강우,' '전반적 기상 상태,' '잎이 달린 나무와 출현한 곰팡이,' '처음 꽃이 핀 식물,' '처음 출현하고 처음 사라진 새와 곤충,' '물고기를 비롯한 동물 관련 관찰 내용,' '그 밖의 관찰 내용'이라는 제목이 적혀 있다.

화이트는 곧바로 이 구조의 장점을 알아차렸고, 1768년 1월에 시작해 매일 단위로 자료를 기입하기 시작했고 부재 시에는 임시 관리인을 써서 측정치를 기록하게 했다. 그는 자신이 살던 교구의 자연 유물과 인공 유물을 연대순으로 기록하는 작업과 '생물계절학'(phenology)을 창안하는 작업에도 착수했다. 후자의 경우는 종류별로 철새가 찾아오고 떠나가는 시기, 정원에 처음 꽃을 피운 스노드롭(snowdrop, 이른 봄에 피는 수선화과의 하얀 꽃. 흔히 봄의 시작을 알리는 꽃으로 알려져 있다 ― 옮긴이), 첫 서리 같은 현상을 주의 깊게 기록하는 일이었다. 일단 거북이 티머시를 아주머니로부터 얻게 되자 그는 거북이가 언제 처음으로 겨울잠에서 깨어 기지개를 켜는지, 정원에서 어떤 움직임을 보이는지, 언제 다시 겨울잠에 들어가는지를 기록하며 티머시의 활동을 생물계절학적 측정의 "표준화된" 도구를 추가로 활용했다.

만약 화이트가 한 일이 인접한 주변 환경에 대한 주의 깊고 체계적인 이러한 묘사일 뿐이었다면, 그는 기후변화부터 잉글랜드 농촌에서 산업화에 따른 환경오염의 첫 조짐(그는 바람이 알맞은 방면에서 불어올 때면 '런던 연무'가 찾아온다는 사실을 주기적으로 언급한다)[30]에 이르기까지 모든 것에 관심이 있는 사람에게 소중한 기록을 남겼을 것이다. 그러나 그와 편지를 교환하던 페넌트와 배링턴은 더 넓은 독자층을 염두에 두고 있었던 것 같다. 세 사람은 활발하게 편지를 주고받았고 편지에서 화이트는 셀본 안팎에서 자신이 관찰한 내용을 상세하게 전했다. 이 편지들이 《셀본의 자연사와 고적》의 밑바탕이 되었다.

배링턴은 화이트에게 계량화할 것을 권하고 추가적인 탐구 방안을 제시했으며(그는 화이트가 티머시의 몸무게를 잰 것을 칭찬하고 이런 측정을 해마다 실시하면 좋겠다고 제안했는데 실제로 그렇게 됐다) 화이트의 작업 성과 일부를 왕립학회에 발표했다.[31] 배링턴은 특정한 새들이 정말로 해마다 같은 둥지를 찾아 돌아오는지 알아보기 위해 칼새의 발톱을 잘라서 칼새마다 일일이 표시를 하는 방안처럼 화이트가 무시한 몇몇 제안도 했다.

평생 화이트는 케이츠비도 사로잡았던 철새, 즉 '나그네 새'에 관해 호기심이 많았다. 길버트의 동생 존이 지브롤터(주요 이동 관문)에서 복무했기 때문에 두 사람 사이에 철새의 이동 시기와 방향에 관해 많은 논의가 이루어졌고 길버트는 철새 이동의 원인과 결과에 관해 대체로 생각이 맞았던 것 같다. 그가 제비들이 이주하기보다는 동면한다는 이전의 믿음으로 후퇴한 것은 동면 장소에서 겨울잠에 들거나 얼어붙은 연못 아래 얼어 있다가 조심스럽게 데워 주면 되살아나는 새를 보았다고 주장한 무수한 정보 제공자들의 증언을 지나치게 신뢰한 탓인 듯하다.[32] 화이트는 다른 종들의 규칙성과 대조되는 제비의 불규칙적인 출현과 사라짐에도 신경이 쓰였다.

화이트가 200년이 넘도록 독자의 관심을 사로잡고 유지하는 데 성공할 수 있었던 한 가지 그럴 듯한 이유는 사람들에게 읽히기 위해 글을 썼다는 점이다. 대개 그 시대의 자연사 문헌은 실제로 하나의 이야기로서 즐길 수 있는 글이라기보다는 빨리 참고할 수 있거나 학문의 지표로서 도서관 서가를 장식하는 백과사전 형식이었다. 화이트가 쓴 글의 형식(처음에는 페넌트에게 나중에는 배링턴에게 쓴 일련의 편지 편집본)은 친구들 간의 매력적인 대화에 우연히 낀 듯한 느낌을 준다. 독자는 책을 처음부터 끝까지 순서대로 읽어도 좋고 아무데나 펼쳐서 읽을 수도 있다. 어느 쪽이든 동식물과 화이트가 살았던 풍경에 관해 흥미로운 시야를 어느 정도 얻을 수 있다.

화이트가 죽고 70년도 더 지나서 제임스 로웰은 화이트의 글을 '낙원에서 쓴 아담의 일기'라고 묘사했다.[33] 우리는 그러한 의견에 박수를 보낼 수 있지만, 동시에 그러한 의견이 과학에 대한 화이트의 매우 실제적인 공헌을 가로막지 않게 하는 것이 중요하다.

우리는 1769년 6월 3일에 기압계의 눈금이 29.5를 가리키고, 온도가 58도(섭씨 14.5도—옮긴이)였으며 셀본에 강수량 0.3인치(7.6밀리미터—옮긴이)의 '한바탕 소나기'가 내린 뒤 맑게 갠 사실을 알 수 있다. 날이 갠 것은 참 다행스러운 일인데, '자연학자 일지' "그 밖의 관찰" 난에 길버트 화이트가 이렇게 적고 있기 때문이다. "금성이 태양을 가리는 것을 보았다. 태양이 지고 있던 바로 그때, 금성이 태양과 교차하는 지점이 육안으로 보였다. 나이팅게일이 노래하고 칡부엉이가 부엉부엉 울고 쏙독새가 지저귄다."[34] 그 순간 화이트뿐만 아니라 다른 이들의 눈도 금성의 태양면 통과를 지켜보고 있었다.

조지프 뱅크스(1743~1820)는 런던의 부유한 가문에서 태어났다. 어린 시절에는 해로스쿨과 이튼스쿨에 다니다가 1760년 옥스퍼드대학에 입학했다.[35] 그는 자연사에 대한 관심이 이튼스쿨 재학 시절부터 시작되었고, 방학을 맞아 집에 돌아왔을 때 어머니의 책 가운데 존 제라드의 《약초서》를 발견하고서 관심이 더욱 커졌다고 회고한다. 젊은 자연사 학자로서의 삶은 심지어 평화로운 잉글랜드 시골에서조차도 늘 쉬운 일만은 아니었다. 십대 시절 뱅크스에 관한 놀라운 일화가 전한다. 첼시 대로 옆 도랑에서 새로운 식물 종을 찾던 중에 그는 노상강도로 의심받아 체포되었다. 뱅크스는 보우스트리트 법원(런던 중앙경찰재판소—옮긴이)에 송치되었다가 당국의 실수가 드러나고 한바탕 사과가 오고간 뒤 풀려났다.

그보다 더 놀라운 이야기는, 뱅크스와 함께 요크셔를 여행한 학교 친구 가운데 하나가 여러 해 뒤에 들려준 일화이다. "가장 재미있었던 일은 …… 개구리 한 마리가 앞서 말한 조지프 경의 목구멍으로 폴짝 뛰어든 일이다. 그는 손으로 그 녀석을 쥐었다 …… 동행한 세 사람에게 이 동물한테 독성이 전혀 없음을 확인시켜 주려고."[36]

옥스퍼드에 왔을 때 뱅크스는 그토록 공부하고 싶어 한 식물학과 자연사를 가르쳐 줄 만한 능력이나 의지가 있는 사람이 없음을 발견했다. 이 무렵이 되면 뱅크스는 젊은 자산가였기 때문에(아버지가 세상을 떠나면서 넓은 영지를 남겼다) 케임브리지로 가서 식물학과 수학을 가르쳐 줄 개인지도 교사를 직접 고용했다. 1763년, 학위를 받기 전에 케임브리지를 떠났지만 그는 꾸준히 열성적으로 자연사를 공부했다. 그는 당대 주요 자연사 학자 다수를 소개해 주게 될 토머스 페넌트와 곧 친구가 되었다. 이런 인맥을 통해 뱅크스는 1766년 겨우 스물두 살에 왕립학회 회원이 되었다. 1766년 4월 말에 뱅크스는 캐나다의 래브라도 만 샤토 베이에 목조 방어 요새를 건설하도록 파견된 '나이저호'(HMS Niger)에 합류했다.

뱅크스는 군함에 승선한 기회를 이용해 뉴펀들랜드에서 다양한 식물 표본을 수집하고 귀중한 현장 연구를 체험할 수 있었다. 그해 항해 시즌 말에 나이저호는 세인트존스에 들러 그렌빌호(HMS Grenville)와 잠시 항구를 공유했다. 그렌빌호에는 1763년에 뉴펀들랜드와 래브라도에 파견되어 샤토베이를 조사하고 그 지역의 상세 지도를 작성한 제임스 쿡 대위가 타고 있었다. 비록 두 사람이 세인트존스에서 만났다는 기록은 없지만 만나지 않았다고는 도저히 생각할 수 없다. 어쨌거나 이 두 사람은 곧 서로의 인생에서 중요한 역할을 하게 된다.

나이저호는 세인트존스에서 포르투갈에 들렀다가 잉글랜드로 귀환했다. 아메리카 대륙에서 세부 정보가 풍성한 흥미로운 수집물과 함께 귀환함으로써 뱅크스는 정부와 영국의 자연사 학계 전반에 좋은 인상을 심어 줄 수 있었다. 그는 또 18세기 동안 간헐적으로 해군대신으로 재직했던 샌드위치 경과 친구였다. 샌드위치 경은 자격 있는 후보자들에게 좋은 기회를 제공하거나 적어도 그들을 강력히 천거할 수 있는 힘이 있었다.[37]

금성 태양면 통과 날짜들은 18세기 초에 천문학자이자 왕립학회 회원인 에드먼드 핼리에 의해 확정되었고, 학회 회원들은 추가적인 관측을 위하여 남태평양에 반드시 탐사대를 파견해야 한다고 한목소리를 냈다. 그들은 이 탐사에 자금을 대도록 조지 3세를 설득했고, 이 탐사 계획으로 해군은 뉴질랜드와 그때까지 거의 가설로만 존재하던 오스트레일리아에 들르는 것을 포함하여 오랫동안 세계를 일주하는 것도 허락받았다. 래브라도 해안을 성공적으로 조사하고 귀환한 쿡은 이 원정을 이끌기에 알맞은 사람이었다. 넓은 인맥과 어떤 과학 연구에든 보조금을 지급할 수 있는 재정 능력, 그리고 최근에 쌓은 우수한 경험과 성공 덕분에 뱅크스는 이 항해에 배정된 자연학자 자리를 꿰찰 수 있었다.

일반적으로 쿡의 1차 항해라고 말하는 탐사는 다음 두 세기에 걸쳐 수많은 자연사 탐사와 지도 제작 탐사에서 반복될 경로를 따라 이루어졌다. 1768년 8월 플리머스를 출발한 엔데버호(HMS Endeavor)는 대서양을 건너 브라질 해안으로 항해했다. 거기서 배는 남쪽으로 방향을 틀어 대륙 최남단 케이프혼을 돈 뒤 금성의 태양면 통과를 관측하기 위해 타히티 앞바다로 향했다. 60년 뒤 비글호를 타고 항해한 다윈과 달리 뱅크스와 쿡이 승선한 엔데버호는 남아메리카 해안에서 많은 시간을 보내지 않았고 갈라파고스제도 근처로 가지 않았다. 탐험대는 곧장 타히티로 향하여 1769년 6월 3일 토요일에 비너스 곶이라는 적절한 이름이 붙은 지점에서, 그날 늦은 오후에 길버트 화이트가 셀본의 정원에서 관찰한 것과 똑같은 금성의 태양면 통과 현상을 관측했다. 화이트와 달리 탐험대는 '큰 소나기'와 씨름하지는 않았지만 나이팅게일의 노래는 없이 지내야 했음을 우리는 쿡의 일지를 통해 알 수 있다.

잉글랜드를 떠나기 전에 쿡은 항해의 후반부를 위한 봉인 명령을 받았다. 이 명령은 필연적으로 모호했지만 쿡에게 당시 가설적인 남반구 대륙을 찾아서 남위 40도까지 항해하고, 만약 새 땅을 발견하지 못한다면 뉴질랜드를 향해 항로를 서쪽으로 돌리라고 지시했다.[38] 엔데버호는 남쪽으로 험난한 항해를 했고 마침내 남위 40도 20분 지점에서 쿡은 북서쪽으로 뱃머리를 돌렸다. 배는 10월에 뉴질랜드에 도착한 뒤 두 개의 본섬에 관해 상세하게 조사했다. 항해자들은 판디멘즈랜드(오늘날의 태즈메이니아)에 닿기를 기대하며 뉴질랜드에서 서쪽으로 배를 조종했지만 북쪽으로 조금 밀려가는 바람에 오스트레일리아의 동쪽 해안에 도달했다.

엔데버호가 해안을 따라 북쪽으로 올라가면서 쿡이 해안선 지도를 최대한 그리는 동안 뱅크스는 물론 해변에 상륙하고 싶어 했다. 그들은 1770년 4월 후반에 보터니베이(오늘날의 시드니)에 닿았고 드디어 그 땅을 직접 조사할 수 있는 기회를 얻었다. 뱅크스와 그의 동행들은 특히 캥거루에 시선을 빼앗겼지만 토착 식물에도 매료되어 다수의 표본을 수집하는 한편, 화가인 시드니 파킨슨(1746~1771)은 그곳 풍경과 동식물을 스케치했다.[39] 엔데버호는 북쪽으로 이동하다가 그레이트배리어리프 가장자리에 좌초하여 선체에 심각한 손상을 입었다. 그래서 배를 수리하느라 오랫동안 육지에 머물러야 했으므로 뱅크스는 사방에서 나타나는 신기하고 새로운 동식물을 관찰하고 수집할 기회를 더 많이 확보할 수 있었다.

일단 배가 수리되자 그들은 오스트레일리아 북단을 돌아 항해를 이어 갔고 네덜란드 동인도제도에 들러 보급을 받고 추가로 배를 수리한 뒤 다시금 서쪽으로 항해했다. 엔데버호는 희망봉을 돌아 세인트헬레나섬(훗날 나폴레옹의 마지막 유배지로 유명해진)을 들렀다가 마침내 1771년 7월에 잉글랜드로 돌아왔다. 귀환한 쿡과 뱅크스는 영웅으로 환대를 받았다. 비록 뱅크스가 이 새로 얻은 명성을 충분히 활용한 듯하고 일부 전기 작가들은 그가 자화자찬이 과해서 쿡의 영예를 가렸다고 타박하기도 하지만 말이다. 뱅크스는 항해 내내 채집을 하고 관찰 노트를 작성해 자연사에 크게 기여했고, 쿡을 도와 장기 항해 동안 괴혈병을 예방하는 비타민 C의 공급원을 선원들에게 제공했다. 하지만 그레이트배리어리프에서 위기에 처한 배를 구하고 대체로 미답의 해역을 통과하는 놀라운 항해를 완수하고 모두 무사히 귀환시킨 것은 항해가이자 뱃사람으로서 쿡의 뛰어난 능력 덕분이었음에 틀림없다. 그러나 국왕을 알현한 사람은 뱅크스였고 이 알현은 과학 일반과 특히 자연사에 혜택을 가져올 지속적인 우정으로 이어졌다.

쿡은 처음에 선장으로서 자신의 존재감을 가리는 뱅크스의 성향에도 불구하고 줄곧 친구로 남았던 것 같다. 그러나 곧 두 번째 항해 가능성을 놓고 더 심각한 쟁점이 대두되었다. 뱅크스는 열성적으로 호응했고 사비를 털어 함께 갈 한 무리의 과학자를 모집하고 연구 장비와 자재를 사들이기 시작했다. 이 자연사 학자와 다양한 해군 관계자들 사이에 나중에 발생하게 되는 갈등의 진짜 원인은 완전히 명백하게 밝혀지지는 않겠지만, 엔데버호에서의 경험에도 불구하고 뱅크스가 작은 배에 18명의 정원 외 인원을 수용하는 데 따르는 순전한 번거로움을 과소평가했던 탓인 듯하다. 그는 새로운 탐사를 수행할 소함대의 기함인 레절루션호(Resolution)를 적잖이 개조해야 한다고 고집을 피웠다. 여기에는 수로 안내인이 세계 일주는커녕 배를 영국해협으로 끌고 나가는 것도 꺼릴 정도로 배의 균형을 불안정하게 만드는 충분한 갑판실을 추가하는 것도 포함되어 있었다. 장교들은 배에 설치될 새 구조물을 강하게 반대했고 해군성은 장교들 편을 들었다. 분노한 뱅크스는 탐사 계획을 그만두고 박차고 나가 아이슬란드로 떠나 버렸다.[40]

우리로서는 발끈하는 성미라고 밖에 부를 수 없는 것을 다스리고 나자 뱅크스는 런던으로 돌아와 자연사 연구를 장려하는 일을 다시 이어 갔다. 그가 국왕 조지에게 큐왕립식물원(Kew Garden)에 왕실 차원의 주의를 기울여 달라고 설득했을 때 국왕과의 우정은 말 그대로 꽃피었다. 큐식물원이 세계에서 가장 중요한 식물 수집 기관 가운데 하나로 위상이 높아지기 시작한 것은 대체로 뱅크스의 노력과 국왕의 후원 덕분이었다.

뱅크스의 개인적 삶도 잠깐 언급하고 지나갈 만하다. 여기서도 그는 사람을 잘 만나지 않는 길버트 화이트와 매우 달랐다. 1779년에 결혼했음에도 뱅크스가 적어도 두 명의 정부를 두었음은 주지의 사실이다. 비록 조지 3세가 악명 높을 만큼 혼외정사를 못마땅하게 여겼지만 간

통은 널리 퍼져 있었고 상류계급 사이에서는 적어도 어느 정도는 못 본 척 무시했다. 뱅크스의 친구이자 후원자인 샌드위치 경은 18세기 후반 내내 온갖 풍문의 대상이었던 악명 높은 헬파이어 클럽의 멤버로 소문이 자자했다.[41] 뱅크스의 실제 결혼 생활은 비교적 순탄했던 것처럼 보이나 그는 정식으로 인정한 자식이 없었다. 그의 죽음은 과학 분야와 사회 양쪽에서 주요한 전환을 의미했다. 다윈은 뱅크스를 사적으로 알고 지내기에는 너무 어렸지만, 세계를 여행하고 귀환하여 성과와 생각을 발전시켜 나간 뱅크스의 사례가 틀림없이 비글호를 타고 항해에 나설 때 다윈의 마음 한켠을 차지하고 있었을 것이라 생각된다.

잉글랜드와 유럽 대륙이 전 세계 곳곳을 돌아다니는 자연사 학자 무리를 배출하고 있는 동안, 북아메리카는 그들 나름대로 국내산 변종을 발전시키고 있었다. 존 바트람(1699~1777)과 윌리엄 바트람(1739~1823)은 진정한 북아메리카 식물학의 기초를 탄탄히 놓은 대단한 부자 2인 조였다. 전설에 따르면 존은 처음에 "농사꾼에 불과"했지만 그가 편지에서 케이츠비에게 말한 그대로의 인물이었다. "저는 신분이 미천해서 가족을 부양하기 위해 몹시 고된 노역을 해야 했습니다. 하지만 영국령 아메리카에서 태어난 그 어떤 사람보다 식물학과 자연의 작용을 연구하는 데 많은 노력을 해왔다고 믿습니다."[43]

존 바트람은 신세계의 식물군을 직접 만지고 살펴보고 싶어 하는 유럽 과학계에 지적이고 세심한 식물학자가 가장 유용할 딱 그 시점에 북아메리카 동부에 이상적으로 자리 잡은 열렬한 서신 교환자였다.[44] 존은 케이츠비와 옥스퍼드의 요한 딜레니우스, 런던의 한스 슬로언, 스웨덴의 린나이우스(바트람은 린나이우스의 "사도" 페터 칼름이 아메리카를 방문하는 동안 그를 도왔다)에게 편지를 썼다. 그는 식물원과 식물 표본첩에 표본을 추가하고자 하는 동료들을 위해 표본을 구해 왔고 독자적으로 새로운 종을 찾아냈으며 성장하는 미국의 과학에 체계적 생물분류학이라는 린나이우스의 이상을 도입했다.[45] 새로운 지식에 대한 존 바트람의 갈망은 그가 쓴 글에서 곧장 튀어나올 듯하다. "딜레니우스 박사가 조언해 주기 전에는 이끼에 특별히 주목하지 않은 채 그저 암소가 커다란 새 헛간 문을 멀뚱멀뚱 쳐다보는 것처럼 이끼를 바라보았다. 하지만 딜레니우스 박사가 기쁘게 이야기하는 대로 이제 나는 식물학의 그 분야에서 상당한 진전을 이루었다. 이끼는 초목에서도 정말 무척 신기한 분야이다."[46] 독자로서, 이렇게 말하는 사람을 사랑하지 않고 배길 수 없다.

지식에 대한 이런 갈망은 대서양을 건너 쌍방향으로 흘렀다. 잉글랜드 자연사 학자들은 원하는 표본과 질문 리스트를 잔뜩 보내고 재정 지원과 더불어 어쩌면 그보다 더 반가울 해외 식민지에서 구할 수 없는 책들을 보내는 방식으로 바트람에게 보상해 주었다. 포더길 박사로부터 온 편지에는 미래를 암시하는 듯한 내용이 보인다. "자제분인 윌리엄이 귀하 나라의 거북이를 묘사하는 일에 참여하고 있다니 기쁩니다. 아메리카는 그 어떤 나라보다 이 동물 종으로 넘쳐나는 것 같습니다. 거주자들이 늘어날수록 토착 식물과 더불어 이 동물들은 희박해지겠지요. 따라서 될 수 있으면 빨리 이 동물에 관한 자연사 연구를 시작하는 것이 퍽 중요합니다."[47] 당시 대체로 정통 신학이 멸종의 가능성을 배제한 반면, 자연사 학자들이 인위적인 변화에 따른 "희박화" 가능성을 이미 온전히 인지하고 있었던 점은 특히 흥미롭다.

영국의 자연학자들은 펜실베이니아부터 온타리오 호까지 여행하는 것을 포함해 더 장기적인 존 바트람의 탐험 일부에 자금을 댔고, 그와 아들 윌리엄은 7년전쟁이 마무리되자 플로리다반도를 여행했다. 한 편지에서 그는 이렇게 적고 있다. "저는 메릴랜드와 버지니아를 통과하여 멀리 윌리엄스버그까지, 제임스 강을 거슬러 산맥까지 굽이굽이를 지나 여행 했습니다. …… 출발해서 귀환하기까지 5주의 시간 동안, 딱 하루만 쉬고 1,100마일(1,800킬로미터—옮긴이)을 이동했습니다."[48] 이 여정 대부분이 말을 타고 이동했으리라 추정되지만 그럼에도 대단한 이동 거리이다. 채집 활동과 여행에 경비를 지원한 것 외에도 그의 잉글랜드 친구들은 조지 3세에게 로비를 하여 북아메리카의 국왕 직속 식물학자라는 직함과 더불어 전직 농사꾼에게 반갑기 그지없었을 연금을 추가로 얻어 주었다.

한편으로는 유럽 동료들에게 보내는 표본 공급 능력을 확대하고 한편으로는 연구와 사색을 위한 장소를 제공하고자, 바트람은 북아메리카 최초의 진정한 체계적 일반 식물원이었을 기관을 필라델피아 바로 바깥에 설립했다. 이 식물원은 약용으로 공인된 종과 순전히 희귀성이나 미관상 아름다움 때문에 수집된 식물까지 포괄하는 광범위한 종자식물을 보유했다. 식물원은 19세기 중반까지 바트람 가문의 소유로 남아 있었다.

바트람의 글이 당대에는 그리 호평을 받지 못했던 것 같다. 친구이자 그의 도움을 받아 미국철학회(American Philosophical Society)를 설립한 벤저민 프랭클린은 동료 과학자에게 보낸 편지에서 아버지 바트람에 관해 이렇게 평가했다. "나는 그를 자네한테 소개하는 데 아무런 말도 덧붙이지 않겠네. 비록 평범한 무학이지만 그에게 칭찬할 만한 장점이 있음을 알게 될 거네."[49] 이것은 짐짓 깔보는 태도를 넘어선 것이다. 바트람의 편지들은 그가 세심하고 사려 깊은 자연 관찰자(좀처럼 무학이라고 보기 힘든)임을 보여 준다. 그 가운데 홍합과 말벌, 뱀에서 오로라에 이르는 주제를 다룬 여러 통의 편지는 《왕립학회 철학회보》에 실려 읽혔다. 더 최근의 전기 작가들은 그를 일컬어 '미국 식물학의 아버지'라고 부르고 이는 충분히 공정한 칭호 같긴 하지만, 요즘 식물학자들 가운데 대체 얼마나 많은 이들이 (아니 어느 시대의 과학자든) "길이 17피트(5미터―옮긴이)가 넘는 돌을 쪼개고, 내 두 손으로 직접 암석에서 깎아 낸 돌로 집 네 채를 지었다"[50]고 말할 수 있겠는가? 돌을 쪼갠 그 두 손은 대서양 건너편 친구에게 부치기 위해 이끼나 황소개구리를 조심스레 포장하기도 한 손이었다. 바트람의 식물원은 브랜디와인크리크 전투에서 진군하던 영국군의 손길을 피했지만, 바트람은 미국 혁명전쟁의 결과를 알 수 있기 전에 죽었다.[51] 그는 필라델피아에 있는 프렌즈베링 묘지의 눈에 띄지 않는 무덤에 묻혔다.

윌리엄 바트람은 앞서 언급한 대로 아버지와 폭넓게 여기저기 여행을 다녔고 식물학 연구라는 가업을 이어 나갔다. 윌리엄은 존이 재혼한 부인 앤(첫 부인은 두 아이를 낳고 1727년에 죽었다)과 낳은 아홉 자식 가운데 셋째였다. 아버지와 긴밀하게 작업하며 집안의 식물원과 표본 거래 사업을 발전시킨 것 말고도 그는 재능 있는 화가였다. 아버지와 함께 수집한 식물 표본 다수를 그리고 스케치했으며 이 재능을 확대하여 다른 열정의 대상도 그렸는데 바로 북아메리카의 조류군이었다.

윌리엄은 아버지를 따라 플로리다에 간 적이 있었는데, 나중에 그곳에 아버지가 인수한 플랜테이션 농장을 세우려고 시도했다. 하지만 농장 설립 시도는 처참하게 실패했다.[52] 그럼에도 그는 남부 지역을 될 수 있으면 많이 탐험하려고 결심했고, 아버지와 편지를 교환한 존 포더길의 후원 아래 1773년 봄에 장기간 채집 탐사에 나섰다. 이 여행은 4년

반이 넘게 이어져서 그는 플로리다와 두 캐럴라이나 주를 지나서 오늘날의 앨라배마와 조지아, 미시시피 주를 거쳐 당시 프랑스 식민지였던 루이지애나까지 갔다.

이 탐험은 《윌리엄 바트람의 여행》(Travels of William Bartram)이라는 책으로 출판되었다.[54] 여행은 식민지 후기 북아메리카 동부에 관해 구할 수 있는 가장 완전한 묘사 가운데 하나이다. 윌리엄은 흔히 혼자서, 때로는 걸어서, 때로는 보트를 타고 여행했다. 그는 종종 심각한 신체적 위험에 처했지만 여행하는 내내 주변 환경에 관해 세심하게 기록하고 눈으로 직접 본 것을 스케치했다.[55] 전반적으로 그의 글은 좋은 이야기에 대한 감각이 담겨 있으며 놀라울 만큼 객관성을 보여 준다. 대규모 악어 무리와 맞닥뜨렸을 때(그리고 한 마리를 몽둥이로 때려 쫓아냈을 때)조차도 포식 동물이 풍부한 것은 거의 틀림없이, 자신이 노를 저어가고 있는 강에 엄청난 수의 물고기가 살고 있기 때문이라고 결론 내리며 여전히 주변 환경에 대해 평가한다.

미국 혁명전쟁이 끝난 뒤에 바트람은 여생 대부분을 고향 가까이에서 보냈다. 유력 인사들과 편지도 이어 나갔다. 토머스 제퍼슨과 주고받은 편지에서는 제퍼슨이 몬티셀로 자택에 심기 위해 바트람이 제공한 종자에 관해 논의하고 있다.[56] '루이스·클라크 탐험대'를 조직했을 때 제퍼슨은 바트람에게 적어도 여정의 일부만이라도 동참하라고 권유했다. 바트람은 너무 늙었다는 이유로 거절했다. 바트람은 식물학 강좌를 해 달라는 권유도 받았지만 이 역시 물리쳤다. 그러나 그는 젊은 알렉산더 윌슨이 북아메리카 새에 관한 화보 출간 계획을 발전시키기 시작했을 때 적극 후원했다.

여행 중에 직접 본 것이나 자신의 식물원에서 기른 것에 대한 바트람

본인의 미술적 표현은 전반적으로 정확성의 측면에서 다소 엇갈린다. 글에서 그는 자신이 목격한 것의 아름다움에 종종 압도되었음을 분명히 밝히고 있다. 그의 식물 삽화 일부는 정말로 매우 훌륭하다. 그러나 반대로 여러 차례 가까이 마주쳤음에도 불구하고, (어쩌면 그 때문에) 그가 그린 악어는 플로리다 늪지에서 구경할 수 있을 법한 여느 악어보다는 중세의 용을 더 많이 닮았다.

바트람은 마크 케이츠비의 묘사와 그리 다르지 않은 아메리카에서 태어났다. 그곳은 가는 띠 모양의 일단의 식민지가 맹수와 야만인이 사는 광대한 미지의 야생과 경계를 접하고 있는 곳이었다. 그러나 그가 죽을 때쯤이면 미국은 이미 대서양 쪽 해안에서 태평양 쪽 해안까지 아메리카 대륙을 정복하는 그 명백한 운명을 진지하게 취급하고 있었다. 그 두 시기 사이에서 바트람 부자는, 뒷날 국가의 보호를 받게 될 동식물을 조용히 스케치하고 채집하는 동안 탄생한 신생 국가에 걸맞은 과학적 식물학의 새 시대를 알렸다.

8장 '기원' 이전에

다원 생물학 또는 앨프리드 러셀 월리스가 명명한 대로 다윈주의는 자연사에 깊이 뿌리내리고 있다.[1] 찰스 다윈과 월리스 둘 다 대단히 자신감 넘치는 자연사 학자이자 광범위한 현상에 대한 예리한 관찰자였다. 둘 다 한동안 널리 여행했고 자연계를 연구하고 이해하려는 앞선 학자들의 시도를 잘 알고 있었다.

다윈주의의 주요 요소들은 자연사 연구와 그로부터 수립된 생물분류학에서 탄생했다.[2] 자연선택 자체는 말하자면, 전에는 생각지 못하다가 막상 제시되고 나면 그야말로 이해가 잘 되는 그러한 생각들 가운데 하나이다. 다윈의 으뜸가는 옹호자였던 토머스 헉슬리는《종의 기원》(On the Origin of Species)을 읽은 뒤에 "그런 생각을 해내지 못하다니 대체 난 얼마나 멍청한가!" 하고 논평했다.[3] 본질적으로, 다윈은 형태에서 나타나는 변이를 관찰한다면(형태학 연구로부터 관찰 가능하다), 그리고 이러한 변이 가운데 일부가 유전 가능하면(동식물의 사육 혈통표와 재배 계통도에서 관찰 가능하다), 또 이러한 유전 가능한 변이 가운데 일부가 많든 적든 새끼의 출산과 규칙적으로 연관된다면(상세한 습성 연구로 잠재적으로 관찰 가능하다), 그렇다면 충분한 시간이 주어진다면 한 개체군이 변화할 것이라고 말한다.

다윈과 월리스가 자신의 생각을 진공 상태에서 발전시키지 않았음은 명백하다. 이러한 생각들이 어디서 유래했는지, 다윈과 월리스는 실제로 어떤 사람이었는지, 그들이 실제로 무엇을 이야기하고 있는지를 검토하는 데 이미 엄청난 양의 잉크와 연구가 쏟아 부어졌다.[4] 두 사람의 일생을 여기에서 남김없이 요약하는 것은 불가능하겠지만, 그들의 작업에서 자연사의 역할과 생물학의 한 형태로서 두 사람의 연구가 자연사에 끼친 충격을 살펴보는 것은 꼭 필요한 일이다.[5]

사람들이 다양한 자연사 학자의 글에서 감지하는 종교적 신념이나 회의주의의 정도와 상관없이(그리고 그 둘 다의 증거가 존재한다) 성서적 설명이라는 '심층 프로그램'이 다른 이들의 사고 프로세스에 어떻게 영향을 끼쳤을지는 고려해 볼 만하다.[6] 힐데가르트 폰 빙엔, 존 레이, 길버트 화이트, 윌리엄 바트람, 그리고 다윈까지도 예외 없이 세계를 자연학자로서 조사하기 훨씬 전에 창세기에 노출된 바 있다.

만약 진화를 '시간을 거친 변화'라고 정의한다면 창세기도 어떤 의미에서는 진화적이라고 볼 수 있다. 조물주가 그야말로 자신이 의지로 세상이 즉시 존재하게 만드는 천지창조 이야기는 전적으로 가능하다. 이러한 이야기는 다른 종교에서도 존재하는데, 창세기에서 세상은 일정한 단계를 거쳐 생겨나며 본질적으로 논리적으로 구축된다. 여기서 심층 프로그램은 대단히 발전적이다. 세상은 무에서 존재로, 함축된 무질서에 궁극적 질서로 옮겨 간다.

창세기의 진화와 다윈이나 월리스의 진화 사이에는 세 가지 점에서 결정적인 차이가 있다. 첫째, 창세기는 프로세스의 창조자를, 아리스토텔레스가 말하는 '부동의 동자'와 유사하지만 그보다 훨씬 더 의인화된 창조자를 상정한다. 둘째, 창세기의 진화에는 구체적인 종료점이 있다. 모든 것은 '엿새' 안에 완료되고 이렛날이 되면 신은 쉰다. 그 뒤로 더 이상의 창조도 그 어떤 변화도 없다. 마지막으로 천지창조의 하루가 끝날 때마다 거기에는 규범적 판단이 존재한다. 신은 현재 존재하는 것을 검토하고는 "좋다"고 여긴다.

창조의 성서적 형태와 고전기 그리스 철학 둘 다로부터 대두되는 또 다른 잠재적 심층 프로그램은 '유형론'(typology)이다. 플라톤은 우리가 지각하는 세계는 이상적 형식들의 "그림자"에 불과한 것으로 채워져 있으며, 물리적 세계는 그 이데아 세계에 근접할 수 있을 뿐이라고 주장한다. 이것은 어느 특정 유기체이든 더 좋거나 더 나쁜 "그림자" 곧 복사판이 존재할 수도 있음을 암시하며, 변이의 문제 전체를 흥미로운 관점으로 조명한다. 분류학자들은 다른 모든 개체들을 측정할 수 있는 잣대인 모식 표본으로서 한 종의 "가능한 최고" 견본이나 "가장 전형적인" 견본을 고르도록 고무되었다. 모식 표본의 실제 선택이 흔히 지나치게 자의적이라는 점은 망각될 수 있으며, 한 컬렉션 안에 모식 표본의 보유는 그 컬렉션의 전반적 위상을 나타내는 지표였다. 어떤 완벽한 형태의 그림자들이라는 플라톤식 관념은, 생물체가 처음에는 이상적 형태로 창조되었을 것이며 추후의 어떠한 변형도 창조의 최초 행위와 더불어 종료되었다고 여겨지는 진화의 본질적 요소가 아니라 은총의 상태로부터 탈선이라고 암시하는 성서적 천지창조와도 잘 들어맞았다. 자연사학자들의 점점 더 상세해지고 포괄적인 연구와 목록, 지도상에 빈칸으로 남아 있는 세계의 비중이 점차 줄어드는 흐름은 깔끔한 성서적 천지창조에 갈수록 더 큰 압력을 가했다. 우리는 한 차례의 대홍수는 결코 자신이 지금 보는 지형을 만들어 낼 수 없었을 것이라고 알려주는 감각의 증거들과 성서의 진리에 대한 믿음 사이의 괴리에서 생겨나는 레이의 깊은 좌절감을 느낄 수 있다. 또 어떤 자연학자들은 자신이 본 것을 그대로 기술하는 데 만족하며 기원의 문제를 완전히 회피했지만 그들이 수집한 증거는 더 많은 질문만 제기할 수도 있다.

일반 독자를 위해 나온 가장 대중적인 백과사전 가운데 하나는 뷔퐁 백작 조르주루이 르클레르의 《박물지》(Histoire naturelle générale et particuliére)였다. 뷔퐁(1707~1788)은 린나이우스와 같은 해에 태어났지만 교육을 받을 형편이 안 돼 고생했던 린나이우스와 달리 귀족 가문에서 태어나 마음껏 공부하고 여행을 다닐 수 있었다.[8] 뷔퐁은 당대의 자연사에 푹 빠졌고 여러 과학자들과 폭넓게 교류했으며 독자적으로 조사를 수행하기도 했다. 그는 모든 분야의 학문에 관심이 많은 박학가로서 넓은 독자층이 접근할 수 있는 형태로 정보를 제공하는 것이 중요하다고 믿었다.

1793년에 뷔퐁은 잉글랜드의 큐왕립식물원에 상응하는 프랑스의 자르댕뒤루아(Jardin du Roi, 왕립정원) 원장으로 임명되었다. 뷔퐁은 식물보다는 동물이 훨씬 편했던 것 같지만 자신의 직무에 진지하게 임했고 자연계의 만물에 관한 포괄적 기술을 목표로 집필에 착수했다. 뷔퐁은 자연사에서 3계 구조를 채택했지만 광물계와 동물계만 마무리 지을 수 있었다. 이 작업은 1749년부터 그가 세상을 떠난 1788년까지 총 35권의 책으로 나왔다. 충분한 원고가 남아 있어 사후에 추가로 9권이 더 출간되었지만 그의 직업적 위상을 고려할 때 식물이 그렇게 짧게 다뤄진 것은 아이러니하다. 뷔퐁은 동물계, 광물계, 식물계라는 가장 일반적인 수준 아래로는 엄격한 린나이우스 분류 체계를 고수하지 않는다. 그 대신 자신의 책을 독자들에게 친숙할 것이라 추정되는 정도에 따라 구성하여, 인간이 길들여 가축으로 만든 종부터 시작하여 점차 더 이국적인 사례들로 나아간다. 그는 또 열대 변종을 다루기 전에 온대 종에 역점을 두며, 어느 위계질서 안에서든 인간이 가장 완벽한 형태로 간주되어야 함을 분명히 한다.

에른스트 마이어가 지적한 대로 친숙함을 토대로 한 생물분류학은 "진화적 고려를 위한 기초 역할을 하는 데 이보다 더 안 어울리는 것도 없다."[9] 뷔퐁의 식견은 놀랍지만, 논의를 철저하게 밀고 나가 도출되는 결론을 받아들이기를 꺼리는 태도 역시 놀랍기는 마찬가지다. "만약, 이를테면 당나귀가 말의 퇴화라는 것이 사실이라면, 자연의 힘에는 더 이상 어떠한 한계도 없을 것이며 우리는 충분한 시간과 함께 자연이 단일한 하나의 존재로부터 다른 모든 복잡한 존재들을 이끌어 낼 수 있었다고 가정해도 틀리지 않을 것이다."[10] 그는 거의 다 왔다. 놀랄 만큼 가까이 왔던 것이다! 공통의 조상으로부터 유래, 종의 증식, 점진성에 이르기까지 그가 다윈주의에 얼마나 가까이 갔는지가 느껴진다. 하지만 바로 다음 그의 논리는 완전히 무너진다. "그러나 이것은 결코 자연에 대한 올바른 표현이 아니다. 우리는 종교 당국에 의해 모든 동물은 똑같이 천지창조의 은총에 참여했고 모든 종의 첫 한 쌍은 조물주 손에서 완전히 형성된 채 생겨났다는 것을 확실히 알고 있다."[11] 권위에 대한 의존이 사회의 거의 모든 분야에서 도전받고 있던 시대에 이 최후의 종교적 권위는 적어도 두 세대는 더 지속된다.

뷔퐁은 종의 외적 형태는 어느 정도 물리적 환경에 맞출 필요성에 따라 좌우된다고 믿는다. 그 결과 인간에게 친숙함이나 중요성에 근거를 두고 종을 배열하는 방식 외에도 생물체를 발견되는 장소에 따라 묶는다. 비록 이런 식의 분류는 언뜻 보기에는 거의 안이해 보일 지경이지만, 이렇게 함으로써 뷔퐁은 생물지리학과 생태학의 영역으로 이동한다. 엄격하게 형태론적이거나 분기학적으로 너무 엄격한 분류 체계는 지리적 배치가 간직하고 있는 관계를 놓치거나 가릴 수 있다. 이런 의미에서 뷔퐁은, 훔볼트나 월리스처럼 더 일반적으로 생물지리학자로 인정받는 이들보다 한 세기를 앞선다. 뷔퐁은 자연사를 재미있게 만들었고, 새로운 정보로 그의 사상을 대체한 후임자들 다수는 그의 책 이곳저곳을 누비면서 얼마나 다양한 풍경과 생명들이 탐험되길 기다리고 있는지 경탄하며 자연학자로 첫발을 내디뎠던 것 같다.

다윈의 진화론으로 가는 준비 단계에서 또 다른 중요한 프랑스인 공로자는 라마르크 기사 장밥티스트 피에르 앙투안 드 모네이다. 라마르크는 1744년 프랑스 북부 피카르디의 작은 마을에서 태어났다.[12) 아버지는 아들이 사제가 되길 바라며 라마르크를 아미앵의 예수회 학교에 보냈다. 아버지는 그가 열여섯 살이 되었을 때 세상을 떠났고, 이듬해 라마르크는 군에 입대하여 7년 동안 복무한 뒤 연금을 받고 파리로 가게 되었다.[13) 파리에서 라마르크는 은행에서 일하며 식물학과 의학을 공부하는 한편 프랑스 식물군에 관한 세 권짜리 논문을 출판하여 뷔퐁의 주목을 받게 된다. 이 식물지는 각 식물을 구분하기 위해 특정한 이분법적 핵심 요소를 사용한 점에서 주목할 만하다. 그것은 또한 국내의 더 넓은 독자층에 다가갈 수 있게 프랑스어로 출판되었다는 이점도 있었다. 1779년 라마르크는 프랑스과학아카데미 회원에 선출되었고 저술과 이런저런 임시직으로 줄곧 생계를 이어 가다, 1788년에 마침내 자르

그림 8 18세기 뷔퐁의 《박물지》에 나오는 새 그림.

댕뒤루아의 식물 표본실 실장으로 임명되었다. 이때까지 라마르크의 가장 중요한 저술은 계몽주의 시대의 위대한 백과사전들 가운데 어쩌면 가장 방대한 백과사전으로 40년에 걸쳐 모두 186권으로 출간된《방법 백과사전》(Encyclopédia méthodique)의 식물학 권이었다.

프랑스혁명기(1789~1793)에 라마르크의 경험은 다소 불분명하다. 변함없이 자르댕뒤루아에서 근무했지만 공화주의에 대한 열광이 터져 나오고 이윽고 공포정치가 횡행할 때 엘리트적 특성이라면 무엇이든 의심을 사기 십상이었다.[14] 라마르크의 입지는 위태로웠지만 그는 일련의 소책자를 출간하여 자르댕뒤루아의 컬렉션의 중요성을 역설하고 또 전략적으로 왕립정원이라는 이름을 '식물원'(Jardin des Plantes)으로 바꿈으로써 그 기관과 라마르크는 국왕 처형 이후에도 목숨을 부지할 수 있었다. 제1제정은 자르댕의 수장물의 물리적 확대(프랑스군이 포획하거나 몰수한 식물 표본집이 컬렉션에 추가되었다)와 라마르크의 출세 두 측면에 다 기회를 제공했다. 1793년에 그는 "동물학, 곤충, 벌레, 미세 동물 교수"로 임명되었다.[15]

이 시점까지 라마르크는 천지창조 최초의 순간 이래로 생명체와 구조의 고정 불변성이라는 18세기의 일반적 시각을 갖고 있었던 것 같다. 이와 대조적으로 그의 지질학은 광물 구조가 고도의 조직적 형태로 시작해서 점진적으로 단순한 결정체로 용해되는 식으로 변형과 퇴화의 과정을 암시한다. 이러한 생각은 오늘날의 시각에서 보면 바보같이 보이지만, 불변하고 질서정연한 세계라는 시각으로부터 뚜렷한 단절을 보여준다는 점에서 중요한 대목이다. 지질학으로 라마르크의 일시적 외도는 또 다른 의미에서 중요하다. 지질학자로서 라마르크는 화석 문제에 정면으로 맞서야 했다. 파리 분지는 화석이 풍부하기로 유명하고, 여러 지층에 대한 주의 깊은 연구로 라마르크는 지구가 무척 오래되었음을 확신하게 되었다. 지구적 차원에서 변화의 성격을 논의하면서 라마르크는 인간의 경험을, 수명이 1년밖에 안 되는 곤충이 우리가 살고 있는 건물의 역사를 설명하려고 애쓰는 경험에 비유한다. "[곤충] 스물다섯 세대가 지나가는 동안 아무런 변화가 없었다. 따라서 이 건물은 영원한 것으로 간주된다."[16] 이 같은 논점은 어마어마하게 중요하다. 지구의 나이에 대한 공식적 입장은 흔히 전적으로 성서에 의존하고 있었다. 1650년 제임스 어셔 대주교는 성서에서 거의 부수적으로 언급하는 인물들의 나이를 기초로 계산하여 지구가 기원전 4004년 10월 20일 늦은 오후에 생겨났다고 추정했다.[17] 다른 학자들은 어셔의 정확성을 두고 애매하게 말끝을 흐렸지만 그의 산정이 전반적으로 정확하다는 생각이 과학에 불운한 결과를 가져오며 널리 받아들여졌다. 6천 살이 채 못 되는 지구라면 어떤 종류의 점진적 변화로도 도저히 생명체를 만들어 낼 수 없었을 것이다. 이 수치와 종종 거기에 동반되는 불변성에 대한 라마르크의 명시적 거부는 앞으로 벌어질 일들을 예고하는 중요한 조짐이었다.

1801년이 되자 라마르크는 생물학으로 돌아와 무척추동물에 관한 글을 내놓는다. 여기서 다른 무엇보다도 그를 유명하게 만든 학설인 종의 변형 가능성에 대해 처음으로 논의했다.[18] 이 학설은 1815년부터 1822년까지 그가 무척추동물에 관한 7권짜리 포괄적 자연사를 준비하는 동안 완성되었다. 종의 진화적 기원에 대한 라마르크의 생각은 환경의 누적된 효과와 그의 지질학이 허용한 거대한 시간 규모가 결합한 것이다. 여기서 라마르크의 가장 중요한 공헌은 그가 생물분류학과 계통발생학 사이에 분명한 관계를 인식한 것이다. 생명체는 생물분류학의 순서를 거쳐 이동하면서 더 복잡하게 존재하기만 하는 것이 아니라 더 복잡'해진다.' 다시 말해, 처음에는 똑같은 하나의 종으로 시작했을지도 모르는 것이 충분한 시간이 흐르면 다른 종이 되는 방식으로, 더 단순한 형태에서 더 복잡한 형태로 진정한 진화적 변화가 이루어져 왔다는 얘기이다.

라마르크가 제시한 진화 메커니즘을 둘러싸고는 많은 논의가 벌어져 왔다. 이른바 획득형질의 유전 또는 어떤 특징의 보존, 확대, 상실 과정에 그 특징의 사용과 불사용의 중요성 말이다. 라마르크는 아주 분명하게 말했다.[19] "모든 종은 저마다 자신이 맞닥뜨린 환경의 영향에 종속되어 왔다. 이로부터 우리가 지금 알고 있는 습성을 획득했고 우리가 지금 관찰하는 부분들에서 변경이 이루어졌다." 본질적으로 환경은 한 특징에 대해 또는 기존 특징의 확대에 대한 '필요'를 만들어 낸다. 유기체는 거기에 반응한다. 그 결과는 나중 세대에 전달되어 모종의 일시적 균형 상태에 도달한다. 그 결과로 생겨나는 유기체는 생물분류학자들이 새 유기체를 새로운 집단으로 분류할 만큼 그 부모 군체와 매우 다를지도 모른다. 그와 달리, 유기체가 기존 특징을 활용하여 (아니면 반대로 그것을 더 이상 활용하지 않는다) 그 결과 그 특징은 강화되거나 폐기되어 다시금 궁극적으로는 재분류로 이어질 수도 있다. 라마르크는 자신의 이론을 뒷받침하는 확실한 사례로 고도로 변형된 기린의 목을 가리켰다. 비록 그 사례는 동물학적이지만 라마르크가 초기에 식물학에 노출되었고 그에 몰두한 결과로부터 얼마나 많은 영향을 받았을까 궁금하지 않을 수 없다. 식물은 형태 변형성이 굉장히 뛰어나고 생장 패턴을 조정함으로써 여러 환경 조건에 뚜렷하게 반응한다. 어떤 특정한 변화 자체보다는 바로 그 성형 능력(plasticity)이 유전될지도 모른다는 생각은 라마르크한테 들지 않았던 것 같고, 이 쟁점이 어쩌면 결정적 형태로 다루

어지기까지는 한 세기 이상 더 걸리게 된다.[20]

안타깝게도 라마르크의 말년은 가난과 시력 약화로 점철되었다. 그의 생각들은 프랑스 과학이 갈수록 조르주 퀴비에(1769~1832)에 의해 지배되면서 인기가 시들해졌다. 퀴비에의 화석 기록 연구는 멸종의 실제를 최종적으로 확립했으나 그는 진화 사상에 확고히 반대하고 격변설(catastrophism)을 강력히 지지했다. 지구의 역사는 안정된 기간들 사이사이 주기적인 홍수와 대격변으로 점철되어 왔다는 학설이다. 라마르크는 1810년대 후반에 시력이 약화되기 시작하여 1822년에 이르면 완전히 실명 상태가 된다. 더 이상 글을 쓸 수 없었으므로 마지막 저술 가운데 일부는 그의 딸이 받아 적은 것이었다. 1824년 그는 자신의 식물 표본집을 팔아치워야 하는 상황에까지 몰렸고 1829년에 비교적 무시되거나 잊힌 채로 세상을 떠났다. 라마르크의 생각 가운데 많은 부분은 오류로 드러났다. 또 이따금 적절한 증거를 제시하지 않은 채 추측하는 경향이 있었지만, 그는 생물 진화의 가능성을 열어젖힌 진정한 선구자이다. 얼마나 많은 똑똑한 젊은 대학원생들이 2세기 뒤에 자신의 저작을 우연히 읽고서는 "음…… 혹시 그렇다고 치면……"이라고 말하는 장면을 본다면 라마르크도 틀림없이 얼마간 만족감을 느끼리라. 퀴비에 남작은 18세기 전통적 자연사의 어쩌면 마지막 위대한 수호자로서 한쪽 구석으로 밀려났다. 반대로 라마르크는 비록 퀴비에보다 먼저 죽었지만 19세기와 미래의 시작을 알렸다.

한편, 영국에서는 산업 역량과 제국의 힘이 급속히 성장하면서, 다윈 가문은 자신들의 이름을 만인의 입에 오르내리게 할 첫 발자국을 떼기 시작했다. 그들의 글을 통해 보건대(특히 사적인 편지) 다윈 가문 사람들은 재치 있는 괴짜이고, 아이러니하며, 대단히 재미난 사람들, 진지한 일에 몰두하면서도 서로와 주변 세상을 매우 잘 알고 있던 사람들이었던 것 같다.

다윈의 유머 사례는 풍부하다. 그의 할아버지 이래스머스(1731~1802)의 전기 "서문"에서 찰스는 할아버지와 고모할머니 수재너 다윈 사이에 오고간, 사순절 기간 동안 금식을 논의하는 편지를 수록하고 싶은 유혹을 물리치지 못한다.[21] 수재너는 가다렌의 돼지의 운명[22](미주의 설명과 마가복음 5장 8절~13절을 참고하라—옮긴이)을 거론하며 돼지고기가 사실은 '물고기'이며 따라서 사순절 기간 동안 먹을 수 있는 것이라고 분명하게 확인받고 싶어 한다. 이래스머스는 그녀의 추정이 옳다고 안심시키며 말을 잇는다.

나로 말하자면 이 사순절 기간 동안 푸딩과 우유, 채소에 기대어 살고 있어. 그렇다고 오해는 하지 마. 소고기와 양고기, 송아지 고기, 거위 고기, 새고기 따위에 손도 안 댔다는 뜻은 아니니까. 이것들이 대체 다 뭐겠어? 모든 고기는 다 풀이거든! …… 추신: 황급히 마무리해서 미안. 저녁 식사를 알리는 소리야. 너무 배가 고파.[23]

어떤 사람들한테는 이 편지가 아주 재미있겠지만(특히 추신 대목) 어떤 사람들에게는 도무지 재미있지 않을 것 같다. 이 편지와 다른 곳에서 분명하게 드러나는 것은 다윈 가문 사람들은 서로를 좋아하며 서로를 놀려 대고 상대방의 문학적 인유를 암시 없이도 '알아채는' 박식한 지성인이라는 사실이다. 이래스머스 다윈은 찰스가 태어나기 전에 죽었고 추문의 기미와 유명한 손자 때문에 종종 명성이 바랜다. 그럼에도 그는 당대에 대단한 인물이었고, 찰스가 이름을 떨치려고 세상에 나섰을 때 할아버지의 저술과 유산에 친숙했다는 사실은 분명하다.

이래스머스는 1731년에 잉글랜드 노팅엄셔에 있는 가문의 본가 엘스턴홀에서 태어났다. 케임브리지대학에서 문학과 의학을 전공한 뒤에 의료에 종사하기 위해 리치필드로 옮겨 갔고, 1757년에 8~9살 연하인 메리 하워드와 결혼했다. 찰스는 할아버지가 결혼 사흘 전에 메리에게 쓴 또 다른 편지를 수록하는데, 그 편지에서 이래스머스는 약혼녀에게 오래된 가족의 공책을 발견한 이야기를 한다. 공책 안에는 '파이 껍질을 만드는 법'과 '타르트를 만드는 법' 같은 조리법이 적혀 있었지만 그의 눈길은 이내 '사랑을 만드는 법'에 쏠렸다.

> 저는 혼잣말을 했습니다. "이 조리법은 틀림없이 흥미로울 거야. 다음 우편으로 하워드 양에게 보내야겠군. 이 조리법을 어떻게 이해하는지가 미래의 그 모습[사랑의 모습]이 되겠지." 그런고로 사랑을 만드는 법은 이렇습니다. "수염패랭이꽃(Sweet-William)과 로즈메리(Rose-Mary)를 각각 충분히 준비한다. 이 가운데 앞엣것에는 어니스티(Honesty)와 허브오브그레이스(herb-of-grace)를 첨가한다. 뒤엣것에는 좁쌀풀(Eye-bright)과 익모초(Mortherwort)를 크게 한줌씩 넣어 준다. 두 가지를 따로따로 섞은 다음, 합쳐서 잘게 다지고 자두 하나를 첨가한다. 삼색제비꽃(Heart's Ease) 두 줄기와 약간의 타임(Tyme)을 넣는다. 그러면 가장 훌륭한 요리가 완성된다." (이상의 조리법은 허브의 이름에 담긴 뜻과 발음의 유사성에 착안한 일종의 말장난이니 괄호 안 영문을 눈여겨보라. 위 문장은 다정한 윌리엄과 장밋빛 메리에 정직과 우아함, 반짝이는 눈, 어머니의 가치, 마음의 평화와 약간의 시간을 섞으면 사랑이 완성된다고 해석할 수도 있다―옮긴이)

그는 이윽고 '정직한 인간을 만드는 법'이라는 조리법도 발견한다.

"이건 내게 전혀 새로운 요리가 아니지." 저는 혼잣말을 했지요. "게다가 이것은 이제 꽤나 구식이 되었어. 안 읽을 테야." 그 다음 '훌륭한 아내를 만드는 법'이 나왔습니다. "휴." 전 또 혼잣말을 이어 갔습니다. "내가 아는 리치필드의 어떤 색시는 이 세상 그 누구보다 이 요리 만드는 법을 잘 알고 있어. 게다가 그녀는 내게 이따금씩 이 요리를 대접하겠다고 약속도 했지."[24]

18세기에는 구애가 이렇게 다정했다![25] 이래스머스와 메리는 무척 행복하게 살았던 것 같다. 두 사람은 자식을 다섯 나았고 찰스의 아버지 로버트를 비롯한 셋은 유아기를 무사히 넘기며 살아남았다. 안타깝게도 메리는 오래 병을 앓다 1770년에 죽었고 한다. 이래스머스는 로버트를 돌보기 위해 가정교사를 고용했는데 결국에는 그 가정교사와 관계를 맺어 딸 둘을 더 낳았다. 이 아이들은 이래스머스가 길렀지만 두 아이의 어머니는 결국 현지 상인과 결혼했다. 이래스머스는 이윽고 이미 자기보다 거의 서른 살 연상인 전쟁 영웅과 결혼하여 자식을 셋 낳은 엘리자베스 폴과 다시 열정적인 사랑에 빠졌다. 이 시기 이래스머스에 대한 묘사는 도저히 매력적인 것과는 거리가 멀었다. 누이에게 보낸 편지에 암시된 음식을 밝히는 성향은 이미 그의 체중에 영향을 미치기 시작했다. 그는 천연두로 얼굴에 얽은 자국이 심했고 의사 일로 가족을 부양했지만 결코 부자라고는 할 수 없었다. 그는 평생 말을 더듬거려서 자신을 생각을 명확히 표현하는 데 어려움을 겪었지만 어쩌면 그 덕분에 다른 사람의 말에 공감하는 청자가 되었을지도 모른다. 반대로 귀족으로 태어난 엘리자베스는 아름답고 자기 생각을 잘 표현했으며 부유했다. 흔히 하는 말로 "결혼을 잘 했다."

엘리자베스의 첫 남편은 1780년에 죽었고 모두가 깜짝 놀랍게도 그녀는 곧 다윈과 결혼했다. 다시금 이번 결혼도 양쪽 모두 사랑해서 한 결혼인 듯했고 비록 엘리자베스가 이 두 번째 남편보다 30년이나 더 오래 살았지만 그 뒤 그녀는 결코 재혼하지 않았다. 두 사람은 자식을 일곱 낳았고 그중에 여섯 명은 유아기를 넘기고 살아남았다. 엘리자베스는 리치필드의 다윈 집을 떠나 더비 바로 바깥에서 함께 살자고 고집을 피웠다. 그녀는 또한 시골에 영영 발이 묶인 채 살 생각이 없음을 분명히 했고 런던을 방문할 때면 수시로 남편을 동행하게 했다.

이래스머스는 주로 의학에 관심이 있었지만 다양한 주제에 관해 폭넓게 글을 썼고 그 저술들에 어느 정도 우아함을 가미했다. 1783년부터 1785년까지 그는 린나이우스의 책을 영어로 번역하는 작업을 했다.[26] 《식물의 사랑》(The Loves of Plants)에서 이래스머스는 린나이우스를 주제로 고도로 우화적인 시에 지었고 각 행마다 그 의미를 설명하는 상세한 주를 달았다.[27] 특히나 이 시가, 이래스머스가 죽고 한참 뒤에 덜 관용적인 빅토리아 시대 사람들이 보기에 그가 포르노그래피 작가였다는 비난을 낳았는지도 모른다. 탁자 다리까지도 드러내 놓길 꺼린 문화는 전적으로 성(性)에 바탕을 둔 시에 틀림없이 난처했을 것이다. 비록 그가 쓴 시가 대체로 식물의 성에 관한 것이긴 해도 말이다. 우리 할머니는 다음과 같은 종류의 연이 '불필요하다'고 느꼈을 것 같다.

> 반점이 있는 붓꽃은 더 강렬한 정념을 갖고 있고,
> 질투를 모르는 세 남편이 그 부인과 결혼한다.

검은 사이프러스는 자신의 거무스름한 신부를 무시하니

한 지붕 아래 있지만 두 침대가 둘을 갈라놓는구나.[28]

각 행마다 붙은 주석은 이래스머스의 속뜻이 무엇인지 분명히 밝혀주지만, 읽다 보면 린나이우스한테 정말로 이런 종류의 변신이 필요한지 궁금하지 않을 수 없다.

독창적인 업적 면에서 이래스머스의 《주노미아》(Zoonomia)는 하나의 의학 체계를 의도한 것인데, 상당한 정도로 행동의 원인과 기능에 대한 의미 있는 분석이기도 하다.[29] 책의 전반부는 인간과 동물, 식물의 운동에 대한 분석을 중심으로 이루어져 있다. 그다음 이래스머스는 본능에 대한 흥미로운 논의로 넘어가고 거기서 다시 의학 체계로 넘어간다. 놀랄 만큼 현대적인 몇몇 시각 실험도 수록하여, 시각 효과를 체험하기 위해 독자들에게 색깔 점이나 일단의 원을 쳐다본 다음에 시선을 다른 데로 돌려 보라고 한다. 유사한 도판들을 21세기 교과서들에서도 찾아볼 수 있다. 찰스는 할아버지에 관한 이야기에서 당신이 《주노미아》를 출판하는 것을 꺼렸다고 말한다.[30] 이래스머스 본인은 서문에서 비웃음을 살까 두려워 본문의 상당 분량을 "20년 동안 묵혀 두었다"고 말한다. 마치 《종의 기원》을 출판하는 것을 꺼린 찰스와 흥미로운 유사성이다.[31]

이래스머스의 《자연의 신전》(Temple of Nature)은 반복적인 압운 구조 때문에 꾹 참고 끝까지 다 읽기는 어렵고 패러디하기는 쉬운 시이다.[32] 찰스는 비록 당대에는 인기가 많았지만, 자신의 세대 가운데 과연 누가 할아버지의 시를 한 줄이라도 읽어 봤을지 의심스럽다고 다소 서글프게 논평한다.[33] 그럼에도 이래스머스의 시 다수는 후대 생각들의 잠재적 원천을 찾고자 한다면 주의를 기울일 만한 가치가 있다. 독자는 그 시 안에서 이래스머스의 손자가 수십 년 뒤에 더 냉철한 어조로 다룰 사상의 분명한 증거를 찾을 수 있다.

> 그러므로 인간의 자손들은 제약받지 않는다면
> 기후의 도움을 받고, 식량에 의지해 살아간다면,
> 바다와 땅에 걸쳐, 다산하는 무리들이 널리 퍼져 나가
> 머지않아 육지와 물의 침대로 쇄도하리라!
> 그러나 전쟁과 병충해, 질병과 기근이
> 남아도는 다수를 지상에 휩쓸어 버린다.[34]

찰스 다윈의 사상에 끼친 맬서스의 영향을 둘러싸고는 많은 논의가 있어 왔지만 여기서 우리는 동물들이 질병과 분쟁의 영향 탓에 실제로 번식하는 것보다 더 많이 번식할 능력이 있는 맬서스적 세계가 산뜻한 운문으로 표현된 버전을 만난다. 시의 상당 분량과 첨부된 "철학적 주석"은 다양한 의미에서 변형을 암시하며, 주석에서 독자는 "신은 존재하는 모든 것을 창조했고, 이것들은 처음부터 줄곧 영구적인 개선의 상태에 있다"는 문장을 읽을 수 있다.[35] 이것은 중세에 존재의 대사슬이라는 완성과 고정 불변성으로부터 놀라운 변화이다. 존재의 대사슬은 아직 폐기되지 않았지만 이제 낡은 관념이라는 분위기가 느껴지기 시작한다.

이래스머스는 당대의 가장 흥미롭고 활동적인 사상가나 발명가, 기업가들과 친구로 지냈다. 정치적으로 그는 급진주의자에 가까운 자유주의자로서 미국혁명과 프랑스혁명을 모두 지지했다. 물론 공포정치에는 경악했을 것이다. 그는 벤저민 프랭클린과 친구였고 서로 전기나 알파벳

에 관해 의견을 주고받았다.[36] 그는 격식을 따지지 않는 '월광회'(Lunar Society)의 창립 회원이기도 했는데, 이 모임은 당대 가장 혁신적인 제조업자와 사상가 몇몇을 회원으로 두고 있었다.[37] 이래스머스는 1761년 왕립학회의 회원으로 선출되었지만 학회에는 거의 참석하지 않았고, 과학의 응용에 대한 폭넓은 관심과 발명에 대한 사랑에서 덜 귀족적이고 더 실용적인 무리에 끌렸다.[38] 또 다른 '월광인'으로는 저렴한 고품질 도자기 개발과 그것을 운송하는 운하 시스템에 투자하여 백만장자가 되고 있던 조사이어 웨지우드가 있었다.

조사이어는 이래스머스의 절친한 친구가 되었고 웨지우드 가문은 그때부터 죽 다윈 가문에 중요한 역할을 하게 된다. 조사이어의 딸 수재너는 이래스머스의 아들 로버트와 결혼했다. 부부는 딸 넷과 아들 둘을 보았는데, 둘째 아들이 바로 찰스였다. 조사이어의 아들 조사이어 2세는 아들 넷과 딸 셋을 두었다.[39] 조사이어 3세는 찰스의 누이 캐럴라인과 결혼했고, 찰스는 조사이어 2세의 막내딸 에머와 결혼했다.

이래스머스 다윈은 1802년 4월에 갑자기 세상을 떠났다. 그는 아침 내내 바쁘게 글을 쓰다가 한기를 느껴서 불가로 가까이 다가갔다. 거기서 정신을 잃고 쓰러져 서재의 소파로 옮겨졌고 그 직후 평온하게 눈을 감았다. 그는 동네 어느 교회에 묻혔고 묘비는 어느 정도는 "의사, 시인, 철학자"로 읽힌다. 이래스머스 다윈은 그 모두이자 그 이상이었다. 그는 심지어 가장 저명한 후손도 보지 못하고 너무 일찍 죽었지만, 대량의 자연사에 힘입은 진화 사상이 고작 한 세대 떨어져 있었다는 사실을 알았다면 틀림없이 기뻐하지 않았을까?

9장 가장 아름다운 형태들
다윈

　찰스 로버트 다윈(1809~1882)은 로버트 다윈 박사와 웨지우드 가문의 딸 수재너 다윈 사이에 태어난 여섯 자식 가운데 다섯째였다. 찰스가 태어날 무렵 다윈 집안과 웨지우드 집안의 가운(家運)은 흥하고 있었다. 로버트는 아버지의 뒤를 이어 의료계에 종사했고 집안의 월광회 인맥을 잘 활용하여 매우 부유해졌다. 수재너와의 결혼도 웨지우드 집안의 재산을 한몫 가져오고 이미 여러 세대에 걸친 두 집안 간 우정을 더욱 돈독히 했다.

　로버트는 자신과 늘어나는 가족을 위해 슈롭셔의 슈르스베리에 상당한 크기의 조지 왕조풍 저택 마운트(the Mount)를 짓고 정착해 인근 지역에서 의사로 일했다. 아버지처럼 로버트도 굉장히 몸집이 비대했고(몸무게가 140킬로그램 가까이 나갔다) 그 시절 여러 사람들의 이야기에 따르면, 그를 처음 만나는 자리가 꽤나 위압적으로 느껴지기도 했다고 한다. 그럼에도 그는 다른 사람의 말에 귀를 기울이는 사람이었던 듯하며 그 무렵에는 "여자들의 불평"이라고 부르던 것, 한 세기 뒤에 프로이트가 "히스테리"라고 명명하게 될 종류의 증상을 특히 잘 헤아린다고 여겨졌다. 로버트의 진료 관행에 대해 우리가 아는 것으로부터 미루어볼 때, 그는 환자가 의사의 도움과 더불어 대화를 통해 본질적으로 불안증을 극복하는 대화 치료법을 사용한 점에서 프로이트를 앞섰을 수도 있다.

어린 시절에 관한 찰스 다윈의 이야기는(물론 세월에 의해 적당히 가려지고 편집되기는 했지만) 비교적 행복한 시절로 묘사된다.[1] 그는 확실히 큰 누나들한테 꼼짝 못하고 살긴 했지만(그는 캐럴라인 누나한테 수업을 받기 위해 방으로 들어가기 전에 "이제는 내가 또 무엇을 잘못했다고 탓할까?"라고 생각한 것을 언급한다. 22쪽), 많은 친구를 사귀고 사랑을 받고 자랐다고 기억한다. 그는 오랫동안 산책하고 이야기를 지어내는 일을 즐겼지만(그는 여러 대목에서 스스로를 '장난꾸러기'였던 것 같다고 말한다. 22쪽) 오히려 학업은 그의 장기가 아니었다. 찰스는 전반적으로 자신의 지능이 기껏해야 중간 정도였다고 느꼈다. 학급에서 가장 멍청한 아이는 아니지만 그렇다고 특별히 총명한 아이도 아니라고 말이다. 그는 아버지에 대해, 한편으로는 "많은 사람들이 아버지를 두려워했지만" "내가 아는 최고로 친절한 사람이었다"라고 말한다.(28쪽) 정신분석학적 성격 분석에 파고들고 싶은 사람들에게 어쩌면 가장 흥미로울 내용은 타인의 성격을 판단하는 아버지의 능력에 대한 찰스의 광범위한 증언과 찰스 본인의 능력에 대한 아버지의 평가이다. "너는 오로지 사냥과 개, 쥐 잡는 일에만 관심이 있구나. 넌 네 자신과 집안 모두에 수치가 될 거야!"(28쪽) 물론 이보다 더 틀린 말도 좀처럼 듣기 힘들 것이다. 찰스가 집에서 공부하기에 나이가 너무 많아져서 다니게 된 문법학교는 거의 고전 교육에 집중되어 있었고 이 과목에서 찰스의 성적은 신통치 않았지만 그는 이렇게 말한다. 학교에 갈 무렵이 되었을 때 "나는 자연사에 대한 취미, 특히 수집 취미가 완전히 발달했다. 식물의 이름을 알아내려고 애썼고 온갖 종류의 물건과 조개껍데기, 우표, 무료 송달 우편물 서명 표시, 동전, 광물 따위를 수집했다. 체계적인 자연학자나 미술품 수집가, 구두쇠가 되도록 이끄는 수집 열정이 내겐 매우 강렬했고, 내 형제자매 어느 누구도 이런 취미가 없었기에 분명히 타고난 천성이었다." 그는 또한 《세계의 불가사의》(Wonders of the World)라는 책을 읽은 것을 언급하며, 세계를 여행하도록 자신을 부추긴 방랑벽은 어느 정도 그 책 덕분이라고 내비친다.[2]

어쩌면 찰스가 학교에서 시간을 낭비하고 있다는 점을 깨달았는지 로버트 다윈은 아들을 일찍 대학에 보내기로 결심했다. 찰스의 형 이래스머스(1804~1881)는 이미 학사 학위를 따기 위해 케임브리지로 갔지만 로버트는 찰스에 대해 틀림없이 충분히 생각해 두어서 찰스를 곧장 의대로 보냈다. 다윈은 이미 아버지와 함께 왕진을 다닌 적이 있었고 아버지는 찰스에게 자신의 환자 일부를 맡겼는데, 나중에 찰스의 아들 프랜시스는 아버지가 일부 환자들의 질환을 치료했다고 무척 자랑스러워한 것을 기억한다.

찰스가 의대에서 행복하지 않았다고 말하는 것은 상황을 너무 약하게 표현하는 것이리라. 그에게 강의는 끔찍할 정도로 따분했고, 해부 수업은 속을 메스껍게 했으며, 그는 실제 외과 수술은 딱 두 번만 참관했다고 설명한다. "나는 외과 실습에 두 차례 참석하여 …… 아주 형편없는 수술을 두 번 정도 구경했는데 그중에 한 번은 환자가 어린아이였다. 나는 수술이 끝나기 전에 뛰쳐나왔다. 그 뒤로는 두 번 다시 수술을 참관하지 않았고 억만금을 준다 해도 참관하지 않을 것이다. 그때는 고마운 클로로포름이 도입되기 훨씬 전이었다. 두 번의 수술 경험은 오랜 세월 뇌리를 떠나지 않고 나를 괴롭혔다."(48쪽)

아마도 찰스에게 에든버러에서 가장 좋았던 추억은 플리니우스협회에 가입한 일일 것이다. 짧은 기간 존재한 이 자연사 동아리는 에든버러 대학 지하실에서 정기적으로 모임을 열었다. 협회는 다윈이 에든버러로 오기 직전에 자연사 흠정교수 로버트 제임슨에 의해 창립되었고 찰스에게 동식물에 관한 연구 "논문"을 듣고 발표할 기회를 제공했다. 다윈이 협회에 발표한 첫 논문은 해양 무척추동물과 조류에 관한 논문이었지만, 협회가 발표에 관해 목록을 남기지 않았으므로 다윈이 거기서 어떤 활동을 했을지 보여 주는 영구적인 기록은 없다. 다윈은 베르너협회 강의에도 참석하여 북아메리카 조류에 관한 존 제임스 오듀본의 강의를 들었다.[3] 다윈은 오듀본에게 그다지 감명 받지 않았으며, 특히 독수리가 먹이를 찾아내는 문제에 두고 다른 조류학자들을 심하게 다룬다고 느꼈다. 그 논쟁은 다윈에게 어떤 식으로든 깊은 인상을 남긴 게 틀림없다. 1834년 4월 27일에 그는 남아메리카에서 "오늘 콘도르 한 마리를 총으로 사냥했다"고 기록한 뒤 붙잡은 콘도르의 후각 능력에 관해 수행한 일련의 실험들을 기술했기 때문이다.[4]

그동안 인종에 대한 다윈의 태도에 관해서는 인종주의자였다는 비난부터 시대를 한참 앞선 계몽된 자유주의자였다는 주장에 이르기까지 오랫동안 많은 논쟁이 이어졌다.[5] 그러나 노예제 폐지론이 다윈 가문과 웨지우드 가문 양쪽이 오랫동안 옹호해 온 쟁점이었다는 사실에는 의문의 여지가 없다. 다윈의 할아버지 이래스머스는 18세기에 노예제에 반대하는 연설을 하고 글을 썼으며, 웨지우드 가문은 "나는 인간이자 형제가 아닙니까?"라는 모토와 함께 노예를 묘사한, 기억에 남을 도자기 명판을 제작했다. 다윈은 분명하게 노예제도에 반대했고 이런 입장은 나중에 비글호에서 곤란을 불러일으키게 된다.[6)]

다윈이 신체적 의미에서든 정신적 의미에서든 모든 인간이 똑같다고 여기지 않은 분명한 증거가 있다. 그는 티에라델푸에고 섬의 부족에게 커다란 충격을 받았고 그들을 "미개인"이라고 여겼지만, 여기서 다윈은 다른 대부분의 경우처럼 상황을 평가하기 위해 눈앞의 증거를 적용하고 있었던 것 같다. 티에라델푸에고 사람들이 "미개인"처럼 행동했으므로, 다윈의 눈에 그들은 미개인이었던 것이다. 다윈은 지성과 정중한 호의, 인간성을 접하면 곧바로 화답했다. 이에 대한 즉각적인 첫 시험은 에든버러에서 찾아왔다. 그는 "에든버러에 살고 있는 흑인을 만났다. [찰스] 워터튼과 함께 여행을 한 그 흑인은 새를 박제해서 먹고 살았는데 실력이 아주 뛰어났다. 그는 돈을 받고 내게 박제하는 법을 가르쳐 주었고 나는 종종 그의 옆에 앉아 있곤 했는데, 그가 무척 총명하고 상냥한 사람이었기 때문이다."[7)] 틀림없이 남아메리카 여행 이야기도 포함되어 있었을 이 박제 수업은 다윈이 에든버러 시절에 받은 가장 유익한 수업이었다고 해도 과언이 아닐 것이다. 나중에 그는 장차 연구에 굉장히 유용했을 해부 공부에 더 많은 시간을 투자하지 않은 것을 쓰라리게 후회했다.

형 이래스머스는 1년 뒤에 에든버러를 떠났지만 찰스는 제임슨의 수업을 듣기 위해 계속 남았다. 비록 그 위대한 교수의 강의가 "굉장히 지루했다"고 묘사하기는 하지만 말이다. 영감을 받는 대신에 그는 "내가 살아 있는 한 절대 지질학 서적을 읽거나 어떤 식으로든 그 학문을 공부하지 않겠다고 결심"을 굳혔다.(52쪽)

다윈은 여름 방학을 슈르스베리에서 45킬로미터 정도 떨어진 메어

홀에 있는 외가에서 보냈다. 그는 "조스 외삼촌"(조사이어 웨지우드 2세)을 무척 좋아했고 외삼촌도 조카에게 애정을 보였던 것 같다. 웨지우드는 찰스의 인생 초기 내내 결정적 역할을 하게 된다.

1828년 여름이 끝난 뒤 로버트는 찰스가 의사가 되었으면 하는 희망을 포기했던 듯하다. 찰스의 편지를 보건대 그의 경험과 행동이 아주 전형적인 대학생의 경험과 행동이었다는 것은 꽤 분명하다.[8] 그는 자신이 "몇몇 방탕한 젊은이들을 비롯해 노는 학생들과 어울렸다"고 털어놓는다.(60쪽) 끝도 없이 흥청망청 술자리에 빠져 있었다는 뜻은 아니지만—알코올을 싫어하는 집안 내력은 그의 성격에도 변함없는 특징이었다(그는 프랜시스에게 자신이 인생에 딱 네 번만 진짜로 술에 취해 봤다고 말했다)—그와 그의 친구들은 확실히 적잖게 술을 마셨고 맛있는 것을 좋아했고(편지는 탐식 클럽에 대해 언급하고 있다) 사냥과 승마를 즐기고, 대체로 학업 말고는 뭐든 즐겨 했다. 그 시절에 "칼리지의 신사들"(대학생들—옮긴이)은 통금 시각까지 기숙사 방으로 돌아와야 했다(비록 통금 시각 뒤에도 수위의 감시의 눈초리를 피해 기숙사를 몰래 들락거리는 구멍을 찾아내는 것은 명예가 걸린 문제이다시피 했지만). 다윈은 수시로 통금 시각을 어겼고 학교에서 쫓겨나거나 "시골로 보내지는", 요즘 식으로 말하자면 정학을 당할 위기에 처했다.

학업에 집중하지 못하게 하는 대학 생활의 오락거리만으로는 충분하지 않다는 듯, 스무 살이 되어 가던 찰스는 진지하게 교제하는 여자 친구에게 눈이 가 있었다. 문제의 젊은 숙녀는 퇴역 장교로 슈르스베리 인근 저택에 사는 윌리엄 오언의 딸 패니 오언이었다. 패니는 다윈 누나들의 좋은 친구이기도 했다. 그는 그녀를 어렸을 적부터 알고 지냈고 그녀는 천성적으로 이성과 노닥거리길 좋아했던 것 같다. 두 사람 간의 로맨스가 대체 어디까지 진행되었는지는 불분명하다. 적어도 패니의 편지 가운데 일부는 케임브리지대학 다윈 문서고에 보관되어 있다(비록 다윈이 그녀에게 보낸 편지는, 어쩌면 별로 놀랍지 않게도 사라지고 없지만). 이 편지들에서 패니는 기운 넘치고 활동적이지만(그녀는 승마를 좋아했다) 근본적으로 알맹이 없는 사람이라는 인상을 준다. 그녀는 말과 파티, 동네의 풍문에 관해 쓰고 다윈의 학업을 정말로 이해하거나 거기에 관심이 있다는 기미는 보이지 않은 채 그것을 가지고 다윈을 놀려 댄다. 재닛 브라운은 어쩌면 다윈이 상상했던 것보다 관계가 더 일방적이었을 수도 있다고 주장한다.[9] 패니는 다윈보다 한 살 많았고 이미 한 차례 약혼한 적이 있었으며 어느 남자한테나 관심을 받는 것을 노골적으로 즐겼다. 곤충에 관심이 많고, 공식적으로는 장래에 성직을 내다보던 다윈은 그녀에게 매우 따분해 보였을 수도 있다.

우리는 자서전으로부터 다윈이 에든버러로 가기 전에 이미 길버트 화이트를 읽었음을 알 수 있다.[10] 어떤 측면에서는 화이트의 결혼 생활과 셀본이 비글호에서 편지를 쓸 당시에 그에게 이상적으로 비쳤을 법도 하다. "비록 나는 이렇게 떠도는 것이 마음에 들지만, 장래에 아주 조용한 목사관을 갖는 전망이 줄곧 내게 남아 있음을 느끼며, 심지어 지금 야자나무 숲 사이로도 그 모습이 그려져."[11] 그가 이 목가적 풍경에 대해 정말로 진지했는지는 논란의 여지가 있다. 찰스는 자신이 화이트와 달리 재정 문제로 걱정할 필요가 없으리라는 것을 일찍부터 틀림없이 알았을 테고, 그가 설교를 하거나 병자에게 성사를 베풀기 위해 연구를 중단한 채 황급히 자리를 뜨는 모습은 상상하기 힘들다. 비록 《자서전》에서 윌리엄 페일리의 자연신학에 크게 감명을 받았다고 말하기는 하지만,[12] 지적인 측면에서 다윈이 종교에 특별히 관심이 있었던 것 같지는 않다. 그는 필수 과목을 들었지만 첫 해가 지난 뒤 지도교사는 다윈이 확실히 자격시험을 치를 준비가 되어 있지 않다고 경고했다.

다윈을 구한 것은 거의 확실히 그가 선택한 교사들이었다. 크리스티 칼리지에 입학한 이듬해 그는 존 헨슬로(1796~1861)의 식물학 강의를 듣기 시작했다. 다윈처럼 헨슬로는 일찍부터 자연사에 끌렸다. 그러나 직업적인 자연사 학자가 된다는 것은 꽤 만만찮은 과업이었다. 1814년 헨슬로가 케임브리지에 도착했을 때, 자연사와 식물학(사실 자연과학 어느 분야든)은 학위를 받기에 적절한 주제로 간주되지 않았고 1861년까지는 학위 과정도 없었다.[13] 당시 대학 체제에서 교수의 정확한 역할은 불분명했다. 학생들은 개인 지도교사와 긴밀한 관계를 유지하며 공부했지만, 강의 참석은 뚜렷하게 선택 사항이라 다수의 교수들은 강의를 거의 하지 않거나 아예 안 하려고 했다. 헨슬로는 과학에 대한 열정으로 이러한 장애들을 넘어섰고, 식물의 생리 기능과 해부학적 구조를 포함한 일련의 식물학 강좌들을 도입했다.

학생들에게 식물을 해부해 보도록 독려하는 "실습" 외에도 헨슬로는 19세기의 소요학파라 할 만했다. 그는 학생들을 야외로 데리고 나가 케임브리지셔 일대에서, 캠 강을 따라 내려가는 바지선 위에서, 멀리 현장 학습장으로 가는 마차 안에서 가르쳤다. 그는 자택에서 저녁 티파티를 열어 다른 교수들과 총애 받는 대학생들이 사교적으로 서로 어울리고 관심 주제를 논의할 수 있도록 기회를 마련했다.[14] 다윈은 매우 총애받는 학생이었다. 더 공식적인 저녁 티파티 말고도 그는 헨슬로 가족의 저녁식사 자리에 자주 초대되었다고 기억한다. 사실 다윈이 헨슬로와 너무 붙어 다녀서 다른 교수들은 다윈을 "헨슬로의 산책 동행"이라고 부르기 시작했다.[15] 헨슬로와 다윈 사이에 오고 간 편지에 대해 논평하면서 다윈의 손녀 노라 발로는, 헨슬로는 이제 "다윈의 편지 상대"로 알려져 있는지도 모른다고 말한다.[16] 이것은 약간 불공정한 것 같다. 헨슬로는 본인의 능력만으로도 주목할 만한 자연사 학자였고, 헨슬로의 이름을 따 헨슬로제비(Henslow's Sparrow)라는 이름을 붙인 오듀본을 비롯해 다른 여러 중요 인물들을 격려했다.[17]

헨슬로는 다윈에게 에든버러에서 고약한 경험을 한 뒤로 완전히 놓아 버린 지질학을 다시 공부해 보라고 격려했다. 여기에는 케임브리지 대학에서 가장 중요한 지질학자 가운데 한 사람으로 꼽힌 애덤 세지윅 (1785~1873)과 함께 지내는 것도 포함되어 있었다. 세지윅은 현장 연구를 위해 상당 기간 여름휴가를 떠나는 습관이 있었는데, 1831년 헨슬로는 그를 설득해 웨일스로 떠나는 지질학 채집 여행에 다윈도 데려가게 했다.

다윈이 세지윅과 보낸 시간은 비교적 짧았지만 여러 면에서 중요했음이 드러난다. 이번 여행은 고도의 전문 교육을 받은 감독관이 그를 지켜보고, 그를 가르치고, 그에게 데이터 수집과 해석의 책임을 맡긴, 다윈의 진정한 첫 현장 연구 기간이었다. 다윈은 조합한 데이터를 토대로 먼 옛날의 풍경을 전체적으로 그려 내는 세지윅의 능력에 엄청난 감명을 받았고, 세지윅은 다윈이 훨씬 넓은 무대에서 사용하게 될 기술을 가르치는 것을 잊지 않았다. 세지윅은 다윈에게 트랜섹트(transect, 횡단 조사나 종단 조사. 일정 지역의 식생이나 동물, 광물 분포도를 조사하기 위해 표본으로 선택한 일정한 길을 따라 걸으며 조사 대상의 수를 측정, 기록하는 일—옮긴이) 임무를 맡겨 지도와 나침반을 능숙하게 활용하도록 했는데, 그러자면 특정한 지층들에 대한 정확한 그림을 얻고자 언덕 풍경을 가로질러 좌우로는 최소한으로만 벗어난 채 나침반 방위를 따라가야 했다. 다윈은 지질학에 흥분한 채 여행에서 돌아와 새로운 열정의 대상을 활용할 기회를 적극적으로 찾았다.

헨슬로와 다윈 모두 여행을 하고 싶어 좀이 쑤셨다. 헨슬로는 오랫동안 해외여행, 어쩌면 남아프리카로 탐험 여행을 고려해 왔다. 다윈은 훔볼트를 비롯한 여러 자연학자들의 탐험기를 읽으면서 학위를 마치자마자 해외로 나가는 것을 진지하게 꿈꾸기 시작했다. 다윈은 오래전 존 레이와 프랜시스 윌러비가 고려했던 바로 그 여행처럼 테네리페 정상에 오르고자 카나리아제도로 여행을 가고 싶어 했다. 그는 함께 가는 것이 어떻겠냐며 헨슬로를 부추겼다. 이국의 대지와 식생을 직접 보기 위해 선생과 제자가 함께 여행을 하는 것보다 더 재미난 일이 있을까? 안타깝게도 헨슬로는 이 시점이 되자 너무 가정적인 남자가 되어 단 몇 달 동안의 여행도 훌쩍 떠날 수 없게 되었다.

1831년 8월 다윈이 조스 삼촌과 메어 홀에서 사냥을 하며 맛볼 즐거움만 생각한 채 세지윅과의 여행에서 집으로 돌아왔을 때 헨슬로는 편지 한 통을 받았다. 몇 년 전에 남아메리카 해안 측량조사 항해에 참가했던 로버트 피츠로이(1805~1865)라는 선장이 티에라델푸에고를 돌아 "여러 남양 제도들"을 거쳐 귀환하는 여행을 재개할 예정이라고 알렸다. 탐사선 비글호는 "측량 조사와 더불어 특별히 과학적 목적을 위한 장비를 갖출 예정이다. 이 여행은 자연학자에게 드문 기회를 제공할 것이며 이 기회를 놓친다면 커다란 불행일 것이다."[18] 피츠로이는 이번 여행에 동행하여 선장에게 지적인 동반자도 되어 주고, 자연사의 흥미로운 유물을 수집하고 목록을 작성해 정리함으로써 탐사대를 돕는 일도 할 수 있는 적당한 젊은이를 찾고 있었다.

헨슬로는 다윈에게 흥미가 있는지를 알아보기 위해 편지를 보냈다.

헨슬로는 피츠로이가 "숙달된 자연학자"를 찾고 있는 게 아니며 다윈이 "그러한 여정에 나설 만한 내가 아는 가장 적임자"라고 제자를 안심시켰다.[19] 비록 다윈은 아직 짐작하지 못했다 해도, 이 무렵에 헨슬로는 다윈이 어느 조용한 시골 교구의 목사가 되는 일은 없을 것 같다고 앞날을 내다봤던 게 아닐까 하는 의심이 든다. 그런 전망과 대조적으로, 비글호 항해는 다윈 또래라면 하고 싶을 딱 그런 모험이었고 헨슬로가 이 제의를 즉시 다윈에게 전달한 것은 그의 지성과 너그러운 마음씨를 보여 준다.

로버트 다윈은 물론 이 계획에 전혀 열의를 보이지 않았다. 그는 아들에게 여행 계획을 승낙하는 게 내키지 않는 여러 가지 이유를 늘어놓았지만 찰스에게 한 가닥 희망을 남겨 주었다. "양식 있는 사람으로, 너에게 여행을 떠나라고 충고하는 사람을 찾아오면 네 여행 계획을 승낙하마."(71쪽) 다윈은 메어로 도망쳐서 조스 삼촌과 웨지우드 사촌들한테 위안을 구했다. 조사이어 웨지우드는 말수가 없는 사람으로 알려져 있었지만(시드니 스미스는 에머 다윈의 어머니에게 이렇게 말한 적이 있다. "웨지우드는 훌륭한 사람이야. 그런데 그가 자기 친구들을 싫어하니 참 애석한 일일세.")[20] 찰스는 오래전부터 가장 아끼는 조카였다. 웨지우드는 다윈을 든든히 지지해 주었고, 우선 로버트 다윈에게 직접 편지를 쓰고 그다음 다윈과 함께 슈르스베리로 돌아가서 다윈 박사와 그 문제를 직접 의논해 주겠다고 제안했다. 찰스도 아버지에게 편지를 썼는데, "웨지우드 집안사람들은 모두" 이번 여행 계획을 "아버지와 누나들이 보는 것과는" 아주 다르게 본다고 쓰는 대목에서 거의 반항적인 기쁨을 감지할 수 있다.[21] 웨지우드가 쓴 편지는 지금도 남아 있으며, 로버트의 반대를 조목조목 반박하는 딱딱한 편지 형식에도 불구하고 그가 젊은 찰스에게 보이는 깊은 애정과 조카의 행복을 염려하는 마음이 느껴진다.[22] 로버트는 "그[조사이어]가 세상에서 가장 양식 있는 사람 가운데 하나라고 늘 주장해 왔으니"(72쪽), 결국 아버지의 반대는 물리쳐졌고, 다윈은 피츠로이와 적어도 면접을 봐도 좋다는 허락을 받았다.

로버트 피츠로이는 어떤 측면에서 다윈 이야기를 통틀어 가장 수수께끼 같고 비극적인 인물이다. 어느 모로 보나 그는 뛰어난 선원이자 측량학자였으며 항해가였다. 그는 기상예보의 선구자이며 인간적이고 감수성이 예민한 지휘관이었고, 지나칠 정도로 관대하고 무슨 일에든 최선을 다하며 열성적으로 헌신했다. 그는 다윈보다 고작 네 살 위였지만 처음부터 그의 삶은 다윈과 매우 달랐다. 피츠로이의 어머니는 후작의 딸이었고, 할아버지는 그래프턴 공작이었으며 외삼촌 카슬레이 경은 전쟁성 장관이었다. 피츠로이는 열두 살 때 해군사관학교에 입학하여 열다섯 살 때 남아메리카로 첫 항해를 했다. 1822년에 잉글랜드로 돌아와 대위로 진급한 뒤 1828년 로버트 오트웨이 제독의 부관으로 다시금 남아메리카로 파견되었다. 다윈이 에든버러와 케임브리지에서 대학 생활을 만끽하는 동안 피츠로이는 세계에서 가장 험난한 수역들을 항해하며 복무 중이었다.

두 번째로 남아메리카에 도착한 직후에 피츠로이는 자신이 예상한 것보다 더 막중한 책임을 지는 처지에 놓이게 되었다. 해군 소속 어드벤처호(HMS Adventure)와 비글호로 구성되었고 스쿠너선 애들레이드호(Adelaide)까지 대동한 측량조사 팀은 무시무시한 기상 상태와 실수를 용납하지 않는 험악한 해안선으로 잘 알려진 케이프혼 인근 남아메리카 최남단 지역을 측량하고 있었다. 이 탐사에 대한 보고는 그 절제된 화법에도 불구하고 측량조사 팀이 어떤 조건에서 작업하고 장비를 다루어야 했는지를 분명하게 보여 준다.[23] 남반구의 여름이 한창일 때도 땅은 가랑비를 비롯한 비로 축축하기 일쑤였다. 강풍이 어느 때고 갑자기 몰아쳐서 때로는 며칠씩 지속되었으며 어떨 때는 맹렬한 "윌리워"(williwaw, 산이 많은 해안지대에서 불어오는 바람, 특히 마젤란해협에서 부는 차가운 돌풍―옮긴이)가 몰아쳤다가 선장이나 선원들이 미처 손을 쓰기도 전에 잦아들곤 했다. 체계적인 관측과 해도 제작은 끊임없이 기상 상황에 좌우되었으며 이 임무가 언제쯤 마무리될지 분명한 종료 시점은 아직 보이지 않는 듯했다.

이런저런 차질을 겪은 뒤 비글호의 지휘관 프링글 스토크스 함장은 총을 쏴 자살했다. 새 지휘관이 임명될 때까지 비글호는 브라질로 복귀해야 하긴 했지만 이 불미스러운 일에도 불구하고 측량을 중단할 수는 없었다. 오트웨이 제독은 부관에게 대단히 깊은 인상을 받아서 비글호의 임시 함장을 무시한 채 배의 지휘권과 측량에 대한 책임을 피츠로이에게 맡기기로 했다. 비글호는 폭이 7.3미터, 선체 길이는 대략 27미터밖에 되지 않았다.[24] 배수량은 235톤이고 흘수는 3.6미터가 살짝 넘었다. 비글호는 작고 옆으로 퍼졌지만 적재 능력이 뛰어나고 어떤 바람 상태에서도 잘 범주(帆走)할 수 있었으며 훌륭한 선장과 함께라면 바다가 일으킬 수 있는 대부분의 상황에 잘 대처하리라고 기대할 수 있었다.

작은 분견대는 다시금 남쪽 티에라델푸에고로 향했다. 마젤란해협에서 모험가들은 처음으로 원주민 부족과 조우했다. 티에라델푸에고 부족민은 1만 4천여 년 전에 시작되어 아메리카 대륙을 종단한 거대한 인류의 이주에서 마지막 연장선이었다. 사실상 이 사람들은 세계의 끝에 도달한 셈이었다. 남쪽으로는 무시무시한 파도가 치는 바다가 있었고, 그 너머로는 바람이 지구를 돌아 사방으로 불었으며, 그 남쪽으로는 남극대륙의 얼음만이 존재할 뿐이었다. 물론 남극대륙과 그들 사이를 막는 대양이 너무 적대적이기 때문에 푸에고 부족민이 그 땅에 관해 조금이라도 알았을 공산은 별로 없다.

푸에고 부족민은 순전히 혹독한 환경에 적응해 왔다. 그들은 해양 포유류나 바닷새, 조개, 해초, 그리고 짧은 여름 동안 구할 수 있는 산딸기까지 뭐든 먹었다. 그들은 나뭇가지와 유목(流木)으로 만들고 현지에 자생하는 풀로 엮은 이엉을 얹은 '위그웸'(wigwam, 아메리카 원주민의 원형 천막. 서부영화에서 흔히 볼 수 있는 원뿔형 천막과는 다르다—옮긴이)에서 살았고, 바다표범 사체에서 얻은 기름을 몸에 발라 방수 처리를 했다. 피츠로이와 그의 부하들에게 틀림없이 이 부족민들은 영국의 문명사회가 대변하는 모든 것의 안티테제로 비쳤을 것이다. 그들로서는 푸에고 사람들이 사실은 어려운 환경 속에서 놀랍도록 잘 헤쳐 나가고 있을지도 모른다는 생각을 하기가 쉽지 않았다.

늦가을에 분견대는 해협을 통과하여 겨울 중 최악의 시기를 태평양에서 보냈고, 칠로에 섬의 그늘 아래 정박한 채 손상된 장비를 수리하고 데이터를 검사하고, 다음 현장 조사 시즌을 준비했다. 다시금 이 시기 다윈과 피츠로이의 삶을 비교하지 않을 수 없다. 다윈은 헨슬로와 함께 산책을 하고 세련된 케임브리지 티파티에 참석하고, 주말이면 재미로 사냥을 하러 메어로 갔다. 반면에 피츠로이는 비 내리는 칠레의 어느 섬 앞바다에 정박한 배 안의 말도 못하게 비좁은 선실에서 지내고 있었다. 신선한 고기라도 구하려면 사냥을 해서 잡아야 했고 그게 여의치 않을 때는 선박의 배급 식량에 의지해 살았다. 해군의 배급 식량은 쿡 선장 시절만큼 나쁘지는 않았지만 슈롭셔나 케임브리지의 기준에 견준다면 여전히 아주 형편없었다.

남반구에 봄이 완연해지면서 피츠로이는 비글호를 다시 티에라델푸에고의 위험천만한 남단 부근으로 데려갔고, 다윈은 다시 대학으로 향했다. 케임브리지에서 기다리는 가장 큰 걱정거리는 시험이었을 것이다. 물론 오래된 칼리지의 기숙사 방은 점점 추워지고 있었지만 헨슬로의 집에서는 언제나 따뜻한 난롯가에서 좋은 대화를 누릴 수 있었다. 티에라델푸에고에서 피츠로이는 지휘관의 고독 속에서 전임자를 정신적으로 무너지게 한 해안을 마주보고 있었다. 관례에 따라 함장은 부하 장교들과 거리를 유지했다. 배 위의 모든 사람들 목숨은 문자 그대로 그의 손에 달려 있었고 그는 종종 홀로 식사했으며 자신의 생각과 계획, 무엇보다도 두려움을 혼자서만 감당했다.

비글호는 배를 곤경에서 빠져나오게 해줄 엔진이 없었다. 해변으로 휙 질주할 수 있는 90마력짜리 엔진을 자랑하며 화사하게 채색된 조디악 보트 선단도 없고, 위치를 확실하게 찍어 주는 GPS도 없으며, 해도에 표시되지 않은 섬이 있을지도 모르는 지점을 보여 주는 레이더도 없었다. 이 시대 대부분 동안 배와 선원들은 오로지 자기 자신에 의지해야 했다. 곤경에 빠지게 되면 스스로 빠져나와야 했다. 뭔가가 고장 나면 제 손으로 고치거나 아니면 없이 지내야 했다. 항해를 기록한 글의 발췌문들은 생활 조건을 매우 잘 포착하고 있다.

오늘 저녁에 비가 쉴 새 없이 내려서 한참 고생한 끝에 우리는 마침내 불을 피울 수 있었다. 배 안에 싣고 다니는 마른 연료가 얼마나 요긴한지 깨달았다 …… 하루 종일 비가 주룩주룩 내려서 작업을 계속하는 게 의미가 없었다. 앞길을 분간하기 힘들고 비바람 말고는 아무것도 볼 수 없다.[25]

　전체적으로 그것은 지옥 같은 경험이자 그런 여건을 이겨 낼 수 있는 선장이라면 누구에게든 기막힌 훈련의 장이었다. 그리고 피츠로이는 바로 그런 선장이었다.

　용기와 끈질긴 집념으로 피츠로이와 선원들은 비글호의 보트를 해변으로 끌고 날씨가 나쁠 때는 해안에서 떨어져 지내면서(날씨는 대체로 나빴다), 짧은 여름 몇 달 동안 임무를 최대한 완수하기 위해 최선을 다하면서 해안을 따라 나아갔다. 비글호 자체는 사람이나 보급품을 나르기 위해 접안 시설이 없는 물가로는 접근할 수 없고, 배를 댈 만한 가장 가까운 부두는 수백 마일 떨어져 있기 때문에 배에 딸려 있는 보트들은 측량조사 작업에 없어서는 안 될 수단이었다. 핵심 지점에서 삼각측량을 하려면 전경의(transit, 망원경을 써서 주로 각도를 측정하는 측량용 광학 기계—옮긴이)와 조준 나침반, 경위의(theodolite, 지구 표면의 물체나 천체의 고도와 방위각을 재는 장치—옮긴이) 등등을 딸려 소규모 팀을 곶이나 돌출부에 상륙시키고, 때때로 제한된 시계가 허용하는 한에서 전후방 관측을 많이 하는 것이 중요했다. 대개는 한 분견대가 특히 까다로운 지점을 조사하고 곶이나 만의 후미를 확보하는 독자적 임무를 수행하기 위해 보트를 타고 나가 있는 동안 나머지 선원들은 다른 일에 동원되었다.

한번은 분견대가 이런 임무를 수행하러 나간 사이에 한 무리의 푸에고 사람들이 야음을 틈타 비글호의 보트를 몰래 훔쳐갔다. 피츠로이는 노발대발했다. 탐험 기간 내내 험악한 날씨에 고스란히 노출된 탓에 배와 보급품은 이미 피해를 많이 입었고, 장비 하나하나가 아쉬운 지경이었다. 보트 도난이 차후의 측량 작업에 미칠 영향 외에도 피츠로이는 일종의 "야만"을 표상하는 이 푸에고 사람들에게 관심을 갖게 되었고, 그런 야만에서 그들을 구제해 주는 게 자신의 의무라고 느꼈다. 그는 오랫동안 푸에고 사회에 어떤 식으로든 개입해 보려고 한 것 같은데, 보트를 도둑맞은 일은 완벽한 구실이 되었다.

분실한 보트를 단순한 수색 작업으로 찾을 수 없다는 점이 분명해지자, 피츠로이는 원주민들이 보트를 내놓도록 푸에고 사람 몇 명을 인질로 붙잡아 가기로 했다. 다수의 선원들이 푸에고 마을 근처에 상륙하여 육지 쪽에서 마을을 포위했다. 선원들은 푸에고 사람들에게 기습을 하려 했지만 마을 개들이 주인들에게 위험을 알렸다. 이윽고 벌어진 난투에서 푸에고 사람 한 명이 죽고 비글호 선원 여러 명이 다쳤지만 피츠로이는 인질을 손에 넣을 수 있었다.

그런데 피츠로이가 보기엔 놀랍게도 푸에고 사람들은 "인질"이란 개념에 별로 관심이 없는 듯했고, 시간이 흐르면서 보트를 되찾을 희망도 사라져갔다. 비글호의 선원들은 남아 있는 보트들로 최선을 다해 측량 조사 작업에 다시 착수했고 많은 인질들이 도망쳤다. 남은 푸에고 인질들은 잉글랜드로 데려가야겠다고 대체 언제 결심했는지는 분명하지 않지만, 피츠로이가 남긴 기록으로 볼 때 비글호가 케이프혼을 돌아 리우데자네이루와 그다음 최종적으로 본국을 목표로 북쪽으로 향할 채비를 할 무렵이 되자 모종의 "사절단"에 대한 생각을 했던 것 같다.[26] 배에 남아 있던 인질 둘에 다른 푸에고 사람 두 명이 추가되어 1830년 6월 초에 선원과 포로들(남자 셋, 여자 한 명)은 티에라델푸에고를 떠나 대서양을 건너갔다. 그들이 향하는 곳은 푸에고 사람들에게는 틀림없이 완전히 다른 행성이나 다름없었을 것이다.

잉글랜드에 도착하자 푸에고 사람들은 환대와 갖가지 선물 세례를 받았으며 국왕을 알현하는 기회도 얻었다. 하지만 피츠로이는 불만으로 가득했다. 비글호와 함장, 선원들은 구할 수 있는 자원과 시간으로 최선을 다했지만 피츠로이가 해군성을 위해 제작하려고 애쓰던 해도에는 여전히 공백과 빈칸이 많았다.

피츠로이는 측량조사를 완수하고 푸에고 사람들을 남아메리카로 돌려보내 주겠다는 자신의 암묵적 약속을 지키려고 마음먹었다. 어느 시점에서 그는 자신이 직접 배를 의장(배에 필요한 모든 선구와 장비를 갖추어 출항할 수 있는 상태로 만드는 것—옮긴이)하는 것도 고려해, 티에라델푸에고까지 실어다 줄 배로, 런던에 근거지를 둔 작은 상선 '존호'(John)를 전세 내기까지 했다.[27] 그러나 마지막 순간에 해군은 다소 내키지 않았지만 측량조사 작업을 계속하기로 결정했고 비글호와 비슷한 소형 군함 '챈티클리어호'(HMS Chanticleer)가 임무를 수행할 수 있도록 허용했다. 챈티클리어호 역시 남양에서 힘든 임무를 수행한 적이 있었고, 주의 깊게 검사해 본 결과 금방 바다로 나갈 수 있는 상태가 아니라는 것이 드러났다.[28] 다행스럽게도 비글호가 새로운 임무 수행을 기다리고 있었으므로 해군성의 관계자들은 피츠로이에게 지휘를 맡겼다.

의심의 여지없이, 피츠로이가 임명된 중요한 요인은 이 젊은 함장에게 재산이 많았고 임무 완수를 위해 그 재산을 기꺼이 쓸 용의가 있다는 점이었다. 추가된 여분의 보트 두 대와 무려 24점의 크로노미터(chronometer, 항해용 정밀 시계—옮긴이)를 비롯해 비글호를 개조하는 데 상당 부분은 피츠로이가 비용을 댄 것이었다.[29] 크로노미터는 정확한 측량과 항법을 위해 특히 중요한 도구였다. 해군성은 런던 바로 바깥 그리니치 왕립천문대를 통과해 극에서 극까지 임의로 그은 선이 동서로 경도를 측정하는 기준이 되는 본초자오선이라고 선언했다. 육분의로 구할 수 있는 '현지 정오 시각'과 '그리니치 정오 시각'의 차이는 항법사가 정확한 경도를 측정할 수 있도록 해주었다. 피츠로이가 그토록 많은 크로노미터를 챙겨야 한다고 고집을 피운 건 이례적이지만 그럴 만한 이유가 있었다. 비글호가 여정을 마치고 돌아왔을 때 24개의 크로노미터 가운데 여전히 작동 중인 것은 11개뿐이었다.[30]

피츠로이와 다윈의 첫 면담은 그리 잘 진행되지 않았다. 골상학을 믿는 사람인 피츠로이는 다윈의 코 모양을 보고 의지가 박약하고 항해의 어려움에 적합하지 않은 사람이라 생각했다.[31] 피츠로이는 적어도 2년은 떠나 있어야 하는데다가 여행 일정도 매우 불확실하고, 뱃사람의 시각에서 봐도 세계에서 가장 위험한 지역 가운데 한 곳에 도전하는 일은 정말로 커다란 위험이 따른다고 강조했다. 다윈은 반드시 가야겠다고 작심한 상태였다. 피츠로이는 금전적으로 보상받을 수 있는 희망도 없다고 강조했다. 승선한 자연학자는 정원 외 인원이므로 자기가 쓸 것은 무엇이든 자비로 구입해야 할 터였다. 다윈은, 돈은 문제가 되지 않는다고 장담했다(자서전에서 다윈은 아버지에게 "비글호에서 제 용돈보다 돈을 더 많이 쓰려면 정말 머리가 좋아야 할 거예요" 하고 말하자, 아버지가 빙그레 웃으며 "하지만 사람들은 네가 머리가 매우 좋다고 말하더구나" 하고 대답했다고 한다.(9쪽) 사실을 밝히자면, 집으로 보낸 여러 통의 변명조 편지에서 드러나듯이 다윈은 여행에서 용돈보다 훨씬 많은 돈을 쓰게 되지만 로버트가 이 과소비를 유감스러워했다는 증거는 없다. 일단 찰스의 계획을 받아들이자 아버지는 지원을 아끼지 않았다).

다윈의 확고한 열의와 에너지를 신뢰하게 된 피츠로이는 마침내 그를 조사 팀의 일원으로 받아들였다. 9월 5일 다윈은 헨슬로에게 편지를 썼다. 피츠로이에 대한 열렬한 호감을 표명하고 항해는 3년이 걸릴 예정이지만 아버지가 반대하지 않는다면 자신은 상관없다고 적고 있다.[32]

다윈은 즉시 분주한 여행 준비 작업에 들어가, 표본을 채집하고 정리할 물품을 구입하고 새와 그 밖에 총으로 쏠 만한 것에 필요한 엽총과 피스톨을 장만했다. 피츠로이는 다윈에게 찰스 라이엘이 쓴 지질학 책을 한 권 주었는데, 나중에 일어난 일들을 생각하면 어쩌면 이게 가장 중요한 선물이었다.[33]

찰스 라이엘(1797~1875)은 스코틀랜드에서 태어났지만 옥스퍼드대학에서 고전을 공부하고 아버지의 뒤를 이어 법조계에 투신했다. 잠시 변호사로 일한 뒤에 그는 에든버러로 가서 로버트 제임슨에게 지질학 강의를 들었고, 다윈과 달리 곧 그 주제에 끌려 본격적으로 지질학을 공부하기 시작했다. 그는 런던킹스칼리지 지질학 교수로 임용되었고 지질학 분야에 아주 영향력 있는 책을 연달아 집필했다. 라이엘의 지질학 책들은 19세기 내내 널리 읽히고 재판을 거듭했다. 라이엘은 제임스 허턴의 전통을 따르는 확고한 '동일과정설 지지자'였다. 동일과정설 지지자들은 특히 정통 교단과 사이가 좋지 않았는데, 그들의 이론이 성경 축자주의자들은 허용하지 않는 광대한 시간에 의존했기 때문이다. 라이엘과 다윈은 나중에 절친한 사이가 되지만 라이엘은 인생 대부분 동안 생물학적 진화 이론을 거부했다.

비글호 항해는 다윈이 과학자로서 오랜 경력 동안 수행하게 될 유일한 대규모 현장 연구였다. 대학에 다니는 동안 웨일스와 스코틀랜드로 여러 번 현장학습을 나갔지만 그 어느 것도 다윈이 비글호에서 지내는 동안 수행한 현장 연구에 비길 수 없었다. 여기서 피츠로이가 제안한 탐험의 규모가 어느 정도였는지를 염두에 둘 필요가 있다. 피츠로이의 계획은 중간중간에 여러 기착지를 들르며 세계를 일주하는 것이었는데, 그들이 들를 몇몇 지역은 여태까지 진지한 자연사 학자들이 한 번도 탐사한 적이 없는 곳이었다. 비글호 탐사 팀은 실제 세계 일주 말고도 여러 차례 광범위하게 육지 여행도 했는데 몇 주나 몇 달이 걸리는 경우도 있었다. 그 가운데 어느 여행이든 그 자체만으로 주목할 만한 여행이었을 것이다. 마지막으로 쿡 선장과 함께한 조지프 뱅크스의 항해가 3년이 약간 못 걸리고 대부분을 바다 위에서 항해하며 보낸 데 비해, 다윈은 거의 5년을 나가 있었고 그중 많은 시간을 뭍에서 식물과 동물을 연구하는 데 보내게 된다.

어떤 이들은 피츠로이가 성경을 들이대는 극단주의자라고, 눈앞에 증거를 내놓아도 케케묵은 이념을 고수하며 사사건건 다윈의 생각에 반대하는 사람이라고 쉽사리 일축해 왔다. 이는 피츠로이의 삶 상당 부분, 특히 비글호 항해 시절을 크게 오해하는 일일 것이다. 피츠로이는 만만치 않은 자격을 갖춘 과학자였다. 그는 지질학 연구 경험이 있었고

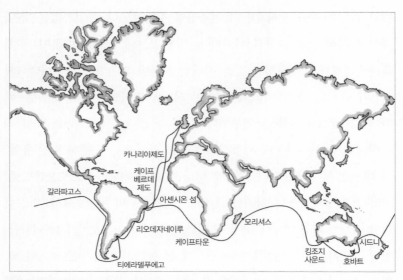

지도 1 다윈의 비글호 항해 경로 1831~1836 (지도: 로빈 오잉스).

뛰어난 측량학자이자 수학자였으며, 여행 동안 접촉한 땅과 갖가지 생물 종에 관심이 지대했다. 다윈과 피츠로이는 함께 라이엘의 책을 읽었고 둘 다 라이엘의 이론을 남아메리카 해안에 실제로 적용하는 데 흥미를 느꼈다. 피츠로이는 표본을 체계적으로 세심하게 수집했다. 여러 해가 지난 뒤 다윈은 어느 표본을 어느 섬에서 얻은 것인지 기록을 안 해 두었기 때문에 '다윈의 핀치' 컬렉션을 완성하기 위해 피츠로이를 찾아가야 했다. 더 꼼꼼한 피츠로이는 노트 기록 작업을 더 잘해 놓았다. 다윈과 피츠로이가 진화의 쟁점을 놓고 결국 갈라서게 되는 것은 이 이야기 전체에서 비극 가운데 하나이다. 비글호에서 두 사람은 새로운 세상을 만나기 위해 함께 나선 젊은이들일 수 있었다.

비글호는 크리스마스 전에는 출항할 수 없었다. 다윈은 일기에 선원들 대다수가 크리스마스를 즐기는 자리에서 거나하게 취하는 바람에 이튿날 출항하지 못했다고 한탄한다.[34] 그는 공개적으로 만취한 선원에게 채찍질을 하고 "차꼬 채우기"를 하는 가혹한 처벌에도 마음이 편치 않았다. 어쨌든 드디어 1831년 12월 27일 비글호는 데븐포트 항을 빠져나가 비스케이 만을 가로질러 남서쪽으로 항해했다. 첫 목적지는 테네리페였고, 그 너머에 케이프베르데제도, 또 그 너머로 남아메리카 해안이 있었다.

다윈은 뱃멀미를 심하게 앓았다. 그 (뱃멀미의) 고통을 달리 형용할 길은 없으며, 그는 뱃멀미를 결코 완전히 극복하지는 못했던 것 같다. 12월 29일 일기 첫머리에서 다윈은 자신의 상태를 꽤 주의 깊게 묘사한다.

처음에는 고통이 너무 심했는데, 바다에 며칠밖에 나가 보지 않은 사람의 짐작을 훨씬 뛰어넘는다. …… 내 위장이 견딜 수 있는 것은 비스킷과 건포도뿐이라는 사실을 발견했다. 하지만 점점 기운이 없어지면서 곧 이마저도 질리게 되었다.[35]

아마도 다윈이 스스로 상상해 왔을 모습, 새로운 발견을 위해 길을 나선 영웅적인 젊은 모험가의 이미지는 아니었다. 뱃멀미는 축복이자 저주였을지도 모른다. 뱃멀미 때문에 다윈은 측량조사 팀과 함께 해안선을 오르락내리락하는 대신, 배가 육지에 닿을 기회가 오면 언제든 놓치지 않고 상륙해 해변에 머물렀다. 그 결과 나중에 자신에게 그토록 심오한 영향을 미칠 관찰을 마음껏 할 수 있었다. 하지만 그 사이에 우선 끝없이 펼쳐진 것만 같은 비스케이 만을 건너야 했다.

12월 30일 정오, 북위 43도 …… 그 유명한 비스케이 만을 건너다. 비참할 정도로 의기소침하고 매우 아픔. 출발 전에 틀림없이 나는 종종 이 모든 일을 틈만 나면 후회할 거라고 말하곤 했다. 그러나 내가 얼마나 이토록 크게 후회할지는 거의 짐작도 못했지. 오늘 나를 괴롭히는 것처럼 음울하고 어두운 생각들이 마음을 떠나지 않을 때면 이보다 더 비참한 상태는 거의 상상할 수도 없다.[36]

일주일 뒤 그들은 테네리페가 보이는 곳으로 진입했지만 상륙해서 시간을 보낼 수 있으리라는 다윈의 희망은 산산이 부서졌다. 해사 감독관이 항구로 진입하는 모든 배에 엄격한 검역을 선언했기 때문이다. 그냥 가만히 정박한 채 열이틀이나 보낼 여유가 없다고 판단한 피츠로이는 케이프베르데제도를 향해 전속력으로 출항하라고 명령했다. 다윈이 할 수 말은 "으윽, 비참하다. 비참해……" 뿐이었다.[37]

처음에는 《탐사 일지》(Journal of Researches)라고 나왔지만 《비글호 항해기》(The Voyage of the Beagle)로 더 널리 알려진 공식 여행기는 아마도 다윈의 책 가운데 가장 많이 읽힌 책일 것이다(《항해기》로 줄임).[38] 《항해기》는 그의 첫 책이자(자서전에서 자신이 가장 자랑스러워하는 것 가운데 하나라고 말한다) 이래라 저래라 간섭이 심한 세 누나들이 한 자도 빠트리지 않고 읽게 될 것을 잘 알고 있는 훨씬 어린 남동생이 쓸 법한 딱 그런 종류의 책이다. 《항해기》 어디에도 몸이 아픈 일이나 진짜 고생, 또는 여자에 대한 언급은 거의 없다. 다윈은 자신이 배 위(내용은 눈에 띄게 축약되어 있지만)와 뭍에서 관찰한 내용을 묘사했지만, 어떤 아쉬운 점이나 걱정이 있었을지도 모른다는 것은 이따금 여기저기 내비치는 암시 정도밖에 없다. 사적인 일기장에 드러난 비참함과는 극명하게 대조적으로 다윈은 《항해기》에서 뱃멀미에 시달린 일을 딱 한 번만 언급하는데, 그것도 푸에고 사람 셋 가운데 하나인 제미 버턴을 언급하는 대목이다. "바다가 사나울 때 나는 이따금 약간 뱃멀미를 했는데 그는 나한테 와서 구슬픈 목소리로 '저런, 딱하기도 해라!' 하고 말하곤 했다."[39]

이런 모습은 그가 마음속에만 담아 두었고, 또 동승자들은 빤히 알고 있는 실상과는 퍽 다른 그림이었다. 여자들에 관해서 말하자면 그 낱말은 《항해기》에 딱 세 번 등장하는데("소녀"가 두 번, "젊은 여성"도 두 번 나온다), 가장 유명한 대목이라면 부에노스아이레스에서 "다른 지역 여자들은 그런 커다란 빗을 머리에 꽂나요?"라는 질문을 받고서 다윈이 "그렇지 않습니다" 하고 "엄숙하게 확답"하는 대목일 것이다.[40] 《항해기》 하나만 따로 놓고 보면 항해기는 너무 '점잖은' 여행기에 가깝다. 일어난 이런저런 일과 지은이 본인에 관해 더 진실한 이야기를 들려주는 편지가 그렇게 많이 남아 있다는 사실이 고마울 따름이다.

패니 오언은 비글호가 영국을 뜨자 곧바로 다윈을 차 버리고 다소 평판이 안 좋은 중년 남자와 황급히 약혼을 했다. 일단 다윈이 남아메리카에 도착하자 이 소식을 편지로 알리는 일은 다윈의 누나들 몫이 되었다. 결국에는 다소 겸연쩍은 패니와 그녀의 아버지도 편지를 썼다. 그렇게 편지를 쓴 걸 보면 둘 사이의 로맨스에 단순한 고갯짓이나 눈짓 이상의 무언가가 있었을지도 모를 일이다. 흥미롭게도 비록 이 시점 이전에는 웨지우드 가와 어떠한 로맨스에 대한 암시도 없지만, 다윈은 1832년 4월 2일 캐럴라인 누나에게 쓴 불쌍한 편지에서 이렇게 쓰고 있다. "유약하게 마음이 누그러지며 '사랑하는 패니, 대체 왜?'라고 외쳐 부르는 동안 메어의 햇살 가득한 꽃밭이 눈앞에 생생하게 그려지는 것 같아."[41]

에머가 다윈한테 보낸 편지는 남아 있지 않고, 다윈의 누나들과 다른 친척이나 친구들이 보낸 편지는 남아 있지만 거기에도 에머에 대한 언급은 거의 없다. 따라서 우리로서는 웨지우드 저택의 "햇살 가득한 꽃밭"에 대한 언급이 스쳐 지나가는 향수병 이상을 가리키는지는 알 길이 없다. 그의 감정이 무엇이었든지 간에 잉글랜드는 이제 수천 마일 뒤에 남겨 두고 앞으로 몇 년이나 지나야 볼 수 있는 처지에서 다윈이 로맨스에 마음을 빼앗기지 않도록 해야 할 것도 많고 구경할 것도 많았다.

배는 대서양 한복판 세인트폴스 암초에 잠시 기착했다. 다윈은 출렁이는 바다에서 벗어나 짧지만 몹시 절실했던 휴식을 위해 뭍에 올랐고, 지질학 표본을 채집하고 둥지를 튼 바닷새를 관찰할 기회를 얻었다. 그러고는 거기서부터 다시 브라질로 향했다. 브라질에서 다윈은 처음으로 열대의 다양성과 조우했다. 바로 여기에서 다윈이 현장 생물학자로서 성숙해지면서 독자들은 정말로 그의 모든 작업을 밝히고 채울 자연사의 힘을 느끼게 된다. 다윈은 '모든 것'에 흥미를 느낀다. 그의 공책에 적힌 내용은 급하게 써 넣은 것이지만, 바로 그러한 구성에서 독자는 조우의 직접성을 느낄 수 있다.[42] 다윈은 이제 자신이 매일같이 노출되는 것과 같은 광경을 여태 본 적이 없었다. 1832년 4월 17일 리우데자네이루 가까운 지역 여정에서 다윈은 열대의 로맨스에 사로잡혔다.

덩굴을 휘감은 덩굴, 머리타래 같은 덩굴을 늘어뜨린 아름다운 인시목. 침묵의 호산나. 개구리의 습성은 두꺼비 같다. 느린 뜀뛰기. 붓꽃 구릿빛을 띤 색깔은 더 희미한 뱀이 된다. 코르비스데코랄 민물고기. 먹을 수 있는 갑충류 사향 냄새 나는 조가비. 손가락을 붉게 물들이는……[43]

* 쉼표와 마침표, 철자는 원문 그대로이다.

신열대(neotropics, 남아메리카와 카리브 해 지역을 아우르는 생태 구역—옮긴이)를 이만큼 훌륭하고 간결하게 묘사한 경우를 좀처럼 찾아보기 힘들 정도이다. 다윈은 이보다 더 격식을 갖춘 일기도 거의 하루도 빠짐없이 쓰고 있었다. 이 일기는 다른 사람들이 읽게 될 것을 예상하고, 또 나중에 책을 낼 때 직접적인 초고가 될 것을 염두에 두고 쓴 것이다. 4월 17일의 비망록 내용은 다음과 같이 옮길 수 있다.

자기도 다른 덩굴에 휘감긴 나무 덩굴은 대단히 굵어 둘레가 1피트에서 거의 2피트나 될 정도이다. 더 나이가 많은 나무들, 흡사 건초 더미를 닮은 다수의 나무는 리아나 덩굴에 뒤덮인 채 매우 기이한 장관을 연출한다. …… 경이로움과 놀라움, 숭고한 신앙심이 마음을 가득 채우고 고양한다.[44]

이것은 확실히 더 문법에 맞는 문장이고 추가로 세부 묘사도 포함하고 있지만 첫 만남의 시적인 감흥과 직접성은 얼마간 잃고 만다. 다윈은 우리가 다음 장에서 살펴볼 알렉산더 폰 훔볼트의 《개인적 서술》(Personal Narrative)을 읽었고, 아마도 처음부터 그 기록과 유사한 것을 염두에 두었을지도 모른다.[45]

브라질에서 다윈과 피츠로이는 처음으로 심한 의견 대립을 겪게 되는데, 노예제라는 지속적인 불화의 씨앗을 중심으로 벌어졌다. 앞서 언급한 대로 다윈은 외가와 친가 양쪽의 노예제 폐지론자들 사이에서 태어난 폐지론자였다. 영국은 18세기에 영국 본토에서 노예제를 폐지했고, 19세기 초가 되어 영국 해군은 아프리카에서 노예무역을 억제하는 임무를 맡고 있었다. 대영제국 전역에 걸쳐 노예제가 완전히 폐지된 것은 1833년, 비글호가 여전히 바다를 항해하고 있을 때 발효되었다. 해군의 충성스러운 장교로서 피츠로이는 칙령을 받들겠다고 서약한 몸이었고, 만약 대서양을 횡단하는 길에 노예 수송선과 맞닥뜨렸다면 틀림없이 효과적으로 대처했을 것이다. 그렇지만 한편으로 귀족계급의 보수적 일원인 피츠로이는 자유주의적인 다윈보다는 노예를 소유한 브라질의 지주들과 더 공통점이 많았던 것 같다.

하루는 피츠로이가 자신이 만나 본 어떤 노예가 자신의 처지를 전적으로 만족해하는 눈치였다고 말했다.[46] 그러자 다윈은, 노예는 감시자가 곁에 있어서 그렇게 대답했을지도 모른다고 대꾸했다. 피츠로이는 격노했고 한동안 다윈은 알아서 집을 찾아가야 할 신세가 될 뻔했다. 다행스럽게도 몇 시간 뒤 피츠로이가 화낸 것을 사과하여 관계는 회복되었다.

4월 22일 일기에 다윈은 부적절한 감정들을 좀 더 엿볼 수 있는 기회를 드러낸다. "벤다(도시나 마을에서 떨어진 도로변의 작고 허름한 여인숙—옮긴이)에서는 좀처럼 여자를 볼 수 없다. 볼 만하지 않은 거리는 대단히 부정확하게 알려져 있음(At the vendas seldom see a woman. not worth seeing distances most inaccurately known)—스무 건 정도의 살인이나 십자가들—세상에, 대체 어떤 흑인들이 우리 영국 노동자들보다 더 좋은 상태에 있다는 말인가?"[47] 첫줄에서 이상한 데 위치한 마침표를 없애고 대신 "볼 만한"(seeing) 뒤에 마침표를 찍으면 이문단 첫 문장의 의미가 분명해진다.(마침표의 위치를 바꾸고 번역하면 다음과 같다. "벤다에서는 좀처럼 여자를 볼 수 없으며, [있더라도] 볼 만한 여자는 없다. 거리는 대단히 부정확하게 알려져 있다"At the vendas seldom see a woman not worth seeing. distances most inaccurately known—옮긴이). 나머지 내용은 다윈의 뿌리 깊은 인간애와 고통이나 불행을 부과하는 것을 혐오하는 태도를 보여 주는 것으로 일기 내내 반복되는 테마이다.(본문에 인용된 내용은 1832년 4월 22일자 다윈의 《비글호 비망록》 Notebooks 내용이다. 간결한 비망록보다 좀 더 격식을 갖춰 쓴 같은 날짜 일기는 설명이 약간 더 자세하므로 독자의 이해를 돕고자 추가한다*─옮긴이)

피츠로이가 특정 측량조사 결과에 만족하지 못하면 비글호는 수시로 해안 여기저기를 반복적으로 오르내리면서 브라질 해안에서 남쪽으로 내려갔다. 이 전후방 트랜섹트는 다윈이 배에서 내려 장기간 뭍에서 지낸 뒤 배가 되돌아올 때 다시 승선하거나 아니면 육로를 따라 더 이동하여 만나기로 미리 약속한 지점에서 합류하는 것을 허락했으므로 다윈에게는 특히 만족스러웠다.

라플라타 강 강둑을 따라 가며 다윈은 갖가지 화석을 캐내어 헨슬로에게 부쳤다. 그러면 헨슬로는 언제나 선생답게 표본을 어떻게 수집하고 포장해야 하는지 설명하며 제자를 격려하는 장문의 답장을 써 보냈고, 때로는 더 깊은 공부에 보탬에 되는 책들을 함께 부치기도 했다. 헨슬로는 다윈의 관찰 활동의 중요성을 똑똑히 인식하고 훌륭한 노트 필기와 직접 본 모든 것에 대한 간단한 스케치의 중요성을 강조했다.

단편들로 부치지 말게. 뿌리, 꽃, 잎사귀까지 가능한 완벽한 표본을 만들어야 해. 그러면 잘못될 게 없네. 넓적한 양치식물과 잎사귀는 표본을

---

* 1832년 4월 22일 리우데자네이루. "…… 거리 설명에서 두 사람의 의견이 일치하는 경우가 없을 만큼 알려진 거리가 부정확하다. 길은 이정표 대신에 십자가로 표시된 경우가 많은데, 사람이 살해당했던 지점을 가리키기 위해 세운 것이다." *Charles Darwin's Beagle Diary, 1831-1836*, p. 54(Cambridge, 2001).

한 면으로 차곡차곡 접어서 보존하게.[48]

헨슬로는 오늘날 작가들에게 친숙한 '백업'의 필요성에 대해 경고하기도 한다.

자네의 노트 필사본을 다음 소포와 함께 잉글랜드로 발송하는 게 좋은 대비책이 아닐까? 그런 기록들을 베껴 적는 게 지루한 작업이라는 것은 나도 아네. 하지만 자네가 필기한 노트들을 잃어버릴 가능성은 피하는 게 상책이야.[49]

헨슬로의 자상하고 섬세한 가르침 덕분에 케이프혼으로 향하던 무렵 다윈의 편지에는 변화가 나타나기 시작했다. 그는 더 이상 스승에게 편지를 쓰고 있는 미숙한 젊은 자연학자가 아니었다. 그는 케임브리지셔와는 비교할 수 없을 만큼 드넓은 무대에서 점점 노련해지고 있었고 노트와 표본은 다윈이 중요하게 생각하는 사람들에 의해 가치를 인정받았으며, 남양에 간다는 게 겁나기는 했지만 마음 한편에서는 모험의 매력을 인식하게 되었다.

남쪽 케이프혼으로 향하는 여정은 고되기 그지없었다. 경로에서 잠시 이탈한 포클랜드제도로의 항해는 이곳 해역을 망라한 지도를 제작하기 위해 피츠로이가 강력히 주장한 많은 항해 가운데 하나일 뿐이었다. 당시에 그것은 다윈한테 틀림없이 옆길로 새는 성가신 여정으로 느껴졌겠지만 결과적으로 훗날 드러나듯이, 갈라파고스제도를 그토록 유명하게 만들 특수한 군도 생물학을 살펴보도록 다윈을 준비시키는 무척 중요한 기회였을 것이다.[50]

처음에 케이프혼을 쉽게 돈 뒤 비글호는 머지않아 강풍과 맞닥뜨렸고 거대한 파도를 뒤집어써서 배에 딸린 보트 가운데 한 척이 산산조각 났다. 캐럴라인 누나에게 쓴 편지에서 다윈은 이렇게 말한다. "내가 이런 생활을 잘 견디다니, 깜짝 놀랐어. 자연사에서 갈수록 커지는 강력한 즐거움을 얻지 못한다면 절대 견디지 못했을 거야." [51]

피츠로이는 티에라델푸에고 인질들 그리고 그들과 함께 가기로 자청한 어느 영국인 선교사를 여건이 좋을 때 섬에 내려 주려고 결심했다. 그러나 그들을 섬에 내려 줄 때, 짤막한 측량조사 작업을 마친 뒤에 돌아와서 그들이 잘 지내고 있는지 확인하기 좋은 지점을 상륙 지점으로 골랐다.[52] 피츠로이가 그렇게 선택한 것은 천만다행이었다. 비글호가 수평선 너머로 사라지자마자 가장 나이 많은 푸에고 인질 요크 민스터가 젊은 여자 인질 푸에지아 바스킷을 데리고 선교 보급품을 최대한 챙겨서 도망쳐 버렸다. 다른 푸에고 부족민들은 선교사를 때리고 소지품을 강탈해 갔다. 비글호가 돌아왔을 때 선교사는 구조되어 다시 배를 타고 떠나는 것을 더할 나위 없이 기뻐했다. 안타깝게도 푸에고 부족민은 나중에 온 항해자들이 들여온 질병과 학대로 두 세대 만에 사실상 절멸되고 말았다. 다윈이 보았던 야생의 그 해안선은 이제 부유한 관광객들이 남극을 체험하러 떠나는 출발 지점이 되었으며, 그 지방의 주도인 우슈아이아는 인구가 6만 명이 넘지만 전부 북부에서 온 이주민 출신이다.

여정 곳곳에서 독자는 다윈의 단련된 신체와 운동 능력에 깊은 인상을 받는다. 아르헨티나에서 타고 가던 말이 지치자 말에서 내려 말과 나란히 드넓은 팜파스를 가로질러 달려가 가우초들(세상에서 가장 거친 카우보이들)의 감탄을 자아냈다. 남양 최남단에서는 만 건너편 빙하에서 빙괴가 떨어져 나오면서 생긴 거대한 파도가 들이닥쳐 배에 딸린 보트들이 부서질 뻔 한 일이 있었다. 그때 해변으로 내달려 안전하게 보트들을 끌어올린 사람도 다윈이었다.

일단 배가 케이프혼을 돌고 남아메리카 서쪽 해안을 따라 올라가기 시작하자 다윈은 1833년 7~9월에 두 달 동안의 안데스 트레킹을 비롯해 육지로 여러 차례 중요한 탐사를 나갔다. 다윈은 특히 지질 활동으로 융기한 거대한 해양 조가비 지층들에 흥미를 느꼈다. 점점 고지대로 올라가면서 그는 이렇게 적었다. "이 산맥들을 밀어올린 힘에, 더욱이 그 과정에 틀림없이 요구되었을 그 헤아릴 수 없는 세월에 그 어떤 사람이 경이로워 하지 않을 수 있으랴?"[53]

그는 칠레 발디비아와 콘셉시온에서 발생한 대지진의 결과도 목격했다. 이 무렵이 되자 다윈과 피츠로이는 남아메리카로 가는 중에 출간 소식을 들은 라이엘의 《지질학 원리》 제2권을 각자 소지하고 있었다. 두 사람 모두, 특히 충분한 시간만 주어진다면 풍경을 어마어마하게 변화시킬 수 있는 중요한 지질학적 사건들의 증거를 직접 눈으로 확인하는 기쁨에 푹 빠져 있었다. 엄청난 시간의 깊이에 대한 참다운 느낌을 체험한 것은 다윈이 안데스산맥 탐험으로부터 얻은 가장 커다란 선물 가운데 하나였다. 아마 그보다 덜 달가운 선물은 여생 내내 그를 괴롭히게 되는 기생충이었을 것이다. 산에 높이 자리한 원시적인 오두막에서 다윈은 커다란 흡혈 곤충에게 물린 일을 보고한다. 불행하게도 우리는 이 흡혈충의 정확한 정체를 모른다. 또 그 곤충이 어떤 미생물에 만성적으로 감염되어 있어서 그 미생물을 다윈에게 옮겼는지도 확실하게 알 수 없다. 하지만 그때부터 다윈이 줄곧 심신을 완전히 쇠약하게 하는 원인 모를 질환에 시달렸음은 잘 알려진 사실이다.[54]

배가 갈라파고스에 도달했을 무렵 다윈은 모든 일에 몹시 지쳐 있었다. 남아메리카 서해안 항구 십여 군데 어디서든 파나마지협까지 그를 태워줄 수 있는 상선을 잡아탈 기회가 있었고, 파나마지협에서 육로로 잠깐만 이동하여 동쪽 해안에 닿기만 하면 거기서 귀향하는 것은 몇 년이 아니라 단 몇 주밖에 걸리지 않았다. 하지만 다윈은 그 경로를 택하기보다 장기간의 대양 항해가 울렁거리는 뱃속에 가할지도 모를 끔찍한 고통을 알면서도 꾹 참고 비글호에 남았다. 갈라파고스제도 부분은 《비글호 항해기》에서 가장 짧은 장 가운데 하나이며, 브라질이나 아르헨티나에 관한 기록에서 드러나는 활력이나 열정을 찾아볼 수 없다. 여기에는 "덩굴을 휘감은 덩굴" 따위가 없다. 그 대신 다윈은 일기에 이렇게 적고 있다. "직사광선에 화덕처럼 뜨겁게 달구어진 검은 바위 탓에 대기는 답답하고 숨이 막힐 지경이다. 식물들도 기분 나쁜 냄새가 난다. 이 지방은 지옥의 여러 구역 가운데 식물이 자라는 구역은 어떤 모습일지 상상할 때 떠올릴 만한 모습이다."[55]

다윈은 주로 그곳의 지질학적 특성 때문에 갈라파고스를 고대하고 있었다. 그곳은 최근에 일어난 화산 활동을 가까이서 볼 수 있는 기회가 되리라. 하지만 막상 그곳에 도착하자마자 그 섬의 동물군에 마음을 빼앗겼다. 그는 커다란 육지 거북이에 특히 매력을 느꼈고, 섬에 사는 새들의 전반적인 온순함에도 깊은 인상을 받았다. 노트에 핀치 새들을 언급하고 있기는 하나 다윈의 주의를 처음 끈 것은 흉내지빠귀였다. "이 섬들에서 텐카 종(칠레산 흉내지빠귀—옮긴이)은 무척 온순하고 신기하다. 나는 조류학 측면에서 확실히 남아메리카를 알아볼 수 있다. 식물학자라면 그럴까?"[56]

이 대목은 사실 꽤 중요하다. 다윈이 섬에서 발견한 종들을 대륙 본토의 종들과 적극적으로 비교하고 있었음을 보여 주기 때문이다. 그는 여러 종을 검토한 뒤 섬마다 다른 종의 "텐카"가 살고 있음을 발견했다. 또 지역 주민들은 등껍질 모양을 보고서 어느 섬에서 온 거북이인지 구분할 수 있다는 말을 듣고 더 호기심이 동했다. 어쩌면 가장 중대한 것은 그의 조류학 노트에서 자주 인용되는 서술일 것이다. 여기서 다윈은 포클랜드제도의 (이제는 멸종한) 야생 여우와 갈라파고스제도의 흉내지빠귀, 거북이를 관찰한 내용을 종합하며 이렇게 말한다. "이러한 진술들에 조금이나마 근거가 있다면 갈라파고스제도의 동물학은 검토해 볼 만한 가치가 있을 것이다. 그러한 사실들은 종의 안정성을 허물 것이기 때문이다."[57]

바로 이 세심한 사실들의 축적, 곧 《종의 기원》이 되는 "하나의 긴 논의"야말로 다윈이 그토록 탁월하게 해낸 것이었다. 어쩌면 한 가지 예외를 제외하면, 온갖 실용적 목적에도 불구하고 항해는 갈라파고스제도 이후로 끝난 것이나 다름없다. (다윈에게는) 지독하게 기나긴 항해 뒤에 여행자들은 타히티에 도착해 쿡 선장과 뱅크스가 오래 전에 금성의 태양면 통과를 관찰한 비너스 곶에 들렀다. 남태평양의 환초를 유유히 통과하면서 다윈은 이 섬들이 어떻게 생겨났는지 곰곰 생각했고 이때의 숙고는 훗날 어엿한 책 한 권을 이루게 된다.[58] 나머지 항해 기간은 하나의 긴 안티클라이맥스였다. 다윈에게 뉴질랜드나 오스트레일리아, 희망봉에서는 배울 것이나 이야기할 만한 게 별로 없었다. 여행이 끝나기 직전 남아메리카에서 한 측량 지점을 다시 점검하기 위해 황급히 대서양을 가로지르는 마지막 한 차례 조사 작업이 있었고(피츠로이는 정말이지 모든 완벽주의자를 능가할 완벽주의자였다!), 그다음 1836년에 마침내 집으로 돌아왔다. 피츠로이로서는 짜증나게도, 닻을 내리자마자 다윈은 배에서 뛰어내리다시피 했고, 비글호를 런던까지 몰고 가서 표본과 노트, 탐험에서 나온 온갖 짐을 내리는 일은 피츠로이의 몫이었다.

다윈은 5년 전에, 대학을 갓 벗어난 미숙하고 거의 알려지지 않은 젊은 자연학자로서 잉글랜드를 떠났다. 이제 그는 영국 기성 과학계에 화제의 인물이 되어 돌아왔다. 헨슬로는 전략적으로 다윈이 보낸 표본들 다수를 공개하는 한편 다양한 사교 모임에서 다윈이 보낸 편지들을 일부 낭독했다. 사람들은 더 많은 이야기를 듣고 싶어 했다. 다윈은 일생의 과업이 될 작업을 구성하는 재미난 현장 요소를 갖추게 되었다. 다음에 기다리고 있는 것은 종들을 짜맞춰 보고 최선을 다해 빈칸을 채워 나가는 지적으로 더 힘겨운 과제였다. 그는 인생의 다른 측면들도 이래저래 꾸려 나가야 했다.

다윈은 과학 담론의 중심지에 있기 위해 런던이나 그 인근에 살기로 결정했다. 이때가 되자 "자그마한 시골 교구"는 더 이상 고려 대상이 아니라는 것이 모두에게 분명했고, 아버지가 다윈 앞으로 충분한 돈(과 투자 조언)을 주어서 다윈은 자신이 앞으로도 생계를 위해 일하지 않아도 된다는 점을 잘 알았다. 사촌 에머를 향한 찰스의 다소 뜻밖의 구애와 정신없이 진행된 교제는 양가에 무척 만족스러운 일이었고, 두 사람의 교제는 서로에게 진정한 애정이 담긴 연애였던 것 같다.[59]

다윈이 비글호 항해에 대한 공식적 동물학 보고서를 작성하고 추가적 출간을 위해 노트를 정리하기 시작했고, 그 무렵 젊은 부부는 처음 런던에 자리를 잡았다. 설명할 수도 없고 용서할 수도 없는 이유로, 다윈은 '비글호 항해기 초판'《탐사 일지》서문 초고에서 여행에 동행할 기회를 준 피츠로이의 공로를 인정하고 감사의 뜻을 나타내는 것을 빠뜨렸다. 피츠로이는 격노했다. 한편으로는 개인적 모욕으로 비쳤기 때문이고, 또 한편으로는 다윈이 무엇보다도 자신과 발견을 공유한 장교들과 선원들이 베푼 친절에 사의를 표명하지 않았기 때문이다.[60] 이것은 5년 동안 극도로 밀착된 공간 속에서 폭풍과 간난신고, 탐험과 토론을 함께 해 온 두 사람이 소원해지게 되는 진짜 계기였다. 불화는 당장은 봉합되 었지만, 집안 재산 덕분에(이때쯤이면 피츠로이의 재산보다 훨씬 많았다) 다 윈은 탐험의 과실을 따먹는 데 집중할 수 있는 반면 피츠로이는 변함없 이 공직에 있을 수밖에 없다고 느꼈을지도 모른다.

앞서 언급한 대로 다윈은 남아메리카 여행 이후로 건강이 결코 좋지 않았고 결국은 런던을 벗어나기로 결정했다. 다윈 가족은 런던 권역 안 에 있는 다운(Down)에 정착했다. 원한다면 런던의 과학계 모임에 언제 든 참석할 수 있지만, 조용히 글을 쓸 수 있고 실험을 위한 널찍한 공간 도 있을 만큼 런던과 충분히 떨어진 곳이었다. 어쩌면 다운에서 삶의 초상이 가장 잘 묘사된 곳은 손녀 그웬 라브라가 제공한 단편들일 것 이다. 그웬은 찰스가 죽고 몇 년 뒤에 태어났지만 할머니 에머와 삼촌들 을 매우 잘 알고 있었다.[61] 다운하우스는 그녀의 어린 시절 기억에서 커 다란 자리를 차지하며, 비록 다윈의 자식 가운데 셋이나 어려서 죽기는 했지만, 어느 모로 보나 그곳은 아이들이 자라기에 행복한 집이었다.[62]

다운과 길버트 화이트의 셀본은 비슷한 구석이 참 많다. 둘 다 20세 기의 참화를 이럭저럭 피한 자그마한 시골 마을이다. 웨이크스처럼 다 운하우스는 다윈이 한편으로는 집에서 먹기 위해(화이트와 달리 그는 식 량을 충당하고자 빠듯한 자금을 최대한 쥐어짜 내야 할 필요는 없었지만) 또 한편으로는 실험용으로 꽃과 채소를 재배한 널찍한 대지 위에 자리 잡 고 있다. 마을은 다윈이 말한 대로 "런던브리지에서 16마일밖에" 떨어 져 있지 않지만 사람들이 정말로 찾아가고 싶은 마음이 들어야만 방문

그림 10 다운하우스

할 수 있을 만큼 멀찍이 떨어져 있었다. 심지어 오늘날 자동차로도 켄트의 좁은 소로들을 누비는 일은 꽤나 모험이 될 수도 있다.[63] 다운에는 오르막길을 따라 걸으며 자연사에 관해 깊이 생각할 만한 가파른 행어가 없었지만 다윈은 모래 산책길 "샌드워크"를 내어서 아침마다 다음 책의 세부 내용들을 구상하며 산책길 일대를 몇 번씩 거닐 수 있었다. 저택 자체는 늘어나는 가족(자식 열 명 가운데 일곱이 생존해 어른이 되었다)과 꾸준히 찾아오는 방문객을 수용할 만큼 넓었고, 시간이 흐르면서 방문객에는 영국 자연사의 모든 명사들이 망라되었다.

일단 다운에 정착하면서 다윈의 작업 방식은 비글호 항해 기간에 수행한 조사 활동을 정리하고 다듬는 작업에 가까웠다. 이래스머스에 대한 그의 중심 비판은 할아버지가 수중에 있는 너무 적은 사실들을 가지고 너무 거침없이 추측했다는 것이었다. 찰스는 정반대의 시각에서 연구에 뛰어들었다. 광범위한 원천들로부터 방대한 사실을 그러모은 다음에야 그 사실들을 하나의 완전한 가설로 연결했다. 그의 천재성은 얼핏 보기에 이질적인 생물체들(여우, 거북이, 흉내지빠귀)들로부터 현상을 설명하는 생각을 추출해 내는 능력에 있었고, 그러한 생각들은 다시 더 넓은 세계로 투사될 수 있었다. 그는 눈에 빤히 보이는 것을 보고 굉장히 폭넓은 시야를 열어 줄 핵심적 질문 하나를 던지는 그런 과학자였다. 무수한 농부와 원예가, 과학자들이 수천 년에 걸쳐 지렁이를 봐 왔고 길버트 화이트도 지렁이에 흥미를 느꼈다. 하지만 일부러 "지렁이 돌"을 세운 다음에 해마다 끈기 있게 기다리며 흙이 지렁이의 몸을 통과해 빠져나감으로써 돌이 서서히 땅속으로 파고 들어가는 속도를 재는 실험을 실시하기까지는 다윈을 기다려야 했다.[64]

다윈은 언제나 정보의 원천에 곧장 다가가는 것을 좋아했다. 그의 서신은 의사와 변호사, 농부와 비둘기 애호가들을 물론이고 저명인사와 위인들 사이에 오고간 편지들의 기분 좋은 종합 선물 세트이다. 무엇이든 어느 누구든 다윈의 눈길을 끌 수 있었고, 그렇게 시야에 들어온 것들은 《종의 기원》이 될 부글부글 끓는 도가니 속으로 조용히 흡수될 수 있었다. 다윈이 대체 언제 다윈주의를 구성하는 단편들을 모아 하나의 형태로 만들어 냈는지는 알 길이 없다. 그는 분명히 1840년대 초반에 어느 정도 결론에 도달했지만 몇 년 동안 언뜻 보아 옆길로 새는 따개비라는 주제를 연구하는 데 만족했다. 그는 언제나 모든 연구를 종합하여 산호에서 식물과 벌레, 인류까지 모든 것을 설명하는 대작 한 권을 쓴다는 계획을 품고 있었던 것 같다. 하지만 어떤 젊은이가 보낸 짤막한 원고가 도착하면서 그 계획은 착수하지도 못하고 어그러지고 말았다. 원고의 주인공은 다윈처럼 먼 곳으로 여행을 떠나 새롭고 낯선 동식물 찾고, 기원과 형태에 관해 심오한 질문을 던지는 길을 선택한 앨프리드 러셀 월리스였다.

그림 11 찰스 다윈의 서재

월리스의 원고는 다윈의 어린 아들 찰스가 불치병으로 죽어 가던 시기에 다운하우스에 도착했다. 누가 봐도 다윈은 다른 일에 신경을 쓸수 있는 상태가 아니었다. 하지만 월리스의 논문과 자연선택에 관한 생각을 담은 다윈의 이전 "초안"을 다윈이 미국의 식물학자 에이서 그레이에게 쓴 편지 사본과 더불어 런던린네학회에서 낭독하여 의사록에 남겨야 한다고 친구 조지프 후커와 찰스 라이엘이 다윈을 설득했다. 발표는 1858년 7월 1일에 이루어졌지만 거기에서 제시된 관념에 대해 당시나 그해 연말까지도 논평은 별로 없었다. 그해 학계의 일들을 요약하는마무리 발언에서 린네학회 회장 토머스 벨은 이렇게 말했다. "아닌 게아니라, 올 한 해는 해당 과학 분야에 말하자면 뭔가 혁명을 일으킬 눈에 띄는 발견이 전혀 없이 지나갔습니다."[65]

주장에 대한 추가적인 뒷받침이 없었다면 그 문제는 더 이상 진전되

그림 12 인생 말년의 찰스 다윈

지 않았을지도 모른다. 월리스는 멀리 떨어져 있고 이름도 거의 알려지지 않았으며, 기성 과학계는 종 분화라는 관념으로 어디까지 갔으면 하는지를 둘러싸고 분열되었다. 많은 이들의 생각을 바꾸려면 증거들을 모아 정리하는 만만찮은 작업이 필요했고, 다윈은 그 임무에 딱 맞는 자연학자였다. 비록 준비가 되었다고 느낀 것보다는 더 일찍 출판하라는 압박에 정신을 못 차리긴 했지만 다윈은 적어도 16년 동안 그 아이디어를 가지고 줄곧 씨름해 왔다.

다윈은 대작을 완성하기 위해 더 미루기보다는 자신의 주요 착상과 뒷받침하는 근거를 적은 "초록"을 다듬어서 1859년에 《자연선택 또는 생존경쟁에서 유리한 종족의 보존이라는 수단에 의한 종의 기원에 관하여》(On the Origin of species by Means of Natural Selection, or the Preservation of Favored Races in the Struggle for Life)를 출간했다.[66] 부제를 포함한 책의 온전한 제목은 다윈의 논제를 그대로 요약하고 있다. 본문 자체는 증거를 제시하고 있다. 그러므로《종의 기원》의 일부는 현대 독자에게 지루하거나 반복되는 것으로 느껴질 수 있지만, 다윈은 자신이 구체적 사례를 가지고 최대한 많은 반론들을 다루지 않는다면 이론이 틀리거나 사소한 것으로 무시될 우려가 있다는 점을 올바로 내다봤다. 비록 자신의 생각을 사례로 제시할 이국적 경험이 풍부했지만 다윈은 현명하게도 일상적이고 친숙한 사례를 선택했다.《종의 기원》은 수십 페이지에 걸쳐 비둘기 육종에 관해 다루고 있는데, 비둘기 육종은 19세기 동물 육종에서 커다란 관심사이자 머나먼 섬에 사는 흉내지빠귀나 거북이보다도 금방 이해될 만한 주제였다.

린네학회에서 다윈과 월리스의 글이 처음 발표되었을 때 여기저기에서 나온 하품과 달리《종의 기원》은 출간 즉시 매진되어 재판을 찍어야 했다. 원래의 생각들을 뒷받침하기 위해 새로운 사실과 관찰 내용을 추가하면서 끊임없이 책을 개정하는 일은 다윈의 여생 동안 끝나지 않는 과제가 되었다.

다윈은 난초와 지렁이, 벌레잡이식물 등에 관해 조용히 작업하면서 평생토록 자연사 학자라고 자부했다. 그는 결코 한 권의 대작을 집필하지 않았지만, 다 해서 스무 권 넘게 써낸 책들은 한 권짜리 백과사전적 저작보다 훨씬 더 다루기 쉬운 통일된 작품이 되었다. 그는 무척 너그러운 가족의 지원과 더불어 갈수록 확대되는 훌륭한 동료 집단의 지지도 받았다. 가장 매력적인 책 가운데 하나인《인간과 동물의 감정 표현》(The Expression of Emotion in Man and Animals)에는 다윈의 아이들이 연구 표본으로 등장하기도 한다. 좋지 않은 건강이 그를 끊임없이 괴롭히며 좌절시키는 원인이었지만, 다윈은 기꺼이 대중 앞에 나가서 자신의 사상을 알리고 지지한 토머스 헉슬리와 에이서 그레이 같은 뛰어난 옹호자도 얻었다. 자택에서 생을 마감하기 전에 다윈이 한 마지막 말은 "죽는 게 조금도 두렵지 않네"였다고 한다.[67] 그는 일생 동안 자연사가 얼마나 강력한 힘을 발휘하는지 이해를 증진시키는 데 다음 세대들 대부분 동안 이룩한 것보다 더 많은 일을 해냈다. 수천 년 동안 현상을 기술하는 노력을 기울여 온 끝에 자연사는 마침내 진정으로 종합적인 작업 이론을 내놓았다.

어쩌면 일부 독자들에게 《종의 기원》에서 가장 불편한 측면이라면, 다윈의 논리를 따라 그 결론에 도달하게 되면 딱 정해진 창조의 시기라는 관념은 포기해야 한다는 인식이리라. 책의 마지막 문장이 가장 강력하다.

생명에 대한 이러한 견해에는 장엄함이 있다. 생명이 처음에 조물주가 불어넣은 숨결에 의해 몇몇 형태나 하나의 형태로 이루어져 있었다는 견해, 그리고 이 행성이 중력이라는 정해진 법칙에 따라 계속해서 돌고 도는 동안 그토록 단순한 시작으로부터 가장 아름답고 경이로운 형태들이 끝없이 진화해 왔고 또 진화하고 있다는 견해에는.[68]

바로 그거다. 다윈은 "덩굴을 휘감은 덩굴"로부터 28년이라는 세월과 수천 마일이나 떨어져 있지만, 진정한 자연사 학자의 미학은 그 안에 건재하다. "가장 아름답고 경이로운 형태들." 브라질 우림의 고요 속에서 저 "호산나"의 희미한 메아리가 느껴지지 않는가? 그다음 우리는 최종적인 혁명과 맞닥뜨린다. "진화해 왔고, 또 진화'하고 있다'." 이제 어느 것도 전과 같지 않으리라. 자연계에서든, 과학 그 자체에서든.

10장 자연의 지리
훔볼트

    다윈이 세계 일주를 떠났을 때, 갈수록 더 쉬워지던 이동 방식은 전 세계를 이주와 연구의 공간으로 열어젖히고 있었다. 다윈은 그러한 이동 방식의 이점을 활용하며 점차 성장하고 있던 자연사 학자 무리의 발자국을 따르고 있었다. 조지프 뱅크스는 초기 본보기였다. 또 우리는 다윈의 편지를 통해 그가 쿡 선장의 항해기를 읽었고, 실제로 선배 탐험가들에게 깊은 감명을 준 바로 그 풍광들을 목격하고 그 역시 흥분했다는 사실을 알 수 있다. 남아메리카를 관통하는 여행에 대한 다윈의 관심은 1807년 이전 어느 땐가에 다음과 같이 글을 쓴 또 다른 여행가에 의해서도 불이 붙었다. "아주 어린 시절부터 자연에 관한 연구에 몸과 마음을 바치고, 산으로 둘러싸여 태고의 숲이 드리운 그늘 아래 자리 잡은 야생의 아름다움을 열정적으로 느끼면서, 나는 고되고 때때로 요동치는 생활에서 떼려야 뗄 수 없는 고난을 보상하고도 남는 즐거움을 경험했다."[1]

알렉산더 폰 훔볼트(1769~1859)는 발견의 여행을 떠난 역대 탐험가들 가운데 가장 멋진 탐험가였다. 엄청난 범위의 주제에 통달한 것 외에도, 다윈과 월리스를 비롯하여 적어도 두 세대의 여행가들에게 영감의 원천이 되었다. 남아메리카를 탐험하면서 최고도 등정 세계기록을 세웠고, 다른 어느 누구보다 생물지리학이라는 현대적 개념에 토대를 놓았다. 또 평생 동안 유럽에서 가장 박식하고 영향력 있는 인물로 널리 평가받았다. 1839년에 훔볼트의 연락을 받고 다윈이 보인 반응에서 다윈의 생생한 환희가 고스란히 느껴질 정도이다. "내가 거듭거듭 읽고 베껴 써 온 구절들, 아마도 내 마음 속에 영원히 간직될 《개인적 서술》의 지은이가 나한테 그런 영예를 내려주었다는 것은 좀처럼 아무한테나 일어나기 힘든, 너무도 만족스러운 경험이다."[2] 다윈은 여전히 무척 젊었고 자연선택은 먼 미래의 일이었으며, 두 사람 모두 다윈이 세계적으로 유명해지고 훔볼트는 대체로 시야에서 사라지게 되리라는 사실을 예견하지 못했을 것이다.

훔볼트는 독일 귀족 집안 프로이센 장교와 전남편을 여읜 남작 부인 사이에 태어났다.[3] 그는 가문의 성에서 자랐고 아홉 살이나 열 살 무렵 괴테를 만났다. 프랑크푸르트대학에 다니는 동안 제임스 쿡의 2차 항해에 동행한 적이 있는 조지 포스터를 알게 되었는데, 이 우정이 여행에 대한 열망에 불을 댕긴 것 같다. 훔볼트 스스로의 표현에 따르면 "나는 유럽인은 좀체 가본 적 없는 먼 지방으로 여행을 떠나고픈 열망을 느꼈다. 이 욕망은 인생이 끝없는 지평선처럼 보이고, 마음에서 충동적으로 이는 동요와 확연한 위험의 이미지에서 거부할 수 없는 매력을 발견하는 인생의 시기에 특징적이다."[4]

훔볼트의 글은 즉각적으로 독자를 사로잡는다. 젊은 다윈이 이런 종류의 글귀에 얼굴을 파묻고 세계지도에 손을 뻗었을 모습을 떠올리기는 어렵지 않다. 다윈처럼 훔볼트도 지질학에 마음을 빼앗겼다. 몇 차례 짧은 유럽 여행을 한 뒤 훔볼트는 해외로 나가기로 결심한다. 원래는 이집트로 가서 나일 강 유역의 지질을 연구하며 강을 거슬러 여행하고 싶었다. 그러나 프랑스와 영국 사이에 끝없는 적대 행위의 형태로 정치가 개입하여 이집트 여행은 제쳐둘 수밖에 없었다. 그다음 훔볼트는 훗날 비글호의 경로와 소름끼칠 만큼 일치하는 여정이 예정된 프랑스의 세계 일주 계획에 참가할 수 있기를 바랐지만, 이번에는 나폴레옹의 쿠데타로 다시금 정치적 난관이 개입하여 프랑스의 탐사 항해 계획의 즉각적 실현 가능성은 사라져 버렸다. 결국 훔볼트는 프랑스 남부에서 발이 묶인 채 모로코 아틀라스산맥으로 여행을 생각해 봐야 할 처지가 되고 말았다.

《1799~1804년 아메리카 적도 지방 여행에 관한 개인적 서술》(Personal Narrative of Travels to the Equinoctial Regions of America, during the Years 1799-1804)에 따르면 훔볼트는 가축을 주 선실에 실어야 한다는 선주의 주장으로(훔볼트는 개인적 불편보다는 동물들이 자신의 과학 기구를 손상시키지나 않을지 더 걱정했다고 강조한다) 지연된 출항 날짜가 하루밖에 안 남은 상태에서, 프랑스에서 온 승객은 모로코에 상륙하는 즉시 전원 감옥에 처넣을 거라는 소식이 들려왔다고 한다. 이 소식은 아프리카로 가는 모든 희망을 사실상 꺾었고, 훔볼트는 새로운 전망을 기대하며 에스파냐로 갔다. 일단 마드리드에 도착하자마자 자신이 학자로서 환영받고 있다는 사실을 깨달았고 국립박물관의 자연사 컬렉션에도 자유롭게 접근할 수 있게 되었다. 국왕을 성공적으로 알현한 뒤에 그는 에스파냐령 아메리카를 방문해도 좋다는 허락을 받았다. 이 윤허는 대개 어디로든 자유롭게 떠나는 데 유일한 장애물이 비싼 비행기 표라고 생각하는 요즘 사람들의 생각 이상으로 훨씬 중요했다. 통행 허가증, 곧 정부 관계자가 써 준 소개장과 "서류"들이 국경을 건너려면 꼭 필요했고 여행자들은 언제 어느 때고 그런 서류를 제시하라는 요구를 받을 수 있었다.[5]

지질학자로서 훔볼트의 명성은 그보다 한발 앞서 전해져 있었고, 그는 마음대로 어디든 여행하고 탐험할 수 있는 거의 전례 없는 자유를 허락받았다. 먼저 쿠바로 향하는 봉쇄 잠입선에 오르기 위해(그 무렵 에스파냐는 영국과 전쟁을 벌이고 있는 상태였다) 라코루냐로 출발했다.[6] 일단 해안을 벗어나자 선장은 카나리아제도의 테네리페 쪽으로 향했다. 테네리페의 최고봉 테이데 산은 정상이 해발 3,600미터가 넘는 세계에서 가장 놓은 화산 가운데 하나였기에 이곳은 훔볼트에게 이상적인 상

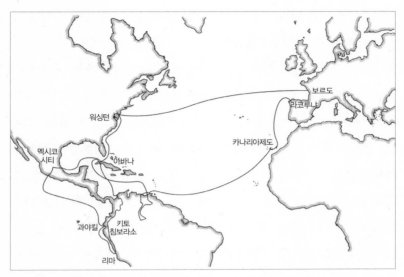

지도 2 훔볼트의 아메리카 여행 경로 1799~1805(지도: 로빈 오잉스).

류지였다. 훔볼트는 해수면 고도에 자리한 섬의 열대식물을 보고 아주 즐거워했고 접촉하게 된 모든 사람들로부터 받은 따뜻한 환대에 기뻐했다. 학식을 갖춘 광물학자가 아직 연구한 적 없는 지역에 있는 것은 특히 기분 좋은 일이었고, 훔볼트는 고국에 있는 동료들에게 흥미롭고 유익한 정보를 얻을 수 있을 것이라는 자신감을 느꼈다.

훔볼트는 주로 산봉우리의 물리적 구조에 관심이 있었지만(《개인적 서술》에는 훔볼트가 본 암석의 형태들이 개략적으로 서술되어 있고 얼마간 세부 묘사도 담겨 있다), 비록 식자층일지라도 더 폭넓은 독자층을 분명히 염두에 두고 글을 쓰고 있었기에 그들이 단순히 지질학 이상의 정보를 원할 것이라고 인식한다. 다윈처럼 그는 노예제를 혐오했고 수시로 현지 주민들의 여건과 마을, 주거, 관습에 관해 논평한다.

여행기를 쓰던 당시 생물학에 대한 가장 큰 공헌은 아직 먼 훗날의 일이었던 다윈과 달리, 《개인적 서술》을 쓴 훔볼트는 분명히 자신이 나중에 이해한 관점에 따라 텍스트를 편집해 왔다. 그는 테네리페 봉우리를 응시하고서 이렇게 쓴다. "고도가 높아질수록 기온이 낮아지면서 식물들이 지대별로 구분되는 것을 볼 수 있다. 피톤 봉우리 아래 지의류가 광택을 띤 암재질(화산성 스코리아 표면처럼 불규칙하고 다공질인 퇴적암―옮긴이) 용암을 뒤덮기 시작했다. 제비꽃이 …… 다른 초본식물뿐 아니라 풀도 앞장선다. ……레타마속 아래로 양치류 구역이 있다."[7] 세세한 것들과 패턴들을 알아보는 바로 이 눈썰미가 훔볼트와 함께 대서양을 건너가서 안데스 산지 연구에서 불멸의 명성을 얻게 된다.

일반적으로 훔볼트는 독자에게 지질과 자연사의 여러 측면을 가르쳐 주지만, 나중에 오는 여행가들에게도 읽힐 것을 알기에 그들이 최대한 보람 있는 여행을 하는 데 필요한 정보를 주려고 열심이다. 이런 뚜렷한 실제 사례는 산 정상에서 돌아온 뒤 독자에게 일러두는 말에서 드러난다. "산타크루스에 상륙하는 여행가들은 봉우리를 오르지 않는 경우가 많은데, 등정에 시간이 얼마나 걸리는지 모르기 때문이다. 그러므로 데이터를 제시해 두면 쓸모가 있을 듯하다. 에스탄시아 데로스잉글레세스까지 노새를 이용하면 오로타바부터 정상에 올랐다가 항구까지 귀환하는 데 스물한 시간이 걸린다."[8] 그러고는 지점에서 지점까지 걸리는 시간을 비롯해 여정을 자세하게 적어 두었다. 이런 모습은 다윈한테서 볼 수 있는 것과 완전히 다른 스타일이다. 훔볼트는 한마디로 독자들을 자신의 여정에 초대하고 있으며, '여러분이 물론 공사다망한 가운데서도 시간을 내기만 한다면 대양을 건너거나 산 정상에 오를 수 있다'고 암시하고 있는 것이다. 19세기 첫 사반세기에 훔볼트의 독자들이 지도를 뚫어지게 들여다보며 항해를 위한 트렁크와 여행용 가방을 간절히 응시했던 것도 당연한 일이다.

테네리페에서부터 훔볼트와 그 동행자인 프랑스 식물학자 에메 봉플랑(1773~1858)은 날치를 구경하며 사르가소 해를 통과하여 서쪽으로 나아갔다. 이 날치와의 조우는 훔볼트에게 잠시 옆길로 새서 자신의 철학에 관해 이야기할 기회를 주었다. "자연은 마르지 않는 탐구의 원천이며, 과학의 영역이 확장되는 것에 비례하여 이제껏 조사된 적 없는 형태로 자연을 심문하는 법을 아는 이들에게 자신을 드러낸다."[9] 훔볼트는 주제들을 너무도 능수능란하게 다룬다. 때문에 독자는 본래의 이야기에 벗어난 이런 종류의 가르침을 뜬금없게 여기기보다는 자신이 듣는 이야기를 즐기면서 동시에 다음 문단이나 다음 페이지에 어떤 놀라움의 기다리고 있을지 고대하는 가운데 그와 더불어 다양한 주제들을 배회하게 된다. 아리스토텔레스나 소요학파가 연상되는 대목이다. 훔볼트와 함께 여행하는 것은 굉장히 멋진 일이었을 테지만, 그게 불가능하니 그의 책을 읽는 편이 가장 좋은 대안이다. 훔볼트와 봉플랑은 트리니다드토바고를 지났지만 배 안에서 열병이 창궐하여 승객 한 명이 죽자, 두 사람은 쿠바로 곧장 가지 않고 베네수엘라에 상륙하기로 한다.

당시 누에바안달루시아라는 곳에 들르기로 한 일은 다행스러운 결정이었다. 훔볼트와 봉플랑은 곧 그 지역의 식생과 야생에 마음을 빼앗겼고 얼마간 본격적인 탐험을 하기로 결심했다. 지질학에 대한 훔볼트의 관심은, 특히 2년 전 수도 쿠마냐 대부분을 파괴한 지진을 비롯해 그 지역의 대규모 지진에 관한 이야기들로 한층 자극을 받았다. 다시금 훔볼트는 미래 자연학자들에게 미묘한 암시를 주지 않고는 못 배긴다. "지구의 각 부분은 구체적 연구의 대상이다. 자연 현상의 원인들을 꿰뚫어 보는 것을 바랄 수 없을 때 우리는 적어도 그 법칙들을 발견하고, 무수한 사실들의 비교를 통해 무엇이 항구적이고 한결같은지 무엇이 가변적이고 우연적인지 구분해 내고자 노력해야 한다."[10] 다윈이 자신의 것으로 삼은 방법론에 이보다 더 좋은 설명을 상상하기도 힘들다.

홈볼트와 봉플랑은 느긋하게 베네수엘라의 내륙 지방을 탐험하기 시작했다. 홈볼트는 될 수 있으면 정확하게 자신의 위치를 파악하고 싶었기에 단지 그 목적을 위해서 훌륭한 천문 기구와 측량 기구를 여럿 챙겨 왔다. 실제로 홈볼트의 위도 추정은 오차범위가 실제 자신의 위치에서 몇 백 미터에 불과할 만큼 극도로 정확했지만 경도 추정은 적어도 쿠마냐의 경우는 거의 240킬로미터 가까이 벗어났다. 두 자연학자는 마을에서 안락한 집을 발견했고(알고 보니 마음이 괴로울 만큼 노예시장과 가깝긴 했지만) 고산 지대로 올라가기 전에 장비를 준비하고 주변 해안과 석호를 탐사하는 일에 착수했다.

홈볼트는 대체로 동물에 대한 관심이 식물보다 덜했던 것 같고, 또 이 동식물 분야에 대한 관심은 지질이나 지형에 대한 관심보다 덜했다. 두 사람이 탐험한 지 첫 몇 달 동안 가장 흥미로운 동물학적 발견 가운데 하나는 '과차로'(guácharo)였다. 이 남아메리카 쏙독새(Steatornis caripensis)는 카리브 해 분지 주변 동굴에 커다란 군집을 이뤄 둥지를 튼다.[11] 홈볼트와 봉플랑은 주로 그 지질학적 특성에 관심이 있어서 많은 새들이 둥지를 틀고 있는 매우 큰 동굴을 방문했지만, 새들의 엄청난 숫자 그리고 현지 인디오와 선교사들이 새를 채취하는 관행에 무척 깊은 인상을 받았다. 홈볼트는 야행성인 새의 습성과 파란 눈, 주기적인 학대(과거에는 기름을 얻기 위해 이 새의 새끼를 잡아다가 불에 구웠다—옮긴이)에도 굴하지 않는 생존력에 마음을 빼앗겼다.[12] 으레 그렇듯이 그는 이전에 과학자 누구도 묘사한 적 없는 그 종을 상세히 묘사한 다음 곧장 주제를 전환해 새들이 둥지를 튼 동굴의 지질에 관해 논의한다.

인간사에 대한 홈볼트의 관측은 시대를 한참 앞서는 경우가 많았다. 그는 자신이 현지 인디언들의 "감소"라고 부르는 상황에 동조하지 않음을 분명히 밝혔고, 다음과 같이 발언할 만큼 통찰력이 뛰어났다.

예속 상태로 전락하지 않은 원주민들을 모조리 떠돌이나 수렵인으로 보는 것은 유럽인이 흔히 저지르는 오류이다. 유럽인이 건너오기 오래전에 이미 아메리카 대륙에도 농업이 존재했다. 농업은 오리노코 강과 아마존 강 사이 지역, 선교사들이 아직 침투한 적 없는 숲속 한가운데 나무를 베어 낸 빈터에서 여전히 이루어지고 있다.[13]

곰곰 생각해 보기만 하면 싱거울 정도로 명백한 사실 가운데 하나지만 너무도 자주 선입견의 안개에 가려 놓치고 마는 것이다. 아메리카 대륙의 풍경 대부분은 식민지 시대 오래전에 수세대에 걸친 농경으로 급격하게 변해 있었지만, 정복의 직접적 여파로 발생한 원주민 부족의 급격한 소멸은 식생의 패턴과 생존자들의 문화 양면에서 급속한 변화로 이어졌다. 유럽인들이 자신들이 목격한 바를 기록을 남길 무렵이 되자, 어떤 장기적 자연 상태가 아니라 수백 년 동안 영향을 미쳐 온 인구 집단이 사라져 버린 채 변화를 겪고 있는 유동적 풍경들을 목격하고 있었다.

넉 달 동안 쿠마나 일대를 탐험하고 나서 홈볼트와 봉플랑은 서쪽의 카라카스로 가기로 했다. 뱃멀미를 심하게 앓아 봉플랑이 여정의 일부를 식물채집을 하면서 육로로 이동한 반면, 홈볼트는 카라카스까지 전체 일정을 배와 함께했다.[14] 두 자연학자는 카라카스 시에서 본 것이 마음에 들었고(홈볼트는 6월과 7월의 밤들을 "맑고 아주 기분 좋은" 밤이라고 묘사한다), 다음 두 달 동안 그곳을 근거지로 삼아 가까이 있는 산을 오르고, 고도마다 달라지는 식물군을 비교하고, 모험의 다음 단계를 계획했다.

홈볼트는 온천과 호수를 비롯한 "특이한 관심거리"에 주의를 기울여 가며 다소 꼬불꼬불한 경로를 거쳐 오리노코 강으로 나아갔다. 그들은 야노스(llanos, 오리노코 강 북쪽의 드넓은 사바나)를 가로질러 전진했는데, 홈볼트는 소떼 방목의 도입이나 나무와 관목에 반복적으로 불을 지르는 그 지역 관행이 가져오는 효과를 곰곰 생각했다. 두 사람이 일단 베네수엘라 북중부에 있는 칼라보소에 도착하자 홈볼트로서는 참으로 기쁘게도 카를로스 델 포소와 만나게 되었다. 카를로스는 손수 제작한 배터리와 다양한 피뢰침을 비롯해 전기 현상을 실험해 온 현지의 과학자였다. 서로 노트를 교환하고 홈볼트는 가져온 장비 일부를 시연해 보인 뒤 세 과학자는 그 지역에서 악명 높은 전기뱀장어를 살펴보러 나섰다.

커다란 전기뱀장어를 어떻게 잡았는지 보여 주는 홈볼트의 묘사는 무시무시하다. 말 몇 마리를 뱀장어가 살고 있는 연못에 몰아넣으니 뱀장어들이 말을 공격해 계속 전기 충격을 주어 말 두 마리가 익사할 정도였다. 결국에 뱀장어들이 전기 충격을 발생시킬 수 있는 능력이 고갈되자 인디언들은 건조한 줄에 부착한 작살로 뱀장어를 잡았다. 홈볼트는 어떤 것들은 길이가 150센티미터가 넘는다고 신이 나서 보고한다. 매사에 적극적으로 참여하는 이 관찰자는 방금 물에서 건져 낸 커다란 뱀장어 위에 두 발로 서 있는 동안 받은 전기 충격의 극심한 고통을 이야기한 다음 계속 말을 잇는다. "네 시간 동안 '김노티'(전기뱀장어—옮긴이)를 가지고 계속 실험을 한 뒤 무슈 봉플랑과 나는 이튿날까지 근육 무력증과 관절 통증, 전반적으로 찌뿌드드한 느낌 등 신경계에 가해진 강한 자극의 효과를 느꼈다고 단언할 수 있다.”[15] 이쯤 되면 누구보다 겁 없는 연구자들도 어떤 경우엔 말을 죽일 만큼 잠재적으로 강력한 전기 충격을 네 시간 동안 수시로 받으면 피로를 느낄 수밖에 없음을 독자도 확실히 알 것이다.

전기뱀장어의 기본 생체 구조와 충격 효과를 완전히 알아내고 만족한 훔볼트와 봉플랑은 계속해서 야노스를 가로질러 오리노코 강으로 향했다. 덥고 먼지 풀풀 나는 행군을 묘사한 것으로 볼 때 이 여정이 그 여행에서 가장 좋았던 부분은 아니었지만 훔볼트는 함께 여행하기에 무척 즐거운 동행이었음이 틀림없다. 그는 악어의 ‘여름잠‘(겨울잠과 유사하게 가뭄이나 덥고 건조한 여름에 일정 기간 생체 활동을 거의 정지하는 것—옮긴이)이든 보아뱀의 등 근육을 기타 줄로 이용하는 것이든(“짖는원숭이의 내장으로 만든 것보다 더 낫다”),[16] 여행 중에 만나는 정보와 이야기를 모조리 빨아들이는 스펀지 같았다. 훔볼트와 함께 작업한다는 것은 매력적이면서도 한편으로 답답한 일이었을 것이다. 그는 강에 사는 돌고래를 관찰한 내용으로부터 지나가는 뇌우가 자신의 검전기에 일으킨 효과에 대한 이야기로 곧장 넘어가는 데 아무런 지장을 느끼지 않는다. 뇌우는 그에게 기상 패턴을 연상시키고, 그것은 다시 열대 지방의 계절적 특성에 관한 논의로 이어진다. 독자는 마치 자신이 한쪽 귀로는 행복하게 재잘거리는 동행자의 수다를 들으며 마음속으로는 오늘 저녁에 무얼 먹고 밤은 대체 어디서 보내게 될지 궁금해 하면서 노새 등 위에 불편하게 앉아 있는 모습을 떠올리게 된다.

일단 산페르난도데아푸레에 도착하자 두 사람은 커다란 카누를 구입해 아푸레 강을 따라 오리노코 수계로 계속 나아갔다. 훔볼트는 정보를 기록하는 여건에 대해서 변함없이 유쾌하게 반응한다.

나는 보트 안에서든 밤에 뭍에 내려서든 매일같이 기록을 남기고 있다. 관찰할 가치가 있다고 생각되는 것이라면 뭐든 적어 둔다. 이따금 폭우나 오리노코 강과 카시키아레 강 강둑 위에 대기를 가득 채운 어마어마한 모기떼 때문에 어쩔 수 없이 중단해야 할 때도 있다. 하지만 며칠 뒤에 적은 내용으로 빠진 부분을 보충한다.[17]

모기떼와 폭우 외에도 훔볼트의 묘사는 등골을 오싹하게 하고 특히 다윈 같은 독자에게는 방랑벽을 부추기기에 충분하다.

디아만테를 통과한 뒤에 호랑이와 악어, 치기로(카피바라)들만 살고 있는 육지로 접어들었다. 치기로는 린나이우스 분류 체계에서 카비아속 가운데 몸집이 큰 종이다. …… 나는 길들여지지 않은 야생의 자연 한복판, 신세계에 있는 자신을 발견한다. 이제는 재규어(아메리카에서 가장 아름다운 표범)가 강가에 모습을 드러낸다. …… 언제나 자연과 씨름하고 있는 인적 없는 저 고장들에서 사람들의 일상 대화는 호랑이나 보아뱀, 악어한테서 도망치는 가장 좋은 방법이 무엇인지로 향한다.[18]

훔볼트 본인도 "호랑이"(사실은 커다란 재규어)와 마주쳐 가까스로 위기를 모면한 적이 있다. 기슭 쪽으로 나갔다가 나무 아래 자고 있던 녀석을 건드렸을 때였다. 다행스럽게도 훔볼트는 재규어한테서 도망치는 가장 좋은 방법이 뒤돌아보지 않고 곧장 걸어 나오는 것이라고 이미 판단했고, 무사히 보트에 도착할 수 있었다.

아푸레 강에서 이동하는 방법은 노를 저어 가는 것이었다. 보트가 더 넓은 오리노코 강에 도달하자 원주민 안내자는 돛을 올린 다음 첫 번째 폭포 방면으로 강을 거슬러 올라갔다. 우루아나에 있는 강가에 자리 잡은 선교 마을에서 현지인 한 명이 훔볼트의 탐사 장비를 구경하러 왔다. 그는 여행객들이 왜 계속 상류로 올라가려 하는지 도무지 까닭을 알 수 없었다. "당신이 여기까지 와서 강 모기한테 물어뜯기고 자기 것도 아닌 땅을 측량하기 위해서 당신네 나라를 떠나왔다는 것을 어떻게 믿을 수가 있습니까?"[19] 이 질문은 자연사의 많은 지점을 포착하고 있다. 현지인이 질문에서 묘사한 활동이야말로 자연사가들이 늘 해온 일이다. 훔볼트와 봉플랑은 거북이 알을 채취하는 인디언들을 만나면서 계속해서 상류로 거슬러 올라갔다. 이 인디언들과의 조우는 훔볼트가 재규어가 다 자란 거북이를 잡아먹을 때 어떻게 등껍질을 뚫을 수 있을지, 또 강둑을 따라 사냥을 할 때 어떻게 거북이 알을 찾아낼 수 있는지 생각해 보는 계기가 되었다.

한번은 선장이 실력을 뽐내려고 바람에 바짝 붙어 범주(帆走)했을 때 보트가 거의 뒤집힐 뻔했다. 훔볼트는 가슴을 쓸어내리며 "책 한 권만 잃었다"고 말하지만,[20] 자신과 봉플랑 모두 정글 깊숙한 곳에서 난파를 당할까 걱정되어 잠 못 이루는 며칠 밤을 보냈다고 인정한다. 모기는 지독할지도 모르지만 훔볼트로 하여금 보디페인팅과 장식에 관해 논의하도록 이끈다. 재규어는 점점 더 흔하게 볼 수 있었지만 훔볼트에게는 매혹적인 원숭이들도 있었다. 전반적으로 《개인적 서술》은 훔볼트가 고국에 돌아온 뒤 안락한 환경에서 썼음을 감안한다 하더라도 작은 탐험대의 용기와 집요함에 탄복하지 않을 수 없다.

오리노코 강 여행은 거의 석 달 동안 이어졌다. 일단 첫 급류들을 통과하고 그들은 더 작은 보트로 갈아타야 했다. 그야말로 폭 90센티미터에 길이가 12미터인 속을 깎아 낸 통나무였다.[21] 불안하고 말을 잘 안 듣는 이 탈 것 안으로 승객과 선원들이 차곡차곡 포개졌고(다해서 성인 남성 12명) 큰 개 한 마리, 책과 장비, 일기와 표본들(살아 있는 것과 죽은 것 모두), 사냥이 여의치 않을 때 버티게 해 줄 식량이 추가되었다. 훔볼트가 이렇게 말한 것도 어쩌면 그리 놀랍지 않다. "그렇게 형편없는 배 위에서 겪는 불편이 어떤지 짐작하기는 힘들 것이다."[22]

배 위에서 유일한 안식처라고는 뒤쪽에 지붕으로 덮인 좁은 공간뿐이었고 승객들과 포획한 새, 원숭이 표본(갑판에 달린 작은 우리 안에 보관되었다)은 따가운 햇볕에 몹시 시달렸다. 여행이 끝날 때가 되자 그들은 앵무새 일곱 마리, 원숭이 여덟 마리, 마나킨(춤새과로 깃털이 아름다운 작은 새—옮긴이) 두 마리, 모모투스(벌잡이새사촌과—옮긴이) 한 마리, 관(봉관조과 큰 새 종류의 총칭—옮긴이) 두 마리, 큰부리새 한 마리, 마코앵무새 한 마리, 킨카주너구리 한 마리를 얻었다. 현지 안내인이 점점 늘어나는 이 컬렉션을 두고 "불만스럽게 중얼거린 것"도 이해가 간다.[23]

탐험의 핵심 가운데 하나는 오리노코 강과 아마존 강의 원류를 이루는 강들 사이의 관계를 규명하고, 네그루 강과 연결되는 지점을 찾을 수 있는지 알아보려는 것이었다. 여러 갈래 지류를 따라 노를 저어 가고 때로는 지류와 지류 사이를 육로로 이동하면서 탐험가들은 네그루 강에 도달해 강을 타고 내려갈 수 있었다. 훔볼트는 브라질로 들어갈 수 있으면 좋겠다고 생각했지만, 에스파냐 국왕한테 발급받은 통행 허가증이 포르투갈령 브라질에서는 오히려 장애물이라는 사실을 알게 되었다. 사실, 브라질 국경 관리들한테는 장비와 노트를 압수하고 아마존 강을 따라 훔볼트를 압송하여 심문을 위해 대서양 건너 리스본으로 보내라는 영장이 발부된 상태였다. 다행히 그는 체포를 면할 수 있었지만 현명하게 발길을 돌린 뒤 카시키아레 강을 거슬러 가 귀환을 위해 오리노코 강으로 합류했다.

에스메랄다 마을에서 훔볼트는 "독물의 달인"을 소개받았고, 인디언들이 사냥과 전쟁에 이용하는 쿠라레를 준비하는 과정을 구경할 수 있었다. 이 "그 지방 최고의 화학자"는 갖가지 식물에서 얻은 추출물을 달이고 혼합물의 효능을 시험하는 자체 실험실을 갖추고 있었다. 추출물은 커다란 항아리에 넣어 끓였고 그렇게 조제한 혼합물을 여과하는 데는 플랜테인(바나나의 일종—옮긴이) 잎사귀를 이용했다. 훔볼트는 쿠라레를 조제하는 과정과 그것을 무기화하는 과정을 하나도 빠트리지 않고 설명하는데, 그 과정에서 독은 알 수 없는 나무에서(그는 아주 흥미로운 식물들이 있어서 어떤 종인지 확인해 보고 싶은 바로 그때 얼마나 자주 그 식물의 부위가 꽃이나 열매가 아닌지에 대해 불평한다) 뽑아낸 끈적끈적한 액체와 섞인다. 독극물과 이 접착제가 섞임으로써 쿠라레는 효과적으로 화살촉에 스며들게 된다.

여기서 우리는 첫 장에서 논의된 몇몇 주제를 만나게 된다. 훔볼트는 머리부터 발끝까지 '자연사 학자'이다. 현지 전문가는 훗날 출판을 위해 자연사 학자가 기록할 유용한 정보를 보유한 흥미로운 인물로 간주된다. 훔볼트는 그의 지식을 높이 평가하지만 어떤 식으로든 자신과 지적으로 대등한 사람으로 여길 것 같지는 않다. 비록 독물의 달인이 주변 정글에 서식하는 동식물에 관해 그 어떤 유럽인보다 훨씬 더 깊이 이해하고 있다고 해도 말이다. 이러한 관계를 단순화시켜 인종적 편견이나 계급적 편견의 하나라고 일축하기 쉽겠지만, 나는 여기서 정말로 드러나는 것은 의도에 따른 자연사의 구분이라고 생각한다. 훔볼트와 봉플랑이 앞서 언급한 현지인, 다시 말해 '자기 것도 아닌 땅'을 측량하기 위해 커다란 불편을 무릅쓴다는 것을 도저히 믿을 수 없다는 사람한테서 받은 질문은 이 쟁점의 많은 것을 포착한다. 독물의 달인은 무척 실용적인 이유로 동식물에 관해 배웠다. 그렇게 함으로써 식량을 마련하고 적으로부터 자신을 보호하며, 동료들 사이에서 숙달된 명인으로서 지위를 획득한다. 반대로 자연사 학자인 훔볼트는 자신의 연구를 통해 실용적인 이득은 전혀 얻지 못한다. 물론 여행기를 출판함으로써 명성이 높아지고 지식을 인정받아 지위를 얻게 되는 것은 사실이나 독일 귀족계급의 일원이 지위와 인정, 물질적 보상을 얻기 위해 재규어와 모기가 바글거리는 정글의 조잡한 카누 안에서 몇 달씩 지내는 것보다 덜 불편하고 덜 위험한 길은 많았다.

독물의 달인은 지신과 자신이 속한 사회가 얻게 될 명백한 혜택을 위해 쓸모 있는 것을 이용했다. 훔볼트는 비실용성이라는 사치를 누렸다. 전기뱀장어나 쿠라레를 이해하고 안 하고는 넓은 의미에서 중요하지 않았지만, 훔볼트는 자신이 정말로 알 필요가 없는 것들을 알아보기 위해 커다란 고생을 기꺼이 감수하고자 했다. 따라서 그의 활동은 언어나 시대와 상관없이 다른 어느 자연사 학자한테든 자연사 연구로서 즉시 인식 가능한 활동이었을 것이다.

훔볼트는 쿠라레를 의료용으로 쓸 수 있는 잠재성을 다룬 보고들에 관심이 있었고(실용적 응용에 대하여 늘 약간은 인식하고 있다), 그 독극물을 삼켰을 때 나타나는 효과를 독극물의 혈액 감염으로부터 관찰되는 효과와 비교하여 길게 논의한다. 이는 다시 독을 묻힌 화살로 사냥한 죽은 동물을 먹어도 왜 아무런 탈이 없는지, 어째서 그 고기를 섭취한 사람에게 독소가 전달되지 않는지에 관한 논의로 이어진다.

에스메랄다를 떠난 훔볼트와 봉플랑은 강물을 타고 내려가 안고스투라에 닿았다. 거기서 끝내 누적된 여행의 스트레스가 영향을 미쳐서 두 사람 다 열병을 앓았다. 훔볼트는 빠르게 회복했으나 봉플랑은 상태가 훨씬 위중하여 여러 주 동안 휴식을 취한 뒤에야 여행을 이어 갈 수 있었다. 일단 봉플랑이 회복하자 두 여행자는 야노스를 가로질러 해안 쪽으로 발길을 돌렸다. 이번에는 훔볼트가 심하게 앓을 차례가 되어 두 사람은 한 달 동안 뉴바르셀로나에 머물러 있어야 했다. 훔볼트와 봉플랑은 원래 활동 근거지였던 쿠마나에 좋은 추억을 갖고 있었으므로, 표본을 정리하고 다음 단계의 계획을 세우려고 그곳으로 귀환하기로 했다.

가장 수월한 이동 방식은 바닷길로 가는 것이었지만 그러면 영국 전함에 나포될 위험이 있었다. 아니나 다를까 밀수꾼의 슬루프선에 승선하여 바다로 나가자마자 그들은 사략선에 따라잡혀 사격 세례를 받았다. 천만다행으로 진짜 영국 전함이 나타났고 훔볼트는 함장에게 초대받아 모험에 관한 이야기를 들려주었다. 내륙에서 훔볼트가 겪은 모험을 영국 전함 호크호(HMS Hawk)의 함장과 장교들이 "영국의 신문들을 통해"[24] 익히 알고 있었다는 사실은 주목할 만하다. 훔볼트가 이미 적잖이 명성을 떨치고 있었던 것이다. 호크호에서 유쾌한 저녁을 보낸 뒤 훔볼트는 자신의 배로 돌아가도 된다는 허락을 받았고, 지도 제작에 활용할 수 있는 추가적인 천문 정보도 얻었다.

애초에 훔볼트의 대략적인 계획은 상선을 타고 쿠바로 바로 가는 것이었다. 그는 에스파냐령 카리브 해 연안에 상선들이 수시로 오고갈 것이라 생각했다. 안타깝게도 영국의 해안 봉쇄가 운항을 심각하게 방해해 온데다, 훔볼트는 중립국 사람이라 억류당할 걱정이 없었겠지만 그런 면책권이 봉플랑에게까지 적용되지는 않았을 것이다. 어쨌거나 타고 갈 만한 배가 거의 없었다. 그 결과 두 친구는 노트를 작성하고 현지를 얼마간 탐험하고 살아 있는 표본들을 프랑스에 보내는 관련 작업을 처리하면서 쿠마나에서 두 달 넘게 머물렀다.[25]

여행가들은 1800년 11월에 베네수엘라에서 출발했다. 쿠바로 가는 항해는 거의 25일이나 걸리는 힘든 여정이었고, 대부분의 항해 기간 동안 온갖 악천후로 고생을 했다. 그들은 아바나에 있는 크리스토퍼 콜럼버스의 무덤을 방문하고 아바나 시 둘레 시골을 탐험하면서 쿠바에서 석 달을 보냈다. 1801년 봄에 훔볼트는, 원래 함께 세계를 일주할 계획이었던 니콜라 보댕 선장이 드디어 돛을 올렸고 몇 달 안으로 남아메리카 서해안을 따라 이동할 것이라는 소식을 들었다. 이 세계 일주선은 오스트레일리아와 동인도제도에 방문할 기회를 제공하기에 훔볼트는 그 배를 잡으려고 야단이 났다. 훔볼트와 봉플랑은 베네수엘라에서 가져온 컬렉션을 곧장 나눈 다음 겹치는 것은 모두 카디스와 잉글랜드로 보냈고, 잉글랜드에서는 조지프 뱅크스 경이 물건을 맡아서 독일에 있는 훔볼트의 집으로 부칠 터였다. 과학자들 간의 협력에는 마음을 따뜻하게 해주는 무언가가 있다. 프로이센과 영국은 프랑스와 에스파냐에 맞서는 동맹국이었지만 주기적으로 서로 교전 중인 나라들의 시민인 훔볼트와 봉플랑은 몇 년 동안 줄곧 잘 지낼 수 있었고, 그들의 표본과 노트를 전쟁 중인 국경을 가로질러 보내줄 동료들로 이루어진 국제적 네트워크에 의지할 수 있었다.

1801년 3월 훔볼트는 두 사람을 중앙아메리카로 데려다 줄 작은 배를 빌렸다. 중앙아메리카에 도착한 다음에는 태평양 해안까지 내륙으로 이동한 뒤 남쪽으로 내려가 프랑스 탐험대에 합류할 계획이었다. 쿠바 남쪽 해안을 출발하여 16일을 항해한 뒤 훔볼트와 봉플랑은 오늘날의 콜롬비아에 있는 카르타헤나에 도착했고, 그다음 막달레나 강을 거슬러 온다까지 이동한 뒤 다시 노새를 타고 보고타로 가서 도시 주변의 산악 지대를 탐험하며 넉 달을 머물렀다. 이 단기 체류 이후 그들은 계속해서 오늘날의 에콰도르에 있는 키토로 갔고 안데스 고산 지대를 탐험한 여섯 달 동안 그곳을 활동 기지로 삼았다.

키토에서 그들은 실망스럽게도 보댕이 케이프혼을 돌아 서쪽으로 가지 않고 희망봉 경로, 곧 아프리카를 돌아 동쪽으로 항해했다는 소식을 들었다. 이제 과학적 세계 일주 탐사의 희망은 사라졌고, 훔볼트는 아메리카 대륙을 더 여행하는 것으로 만족해야 할 터였다. 불행하게도 《개인적 서술》, 아니면 적어도 그 책의 출판된 버전은 카르타헤나 너머로는 독자를 그리 멀리 데려가지 않는다.[26] 그 여행의 후반부를 짐작하려면 〈자연에 관한 견해〉(Views of Nature)와 〈코르디예라산맥의 풍경〉(Vue des caudilleras) 같은 더 학술적인 논문을 읽어야 한다.

키토에 체류한 일은 훔볼트가 원하던 바는 아니었을지 모르지만 지구상에서 가장 높고 가장 극적인 고산 지대의 식물학과 지질학에 전념할 기회가 되었다. 1802년 6월 훔볼트와 봉플랑은 현지 안내인을 동반하여 당시 세계 최고봉이라 일컫던 침보라소 산(해발 6,267미터) 등정을 시도했다.[27] 두 사람이 정상 부근 450미터 안에 접근했다는 사실은 뛰어난 체력과 순전한 투지를 입증하는 것이다. 그들은 눈과 입술에 출혈이 있었다고 보고한다. 정상 등정의 막바지에는 거의 기어가다시피 할 수밖에 없었는데 그것도 결국은 깊은 크레바스를 만나 멈춰야 했다. 훔볼트로서 가장 짜증스러웠던 건 아마도 추위로 손에 감각이 없어져 과학 장비를 거의 조작할 수 없었다는 사실이리라.

비록 앞으로 50년 동안 깨지지 않게 될 등반 기록을 세우긴 했지만, 전반적으로 훔볼트는 자신들이 시도한 등정의 과학적 성과는 보잘것없다고 느꼈다. 이는 어떤 의미에서는 사실일지도 모르지만 등정 시도와 고도의 중요성(앞서 살펴본 대로 테네리페에서 그는 분명히 고도를 염두에 두고 있었다)에 대한 훗날 훔볼트의 해석은 여태껏 제작된 것 가운데 가장 극적이고 진정으로 다차원적인 과학적 그림 가운데 하나로 이어졌다. 이것은 아마도 현대 생물지리학의 진정한 근원이라 할 《식물지리학 시론》(Essay on the Geography of Plants, 1807)에 실린 〈안데스와 인근 지방의 자연환경〉(Tableau physique des Andes et Pays voisins)이었다.[28] 이 그림에서 훔볼트와 봉플랑은 자신들이 기록한 서로 다른 식생대를 깊은 바다에서부터 침보라소 꼭대기까지 죽 배치하고 이런 대상(帶狀) 분포의 원인이라고 생각하는 기후적 요인들도 묘사했다.

《식물지리학 시론》 자체는 본질적으로 이 놀라운 시각적 묘사에 대한 설명이며, 《개인적 서술》이 내비친 수많은 생각을 검토하는 동시에 더 응축되고 간결한 과학적 구성으로 제시한다. 〈안데스와 인근 지방의 자연환경〉에서 다루고 있는 여러 주제 목록은 주목할 만하다. 식생, 동물, 지질, 재배, 기온, 영구 설선, 대기의 화학적 구성, "전기 장력"(전압—옮긴이), 기압, 중력 감소, 하늘의 색깔, 굴절, 물이 끓는점에 이르기까지 다양하다. 훔볼트는 테네리페에서, 또 오리노코 강을 따라 여행할 때도 이 모든 걸 측정해 왔지만, 〈자연환경〉과 《시론》을 통해 그 모든 것을 종합하여 결국 한 장의 도판과 그에 딸려 대단히 긴 도판 설명 역할을 하는 것을 내놓을 수 있었다.

침보라소를 오른 뒤 훔볼트와 봉플랑은 아마존 강 최상류를 탐험하기 위해 산을 넘어 안데스를 따라 남쪽으로 계속 이동했다. 두 사람은

그림 14 침보라소 산. 다소 상상이 가미된 19세기 초의 이 삽화에는 세심하게 배치된 '이국적' 식물과 동물, 사람들이 담겨 있다. 하지만 훔볼트가 분석한 세부 사항은 거의 보여 주지 않는다.

도중에 코토팍시 화산 폭발에 잠시 주의를 빼앗기며 리마로 계속 나아갔다. 리마에서 그들은 배를 타고 1803년 초에 과야킬에 도착, 다시 멕시코 아카풀코로 항해를 이어 갔다. 그다음에는 육로로 멕시코시티까지 이동하여 여러 달 동안 그곳에 머물렀다. 훔볼트는 현지의 자연사 학자들과 장서들의 도움을 받아 훗날《누에바에스파냐 왕국에 관한 정치적 시론》(Political Essay on the Kingdom of New Spain)이 될 글을 쓰기 위해 폭넓은 자료를 수집했다.[29] 훔볼트는 이미 생물학과 물리학을, 오늘날 우리가 사회학, 경제학, 지리학이라고 부르는 학문들과 연결 짓고 싶어 했다. 사실 훔볼트가 작업하고 있었던 것은 '인간생태학'이라는 명칭이 가장 잘 들어맞는 작업이었다. 물론 이 용어는 한 세기 이후에나 등장하지만 말이다.

훔볼트는 곧장 고국으로 가지 않고 귀환 길에 미국에 들르기로 했다. 미국 방문 계획은 보댕의 세계 일주에 합류할 가능성에 정신이 팔리기 전에 그 대안으로 쿠바에서 세워 둔 계획이었다. 그때만 해도 그는 미시시피 분지를 탐험하고 싶어 했으나, 이제는 과학적 대화에 더 관심이 많은 듯했다. 먼저 쿠바로 배를 타고 이동한 뒤 거기서부터 동부 해안을 따라 필라델피아까지 올라간 훔볼트와 봉플랑은 자리를 잡아 가고 있던 미국의 과학계에서 환영을 받았다.

두 여행객은 오랫동안 과학에 깊은 관심을 기울여 왔고, 뒤에 나오겠지만 북아메리카를 가로지르는 '루이스와 클라크 탐험대'를 막 파견한 토머스 제퍼슨을 만날 수 있도록 워싱턴으로 초대되었다. 훔볼트와 봉플랑은 틀림없이 이 '발견단'(Corps of Discovery, 루이스와 클라크 탐험대의 다른 명칭—옮긴이)에 전적으로 찬성했을 것이며(그들도 때마침 미국에 있었다면 참가했으리라 쉽게 짐작된다), 훔볼트는 제퍼슨이 노예 소유주였음에도 따뜻한 직업상 우정을 키웠던 것 같다. 두 여행객은 이윽고 필라델피아로 돌아와 영국 영사로부터 통행 허가증을 받아 프랑스로 귀환하는 배에 올랐다.[30]

봉플랑과 훔볼트는 5년 전쯤에 떠난 뒤로 프랑스가 얼마나 크게 변했는지 발견했다. 그들이 산을 오르고 기이하고 이국적인 동식물을 관찰하며 정글을 탐험하는 동안 나폴레옹 보나파르트는 장군에서 제1통령의 자리에 올랐고 이윽고 프랑스의 황제가 되어 있었다. 나폴레옹은 혁명의 에너지를 프랑스 외부로 돌려 나머지 세계 대부분과 전쟁을 벌여 왔다. 공화주의에 동조적인 훔볼트가 이런 상황을 어떻게 생각했을지는 짐작만 할 수 있을 뿐이다.[31]

프랑스로 먼저 부친 표본과 노트 일부는 도중에 분실되었지만 훔볼트와 봉플랑은 정리할 식물 표본을 여전히 6천 점 넘게 보유하고 있었고, 수천 페이지에 달하는 노트와 목록 작업을 해야 할 방대한 양의 표본이 더 있었다. 커다란 인기를 끈《개인적 서술》과《식물지리학 시론》외에도 훔볼트는 1805년부터 1826년까지 17권이 넘는 중요한 저작을 내놓았다. 이 책들의 주제는 순수 식물학과 지질학에서부터 신세계의 정치 상황에 관한 논의에 이르기까지 여러 방면에 걸쳐 있다.

봉플랑의 이후 인생은 훔볼트보다 덜 극적이다. 황제의 집안과 친한 그는(훔볼트와 함께 해외로 나가기 전에 프랑스 군대에서 복무했다) 파리 외곽 말메종에 있는 식물원에서 조세핀 황후의 정원사로 임명되었다. 나폴레옹의 몰락과 뒤따른 정치적 혼란으로 이 자리는 탐탁지 않은 자리가 되었고, 1816년에 봉플랑은 부에노스아이레스대학의 교수직을 수락하여 아르헨티나로 떠났다. 그는 꾸준히 남아메리카를 탐험했으나 1821년에 파라과이에서 체포되어 10년 동안 그곳에 억류되었고 그 기간 동안 전직인 의사로 다시 활동하였다. 억류에서 풀려난 뒤에는 아르헨티나로 돌아와 계속 거기서 일하다가 1858년에 오늘날의 우루과이에서 사망했다.

아메리카 대륙 탐험과 그 이후에 펴낸 책과 논문들 덕분에 훔볼트는 당대의 가장 중요한 과학자로 자리매김했다. 프로이센 국왕은 훔볼트의 개인 재산이 바닥나기 시작할 무렵 연구를 재정적으로 뒷받침했고 외교 사절로 그를 런던에 파견했다. 훔볼트는 나폴레옹의 최종적 패배 이후 유럽을 분할한 엑스라샤펠 평화회의에도 참석했고 그 기회를 이용해 아시아 방문 계획에 보탬이 될 사람들과 접촉했다. 그 사이 그는 파리대학에서, 어쩌면 오직 그만이 온전히 다룰 수 있을 주제에 관한 일련의 강좌를 시작했다. 강좌의 주제는 바로 우주였다.

1829년 훔볼트는 파리를 떠나 베를린으로 왔고 베를린에서 니콜라이 황제가 러시아령 아시아 탐험을 후원할 것이라는 소식을 들었다. 이 무렵 훔볼트는 남아메리카 관련 저작들을 출판하고 젊은 과학자들의 연구를 지원하는 데 유산을 거의 다 탕진했으므로 반가운 소식이었다. 그는 11년 전 평화회의에서 얻은 인맥에 도움을 받아 상트페테르부르크로 갔다. 훔볼트는 러시아에서 뜻밖의 기분 좋은 환대를 받았다. 황실은 탐험 계획에 무척 열성적이어서 정기적으로 훔볼트와 만나 편안한 분위기에서 함께 식사를 했다. 이 눈에 띄는 호의는 여행의 후원과 여행 자체를 대단히 수월하게 만들었다. 물론 횡단해야 할 거리와 지역은 여전히 만만찮은 자연 장애물이 되었다.

훔볼트는 상트페테르부르크에서 모스크바로 이동하여 거기서부터 우랄산맥을 넘어 동쪽으로 몽골 국경까지 갔다가 카스피 해에 들른 뒤 베를린으로 귀환했다. 그 여행에서 많은 시간을 동부 러시아에서 개발되고 있던 광범위한 광산을 둘러보며 보냈는데, 아메리카 여행보다는 짧았지만(아홉 달이 약간 못 되게 떠나 있었다) 남아메리카와 중앙아시아의 지질을 진지하게 비교하는 작업을 어느 정도 할 수 있었다. 카스피 해 방문은 전형적인 훔볼트 스타일이었다. 바닷물 분석을 수행하고 파리에서 해부 연구를 하는 퀴비에를 위해 희귀종 물고기를 구하는 이중의 목표를 갖고 있었다. 여행 대부분의 기간 동안 훔볼트는 마차를 타거나 말을 타고 이동했는데, 비록 그가 지나간 어떤 지역은 사람을 쏘는 곤충들로 유명했지만 오리노코 강 여행보다는 훨씬 편안했을 것이다. 탐험은 25주에 걸쳐 대략 14,500킬로미터, 말하자면 하루에 무려 80킬로미터 넘는 거리를 이동했다. 이런 신속한 이동은 오로지 황제의 칙허 덕택에 가능했을 것이다. 어떤 전기 작가는 이 여행에서 1만2천 필의 역마가 교대로 이용되었다고 말한다.[32]

훔볼트의 다음 기획은 일생의 역작을 의도한 것이었다. 다름 아닌 사실상 우주 만물을 논의하는 백과사전적 전집이었다. 우리가 익히 본 대로 물리 세계와 생물계의 완전한 그림을 다루는 전집을 편찬하려는 시도는 늦잡아도 아리스토텔레스로까지 거슬러간다(아수르바니팔도 자신의 거대한 도서관으로 어쩌면 그런 기획을 했으리라 짐작할 수도 있다). 그러한 대작의 범위는 아리스토텔레스 시대 이래 어마어마하게 확대되어 왔다. 봉플랑은 남아메리카에서 대략 6천 종의 식물 표본을 가지고 돌아왔다. 고작 50년 전에 린나이우스는 지구상에 서식하는 '총' 7천 종의 식물을 열거했다. 2천 년에 걸친 자연사 연구를 통해 드러난 늘어나는 생물학적 다양성 외에도 자연과학은 아리스토텔레스나 플리니우스가 상상한 그 어느 것보다도 훨씬 더 정교해지고 상세해져 왔다. 그렇다 하더라도 그 모든 것을 종합할 수 있는 누군가가 있다고 한다면 그 사람은 바로 훔볼트였을 것이다.

《코스모스》(Cosmos)라고 알려진 다섯 권짜리 저작은 1820년대 파리대학에서 했던 우주에 관한 강좌의 강의 노트로 시작되었다. 첫 권은 1845년에 나왔고 후속 권들은 1859년 훔볼트가 사망할 때까지 일정한 간격을 두고 출간되었다. 훔볼트는 자신보다 여건이 좋지 않은 다른 과학자들을 격려하고 후원하는 일도 계속했다. 파리에서 루이 아가시가 자금이 부족하여 연구를 그만두려고 했을 때 훔볼트는 그에게 50파운드를 보내면서 빌린 셈치고 언제든 가능할 때 갚으라고 말했다. 이러한 관대함 덕분에 아가시는 퀴비에와 연구를 계속할 수 있었고 그 결과는 다음 장에서 만나게 될 것이다.

훔볼트는 뛰어난 과학자이자 박학가인 동시에 지나칠 만큼 너그럽고 주변 세계에서 끊임없이 기쁨을 얻는 대단히 인간미 넘치는 인간이었다. 그는 1859년 5월에 세상을 떠났다. 그의 마지막 말은 다름 아닌 창문 너머로 보이는 태양을 두고 한 말이다. "얼마나 장엄한 햇살들인가! 마치 천국을 향하여 지구에 손짓하는 듯하구나!"[33] 그보다 일 년 조금 전에 켄트의 다운하우스에는 훔볼트의 열렬한 애독자가 또 다른 애독자에게 보낸 작은 소포를 동봉한 편지가 도착했다. 찰스 다윈이 앨프리드 러셀 월리스한테서 자연선택에 관한 원고를 받은 것이다.

11장 빛의 심장부
월리스와 베이츠

　서양 문학에는 조지프 콘래드에 의해 예시된 하나의 문학 전통이 있다. 이른바 문명화된 유럽인이나 미국인이 어느 미개한 오지로 들어갔다가 그나 그녀가 대표한다고 여겨진 모든 것을 거짓으로 만드는 일종의 짐승 같은 야만으로 퇴행한다는 설정이다. 이러한 발상에는 대단히 매력적인 구석이 있다. 문명이 둘러치고 있는 허식은 길들여지지 않은 자연의 엄혹한 현실 앞에서 곧장 떨어져 나간다. 문제는 그 모든 우화들과 마찬가지로 그것이 반드시 사실은 아니라는 것이다. 앞 장에서 우리는 이미 훔볼트와 봉플랑, 곧 역사상 가장 문명화된 자연학자 두 사람이 정글로 들어가 인간성을 조금도 잃지 않은 채 곳곳을 누비고 무사히 빠져나온 것을 보았다.

　앨프리드 러셀 월리스(1823~1913)와 헨리 월터 베이츠(1825~1892)는 이런 종류의 '반(反)콘래드' 이야기의 또 다른 사례가 된다. 교양 있는 문명인들이 정글로 들어가 긴 강을 거슬러 올라가고 끊임없는 위험을 겪은 뒤, 그들이 정글에 처음 들어갔을 때보다 더 높은 교양을 갖춘 채 빠져나온다. 더욱이 두 사람은 암흑의 심연에서 커츠(콘래드의 소설 《암흑의 심연》의 주인공—옮긴이)의 "공포"가 아니라 자신들이 만난 부족민들과 그 장소에 대한 깊은 이해와 심지어 공감을 견지할 수 있었다. 월리스는 19세기의 가장 찬란한 위업 가운데 하나인 지적인 보물을 들고 돌아왔다. 바로 자연선택에 따른 진화 이론이다.

월리스한테는 대단히 흥미로운 구석이 있다. 그는 다윈보다 한참 뒤에 태어났고 다윈보다 한참 오래 살아서 우리는 그를 포착한 일련의 사진들 전체를 볼 수 있다. 사진은 청년 월리스부터 에드워드 시대의 현인 월리스까지 다양하게 걸쳐 있다. 종종 슬프고 나이 들어 보이는 다윈의 사진과 대조적으로 월리스의 사진들은 꿰다놓은 보릿자루처럼 볼품없는 젊은이로 시작해 자신만만한 젊은 탐험가로, 그다음은 진지한 과학자로, 마지막에는 누구나 좋아할 법한 큰할아버지라고 묘사할 수밖에 없는 모습으로 끝난다. 사진에서 다윈은 결코 웃지 않는 반면, 훗날의 사진들에서 월리스의 눈은 확연하게 반짝반짝 빛나고 있다. 월리스가 아이들 영화에서 산타클로스를 연기하는 모습을 얼마든지 그려볼 수도 있다. 월리스의 사진을 보고 있노라면 자신이 꿈에도 생각 못 한 어마어마한 위업을 이루었다는 사실에 끊임없이 재미있어 한다는 느낌이 든다.

재산과 지위, 정규교육, 과학계에서 입지라는 것은 아주 좋은 이점이고 확실히 도움이 된다. 하지만 월리스는 엄청난 노력과 약간의 행운, 그리고 얼마간의 타고난 천재성이 있다면 다양한 분야에서 중요한 공헌을 할 수 있음을 증명한다. 아무것도 안 할 구실을 찾으려고 할 때 우리는 고개를 저으며 "그래, 결국에 훔볼트는 남작이었잖아" 또는 "다윈은 부유한 집안 출신으로 훌륭한 대학에 갔지" 하고 말할 수 있다. 하지만 이

그림 15 앨프리드 러셀 월리스(1895년)

런 변명도 월리스한테는 안 통한다. 그는 브라질의 딱정벌레와 화성의
생명체, 그리고 그 사이에 있는 거의 모든 것에 매료된 아무런 배경 없
는 월리스 자신일 뿐이다.

지난 20년 동안 월리스를 '재발견'하는 산업이 성장해 왔고 한동안
은 다윈을 깎아내리고 폄하하는 데 월리스를 이용하는 광풍에 가까운
분위기가 있었다. 나는 월리스가 이런 분위기를 슬퍼했을 것 같다는 생
각이 든다. 그의 글 어디에도 그가 두 사람 공동의 진화 이론의 타당성
을 확립했다는 공로를 마땅히 돌린 다윈에게 존경과 흠모, 감사 말고
다른 감정을 느꼈다는 증거는 전혀 없다. 월리스는 우선권의 문제에 연
연하기에는 너무도 바쁜 사람이었다. 새로운 발상을 끝없이 추구해 나
가는 능력만이 중요했다. 월리스는 새로운 장소든 새로운 종이든, 오래
된 관찰 내용에 대한 설명이든 새로운 것을 좋아했다. 무엇보다도 월리

스는 훔볼트처럼 굉장히 인간미 넘치는 사람이었던 것 같다. 또 그의 후대의 사진을 보기만 하면 그가 매우 괜찮은 사람이었다는 것을 금방 알 수 있다.

딱 한 번 방랑벽에 사로잡힌 뒤 다윈은 내향적으로 돌아섰고, 장구한 시간대를 가로질러 어떤 절대적 기원에 정신을 쏟은 채 여생 대부분을 지리적으로 좁은 궤도 안에서 보냈다. 다운하우스의 고요함은 공업화 와중인 영국의 곤경들로부터 안식처가 되어 주었고, 에머는 찰스가 작업을 잘 해나갈 수 있게 평온한 삶이 유지되도록 챙겼다. 반대로 훔볼트와 월리스는 결코 여행을 멈추지 않았다. 두 사람은 세상 '속에' 나가 있었고 그들의 생각과 행동은 대체로 그 '세상의' 것이었다. 훔볼트처럼 월리스는 당대에 널리 이름을 떨쳤으나 훔볼트처럼 사후에 명성이 바랬다. 결국에 월리스는 다윈이나 훔볼트라면 발을 들이지 않을 곳으로 사고를 뻗쳐 나갔다. 정신은 자연선택도 초월하는 어떤 것으로 존재한다는 주장은 월리스와 다윈 사이에 격렬한 의견 대립 일어난 유일한 원천이었다.

월리스는 몬머스셔 어스크에서 1823년 1월 8일에, 즉 딱 맞는 시대, 딱 맞는 나라에 태어났다. 그 시대 영국은 흥기하는 강대국이었다. 월리스의 후기 저작《멋진 세기》(The Wonderful Century)의 주제가 된 그 시대는 월리스의 여행과 과학을 상당 부분 가능케 한 산업혁명과 과학혁명의 시대였다.[1] 충분한 시간과 얼마간 돈이 있고 건강이 따라 준다면 영국인 여행객은 거의 세계 어디로든 다닐 수 있고 무엇이든 할 수 있었으며, 자신이 진정으로 지구적인 권력과 영향력의 네트워크로부터 지원을 받을 수 있다는 점을 알고 있었다. 운송과 통신을 용이하게 하고 세계 여행과 지구적 규모의 자연사 탐구를 위한 경제적 토대를 제공한 진보가 처음에는 홈볼트를, 다음에는 월리스를 그토록 분노하게 만든 아동 노동과 기계화된 전쟁, 압제의 기반을 똑같이 창출했다는 것은 아이러니하다. 그럼에도 월리스는 결코 희망을 잃지 않았고, 《멋진 세기》 말미에 이렇게 쓴다.

진정한 인간성, 즉 좌시할 수 없는 우리 시대의 사회적 해악을 끊어 버리겠다는 결의와 그것들이 폐지될 수 있다는 확신, 그리고 인간 본성에 대한 흔들리지 않는 믿음이 오늘날과 같이 그토록 강렬하고 격렬하며 그토록 급속히 성장한 적은 없다. …… 대세는 우리 편이다. 우리에게는 우리를 격려하고 인도해 줄 위대한 시인과 작가, 사상가들이 있다. 그리고 그 빛을 전파할 성실한 일꾼 무리가 갈수록 늘어 가고 있다.[2]

월리스 본인은 물론 그 위대한 사상가들 가운데 한 명이고 또 성실한 일꾼이기도 했다. 비록 그러한 찬사에 쑥스러워했겠지만 말이다. 그는 범선 시대의 절정기에 태어났다. 그가 죽을 무렵이 되자 비행기와 전화, 지구적 통신은 이미 현실이 되었다. 그는 20세기의 대부분을 싫어했을 것이다.

월리스의 아버지는 월리스가 어린 시절 내내 도서관 사서와 학교 선생을 비롯해 이런저런 잡다한 직업을 거쳤다.[3] 그나마 얼마 안 되는 집안의 가외 수입은 파산으로 날아갔고 그 결과 월리스 가족은 일자리와 세가 저렴한 방을 찾아 끊임없이 옮겨 다녔다.[4] 월리스의 정규교육은 중등학교를 몇 년 다닌 데 그쳤고, 기숙학교에 잠시 머무른 정도였다. 자서전에서 월리스는 그때 배운 공부가 대부분 인명과 연대, 지명을 아무 생각 없이 외우는 것에 불과했다고 다소 서글프게 말한다. 그래서인

그림 16 〈멍고 파크가 처음 본 나이저 강의 모습〉(1816년), 멍고 파크의《1795과 1796, 1797년의 아프리카 내륙 지방 여행》에 나오는 삽화. 이런 광경은 젊은 다윈과 훗날 앨프리드 러셀 윌리스, 존 뮤어를 고무했고, 세 사람은 모두 여행 욕구를 불러일으킨 원천으로 멍고 파크의 책을 꼽았다.

지 가세가 더욱 기울어 학교 과정이 갑작스레 끝나게 되었을 때 딱히 싫어하지 않았던 것 같다.

아마도 윌리스의 사고를 발전시키는 데 가장 중요한 영향을 끼친 것은 아버지가 집에 가져오거나 독서 클럽을 통해 그에게 보내준 책들이었을 것이다. 방대한 소설류를 비롯해 독서 목록은 광범위했지만 윌리스는 자서전에서 멍고 파크의 아프리카 여행기에 사로잡힌 일을 언급하고 있다. 이국적 장소에 일찍이 노출된 경험은 그의 모험 욕구에 영향을 주었을지 모른다.[5] 윌리스는 열네 살 때 학교를 떠나 목공소 견습생이던 형 존과 함께 살려고 런던으로 갔다. 윌리스는 목공소 일을 도왔고, 재미 삼아서 또 앨프리드 인생의 만년에 중심이 되는 주제인 사회주의와 노동자의 권리에 관한 강연을 듣기 위해 형과 함께 런던을 돌아다녔다. 목공소에서 한 일은 나중에 월리스가 동인도제도에 가게 되어 채집 상자와 연구를 위한 기본 도구들을 직접 만들어야 했을 때 큰 도움이 된다.

런던에서 몇 달을 지낸 뒤 그는 측량을 배우기 위해 또 다른 형제인 윌리엄한테 간다. 측량은 월리스에게 실제 세계의 문제에 수학을 응용하는 것을 보여 주었고, 지질학에 대한 윌리엄의 관심도 전염성이 강한 것으로 드러난다. 월리스는 여행하는 도중에 발견한 화석으로 컬렉션을 구축하기 시작했다. 그는 식물학에도 관심을 갖게 되었고 자기만의 식물 표본집을 발전시키는 동안 표본을 말리고 보존하는 가장 좋은 방법을 찾아냈다. 측량 작업은 두 형제를 다양한 풍경에 노출시키고, 월리스에게 자연학자로서 실력을 갈고 닦을 시간을 제공하면서 두 사람을 잉글랜드 곳곳으로 데려갔다. 이 목가적 시기는 오래가지 않았다. 1843년에 아버지가 세상을 떠났고 측량 일감도 크게 줄어들어 월리스는 교사가 되어 보기로 결심하고 레스터의 작은 사립학교에 지원했다.

레스터에서 월리스의 생애 전체에 엄청난 영향을 끼치게 되는 세 가지 중요한 사건이 일어났다. 첫 번째 사건은 책이라는 형태로 다가왔다. 그는 토머스 맬서스의 《인구론》을 발견했다. 폭발하는 인구와 제한된 식량 자원이 불러올 불가피한 결과를 설명한 책이었다.[6] 그는 훔볼트의 《개인적 서술》도 우연히 발견했는데, 이 책은 열대에 대한 관심에 불을 지폈다. 세 번째 사건은 바로 헨리 월터 베이츠를 만난 일이다. 베이츠는 월리스처럼 자연사를 거의 독학으로 공부했지만 특히 곤충에 관심이 많은 젊은이였다. 베이츠의 집은 월리스 집안보다는 형편이 나았지만 그 집 사람들도 역시 정규교육은 많이 받지 못했다.

월리스는 곤충학에 곧 사로잡혔고 레스터 주변 시골에서 곤충 채집 탐험에 베이츠와 함께했다. 채집 활동 말고도 두 친구는 수수께끼에 싸인 《천지창조의 자연사 흔적》(Vestiges of the Natural History of Creation)에 관해 흥분해서 논의하기도 했다. 1844년에 익명으로 출간된 이 책은 종이 변할 수도 있다는 주장으로 거센 논쟁을 불러일으킨 책이었다.[7]

1846년 월리스의 형 윌리엄이 갑자기 죽고 말았다. 앨프리드는 형의 측량 기구를 물려받아 그해에 영국을 휩쓴 철도 건설 광풍에서 유용하게 써먹을 수 있었다.[8] 건설 거품이 꺼지고 측량 사업이 다시금 수지가 맞지 않게 되기 전에 월리스는 충분한 자금을 모아 베이츠에게 남아메리카에서 직업적인 자연사 수집가로 함께 일해 보지 않겠냐고 제의했다. 이것은 굉장히 위험이 큰 제안이었다. 국가기관과 민간의 수집가들이 희귀하고 아름다운 종에는 큰돈을 지불할 용의가 있었지만, 여행은 여전히 진짜 위험이 많았고 훔볼트와 봉플랑이 깨닫게 된 대로 표본, 특히나 손상되기 쉬운 나비와 나방 표본을 무사히 유럽으로 보내는 건 보통 일이 아니었다.

월리스와 베이츠는 틀림없이 주위를 둘러보고 영국에 남아 지루한 하층 중간계급의 삶을 살아갈 것인지 아니면 해외로 나가 잠재적 명성과 경제적 보상을 얻을 것인지 선택에 직면했음을 깨달았을 것이다. 중요한 것은 둘 다 독서를 통해 여행 욕구가 발동한 상태였고 종의 기원과 다양화에 관한 문제에 관심이 컸다. 만일 두 사람이 떠나고자 한다면 때는 지금이었다. 둘 다 미혼이었으며 젊고 신체가 건강하며 야망이 있었다. 딱 맞는 목적지는 분명했다. 남아메리카가 펼쳐지고 있었다. 머지않아 그곳은 온갖 종류의 수집가들 천지가 된다. 또 월리스가 베이츠에게 보낸 편지에서 표현한 대로, 그에게는 아메리카 열대 지역을 여행할 가치를 입증해 보인 두 가지 전례가 이미 존재했다. "나는 3~4년 전에 다윈의 《비글호 항해기》를 처음 읽었는데, 최근에 다시 읽었어. 과학적 여행가의 일기로서 그 책은 홈볼트의 《개인적 서술》에 버금갈 뿐 아니라 일반적 관심을 다룬 작품으로서는 어쩌면 그보다 더 우수해."[9] 베이츠와 월리스는 미국의 곤충학자 윌리엄 에드워즈의 아마존 여행기도 읽었다. 그 책에는 파라 주변 지방에 대한 묘사가 포함되어 브라질로 가고자 하는 두 사람의 결의를 더욱 굳혔다.[10]

레스터셔 안팎의 자연 답사로 베이츠와 월리스는 곤충을 채집하고 보존하는 경험을 풍부히 쌓았지만, 바야흐로 두 사람은 여태까지 취미로 하던 활동을 새로운 차원으로 끌어올리고자 했다. 그들은 표본을 포장해 발송하는 적절한 방법에 관해 대영박물관의 전문가들과 상의하기 위해 런던으로 갔고, 월리스는 새를 사냥하고 박제하는 법을 배우는 속성 강습도 들었다. 그런 일 못지않게 중요한 준비 작업으로 두 사람은 본국으로 부치게 될 모든 표본의 수령자 역할을 맡고 될 수 있으면 많은 표본들의 구매자들을 찾아 줄 대리인을 구했다. 다윈이나 홈볼트와 달리 두 사람 모두 어려운 시기를 넘기도록 고향에서 수표를 보내줄 것이라 기대할 수 없었으므로, 여행의 지속 가능성과 재정적 안정 전체가 그들의 수집품에 시장을 찾아 줄 대리인의 능력에 달려 있었다. 그들은 큐식물원을 방문해 윌리엄 후커를 만났는데, 후커는 큐식물원을 확장하고 있는 중이었다. 후커는, 흥미로운 식물을 입수한다면 무엇이든 기쁘게 매입하겠다고 장담했다. 런던으로 돌아오자 대영박물관의 인시목분과 큐레이터 에드워드 더블데이가 브라질 북부는 여전히 수집가들에게 잘 알려져 있지 않다고 알려주었고 이러한 조언으로 두 사람은 자신

들의 목적지 선택이 현명했음을 더욱 확신하게 되었다.[11]

이러한 준비 작업을 마치고 월리스와 베이츠는 브라질로 가는 190 톤짜리 스쿠너선 미스치프호(Mischief)에 올랐다. 선배들처럼 그들은 비스케이 만이 굉장히 험하다는 사실을 알게 되었고, 월리스는 항해 첫 주 동안 심한 뱃멀미를 앓았다. 다행스럽게도 마데이라제도를 지나자 배의 흔들림에 익숙해졌고 그 시점부터 날씨도 줄곧 좋았다. 그들은 1848년 5월 말에 아마존 강 어귀에 무사히 도착했다. 두 자연학자는 자신들이 본 신세계의 첫 모습에 실망했다. 아마존의 동식물군에 대한 에드워즈의 극적인 묘사는 그들이 생물학적 다양성에 즉각 압도될 것이라고 기대하게 만들었지만 월리스는 눈앞의 광경에 별로 감동받지 않았다.[12] 베이츠는 도착했을 때 벌어지고 있던 축제에 관해 쓰고 모든 이국풍에 환호하며 그곳의 분위기에 더 빠르게 빠져들었지만, 월리스는 원숭이와 이국적인 나비들을 원했다. 파라 시(현재의 벨렝)는 작고 먼지투성이였으며, 진짜 열대림의 가장자리는 몇 킬로미터 더 떨어져 있었다. 조류는 비교적 드물었고 가장 흔한 동물은 초심자들의 손아귀를 빠져나가는 도마뱀이었다.

현지 영사의 집에서 잠깐 머문 뒤 두 여행자는 몇 달 동안 활동 기지가 될, 도시 가장자리의 한 빌라로 옮겨 갔다. 거기서 그들은 그 지역의 숲을 탐험하고 본격적인 채집 작업을 시작할 수 있었다. 파라에서 보낸 생활은 어떤 점에서는 다소 행복하게 들린다. 오전은 정글에서 채집하고 관찰하며 보냈다. 오후의 열기가 찾아오면 대부분의 곤충은 자취를 감추므로 이런 사정은 오후 늦게 작업을 다시 시작할 때까지 물러나 휴식을 취할 수 있는 좋은 구실이 되었다. 베이츠는 곤충만 전문적으로 취급했지만 월리스는 모든 것에 관심이 많았다. 그는 후커의 식물 표본 요청을 염두에 두고 될 수 있는 대로 많은 식물 표본을 채집하고 채집 노트를 기록했다. 이 노트들은 월리스의 첫 저술로 이어지게 된다.[13]

그의 초기 글에서 볼 수 있는 대로 그는 처음의 실망감을 재빨리 극복했다. "뿌리로 지지되는 거대한 몸통의 나무들, 환상적인 모양으로 뒤엉킨 덩굴들, 이상한 착생 식물이 곳곳에서 유럽의 목초지와 황무지에서 갓 온 자연학자의 황홀한 눈길과 만난다."[14] 야자나무는 갈라파고스에서 거북이들이 다윈을 매혹한 것처럼 그를 매혹했다. 순진한 그의 눈에는 모든 종들이 저마다 다음에 접하는 종들과 살짝 달랐지만 그래도 야자나무로 알아볼 수 있을 만했다. "자연을 사랑하는 사람에게 야자는 그가 열대의 무성한 식생 한복판에 있음을 상기시키고 어린 시절부터 야자라는 이름과 연관시켜 온 허황되고 아름다운 생각들은 무엇이든 현실화시켜 주면서 변함없는 흥미의 원천이 된다."[15] 월리스는 정말로 웨일스의 계곡에서 한참 멀리 와 있었지만 여전히 훨씬 더 멀리 가야 했다.

정글로 진입하면서 월리스는 야생 원숭이들과 처음으로 조우했고 그 중에 몇 마리를 표본 채집하기 위해 총으로 사냥했다. 월리스는 이 만남에서 인도주의와 실용주의의 흥미로운 혼합을 보여 준다. "그 가여운 작은 동물은 완전히 죽지는 않았고 그 울음소리와 순진무구해 보이는 얼굴, 섬세해 보이는 손은 마치 아이 같았다. 원숭이가 얼마나 맛이 좋은지 종종 들었기 때문에 그것을 집으로 가져와 작게 썬 뒤 아침으로 기름에 튀겨 먹었다."[16]

전성기의 자연사는 비위가 약한 이들에게 맞지 않았다. 월리스와 베이츠가 정글의 풍경에 익숙해지자 채집 활동은 순조롭게 진행되었다. 이내 그들은 3천 점이 넘는 표본을 판매용으로 잉글랜드에 부칠 수 있게 준비했다. 월리스는 후커에게 보낼 식물 표본 수백 점도 포장했지만 그 위대한 식물학자는 월리스의 노력에 별다른 감명을 받지 않았던 것 같다. 적어도 나중에 월리스의 《아마존의 야자나무와 그 용도》(Palm Trees of the Amazon and Their Uses)에 관해 부정적 서평을 싣게 될 정도로 말이다.[17]

표본이 무사히 운송되고 있다는 것을 확인한 뒤에 월리스와 베이츠는 아마존 강의 지류인 토칸틴 강 상류로 장기 여행을 떠나기 위해 현지의 어느 제재소 십장과 합류했다. 그들은 거의 50년 전에 홈볼트와 봉플랑이 이용했던 것보다 훨씬 더 견딜 만한 편안한 선박으로 이동했다. 이 배는 길이는 8.5미터였지만(홈볼트의 배보다 짧음) 폭이 250센티미터로 항행 중에 움직일 만한 더 넓은 공간이 있었고 승객과 화물이 비바람에 노출되지 않게 지붕이 있는 공간이 두 군데 있었다. 출발할 때는 선원 넷이 함께했지만 첫 정박지에서 수로 안내인이 배에서 달아났고 곧 다른 두 선원도 뒤따라 도망쳤다. 결국 가까운 플랜테이션 농장에서 노예 두 명을 임대하는 것을 받아들일 수밖에 없었다.

이 여행 이후 월리스와 베이츠는 저마다 다른 장소에서 채집하며 독자적으로 활동하기로 한다. 두 사람의 전기나 두 사람이 쓴 글 어디에도 이 헤어짐의 이유에 실마리를 주지 않는다. 두 사람이 크게 다투었다는 증거는 없다. 독자적으로 활동하고 싶다는 바람은 어떤 특별한 불화보다는 어쩌면 한정된 공간에 제약된 하천 여행으로 심화된 일반적인 성격 차이 때문이었으리라는 데 대부분의 전기 작가들은 동의한다. 헤어짐의 직접적 원인이 무엇이든 간에 그 일이 두 사람의 전반적인 우정을 해치지는 않았던 것 같다. 월리스는 말레이시아, 베이츠는 여전히 브라질에 있는 동안 두 사람은 서로 편지를 주고받았고 영국으로 돌아온 뒤에도 1892년 베이츠가 사망할 때까지 그런 관계를 이어 갔다.

월리스는 곧 곤충 채집을 그만두고 새를 채집하는 일에 집중하여 총을 쏴서 잡은 뒤 박제해 영국으로 부쳤다.[18] 그는 주변에서 쉽게 찾을 수 있는 벌새한테 사로잡혔는데 꽃이 핀 덤불마다 벌새들이 있는 듯했다. 반대로 흡혈박쥐는 별로 매력적이지 않았다. 월리스는 해마다 박쥐들이 소를 수백 마리씩 죽여서 자신이 머무는 대농장의 노예들이 수천 마리씩 박쥐를 잡는다는 이야기를 들었다. 단독 탐험 후에 월리스는 파라로 귀환하여 동생 허버트와 합류했는데, 허버트는 영국에서 교사로 일하려던 희망을 버리고 신세계에서 자연사를 시도해 보기로 했다.

형제는 돛을 단 카누를 얻어 채집을 해가면서 아마존 강을 거슬러 올라갔다. 월리스의 아마존 기행문은 훔볼트의 기행문과 꽤 다르다. 월리스의 글은 특정 동물과 장소에 관한 몇몇 근사한 묘사와 더불어 훨씬 더 여행기답게 쓰였지만,《개인적 서술》에서 독자를 무척 즐겁게 해주면서도 주의를 분산시키는 이야기들, 다시 말해 기상학과 지질학, 문화에 관해 옆길로 새는 멋진 이야기들은 전혀 없다. 월리스의 여행기는 무척 새롭고 군데군데 훌륭하지만 한편으로 독자는 월리스가 오지에서 불편해 한다는 것, 특히 사람들 사이에서 불편해 한다는 느낌을 받게 된다.《아마존 강과 네그루 강 여행》(Travels on the Amazon and Rio Negro)을 쓴 월리스는 아직 너무 고상하게 예의를 따지는 사람이다. "그다음은 요즘 유행하는 방문 시간이다. 모두가 서로 찾아가서 한 주 내내 쌓인 추문에 관해 이야기한다. 바라의 도덕관념은 어쩌면 어느 문명사회에서 가장 낮은 수준이라 할 만하다. 그 지역에서 가장 점잖은 집안에 관해 세인트자일스(그 시절 런던의 슬럼가―옮긴이)에서 가장 질 낮은 구역의 주민들한테도 거의 생각할 수 없는 일이 흔히 회자되는 것을 매일

듣게 된다."[19]

형제는 한 달 동안 노를 젓고 범주하여 출발지에서 직선거리로 600킬로미터 넘게 떨어져 있는 산타렝에 도착했다. 중간중간에 표본을 채집하기 위해 옆길로 새는 여정은 고려하지 않더라도 이곳은 강을 따라 이동할 때는 600킬로미터보다 훨씬 더 먼 거리를 가야 다다를 수 있는 곳이다. 표본을 영국으로 부치기 위해 산타렝에 잠시 머문 뒤 월리스는 강을 거슬러 오르는 여정을 이어 갔고 월리스와 베이츠 두 채집자는 각자 한 선택 지점에 오래 머물거나 아니면 더 좋은 표본을 구할 수 있기를 기대하며 정박지를 건너뛰면서 서로 앞서거니 뒤서거니 나아갔다. 다시금 강을 거슬러 580킬로미터를 이동한 뒤 그들은 바라(오늘날의 마나우스)에 도착했다. 월리스는 바라에 그다지 매력을 못 느꼈기에 그 도시를 떠나 네그루 강을 거슬러 올라가는 여행을 시작했다. 이 부수적 탐험에서 그는 코팅가의 일종인 우산새 표본 25마리를 입수했다. 그중 한 마리는 월리스가 총으로 쏴서 부상을 입힌 뒤 산 채로 잡은 것이었다. 월리스는 몇 주 동안 과일을 먹여서 새를 살렸지만 결국 죽고 만다. 생존 기간 동안 월리스는 새의 습성을 관찰하기 시작했다. 그가 단순히 채집을 위한 채집 이상을 하고 있다는 진정한 첫 신호였다.

바라로 돌아오자 맹렬한 우기가 시작되었다. 베이츠도 이미 돌아와 있었고 바라 시에 머무는 예닐곱 명의 유럽인들은 서로를 즐겁게 해주고 이야기를 주고받고 논쟁도 하고, 여행 노트와 앞으로 계획된 여행들을 비교하면서 최대한 즐겁게 우기를 보냈다. 월리스는 얼른 떠나고 싶어 했다. 여행을 다시 시작하자 그의 글은 점점 더 묘사적이고 열정적으로 변했다. "두 나무줄기 사이 한참 떨어진 허공에 떠 있는 사랑스러운 노란 꽃은 뭐지? 그 꽃은 어둠 속에서 마치 꽃잎이 황금이라도 된

듯 환하게 빛난다. 이윽고 가까이 지나가며 그 꽃을 살펴보니 나무껍질 위 한 무더기의 무성한 잎사귀에서 가느다란 줄처럼 1.5야드(135센티미터—옮긴이) 길이로 튀어나온 줄기에 꽃이 매달려 있다."[20]

우기는 난초를 꽃피웠을 뿐 아니라 아마존 분지 일대를 좁은 수로와 호수, 막다른 물길로 이루어진 혼란스럽고도 재미난 미로로 탈바꿈시켰다. 이 물의 미로는 갈수록 자신감이 커지면서 점점 더 먼 곳으로 들어가는 용감한 채집가들에게는 모두 이용 가능한 길이었다. 허버트는 열대지방에서 충분히 지낼 만큼 지냈다고 생각해서 돌아가는 뱃삯을 모으는 대로 될 수 있으면 빨리 잉글랜드로 돌아가고 싶어 했다. 그래서 월리스는 구할 수 있는 대로 안내인이나 노잡이를 동반한 채 혼자 여행을 계속하게 된다.

이 여행 초반부의 주요 목적은 '갈로'(gallo)라는 바위새(루피콜라 속의 특히 선명한 색깔의 코팅가)의 표본을 얻는 것이었다. 월리스는 처음에 네그루 강둑의 어느 인디오 마을을 기지로 삼았지만 곧 그 새들이 인근 산지에 더 흔하다는 사실을 깨달았다. 그는 표본을 구하는 일을 도와줄 인디오 무리와 함께 길을 떠났다. 다시금은 그의 서술은 열광적 흥분과 불쾌감 사이를 오간다. "거대한 판근(나무의 곁뿌리가 평평한 판 모양으로 땅 위에 노출된 것—옮긴이)으로 지탱되는 나무, 세로로 골이 나 있는 키 큰 줄기, 기이한 야자나무, 우아한 나무고사리가 사방에 넘쳐났고 많은 사람들이 우리의 도보 여행이 틀림없이 즐거운 여정이었을 것이라고 생각할지도 모른다. 하지만 여러 가지 불쾌한 일들도 많았다. 우리가 가는 길을 따라 딱딱한 뿌리가 울퉁불퉁 솟아 있었고 진흙탕 늪지와 석영 자갈과 썩은 잎사귀로 뒤덮인 땅이 번갈아 나타났다."[21] 여기서는 여행의 어려움에 대해 훔볼트처럼 차분하고 침착한 태도의 기미는 전혀 찾아볼 수 없다. 월리스는 정글을 통과하느라 고생했고 그는 독자들이 그 점을 똑똑히 알아주기를 원했다.

이튿날 무리는 마침내 갈로 새를 발견했다. "그런데 드디어 늙은 인디오가 내 팔을 붙들고 조용히 '갈로'라고 속삭이며 울창한 덤불 속을 가리켰다. 잠깐 뚫어지게 쳐다보고 나서야 밝게 빛나는 커다란 불꽃처럼 어둠 한가운데 앉아 있는 그 멋진 새가 얼핏 보였다. …… 침착하게 겨눈 다음 총을 쏘아 새를 떨어뜨렸다. …… 몇 분이 지나 사람들이 새를 집어 오는데 나는 그 부드럽고 포근한 깃털의 눈부신 광택에 감탄을 금치 못했다."[22] 그들은 다해서 열 마리 남짓 갈로를 사냥하고 매너킨과 오색조, 개미개똥지빠귀 같은 다른 새들도 여러 마리 잡는 데 성공했다.

월리스는 이윽고 강 상류로 계속 거슬러 올라가 국경을 넘고 베네수엘라로 들어갔다. 훔볼트와 달리 그는 브라질과 이제는 에스파냐로부터 독립한 베네수엘라를 오가는 데 아무런 문제도 겪지 않았다. 산카를로에 도달하면서 그는 마침내 50년 전 훔볼트의 루트를 횡단할 수 있었다. 월리스가 자신의 영웅이 목격한 풍경과 드디어 맞닥뜨린 대목에서는 진정한 성취감이 느껴진다.

월리스는 대략 200명의 인디오가 사는 하비타 마을에서 유일한 유럽인으로 석 달을 보냈고, 그런 처지에서 꽤 편안하게 지낸 모양인 걸 보면 자연학자로서 제법 성숙해졌음을 짐작할 수 있다. 그는 인디오들을 잘 설득하기만 하면 자신을 위해 표본을 잡아 주는 데 굉장히 쓸모가 있다는 사실도 알게 되었다. 1851년 9월이 되자 월리스는 보급품도 바닥나고 있었고 채집 표본들도 부쳐야 했으므로, 장기 여행을 더 계획하기에 앞서 강을 따라 내려가 바라로 귀환하기로 했다. 바라에 도착하자 허버트가 영국으로 무사히 돌아가기는커녕 본국으로 가는 배에 승선하기 직전 파라에서 황열병에 걸려 위중하다는 소식이 기다리고 있었다. 그 편지는 몇 달 전에 부친 편지였고 월리스는 해안 지방에 널리 사망자를 낳은 그 유행병으로 동생이 이미 죽었다는 사실을 알 길이 없었다. 역시 파라로 귀환한 베이츠가 성심성의껏 허버트를 간호했으나 그도 황열병에 걸리고 말았다. 베이츠는 회복했지만 허버트는 회복하지 못했다.

월리스는 아마존 강 지류를 더 탐사하기로 마음먹고 다시금 여행을 시작했다. 그는 한바탕 고열로 고생하고 이질에 걸렸지만 두 증세 모두 금식과 키니네 처방에 꽤 빠르게 반응했다. 그러나 몇 주 뒤에는 훨씬 더 심각한 열병으로 쓰러져 몇 주 동안 죽음의 문턱을 넘나든 뒤에야 간신히 살아나 다시금 음식을 먹을 수 있게 되었다. 이 일로 그는 네그루 강 유역에서 표본 채집을 마치고 영국으로 귀환하기 위해 파라로 돌아가기로 했다. 그는 살아 있는 원숭이와 마코앵무새, 앵무새를 비롯해 진기한 표본들을 챙겨서 1852년 7월에 파라 항에 도착했다. 그는 여전히 한바탕 고열 증세를 겪곤 했지만 될 수 있으면 빨리 집으로 돌아가기로 결심했다. 파라에는 황열병이 돌 조짐이 보였고 동생의 쓸쓸한 무덤에도 다녀온 터라 결심은 더욱 굳어졌다.

7월 12일 그는 신속한 귀향을 기대하며, 살아 있는 표본과 죽은 표본을 잔뜩 실은 브리그선 헬렌호(Helen)에 올랐다. 하지만 항해는 뜻대로 되지 않을 운명이었다. 월리스는 간헐적 고열로 3주간의 항해 대부분 동안 책을 읽고 휴식을 취하고, 틀림없이 그와 그가 모은 수집품이 영국에서 받을 환대를 꿈꾸면서 선실에 머물러야 했다. 그러나 어느 날 아침 선장이 그를 찾아와 놀라운 절제화법으로 "배에 불이 난 것 같으니 어떤지 와서 보시오" 하고 말했다.[23] 아니나 다를까 화재는 가연

성 천연고무와 발삼나무로 가득한 선창에서 발생했다. 곧 자욱한 연기가 화물 창구에서 뿜어 나오기 시작해 선원들은 불에 접근할 수 없었다. 불길이 커지자 선장은 배를 구할 길이 없다고 판단하고 선원들에게 작은 구명정을 내리라고 명령했다. 월리스는 옷가지 몇 벌과 노트 몇 권, 야자나무 스케치가 담긴 "작은 주석 상자"를 급한 대로 챙겼지만 일기와 그림들 대다수, 배에 실은 표본 전부는 불길에 사라지고 말았다.

불길이 치솟으면서 배 근처 떠 있는 구명정에 타고 있던 승객과 선원들은 월리스가 잉글랜드로 무사히 데려가길 바랐던 원숭이와 앵무새들이 삭구를 기어오르거나 공중으로 날아오르다 이내 불길에 휩싸이는 모습을 겁에 질린 채 지켜봤다. 배는 밤새도록 불탔고 이튿날 아침 구명정들은 1,120킬로미터 떨어진 버뮤다를 향해 돛을 올렸다. 처음에는 일주일 안으로 버뮤다에 도착할 듯했지만 점점 바람이 방향을 바꾸고 잦아들고 아예 그치다가 급기야 역풍이 불어왔다. 저장 식량이 바닥나기 시작했고 시간이 흐를수록 마실 물이 문제가 되었다. 비바람에 고스란히 노출된 보트에서 열흘을 견딘 뒤 마침내 그들은 버뮤다까지 아직 320킬로미터나 남아 있는 지점에서 지나가는 배에 구조되었다.

월리스의 재정 상황으로 볼 때 다행스럽게도 그의 대리인은 손실된 수집품에 200파운드짜리 보험을 들어 놓았다. 이 보험금과 앞서 부쳤던 표본들을 판매하고 남은 돈을 합쳐 그는 빈털터리 신세를 면할 수 있었다. 그러나 화재가 그의 과학적 야망에 끼친 손실은 훨씬 컸다. 노트 여러 권과 무엇보다 중요한 여행 일기가 재가 되어 버려 그는 출판할 만한 내용을 다시 살려낼 수 있을지, 또 최근 겪은 구사일생의 경험을 장차 여행은 현명치 못하다는 합당한 경고로 받아들여야 할지 결정해야 했다. 그러나 보낸 편지들 여러 통이 곤충학회와 왕립지리학회에서

그림 17 헨리 월터 베이츠(1870년)

발표되었으며 자신이 런던의 기성 과학계에 제법 이름이 알려졌음을 알고 매우 기뻐했다.

노트와 표본이 소실되었음에도 불구하고 월리스는 야자나무에 관한 책을 썼지만, 그 책은 앞서 본 대로 윌리엄 후커에 의해 본격 식물학 서적이라기보다는 가볍게 들춰볼 만한 책에 가깝다고 무시되었다. 그는 집으로 보낸 편지들과 비상한 기억력에 주로 의지해 아마존 강과 네그루 강 여행기도 썼다. 그 결과물은 흥미롭고 매력적인 대목도 군데군데 있지만 다윈이나 훔볼트의 여행기 수준에는 못 미치는 글이었고, 여행 기록 노트를 활용하여 쓸 수 있었던 나중의 저작들처럼 꼼꼼하거나 철저하지도 않았다.

그 사이 베이츠는 파라로 돌아와 자연사를 그만둘까 진지하게 고민하고 있었다. 강을 따라가며 하는 채집 작업은 고단한 일인 반면 이득이 별로 남지 않았고 집에서 보낸 편지들은 경기가 호황이라고 알려왔다. 그는 가족으로부터 따뜻한 환대와 가업을 잇는 일자리를 기대할 수 있었다. 한참 고민한 끝에 그는 브라질에 계속 남아 여행을 하고 표본을 채집하기로 마음먹었다. 주로 곤충 채집에 집중하여 결국에는 총 1만4천 가지가 넘는 종을 모으게 된다(고작 두 세기 전에 존 레이가 '지구상에' 다 합쳐서 몇 천 종이 있다고 생각했던 것을 떠올려 보라!).[24]

베이츠는 모두 11년을 브라질에서 지내다가 《종의 기원》의 출간이 세간에 흥분을 불러일으킬 무렵에 때마침 귀국했다. 그는 남아메리카에서 탐험을 시작할 때 이미 월리스와 진화론적 생각들을 주고받았으며 오고간 편지를 보면 다윈을 대단히 높이 평가하고 다윈도 동일한 감정으로 화답한 것이 분명하다. 베이츠는 자신의 경험을 여행기로 써냈고 다윈은 그 책을 "잉글랜드에서 여태 출간된 자연사 여행기 가운데 최고의 책 …… 멋진 책"이라고 찬사를 보내게 된다.[25] 그것은 정말로 멋진 책이며 더 널리 읽히고 인정받아야 마땅하다. 다윈이 브라질의 우림을 처음 접하고서 보인 환희에 찬 반응과 열광적 찬탄을 떠올려 본다면, 생존경쟁의 소산을 체험할 기회가 있었던 작가의 손에서 그곳 풍경과 생물에 더 오래 노출된다는 것이 어떤 의미일지 짐작할 만할 것이다. 살인 리아나(열대산 칡의 일종)로 통하는 '시포 마타도르'를 베이츠는 이렇게 묘사하고 있다.

다른 덩굴식물이나 덩굴나무와 기본적으로 다르지 않지만, 마타도르가 타고 오르는 방식은 특이하고 확실히 기분 나쁜 인상을 준다. 마타도르는 자기가 타고 오를 나무 아주 가까이에 자라며, 그 줄기는 자신을 지탱해 줄 나무의 몸통 한쪽 면 위로 마치 형태를 뜨는 거푸집처럼 펴지면

서 자라난다. 그다음 교살목에서 팔처럼 생긴 가지가 쭉 뻗어 나오고 완
전히 성장하면 희생양이 된 나무를 단단한 고리처럼 꽉 껴안는다. ……
그다음에는 이기적인 기생목이 자신의 성장에 도움이 되었으나 이제는
죽은 듯 보이는 제물의 썩어 가는 몸통을 팔로 붙들고 있는 기이한 광경
만이 남는다.[26]

이러한 묘사는 "덩굴을 감싸고 있는 덩굴" 같은 행복한 묘사와 거리
가 한참 멀지만 다윈은 곧장 베이츠의 글에 이끌렸다. 원고에 대한 리뷰
에서 다윈은 말했다. "이것은 내 생각에, 탁월한(문체 완벽) 일급의 묘사
이며 …… 마타도르 매우 훌륭함, 아니 그 이상임."[27]

다윈은 베이츠의 책을 중요한 친구 여럿에게 추천하고, 자신이 속한
출판사에 베이츠의 책《아마존 강의 자연학자》(The Naturalist on the
River Amazons)를 출판하라고 권유했다. 또 다른 곤충학자들과 다툼
에서 베이츠를 지지하고, 그가 일자리를 구하도록 돕는 등 전반적으로
베이츠에게 굉장히 열렬한 호의를 보였다. 이러한 태도의 동기 가운데
일부는 베이츠가 라이벌 의식의 기미를 조금도 내비치지 않은 채 다윈
의 진화 사상에 뛰어난 근거를 제공해서일지도 모른다. 그러나 한편으
로는 베이츠가 한 엄청난 양의 작업과 글의 전반적 우수함을 실제로 인
정했기 때문이기도 하다. 베이츠는 1861년에 결혼했고 1892년에 세상
을 떠났다. 그의 개인적 컬렉션 대부분은 결국 런던자연사박물관에 소
장되게 된다.

런던으로 돌아오자마자 월리스는 모종의 딜레마에 직면했다. 그가 자
연학자로서 성공하고자 한다면 여행을 다시 시작해야만 했다. 열대지방
에 익숙한 이에게 세 군데 지방이 다음 여행의 목적지로 대두되었다. 남

아메리카, 중앙아프리카, 극동 지역이었다. 병고와 난파, 동생의 죽음으로 월리스는 남아메리카에서 더 이상 탐험하는 것을 꺼렸을지도 모르며, 더욱이 브라질에서 자신의 지위를 베이츠에게 내주었고 다른 채집가들도 그 지역으로 몰려들고 있었다. 아프리카는 진짜 매력적인 장소였을 것이다. 실제로 한때 아프리카 대륙의 산악 지대로 탐험을 떠날 계획을 세우기도 했다. 하지만 결국에는 당시에 네덜란드 동인도제도라고 불리던, 별로 알려지지 않은 군도로 장기간 채집 탐험을 떠나기로 결정했다.

남아메리카 채집 컬렉션으로 번 돈이 아직 남아 있었지만(어떤 의미에서 월리스는 베이츠보다 재정 관리를 더 잘 했는데, 베이츠는 나중에 남아메리카에서 11년 고생하고 얻은 순이익이 고작 800파운드에 불과했다고 말했다) 장기간 탐험 여행을 준비하기에는 부족했다. 그는 동인도로 가는 데, 그리고 일단 그곳에 도착한 다음 물류 지원 차원에서 도움이 될지도 모르는 사람들을 접촉하고 인맥을 쌓는 데 여러 달을 보냈다. 이렇게 접촉한 인물 가운데에는 왕립지리학회 회장이자 "가장 다가가기 쉽고 친절한 과학도"인 로더릭 임피 머치슨 경(1792~1871)도 있었다. 그는 왕립지리학회에 월리스의 연구를 지원해 줄 것을 기꺼이 제의했다.[28] 몇 차례 시도가 수포로 돌아간 뒤 머치슨은 월리스와 그의 조수에게 싱가포르로 가는 우편선의 무임 승선권을 구해 줄 수 있었다.

싱가포르는 극동의 풍토에 적응하기에 알맞은 기지였다. 월리스는 1854년 4월에 그곳에 도착했다. 그런 다음 석 달을 그 지역에 관해 공부하고 물자를 구하고 본격적인 여행을 준비하며 보냈다. 월리스가 어디를 가든 지니고 다녔다고 말한 중요한 책 가운데 나폴레옹의 조카 샤를 뤼시앵 보나파르트가 쓴 최초의 진정한 '세계의 조류' 책인《조류 개

그림 18 '다이어크족에게 공격 받는 오랑우탄,' 앨프리드 러셀 월리스의 《말레이 군도》(1869). 적어
도 여기서는 오랑우탄이 사람한테 이기고 있는 것 같다.

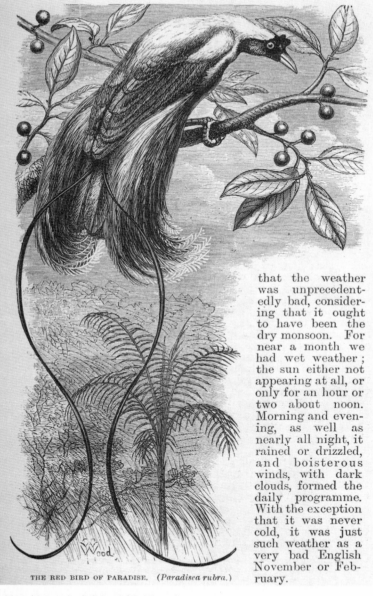

that the weather was unprecedentedly bad, considering that it ought to have been the dry monsoon. For near a month we had wet weather; the sun either not appearing at all, or only for an hour or two about noon. Morning and evening, as well as nearly all night, it rained or drizzled, and boisterous winds, with dark clouds, formed the daily programme. With the exception that it was never cold, it was just such weather as a very bad English November or February.

THE RED BIRD OF PARADISE. (*Paradisea rubra.*)

그림 19 '붉은 극락조.' 월리스의 《말레이 군도》.

그림 20 '대극락조를 사냥하는 아루 섬 원주민,' 월리스의 《말레이 군도》. 월리스는 표본을 채집하는 데 도움을 구할 수 있으면 어디서나 현지인을 고용했다.

관》(Conspectus Generum Avium)이 있었다. 뤼시앵 보나파르트는 알 렉산더 윌슨의《아메리카의 조류》(Birds of America)에 최신 정보를 추 가했을 뿐 아니라 오듀본의 친구이기도 했다. 자서전에서 월리스는 그 책에 특히 여백이 많았다고 만족스럽게 언급한다. 원서에 없는 핵심 특 징들을 비롯해 추가적인 내용을 그 여백에 적을 수 있었고 "동양에서 동식물을 채집한 8년이라는 전 기간 동안 책에 이미 묘사된 모든 새를 거의 언제나 알아볼 수 있었다."[29]

월리스가 말레이시아에서 보낸 세월에 관해 우리가 알고 있는 내용 대부분은 다음 여행기《말레이 군도》(The Malay Archipelago)에서 묘 사한 것에서 나온다.[30] 이 책은 '다이어크족에게 공격당하는 오랑우탄,' '붉은 극락조,' 그리고 가장 절묘한 '대극락조를 사냥하는 아루 섬 원주 민' 같은 극적인 권두 삽화들(그림 13~15)에서 드러나듯이 분명히 대중 독자를 염두에 둔 것이다.[31] 이 책은 "개인적 존경과 우정의 증표일 뿐 아니라 그의 천재성과 업적에 대해 마음 깊이 우러나온 찬사의 표시"로 서 찰스 다윈에게 헌정되었다.[32] 글쓰기 측면에서《말레이 군도》는 이전 의《아마존 여행기》보다 훨씬 나아진 모습을 보여 주는데, 월리스가 더 온전한 관찰 노트를 이용할 수 있었기 때문이기도 하고 여행가와 여행 작가로서 더 원숙해지고 있었기 때문이기도 하다.

월리스가 함께한 다채로운 인물 가운데 제임스 브룩 경(1803~1868) 이 있었는데, 사라와크 최초의 백인 라자(Rajah, 인도와 동남아시아 일대 의 제후나 군주를 가리키는 표현—옮긴이)이던 그는 그 무렵 보르네오 섬 의 드넓은 지역에 가문의 지배를 확립하고 있었다.[33] 브룩은 몇몇 통치 측면에서 잔혹성으로 시시때때로 비난을 받았지만, 월리스는 그 라자가 "주변 사람들을 모두 편안하고 행복하게 만들어 주는 출중한 능력을

지녔다"고 말한다.[34]

월리스는 사라와크에서 라자와 두 해째 크리스마스를 함께 보냈다. 여행 대부분이 소형 보트를 타고 지도에 대충 그려진 해안선을 따라가거나 자신이 떠난 뒤에도 오래도록 인간 사냥을 이어 갈 부족들의 고향이 될 정글로 걸어 들어가는 것이었음을 고려하면, 그로서는 자신을 편안하고 행복하게 해줄 수 있는 누군가가 필요했을지도 모른다.

브룩은 사라와크로 당장 오라고 월리스를 초대했고 월리스는 초대를 반겼던 것 같다. 그는 라자의 집을 기지로 삼았고 아마존 시절을 떠올리게 하듯 강의 물길을 이용해 정글 속을 이동하면서 중간중간 멈춰 표본을 채집했다. 사라와크에서 넉 달을 보낸 뒤 그는 정글 속에서 한창 개발 중이던 동쪽의 커다란 탄광으로 한시적으로나마 옮겨 가기로 결정했다. 그는 "동양과 서양의 열대지방에서 표본을 채집하며 보낸 12년을 통틀어 이 점[채집 작업]에서 시문존 탄광 작업에서만큼 이점을 누렸던 적은 없다. …… 다수의 입구와 양지 바른 곳, 통로도 말벌과 나비들을 끌어들이는 역할을 했다. 그리고 내게 가져오는 모든 곤충에 한 마리마다 1센트를 지불함으로써 나는 다이어크족과 중국인 인부들로부터 멋진 딱정벌레 여러 마리와 훌륭한 메뚜기와 대벌레 표본을 다수 얻을 수 있었다."[35] 그는 보르네오 섬 한 군데에서만 모두 2천 종을 채집했다(직접 하거나 인부들을 시켜 채집했다).

월리스가 보르네오에서 발견한 척추동물 가운데 가장 흥분하게 만든 '날개구리'(Racophorus nigropalmatus)는 앞발과 뒷발에 달린 널찍한 갈퀴 덕분에 나무에서 나무로 활공할 수 있다.[36] 월리스는 이렇게 적을 수밖에 없었다. "그것은 다윈주의자들에게 무척 흥미로운데, 헤엄을 치거나 찰싹 달라붙어 나무를 오르기 위해 이미 변형된 발가락의 가변성 덕분에 유사한 근연종이 날도마뱀처럼 공중을 날아다닐 수 있기 때문이다."[37] 물론 월리스는 날개구리를 처음 보았을 때 자연선택이라는 돌파구에 아직 도달하지 못했기 때문에 이 문장은 시간이 지나고 나서 쓴 것이다. 하지만 넘쳐나는 새로운 적응 변형과 형태 사례들은 틀림없이 그의 마음속에 자리 잡아 가고 있었을 터이다. 새로운 종이나 희귀종을 발견하는 것 말고도 이 시점에서 월리스의 여행에서 주요 목적은 '미아스'(mias)라고도 하는 '오랑우탄'(퐁고속)을 찾아서 연구하고 표본을 채집하는 것이었다. 이 작업은 대단히 성공적이어서 탄광 근처에서 몇 주 안에 오랑우탄 성체 네 마리를 사냥하고 자신이 총으로 잡은 암컷의 새끼를 입양했다.

새끼 오랑우탄을 키우려는 시도를 묘사한 월리스의 글은 가슴 뭉클하다.[38] 새끼 오랑우탄은 대부분의 어린 시절을 어미에게 매달려 지내므로 어미를 잃은 새끼는 손에 닿는 것이라면 뭐든 필사적으로 붙들려고 했다. 월리스는 들소 가죽 뭉치로 "인조 어미"를 만들어 주려고 했지만 새끼가 털 뭉치에 질식해 죽을 뻔하는 바람에 결국 그 모조품을 치울 수밖에 없었다. 또 젖을 내줄 만한 게 없었기 때문에 씹어 먹을 수 있을 때까지는 새끼에게 쌀뜨물을 먹였고 능력껏 씻기고 털을 빗질해 주었다. 새끼는 석 달 동안 생존했다가 결국 열병에 걸려 한 주 정도 고통을 겪은 끝에 죽고 말았다.

새끼를 키워 보려 했던 경험도 더 큰 성체 표본을 구하려는 월리스의 욕구에 영향을 주지 않았다. 다음 몇 주에 걸쳐서 그는 오랑우탄 열세 마리를 더 사냥했는데 그중에 일부는 나무 사이에 끼어서 집어 올 수 없었다. 네그루 강에 관한 월리스에 책에서 묘사된 새 사냥처럼 오랑우탄을 한 마리씩 사냥하는 광경을 묘사한 대목은 오늘날의 독자가 보기에 굉장히 잔혹하다는 인상을 준다. 이런 인상은 지능이 뛰어나고 매혹적인 이 유인원들이 21세기에 멸종될 가능성이 대단히 크다는 점을 지금의 우리는 알기에 더욱 깊어진다. 이런 광경이 더욱 이해하기 힘든 것은 다음 페이지에서 월리스가 오랑우탄의 습성에 관해 자세히 설명하기 때문이다. 즉 그는 사냥하기 전에 틀림없이 오랑우탄을 관찰하며 상당한 시간을 보냈던 것이다. 하지만 다시금 우리는 이 점을 물리적 표본이 그 어떤 것보다 우선시되었던 19세기 자연사의 맥락에서 봐야 한다.

월리스는 사라와크에서 1854년 크리스마스를 브룩의 손님으로 보낸 뒤 얼마 동안 사라와크 강어귀에서 표본을 정리하고 〈새로운 종의 도입을 조절하는 법칙에 대하여〉라고 제목을 붙인 논문을 준비했다.[39] 이 논문은 진화 사상을 전문적으로 설명하려는 그의 첫 시도이다. 멀리 떨어진 잉글랜드에서 다윈은 논문을 읽고 깜짝 놀랐다. 월리스가 종 분화의 메커니즘을 바짝 추적하고 있는 게 틀림없었다. 비록 월리스가 새로운 종을 만들어 낼 가능성 있는 용광로로서 섬들과 섬의 동식물군을 논의하면서 갈라파고스에 관한 다윈의 설명에 기대긴 하지만, 논문에는 아무것도 제시되지 않는다. 월리스는 다윈이 오랜 세월에 걸쳐 조금씩 알아낸 것을 곧장 꿰뚫어 본 것이다. 지리적 고립이 언뜻 보기에는 대대로 이어지는 개체군에 심대한 영향을 끼칠 수 있다는 점을.

1855년 11월부터 1856년 1월까지 월리스는 여러 대의 카누를 타고 그물처럼 얽힌 강의 물길을 따라 이동했고 도중에 만난 원주민 부족의 마을들을 관찰하면서 보르네오 내륙을 탐험했다. 그의 카누 가운데 어떤 것은 불편함 측면에서 훔볼트의 카누에 맞먹었다. 그는 다이어크족이 장대로 밀어 움직이는 카누 한 대를 "길이는 약 30피트(9미터—옮긴이)이고 폭은 28인치(70센티미터—옮긴이)밖에 안 된다"고 적었다.[40] 마을 주민들은 대부분 전에 유럽 사람을 본 적이 거의 없었고, 월리스는 흔히 사람들의 눈길을 한 몸에 받게 되었다. 비록 아이들은 낯선 사람의 출현에 겁을 먹거나 낯설어했지만 다이어크족은 일반적으로 무척 친절했다. 한번은 월리스가 사람들을 즐겁게 해주기 위해 손바닥으로 동물 모양을 흉내 낸 그림자놀이를 시연했다. 그는 잘 익은 '두리온'(두노속 두리안)도 처음 먹어 봤는데 "곧바로 습관처럼 두리온을 먹어 온 사람"처럼 되었다고 말한다.[41] 두리안의 일반적 자연사에 관해 얼마간 언급한 뒤 월리스는 열정적인 묘사로 빠져든다. "다른 과육에서는 맛볼 수 없는 풍부하고 끈적끈적한 부드러움이 느껴지는데 그 점이 별미를 더해 준다. 시지도 달지도 않고 즙이 많지도 않지만 이러한 특성 가운데 어느 것도 모자란 느낌이 없다. 먹어도 먹어도 멈출 수가 없다. 사실, 두리온을 먹는다는 것은 그걸 맛보기 위해 동양까지 여행할 만한 가치가 있는 새로운 감각을 경험하는 일이다."[42] 이윽고, 그는 잘 익은 두리안 열매가 나무에서 떨어질 때 모르고 그 아래를 지나가는 사람은 부상을 입거나 죽을 수도 있다고 여행자들에게 경고한다.

월리스는 싱가포르로 돌아와 표본을 부치고, 노트를 작성하고 언어를 공부하며 여러 달을 보낸 뒤 다시금 탐험을 떠나 이번에는 발리 섬으로 향했다. 이번 여행은 장차 생물지리학의 역사에서 심대한 중요성을 띠게 된다. 월리스는 발리 섬과 인근 롬복 섬에서 한동안 지냈다. 월리스의 눈앞에는 크기와 지형이 비슷하고 좁고 깊은 해협으로만 분리된 두 섬이 있었다. 그는 두 섬을 살펴볼수록 양쪽의 동식물군이 완전히 다른 것을 깨닫고 흥분했다. 오스트레일리아 동쪽 섬들에서 흔한 앵무새 같은 종이 롬복에는 있었지만 발리에는 없었다. 이러한 관찰 내용을 통해 그는 생물학적 지역이라는 착상을 발전시키기 시작했다. 오늘

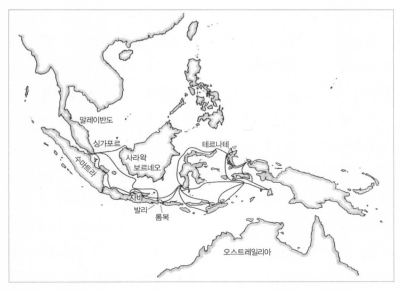

지도 3 1854~1862년 말레이 군도를 여행한 월리스의 여정. '월리스 선'은 발리 섬과 롬복 섬 사이 북쪽에서 해협을 통과하여 보르네오 섬 동쪽까지 이어진다(지도: 로빈 오잉스).

날까지 우리는 발리와 롬복 섬 사이 간극을 오스트레일리아와 동양의 생물학적 지역을 분리하는 '월리스 선'의 핵심 요소로 삼는다.

　월리스가 말레이 군도에서 보낸 나머지 시간도 유사한 방식으로 흘러갔다. 그렇게 다양하고 복잡한 지역의 탐험들을 유사하다고 부를 수 있다면 말이다. 오로지 우편물과 물자 보급을 위해 싱가포르로 돌아온 그는 스쿠너선, 통나무배, 카누를 비롯해 자신을 이 혼란스러운 섬들의 에덴동산 사이로 실어다 줄 어떤 선박이든 타고 이동했다. 다윈은 월리스가 말레이 군도에서 관찰하고 있는 서로 다른 종들에 관해 문의하는 편지를 썼다. 그는 나비와 딱정벌레, 극락조, 오리, 갖가지 초목에 이르기까지 본국에서 흥미를 끌 만한 생물이라면 무엇이든 전부 채집했다. 그동안 내내 그는 자신이 목격하고 있는 것, 바로 군도의 여러 섬에 걸친 유사성과 변종의 패턴에 관해서 깊이 생각했다.

1858년 초에 월리스는 두리안과 망고가 풍부한 큰 화산섬 테르나테에 도착했다. 이 섬은 프랜시스 드레이크 경이 1579년 세계 일주 때 방문한 곳이기도 하다. 월리스는 가장 큰 마을에서 집을 한 채 빌려 그 뒤로 3년 동안 인근 섬들을 탐험할 때 기지로 삼았다. 이곳 테르나테에서 한바탕 열병에 걸렸다 회복하는 동안 그의 관심은 식량 공급과 생식 능력의 차이가 초래할 수밖에 없는 생존 투쟁에 관한 맬서스의 논고에 쏠렸다. 다윈은 그보다 몇 년 전에 이 개념의 중요성을 알았지만, 그 생각을 더 깊이 끌고 가기 전에 압도적인 무게의 증거를 수집하고 싶어서 잠시 뒤로 물러섰다. 그러나 월리스는 다윈과 너무도 다른 사람이었다. 병에서 회복하자마자 그는 책상 앞에 앉아서 〈원래 형태로부터 무한히 달라지는 변형 경향에 관하여〉라는 짧지만 깔끔한 논문을 썼다.[43] 자신이 하는 이야기를 제대로 이해할 만한 유일한 사람은 찰스 다윈이었기에 그는 이 논문을 다윈에게 보냈다.

다윈은 자신이 몇 년 동안 노력을 기울여 온 이론의 "우선권"을 잃을 가능성에 분명히 충격을 받고 낙담했지만 그렇다고 그 우선권을 놓고 꼴사납게 굴고 싶지도 않았다. 후커와 라이엘은 자신들의 친구를 챙기고 싶었지만(당시 다윈의 아들이 죽어 가고 있었다는 사실을 기억하라), 한편으로는 진지한 과학자로서 어떤 잘못된 처신도 보고만 있을 수도 없었다. 그에 따라 에이서 그레이에게 보낸 편지와 함께 다윈의 "초고" 개요와 월리스의 논문 공동 발표는 두 가지 중요한 결과를 달성했다. 첫째, 공동 발표는 다윈이 더 이상 미적거리는 것을 그만두고 책을 출간하게 만들었다. 둘째, 월리스를 마침내 자연사와 진화 연구의 상석에 확고하게 자리매김했다. 이제 그는 어느 때고 귀환하여 열광적 환영을 받으리라 확신할 수 있었다.

월리스는 극락조를 찾아서 뉴기니 섬으로 갔다. 거기서 작은 환초와 더 큰 산호초를 살펴봤다. 그 뒤 계속해서 티모르 섬으로 이동하여 다시금 그 섬의 동식물군을 '월리스선'을 따라 있는 다른 섬들과 비교했을 때 나타나는 유사성과 차이점에 주목했다. 향후 이론화를 위한 표본의 중요성 말고도 월리스는 앞으로 자신의 재정적 독립이 컬렉션에서 얻을 수 있는 수입에 적잖게 달려 있음을 알았다. 런던에서 그의 대리인은 부유한 입찰자들에게 표본을 제시하여 임무를 훌륭히 수행하고 있었지만, 그 모든 컬렉션 판매도 살아갈 여생이 있을 때라야만 좋은 것이다. 결국 1862년 3월, 마침내 집으로 돌아갈 때가 왔다.

월리스는 1862년 4월에 잉글랜드에 도착했다. 그는 8년 동안 고국을 떠나 있었고, 그 사이 어떤 의미에서는 모든 게 변해 있었다. 그런가 하면 어떤 의미에서는 상황이 맥 빠질 정도로 예전과 똑같았다. 성공적인 표본 판매에도 불구하고 월리스는 경제 사정이 빠듯했다. 누이와 어머니는 월리스가 자신들을 부양하기를 기대했고 그는 매형의 실패한 사진 사업에 돈을 쏟아 부었다. 자연선택 이론을 발전시킨 공로를 인정받아 과학계에서 주목을 받고 그 일원으로 받아들여졌지만, 학계의 인정이 계산서를 지불해 줄 수는 없었고 일자리를 구할 때 그의 낮은 사회적 지위와 부족한 정규교육은 불리하게 작용했다. 다윈은 월리스의 작업을 긍정적으로 평가하면서 과학계의 다른 인사들과 접촉하고 추천장을 써 주면서 열심히 지원했지만 한편으로는 월리스를 칭찬하는 말을 삼갔다는 느낌을 준다. 다윈은 월리스의 남아메리카 책들에 그다지 깊은 인상을 받지 않았고 월리스가 동양 여행기는 더 격식을 갖춰 쓰기를 바랐다(다윈의 가장 친한 친구이자 윌리엄 후커의 아들로서 큐식물원의 원장 자리를 물려받은 조지프 후커가 월리스의 야자나무 책을 혹평했음을 기억하라).

월리스는 이제 서른아홉 살이었다. 여행 마지막 해는 10년 전보다 훨씬 힘들었을 테고 그는 아직 시간이 있을 때 정착하고 싶어 했다. 다윈이 다운하우스로 초대했지만 처음에는 너무 아파서 갈 수 없었다.[44] 마침내 다운으로 갔을 때 다윈의 저택은 틀림없이 자연학자에게 더 없이 좋은 칩거지로 비쳤겠지만 다윈만큼 재산이 없는 월리스에게는 그림의 떡일 뿐이었다. 진화론의 두 선구자는 샌드워크 산책 길을 거닐며 다윈의 정원에 있는 갖가지 식물에 분명 감탄했을 것이며,《종의 기원》의 최신 개정판, 학계나 공적인 장에서 벌어지는 논쟁 상황에 관해 이야기했다. 다운에서 느낀 삶의 또 다른 매력은 떠들썩하고 유쾌한 다윈 가족이었을 것이다. 월리스도 결혼을 하여 가족을 꾸리고 싶었다. 새 책의 출간은 뒷일로 미뤄도 되리라.

처음에는 가정 전선에서 상황이 잘 돌아가는 듯했다. 그는 함께 체스를 두기 시작한 사람의 딸인 "L양"이라는 여자에게 끌렸다.[45] 처음에 젊은 숙녀는 월리스의 구애에 거절 의사를 표시했지만, 아주 부드러운 태도로 거절하여서 월리스는 1년 동안 끈질기게 매달려 결국 약혼 승낙을 얻어 냈다. 모든 것이 착착 진행되는 듯했다. 결혼 날짜가 잡히고 세부 사항도 조율되었을 때 갑자기 L양이 파혼을 선언하고 월리스를 두 번 다시 안 보려고 했다. 월리스는 크게 상심했고 몇 달 동안 우울증에 시달리다 다시 기운을 차리고 집필을 시작했다. 2년 뒤 그는 식물학자 친구의 딸인 애니 미튼과 결혼하게 된다. 부부는 자식 셋을 보았지만 다윈의 경우처럼 가장 사랑하던 아이가 일찍 죽었고 이 일은 틀림없이 훗날 월리스가 심령주의에 빠지게 된 데 영향을 주었을 것이다.

1869년에 월리스의 동양 여행기《말레이 군도》가 드디어 출간되었고 다윈도 크게 안도했다. 이 책은 네그루 강 여행기보다 훨씬 뛰어났고 여러 지점에서 자연선택의 사례를 분명하게 제시하고 있다. 그러나 한바탕 폭풍이 몰아칠 기미가 농후했다. 월리스는 빈곤 노동계급(자신도 속할 뻔했던 집단)의 상태에 관심이 지대했다. 월리스는 홈볼트만 한 위상과 사회적 감각이 부족했지만, 두 사람 모두 자신들이 해외에서 만난 부족들과 귀국하여 길거리에서 본 보통 사람들의 앞날을 전망할 때 나타나는 몇몇 차이에 깊은 충격을 받았다. 《말레이 군도》 말미에 월리스는 자신의 생각이 어디로 향하는지 분명히 밝힌다. "만일 우리가 상업과 부를 더 확대하려는 생각으로 계속해서 우리의 주요 에너지를 자연법칙에 대한 우리의 지식을 활용하는 데 쏟는다면, 이런 활동을 너무 열심히 추구할 때 필연적으로 뒤따르는 폐해가 우리의 힘으로 통제할 수 없을 만큼 어마어마한 차원으로 확대될지도 모른다."[46]

월리스는 두 가지 전선에서 다윈으로부터 멀어지고 있었다. 먼저 그는 노골적으로 정치 영역으로 진입하고 있었고, 둘째 어떤 힘들이 인간을 탄생시켰을지에 관한 그의 개념 전체가 새로운 방향으로 옮겨 갔다. 어떤 면에서 월리스는 다윈보다 더 극단적인 다윈주의자였다. 그는 모든 것이 기능적 원인을 갖기를 원했고, 인지된 형질이 자연선택에 유리한지 불리한지 명확히 연결 지을 수 없다면 틀림없이 다른 무언가가 원인일 것이라고 생각했다. 티에라델푸에고 부족과의 조우는 다윈에게 흥미로웠지만 종국적으로 그 일은 자연선택에 관한 믿음을 흔들지 못했다. 인간은 각양각색의 모습으로 존재하고 여러 특징을 공유하지만 타고난 차이점들도 있을 것이다. 반면에 월리스는 아메리카 대륙의 부족들과 말레이시아의 부족들을 완전히 다르게 보았다. 월리스가 보기에 그 부족들은 적어도 자신만큼 큰 두뇌를 지녔고 도태되지 않고 살아남아 후손을 남기지만, 아주 작은 규모의 문명에 대한 관념만 갖고 있으므로 분명히 그들은 그렇게 큰 두뇌가 필요하지 않다. 이러한 생각을 넘어서 월리스는 예술적 감수성, 수학적 능력, 음악이 자연선택적으로 어떤 가치가 있을지 궁금했다. 그는 새끼 오랑우탄을 품속에 안아 보았다. 틀림없이 궁금했을 것이다. 대체 우리가 어떻게 오로지 맹목적인 자연선택에 의해서 오랑우탄의 단계를 벗어났을까? 다윈은 월리스의 생각에 충격을 받고 이렇게 편지를 썼다. "당신이 당신과 저의 '아이'(자연선택에 의한 진화라는 이론—옮긴이)를 완전히 살해해 버리지 않았기를 바랍니다. 최근에, 그러니까 《종의 기원》 개정판에서 저는 제 열의를 자제하여 진화의 요인을 쓸모없는 가변성에 훨씬 더 많이 돌렸습니다."[47]

여기서 다윈이 단연코 옳다. 많은 형질들은 우리가 '전(前)적응 형질' (exaptations)이라고 부르게 된 것이다. 그것들은 자연선택되었기 때문에 존속하는 것이 아니라 도태되지 않았기 때문에 존속하는 것이다. 변화하는 조건 속에서 자연선택에 유리하지도 불리하지도 않았던 것이 이점이 되거나 단점이 될 수 있지만, 모든 것이 하나로 이어진 "믿거나 말거나식" 이야기로 설명될 필요는 없다.

월리스는 살인자는 아니었을지 모르지만 인간과 관련해서는 고정된 틀에서 벗어나 완전히 다른 방향으로 나아갔다. 그는 아주 일찍부터 심령 현상에 관심을 두었고 어떤 우월한 힘이 틀림없이 정신의 발달을 지배해 왔다는 생각에 점점 사로잡히게 되었다. 월리스는 이단적 사고로 더 급격하게 방향을 틀어서, 테이블 두드리기, 자동 글쓰기, 이상한 광선, 엑토플라즘 같은 잡다한 관행을 비롯하여 빅토리아 시대 사람들이 열성적으로 추구한 영혼과의 교신 시도에 푹 빠져들었다. 그는 다윈과 헉슬리를 교령회에 초대했다(둘 다 초대를 거절했다). 그는 사기꾼들을 곧

이곧대로 믿었고 과학계 인사들 다수가 보기에 모두의 위신을 실추시킬 위험을 무릅쓰고 있었다.

이뿐 아니라 월리스는 다음 몇 년 동안 토지개혁과 사회주의에 관해 광범위하게 글을 썼고 백신 접종에도 반대했다(그는 정부의 백신 접종 프로그램의 성과를 처음으로 진지하게 통계를 내서 분석했다. 그가 정부가 발표한 수치에 비판적이었던 것은 옳았지만 그의 비판은 기본 전제에서 틀렸다). 월리스의 주장들은 흥미롭고 그 동기는 훌륭하지만 학계의 동료들(그를 비판하는 이들이야 말할 것도 없고)이 왜 그의 입장들에 의심의 눈초리를 보내기 시작했는지 이해가 간다.

자연사 분야에는 다행스럽게도 월리스가 내놓을 중요 저작이 아직 두 권 더 남아 있었다. 이 가운데 먼저 나온 《동물의 지리적 분포》(The Geographical Distribution of Animals)는 어떤 면에서 그의 진정한 걸작이다.[48] 그는 훔볼트에 맞먹는 차원으로 서문에서 이렇게 말한다. "나의 목표는 세계 곳곳의 자연사 연구가 그 지역의 과거 역사 연구와 중요한 관련이 있다는 사실을 보여 주는 것이다. 어떤 조류군이나 곤충 집단 그리고 그것들의 지리적 분포에 관한 정확한 지식은 앞선 시대의 섬과 대륙의 위치를 그려 볼 수 있게 해준다."[49]

이윽고 그는 바로 그 작업을 해나갔다. 그는 해양 생물에 관한 데이터가 부족하므로 오로지 "육지 동물"이라고 부른 생물에만 초점을 맞춘다. 그는 많은 점에서 틀렸다. 진화적 시간에 걸쳐 커다란 땅덩어리들이 솟아올랐다 가라앉고 서로 이어졌다 분리되는 대단히 역동적인 지구를 자신의 작업 모델에 포함시키지만 그는 대륙 이동을 전혀 몰랐다. 여러 오류에도 불구하고 이 책에는 어느 독자에게나 흥미로운 논의가 아주 많이 담겨 있고 박사 논문 100편을 쓰고 남을 만큼 착상들이 풍부하다. 그는 빙하기와 식생 패턴의 변화가 초래할 수 있는 영향을 동물의 분포와 풍부함에 연결시킨다. 그는 고립된 지역의 토종 동식물군에 유입된 종이 미치는 영향을 논의한다. 전체적으로 그가 논의한 내용 다수가 놀랄 만큼 현대적이다. 이것은 더 이상 기술적(記述的)인 자연사가 아니다. 이것은 거대한 잠재적 설명력을 지닌, 거대한 사고의 종합에 자연사를 적용하는 것이다.

이 책에 훔볼트는 많이 언급되지 않는데, 월리스가 보기에 훔볼트는 주로 식물에 초점을 맞췄고 자신은 동물 책을 쓰고자 했기 때문일 것이다. 그러나 그보다는 월리스가 자신의 동물 집단에 관한 논의를 뒷받침해 줄 종 분포에서 기후와 고도의 역할에 관한 훔볼트의 실례들을 더 많이 집어넣을 생각을 못 했거나 집어넣지 않기로 해서이다. 월리스는 자서전에서 훔볼트를 여러 차례 언급하지만 주로 《개인적 서술》과 관련된 내용이다. 그는 베이츠에게 보낸 초창기 편지에서 언젠가 《코스모스》를 읽어 보고 싶다고 말한 것을 거론하지만 실제로 읽었는지는 분명하지 않다.[50] 훔볼트는 월리스가 극동에서 돌아오기 전에 죽었고 다윈주의를 둘러싼 논쟁에서 그의 명성은 퇴색하고 있는 듯했을 것이다. 월리스가 활용한 쪽은 주로 지질학과 주변 토양에 대한 화산의 영향, 그리고 지구의 고도대에 관한 훔볼트의 추산이다.

《지리적 분포》의 가장 중요하고 항구적인 요소는 아마도 월리스의 '동물학적 지역'(Zoological Regions), 바로 발리 섬과 롬복 섬의 동식물군에 나타난 뚜렷한 차이에서 구체화된 개념일 것이다. 그의 탁월한 천재성은 비교적 '국지적인' 이 착상을 가지고 온전히 지구적 규모로 확장시킨 지점에서 빛났다. 오스트레일리아구, 동양구, 아시아구, 신북구(Nearctic, 그린란드와 북아메리카 북부—옮긴이), 신열대구, 에티오피아구,

구북구(Palearctic, 유럽·아프리카의 북회귀선 이북, 아라비아반도 북부 및 아시아의 히말라야산맥 이북—옮긴이) 일곱 지역은 그 곳에만 있고 다른 지역에는 없는 종들로 폭넓게 정의된다. 이들 지역은 저마다 그다음 추가적인 고유성의 정도에 따라서 '아구'(亞區)로 나뉜다. 월리스는 이 모델의 보편성 때문에 모델이 다소 대략적임을 인정하나 이 모델에 더 생각해 볼 거리들이 충분하다고 느낀다.

월리스가 말레이시아에서 보낸 시간을 생각할 때, 한 가지 이상한 점은 《지리적 분포》가 굉장히 두꺼운 책임에도 불구하고 말레이 군도에는 아주 적은 분량만 할애되었다는 것이다. 월리스는 이 누락을 1880년에 《섬 생물》(Island Life)로 바로잡았는데 이 책은 어떤 측면에서 두 권짜리 《지리적 분포》의 '3부'라고 할 수 있다.[51] 앞선 책에서처럼 월리스는 어떤 지역에서는 땅이 해수면 위로 상승하고 어떤 지역에서는 해수면 아래로 하강하면서 대륙이 오랜 세월에 걸쳐 "요동치는" 역동적 세계를 그린다. 융기와 홍수의 결합은 특정 지역의 지질과 동식물군에 나타나는 불연속성의 일부를 설명하기 위해 생각해 낸 것이었다. 1880년에 이르러 월리스는, 1872년부터 1876년까지 세계를 돌며 최초의 포괄적인 해양 측량을 실시한 챌린저호(HMS Challenger)의 항해에서 나온 일부 정보에 의존할 수 있었다. 월리스는 이전의 대륙 정체 이론들을 반박하기 위해 챌린저호의 측량조사 결과를 다수 인용한다. 월리스가 내비치는 기후학적 생각들 다수는 생태학이 자연사를 대체하기 시작하면서 20세기 초에 수정된 형태로 더욱 영향을 끼쳤을 것이다.

월리스는 진화론에 관한 여러 저서를 포함해 그 뒤로도 많은 책을 더 냈다. 그는 다윈이 얻어 준 정부 연금에도 불구하고 수입의 상당 부분을 저술에 의존했다. 그는 장기간 순회강연을 위해 미국을 방문해 북아메리카 대륙을 가로질러 캘리포니아까지 갔고 그곳에서 존 뮤어를 만나고 자이언트세쿼이아 나무를 구경했다. 자연사와 관련된 말년의 책 가운데 하나는, 자신이 화성에서 구조물을 목격했고 이것들이 화성에 지적 생명체가 존재한다는 증거라는 천문학자 퍼시벌 로웰의 주장에 관한 가차 없는 비판을 담은 것이었다.[52] 로웰은 고대 화성 문명에 물을 공급했던 광대한 운하망이 존재한다는 주장으로 세상을 깜짝 놀라게 하는 동시에 세간의 호기심을 불러 일으켰다. 훔볼트는 고도와 관련한 자신의 기온 추정치들이 이런 얼빠진 가설을 무너트리는 데 동원된 것을 보고 틀림없이 기뻐했을 것이다. 월리스는 최후의 위대한 빅토리아인으로 널리 칭송받는 가운데 1913년에 세상을 떠났다. 그는 위대한 빅토리아인들인 훔볼트, 다윈, 베이츠, 심지어《섬 생물》을 헌정한 조지프 후커보다도 더 오래 살았다.

다윈의 진화론을 멘델의 유전학과 결합한 R. A. 피셔와 슈얼 라이트, J. B. S. 홀데인의 현대적 종합(Modern Synthesis)이 다윈을 구원하면서 월리스는 잊히는 듯했다.[53] 이러한 잘못이 앞으로 교정되어 가기를 바라자. 이 장은 당연히 월리스 본인의 말로 마무리해야 할 것 같다.

우리 주변에서 천지만물의 무수한 경이로움과 아름다움을 여전히 간과한 채 우리가 우리 존재의 목적을 실현하고 있다고 믿을 수 있을까? 지금까지 인간이 비록 불완전하게나마 간파할 수 있었던 신비의 많은 부분이 여전히 미지의 상태이다. …… 인간이 항상 그래 온 것처럼 여전히 오류에 빠질 수 있음은 사실이다. 인간의 판단은 맞지 않을 때가 많고 믿음은 틀리며 견해는 시대에 따라서 가변적이다. 그러나 오류의 경험이 진실로 나아가는 가장 좋은 안내자이고 종종 비싼 교훈을 주기에 더욱 의지할 수 있는 안내자이다. …… 지난 시대에 축적된 경험이야말로 우리에게 오류를 경고하고 진실로 가는 길을 비추는 횃불이 아니겠는가? 그러나 …… 일단 획득된 진실은 …… 후세를 위해 소중히 간직되고 새 세대가 등장할 때마다 획득된 지식의 저장고에 저마다 무언가를 추가하여 자연의 작품에 대한 우리의 이해는 갈수록 커진다.[54]

12장 제국들의 전리품

    15세기부터 20세기 3분의 1 지점까지 유럽 국가들은 지구의 나머지 지역 상당 부분을 정복하거나 현지의 주민들을 말살하거나 복속하면서 줄곧 해외로 진출해 왔다. 어떤 경우에는 다른 대륙들의 드넓은 지역을 유럽의 고향을 닮도록 변형시키기도 했다. 대영제국은 20세기 초 세력이 절정에 달했을 때 지구상의 육지 4분의 1 이상을 지배하고 20억 명에 육박하는 세계 인구 가운데 4억2천5백만 명이 넘는 주민을 다스렸다.[1] 다른 유럽 나라들은 이 정도 규모에 이르지는 못했지만 그들도 영국 못지않게 식민화에 열을 올렸다.

    제국의 수도에서 파견한 사절단이 이동하여 사정을 살피고 협의를 위해 본국으로 돌아오는 데 몇 달씩 걸리기도 했던 세상에서는 커다란 재량권이 현지 사람들에게 주어질 수밖에 없었다. 게다가 특히 대영제국의 경우 민간 기업이 주도하고 정부는 뒤따라오는 경우도 많았다. 처음에는 인도 제국으로 나중에는 오늘날의 인도, 방글라데시, 파키스탄이 되는 땅의 상당 부분은 원래 동인도회사에 의해 통합되었다가 세포이항쟁 이후에야 영국 정부가 통치를 떠맡았다. 마찬가지로 오늘날 캐나다의 국경과 발전 상당 부분은 대체로 런던 정부의 의도적 계획 행위라기보다는 사적 기업인 허드슨베이컴퍼니(HBC)의 소산이다. 자연사의 역사라는 관점에서 이 모든 것이 중요해지는 지점은 상업이나 정치적 이해관계의 결합과 더불어 변경지대에서 기꺼이 살아갈 사람들에게 허용된 고도의 자율성이 동식물, 기후, 지질에 관한 상세한 정보의 필요성과 정보의 입지를 창출했다는 것이다. 그러한 정보는 서로 경쟁하는 제국주의 열강에 의해 종종 마구잡이로 획득되었다. 우리는 제국주의의 정치와 문화 충격, 인명 손실에 몸서리칠 수도 있겠지만 과학이 얻은 것은 그보다 어마어마했다.

논의를 이어 가기에 앞서 짚고 넘어가야 할 게 있다. 우리가 어떤 곳을 '발견'한다는 것이나 어떤 식물이나 동물, 장소에 이름을 붙인다는 것이 어떤 의미인지를 생각해 볼 만하다. 남극대륙을 제외하고는 인류는 제국의 시대 이전 수만 년 동안 전세계 대부분의 지역에서 '발견'을 하고 이름을 붙이며 살아 왔다. 우리가 무엇이 '발견되었다'고 말할 때 그것은 우리 자신의 시대와 문화, 의미에서 발견되었다는 뜻이다. 요즘은 제국과 개발의 부정적 측면을 강조하는 것이 유행이 되었다. 그래서 콜럼버스는 내 생전에 영웅에서 악당으로 탈바꿈했다. 그러나 진실은 그렇게 단순하지 않다. 우리는 모두 우리 자신의 이야기에서는 영웅이지만 다른 누군가의 이야기에서는 악당이다. 나는 부정적 측면들을 안타깝게 여기면서도 동시에 이 탐험가들이 종종 인간 본성 안에 있는 가장 좋은 면과 가장 나쁜 면을 끌어내는 아주 특수한 상황에서 매우 용감한 사람들이었다고 인정할 수 있다고 생각한다.

제국의 시대 초기에 탐험과 발견의 많은 항해들이란 모든 것이 순조로울 때는 퍽 노골적인 약탈 활동이었고 그렇지 못할 때는 생존의 문제였다. 북아메리카를 횡단한 최초의 유럽인은 알바르 누녜스인데 그는 카베사 데 바카라는 이름으로도 알려져 있다.[2] 바카(약 1490~1557)는 1528년 플로리다 해안에서 난파를 당했다. 난파선의 생존자들은 자신들이 위치가 어딘지 또 목적지인 멕시코까지 가려면 얼마나 더 가야 하는지 거의 알지 못했다. 그들은 계속 걸어서 이동하다 결국에는 뗏목을 타고 오늘날의 갤버스턴까지 갔고 한동안 그곳 인디언들과 함께 살았다. 결국에 카베사 데 바카와 원정대에서 잔존한 다른 세 사람은 에스파냐 정착지가 있는지 살피고 그들은 에스파냐로 다시 데려다 줄 배를 구할 수 있는지 알아보고자 북서쪽으로 출발했다. 그들은 텍사스 서부와 멕시코 북부의 여러 지역을 헤맨 끝에 코르테스 해에 도달했고 마침내 멕시코시티에 가까스로 도착하여 1537년 귀환할 수 있었다.

1542년에 《라 렐라시온》(La Relación)이라는 제목으로 출판된 바카의 여정 기록은 그가 만나거나 상상한 부족들과 땅에 대해 다채로운 이야기를 세세하게 들려준다. 이 내용 가운데 일부는 자연사로 분류될 만하지만 현장에서 관찰 내용을 기록으로 남길 아무런 물품이 없는 것은 말할 것도 없고, 바카는 일정한 정규교육을 받은 적도 없었다. 게다가 생존에 급급할 수밖에 없었던 터라 황금과 교역 기회를 찾아서 그의 노정을 따라 훗날 탐험가들을 북쪽으로 이끈, 호기심을 자아내는 일화들과 단서들을 던져 주는 것 말고는 아무것도 할 수도 없었다.

자연사와 상업적 이해관계의 결합을 보여 주는 19세기의 구체적 사례는 허드슨베이컴퍼니(HBC)가 고용한 자연학자들의 활동이다. 회사는 처음에 허드슨 만 내륙 무역상사와 이사라는 이름으로 찰스 2세로부터 특허장을 받아 1670년에 설립되었다. 당시 유럽은 소빙하기를 겪고 있었고 모피 수요는 어느 때보다 높았다.[3] 특허장은 이사와 그의 동료 모험가들에게 허드슨 만의 수계 전역에 걸쳐 모피 교역을 독점할 수 있는 권한을 주었다. 어느 모로 보나 이러한 조치는 회사를 거의 500만 제곱킬로미터에 걸친 광대한 지역, 다시 말해 북아메리카 총면적의 10분의 1이 넘는 지역에 대한 잠재적 지배자로 만들었다.

허드슨 만을 교역의 중추로 정한 것은 우연이 아니었다. 프랑스계 캐나다인들은 매러타임에서 서쪽으로 이동하여 비버와 캐나다스라소니, 밍크를 찾아서 미시시피 강과 미주리 강의 배수 유역으로 진출했다. 프랑스령 북아메리카의 경제 전체가 모피 교역에 의존했고, 프랑스는 모든 모피 수출품에 대한 지배를 유지하기 위해 기꺼이 싸울 태세였다. 허드슨베이컴퍼니는 북부 내륙을 드나드는 전통적인 경로였던 세인트로렌스 만을 장악한 프랑스 세력을 우회하는 통로였다.[4] 허드슨베이컴퍼니, 흔히 약칭 'HBC'의 첫 탐험 활동은 허드슨 만 주변의 땅들이 전통적인 프랑스령에서 배출되는 것보다 더 좋은 품질의 모피를 더 많이 배출할 역량이 있음을 보여 주었다. 모피 무역을 누가 지배할 것인지를 둘러싼 갈등은 영국 세력과 프랑스 세력 사이에 잇따른 공격과 반격으로 이어졌다.

HBC에는 다행스럽게도 그리고 어쩌면 자연사 쪽에도 다행스럽게, 말버러 공작 존 처칠은 과거에 프랑스를 상대로 치른 여러 전쟁의 영웅이자 HBC의 전직 이사였다. 1713년에 강화조약으로 다음 한 차례 적대 행위가 종결되었을 때 그는 루퍼츠랜드(그 무렵 허드슨 만 수계를 가리키던 이름) 전체가 영국 소유가 되도록 하는 데 중요한 공헌을 했고, HBC는 그 지역의 프랑스 교역소를 전부 손에 넣을 수 있었다. HBC는 북극권을 가로질러 해외 상관과 포획소가 어지럽게 산재한 그물망을 꾸준히 확대해 나갔고, 그 그물망은 다시 런던의 본부가 지배하는 광대한 네트워크 안에 포함되어 있었다. 7년전쟁에서 프랑스를 최종적으로 물리침으로써 회사는 미시시피 강 배수 유역까지 침투하며 멀리 서쪽의 캐나다 로키산맥까지 이어지는 광활한 지역을 사실상 지배하게 되었다.

회사는 모피 덫사냥꾼들과 무역상들에게 잡은 동물과 사냥 구역 주변의 동식물에 관해 추가 정보를 세심히 기록할 것을 권장했다. 이 HBC '도매상들'은 주요 교역소를 책임졌고 매일의 기온과 생물계절학 데이터를 비롯하여 날씨 정보를 수집하고, 그들이 접한 희귀하거나 새로운 종의 동물 표본도 입수하라는 지시를 받았다.

데이터 수집을 이렇게 강조한 결과 북극권 상당 지역에서 대단히 포괄적인 샘플링 시스템이 발전했다. HBC 도매상들한테서 나온 표본들은 린나이우스와 왕립학회로 전달되었다. 북극 고위도 지방에만 서식하는 새들 가운데 HBC 자연학자들이 처음 채집하여 학계에 보고한 것이 높은 비중을 차지했고, 그들은 18~19세기 내내 북극권 지역에 관한 중요한 정보원으로 인정받았다. 길버트 화이트와 편지를 주고받은 토머스 페넌트는 북극권에 관한 자신의 책 몇 부분을 HBC에서 보내온 결과물을 바탕으로 집필했다.[5] 교역소에서 수집된 기상 데이터는 최상의 장기적 기온 패턴 정보를 제공할 뿐 아니라 기후변화 연구에 소중한 데이터이다. 마지막으로 20세기 가장 중요한 개체군생태학자 가운데 한 사람인 찰스 엘턴이 눈덧신토끼와 캐나다스라소니 개체군의 주기적 변동을 수량화하고 그 추이를 그릴 수 있었던 것도 HBC의 덫사냥 데이터 덕분이다.[6]

HBC의 직원들이 묵묵히 포획한 짐승 가죽의 숫자를 수집하고 기온을 기록하며 희귀한 새들을 런던으로 보내는 동안 북아메리카의 영국 식민지들은 모국에 등을 돌리고 독립을 선언했다. 이 신생 공화국은 지구적 지배 경쟁에 휘말려 그 아귀다툼에 미국까지 끌어들이려고 혈안이 된 강력한 이웃나라들에 둘러싸이게 되었다.

최초의 13개주는 북아메리카 동부 해안을 끼고 있었고, 대륙 내륙에 무엇이 있을지 조사하기 위한 진지한 시도가 있기까지는 여러 세대가 걸렸다. 내륙 탐험이 더뎠던 까닭은 어느 정도 거친 환경, 특히 북동부의 척박한 환경과 변경 너머에 그리 우호적이지 않은 인디언들이 존재했기 때문이었다.[7] 퀘벡 주를 상실한 뒤에도 프랑스령 북아메리카는 미시시피 수계를 비롯하여 대륙의 광활한 지역에 영유권을 갖고 있었지만 그 영유권을 유지하기에는 유럽인 정착민의 인구가 부족했다.[8] 1803년에 이르자 나폴레옹은 진짜 문제는 오로지 루이지애나가 영국령이 될 것인가 아니면 미국령이 될 것인가라는 것을 깨달았다. 영국 교역상들이 모피가 더 풍부한 북부에 집중되어 있었기에 영국 정부도 대륙의 심장부를 탐사하는 데 시간이 걸렸다.

미국은 한동안 뉴올리언스 항구를 획득하기 위해 프랑스와 협상해왔고, 1803년 나폴레옹은 영국이 나중에 루이지애나를 그냥 차지해 버리는 꼴을 보느니 대가를 받을 수 있을 때 루이지애나 전체를 미국에 팔기로 결정했다. 나폴레옹은 상당 부분이 아직 지도도 그려지지 않았고 대부분은 프랑스인이 정착하지 않은 루이지애나 영토 전체를 1500만 달러에 팔겠다고 제안했다. 토머스 제퍼슨은 이 놀라운 제안을 수락하여 미국의 영토는 곧장 곱절로 늘어났다.

루이지애나를 매입한 뒤 제퍼슨은 자신이 구입한 땅을 조사하기 위해 정부 차원의 공식 탐험대를 간절히 파견하고 싶어 했다. 여러 측면에서 '루이스와 클라크 탐험대'는 북아메리카 대륙의 구조를 잘못 생각한 채 조직되었다.[9] 초기 지도 제작자들은 대칭이라는 관념에 사로잡혀 있었던 듯하다. 즉 대륙 중심부 어딘가에 산맥이 솟아 있어서 거기서부터 모든 강이 동쪽이나 서쪽으로 흐른다고 생각한 것이다. 어떤 이들은 이러한 관념을 더 끌고 나가 일종의 피라미드 구조를 제시하기도 했다. 그에 따르면 중앙에 대륙 분수령이 있어서 그곳으로부터 각각의 강물이 북아메리카를 둘러싼 네 대양으로 흘러 나갈 것이었다. 이 중앙 집합점만 발견하면 여행자는 그 인근 지역에서만 제한적으로 육로로 이동하고, 나머지 지역에서는 대부분 물길을 이용해 동서나 남북으로 대륙을 종횡무진 누빌 수 있으리라고 생각했다.

18세기 지도는 당시 가설 차원이었던 미주리 강 수원이 좁다란 산맥 위에 솟아 있고 남동쪽으로 흘러가 결국에 미시시피 강과 만나는 것처럼 묘사했다. 산맥의 서쪽으로는 대분수령의 반대편에서 곧장 시작하는 커다란 강이 서쪽으로 흘러 태평양과 만난다는 식이었다. 워싱턴에 편안하게 앉아 있던 사람들에게는 탐험대를 미주리 강 상류로 파견하여 좁다란 산맥을 횡단한 다음 서쪽으로 흐르는 강을 타고 내려가 바다에 닿는 일이 비교적 쉬운 문제 같아 보였다. 일단 이 과업을 달성하고 나면 교역과 상업에 온갖 이점을 가져올 효과적인 대륙 횡단 수로 네트워크가 수립되리라.

자연사에 대한 제퍼슨의 관심은 루이스와 클라크 탐험대의 공식 이름인 '발견단'(Corps of Discovery)을 편성하고 구성하는 데 중요한 역할을 했다.[10] 아마도 제퍼슨은 역대 미국 대통령 가운데 가장 학식이 높은 대통령일 것이다.[11] 경력 초기에 그는 《버지니아 주 견문록》(Notes on the State of Virginia)이라는 책을 출판했는데, 대부분은 다른 사람들의 글에서 가져온 미국 중동부 연안의 동식물에 대한 상세한 정보를 담고 있다. 또 북아메리카 동물은 같은 종류의 유럽 동물에 비해 열등하다고 감히 주장한 뷔퐁에 대한 통렬한 반박도 실려 있다.[12] 제퍼슨의 어조는 데이터의 중요성에 대한 태도를 짐작할 수 있는 실마리가 된다. "뷔퐁 씨와 오방통 씨는 아메리카의 그 동물들을 실제로 보지도 않았고 측정하거나 무게를 재보지 않은 것 같다. 일부 여행자들이 그 동물들 가운데 일부에 대하여 유럽산 동물보다 더 작다고 말했다고 한다. 하지만 그 여행자들이란 대체 누군가? …… 자연사 연구가 그들의 여행 목적이었는가? 그들은 자신들이 언급한 동물의 크기를 측정하거나 무게를 재 보기나 했던가? 그들이 그냥 보기만 하고 판단하거나 심지어 전해들은 이야기로만 판단한 것은 아닌가?"[13] 그럼에도 불구하고 그도 뷔퐁이 나중에 자신의 일부 진술을 철회했음은 인정한다.

《버지니아 주 견문록》에서 문제를 지적한 것 외에도 제퍼슨은 뷔퐁에게 엘크 한 마리와 마스토돈의 뼈를 보냈다. 그는 고생물학에 대한 열정이 대단해 백악관 바닥에 멸종한 매머드의 뼈를 늘어놓고 짜 맞출 정도였다.[14] 제퍼슨은 1797년에 미국철학회의 회장으로 선출되었고, 유럽의 주요 자연사 학자들과 정기적으로 서신을 교환했다. 그런 명사들 가운데에는 우리가 앞서 살펴본 대로 루이스와 클라크가 탐험에 나선 직후 제퍼슨을 만나러 백악관을 방문한 훔볼트도 있었다.[15]

발견단 파견을 준비하는 과정에서 제퍼슨은 두 가지 상반된 고민에 빠졌다. 여태껏 탐험된 적 없는 북아메리카 중앙부에 상업적 가능성을 조사하는 탐험대를 파견할 것이라고 프랑스와 에스파냐, 영국 사람들에게 알리면 그들의 관심을 불러일으켜 프랑스와 이제 막 성사시킨 거래를 망칠지도 몰랐다. 반대로 탐험대의 목적이 순전히 '책을 펴내기' 위한 것이나 과학적인 성격이라고 밝히면 당연히 의회는 순수한 학술 활동에 정부 자금과 병사들을 쓸 권리가 제퍼슨에게 없다고 할 것이었다. 제퍼슨은 이 문제를 저마다 듣고 싶은 말로 모두를 안심시켜 주면서 피해갔다. 의회는 북서부 탐험에 경제적·군사적 이점이 있을 것이라는 언질을 비밀리에 들었고, 외국 대사들은 과학 탐사대 대원들에게 통행증을 제공해 달라는 요청을 받았다. 이 외교적 수완, 아니 일구이언의 결과 제퍼슨은 남자 28명과 여자 1명(인디언 안내인 사카자웨아)으로 구성했고, 자신의 개인 비서 메리웨더 루이스(1774~1809)와 윌리엄 클라크(1770~1838)가 이끄는 팀을 위한 자금을 마련했다.

미주리 강 탐험대가 될 수 있으면 폭넓은 과학적 목적을 포괄하기를 바라는 제퍼슨의 의향은 그의 편지에 분명히 드러나 있다. 정기적으로 서신을 주고받는 로버트 패터슨에게 1803년 3월에 쓴 편지에서 그는 루이스에 관해 논의한다.

우리가 식물학과 자연사, 광물학, 천문학에 정통할 뿐더러 탐험에서 요구되는 대로 신체나 정신이 견실하고 숲속 생활에 익숙하고 인디언들의 특성에 친숙한 사람을 구할 수 있었다면 더 좋았겠지요. 하지만 저는 그렇게 위험천만한 탐사 원정을 떠맡을 사람을 알지 못합니다. …… 루이스 대장은 우리 나라 안에서 발견되는 세 계(동물계, 식물계, 광물계―옮긴이)의 주제들에 관하여 정확한 관찰 활동에 참여하지만 그렇다고 학술적 명명법에 따라서 관찰하는 것은 아닙니다. 하지만 그는 학계에 알려지지 않은 새로운 것들만 포착하여 조사하고 묘사할 수 있을 것입니다.[16]

대통령이 루이스의(그리고 아마도 클라크의) 과학적 소양 부족을 다소 걱정한 것은 분명하며 그가 탐험 계획에 전혀 간섭하지 않은 것은 아니었다. 제퍼슨은 놀라울 만큼 꼼꼼한 지시 사항을 전달하고 있는데, 할 수만 있다면 본인이 직접 가고 싶어 한 게 아닌가 싶을 정도이다. 직접 탐험에 나서는 대신에 제퍼슨은 자신이 생각할 수 있는 모든 경우를 최대한 아우르는 요구 사항 목록을 통해 해야 할 일이 정확히 무엇인지 루이스에게 확실하게 뜻을 전달하려고 애썼다. 탐사 임무의 일부는 의회와 외국 열강의 관점에서 극비 사항임도 분명히 했다. "탐험대의 목적에 관하여 매우 확실한 언질을 주었기 때문에 그들을 만족시킬 거라 믿는다." 자연사의 측면에서 희망 사항들을 그는 다음과 같이 구체화한다.

또 다른 주목할 만한 대상들은 그 지방의 토양과 표면, 거기서 자라는 것과 식물 생육, 특히 미국에 없는 것. 그 지방에 서식하는 동물 전반과 특히 미국에는 보고되지 않은 동물들. 아마도 희귀하거나 멸종되었다고 여겨지는 생물에 대한 보고나 그 유해. …… 기온, 비오는 날과 흐린 날, 맑은 날의 비율, 번개, 우박, 눈, 얼음, 서리가 내리고 물러가는 시기, 계절마다 달라지는 탁월풍, 특정 식물의 꽃이 피거나 지는 날짜, 잎이 나거나 지는 날짜, 특정 새나 파충류 그리고 곤충이 출현하는 시기 등으로 나타나는 기후.[17]

발췌한 이 마지막 부분은 길버트 화이트의 글에서 곧장 튀어나왔다고 해도 믿을 정도이며 사실 그럴 가능성이 꽤 크다. 제퍼슨은 《셀본의 자연사와 고적》을 갖고 있었으니, 그의 논리적 사고는 화이트가 그 노트에서 제시한 질서정연한 생물계절학적 사항들에 이끌렸을 것이다.[18] 이 모든 것과 더불어 자료 백업도 잊어서는 안 된다. "관찰 노트의 사본은 적어도 두 부, 그리고 틈나는 대로 그보다 더 많이 만들어야 하며 수행원 가운데 가장 믿음직한 사람들에게 맡겨야 함."[19]

우리로서는 "틈 나는 대로"라는 표현에 감탄을 금할 수 없다. 또 루이스가 로키산맥 한복판에서 예상치 못한 급류에 흠뻑 젖어 담요를 덮어쓴 채 덜덜 떨거나, 고된 육로 이동 뒤에 살에 박힌 선인장 가시를 뽑아내면서 대통령한테 '여분의 사본 두 부, 좋아하시네요' 하고 쏘아붙이는 꿈을 얼마나 자주 꾸었을지 궁금해진다. 하지만 한편으로는 헨슬로도 다윈에게 똑같은 요청을 했다는 것을 기억할 필요가 있다. 정보를 전달하는 일은 어려웠고 편지나 소포는 잘못 갈 수도 있으며, 일단 잃어버리면 노트들은 영영 되찾을 길이 없었다. 월리스가 뜻밖의 화재로 남아메리카 일지 대부분을 잃은 일을 떠올려 보라.

발견단의 임무는 미시시피 강을 거슬러 그 원류까지 가고 로키산맥을 넘은 다음 태평양 해안까지 이어지는 길을 찾아서 계속 서쪽으로 가는 것이었다. 제퍼슨은 그들이 여정의 전반부 대부분은 미주리 강을, 여정의 후반부는 미지의 '대서부 강'(Great Western River)을 이용해 나아갈 수 있을 거라 여겼다. 강을 통한 이동을 이렇게 강조한 것은 탐험대 임무의 '경제적' 역할 개념에 딱 맞아떨어졌고, 낯선 고장을 통과해 실제로 행군해야 하는 시간을 최소화하려는 의도였다.

탐험대는 1804년 5월에, 오늘날의 일리노이 주 하트포드 인근의 진지에서 출발했다. 그들은 처음에 길이가 16미터 남짓 되는 '배토'(bateau, 북아메리카에서 흔히 볼 수 있는 바닥이 평평하고 긴 강배―옮긴이)를 타고 미주리 강을 여행했다.[20] 베네수엘라에서 훔볼트가 그랬던 것처럼, 탐험대는 이동 경로를 정확하게 측량하고 조사할 수 있는 다양한 장비는 물론 최신 과학 기구들까지 챙겨 갔다. 제퍼슨의 지시를 따라 루이스와 클라크는 그들의 행로, 인디언과의 만남, 전반적인 풍광, 도중에 맞닥뜨린 동물과 식물에 대한 묘사에 이르기까지 여행 과정을 일지에 상세하게 기록했다.[21] 루이스는 출발하기 전에 자연사를 벼락치기로 공부했다. 제퍼슨은 나중에 루이스가 세상을 떠난 뒤에 그가 "자신의 출신 지방 동식물을 정확히 관찰함으로써 우리가 이미 보유한 대상을 묘사하느라 시간을 낭비하지 않도록 대비했다"고 말하게 된다.[22]

제퍼슨은 특히 남아메리카에서 보고된 라마가 서부 산맥에서도 발견되는지 알고 싶어 했고, 아메리카 대륙의 동물군이 다른 지역에 비해 열등하다는 뷔퐁의 주장을 추가로 반박할 수 있을 신종 대형 포유류에도 관심이 있었을 것이다. 희귀하거나 멸종한 동물에 대한 보고나 그 유해가 있는지 주의 깊게 살피라고 루이스에게 내린 지시에는 고생물학에 대한 그의 변치 않는 관심이 반영되어 있다. 프랑스의 자연사 학자 베르나르 라세페드에게 쓴 편지에서 제퍼슨은 "탐험대가 대륙의 개체군, 자연사, 거기서 자라는 것들, 토양, 기후를 전반적으로 파악할 수 있게 해줄 것"이라는 기대가 크며, "이 발견의 여정이 매머드와 메가테리움에 관한 추가 정보를 가져다주는 것도 충분히 가능하다"고 말한다.[23]

이 마지막 문장은 무수한 중세 지도에 적힌, 기대에 찬 "여기에는 용이 살고 있음" 글귀를 헛되이 되풀이한 것이다(중세 지도는 미지의 지역에 흔히 "여기에는 용이 살고 있음"이라는 설명을 붙였다—옮긴이). 플라이스토세의 대형동물 화석은 이미 충분히 발견되었기에 마스토돈과 매머드, 거대나무늘보가 전인미답의 대륙 서부에 아직 남아 있을지도 모른다는 희망이 여전히 있었다. 여행하는 동안 라마나 매머드는 발견되지 않았지만 대원들은 자신들이 목격한 동물들 다수에 호기심이 생겼다. "클라크 대장도 우리한테 합류하여 우리는 염소를 닮은 신기한 동물을 잡았다. 윌러드가 배로 가져왔다. …… 미국에서는 아직 알려지지 않은 그런 동물이었다. 대장은 워싱턴으로 보내기 위해 그 염소를 털가죽과 함께 박제했다. 뼈와 나머지도 모두 [박제했다].”[24)]

클라크가 잡은 “동물”은 가지뿔영양이었다. 탐험대는 귀환하여 이 밖에도 다양한 새 종을 보고할 수 있게 된다. 왕로(往路) 동안 탐험대는 적어도 얼마간 본국과 연락을 유지하려고 애썼다. 한번은 제퍼슨이 살펴볼 수 있도록 요청한 일지 사본들과 100여 종의 동식물 표본을 들려서 소규모 분견대를 강을 따라 내려 보냈다.

강을 거슬러 올라감에 따라 탐험대는 이동 수단을 카누로 바꾸게 되었고 결국에는 걸어서 이동해야만 했다. 태평양까지 가는 수월한 항행 하천 경로는 결코 없을 것이었다. 루이스는 새로운 인디언 부족을 만날 때마다 그들과 친해지려고 신경 썼고, 현지 주민들에 관해 세부 정보를 최대한 얻으라는 제퍼슨의 지시를 명심하면서 관습과 풍속에서 자신이 본 부족들 간의 유사점과 차이점에 대해 어느 정도 상세하게 기록했다. 그가 인디언들에 관해 딱히 좋은 말만 늘어놓은 것은 아니다. 한번은 탐험대가 컬럼비아 강 어귀에 도달해서 목격한 부족과 그들의 정교한 장식을 묘사하면서 그는 이렇게 말한다. “그러나 이 모든 장식들도 보기 흉한 특징과 사치스런 관습을 감추는 데는 소용이 없다. 또 완전히 차려입은 치누크족이나 클랫섭 부족 미인만큼 꼴 보기 싫은 대상도 없다.”[25)]

이어서 여러 부족들 사이에 만연한 성병과 치료에 관해 한참을 늘어놓고는, 그가 생각하기로는 문란한 인디언들 그리고 인디언 여성들과 성관계를 맺으려는 부하들의 문란함을 철저하게 비난한다. 다시금 이런 관찰은 제퍼슨의 상세한 관심사 목록을 따라가는 듯하다. 제퍼슨이 나

열한 관심 사항은 끝이 없다. "그들이 소유한 것의 범위와 한계, 다른 부족들과의 관계, 언어, 전통, 기념물, 농업과 어업, 사냥, 전쟁, 공예 분야에서 그들이 종사하는 활동과 이런 분야에서 사용하는 도구와 의식주, 그들 가운데 흔한 질병과 쓰는 치료제, 그들을 우리가 아는 인디언 부족들과 구분하는 정신적·신체적 특징."[26] 목록은 끝도 없이 이어지고, 다시금 그 불쌍한 루이스가 자신의 소규모 탐험대를 먹이고 재우고 여정을 이어 가려고 애쓰는 와중에도 이를 악물고 중요한 항목을 하나씩 체크하는 모습이 그려진다.

인디언들에 대한 태도와 대조적으로 루이스와 클라크는 자신들이 목격한 동물들에 관해 훨씬 친절하게 묘사한다. 예를 들어 해달은 특별히 찬사를 받는다. "이 동물은 모피의 아름다움과 풍성함, 부드러움이 비할 데 없다. 가죽을 열어젖혀 보면 안쪽 면의 피부는 원래 털보다 색깔이 더 연하다. 부드러운 모피 사이로 검고 반짝이는 털이 약간씩 섞여 있는데 다른 모피보다 다소 더 길고 아름다움을 한층 더해 준다."[27]

원정대의 목표 가운데 그 지역의 경제적 잠재력이 어느 정도인지 판단하는 일도 있었음을 기억해야 한다. 해달의 가죽은 이미 태평양 연안을 따라 성행하는 무역에서 높은 값을 받고 있었고, 루이스와 클라크는 새로운 교역 경로와 함께 새로운 수입원도 찾아보라는 의회의 명령을 따르고 있었다. 뒤이은 세기 동안 사냥꾼들은 이미 슈텔러바다소를 싹 멸종시켜 버린 것처럼 해달을 멸종 직전으로 몰아넣게 된다.

원정대의 일지들은 전반적으로 훔볼트나 다윈의 일지보다 훨씬 건조하고 수치가 많이 나온다. 독자는 루이스와 클라크가 잠재적으로 위험한 미지의 영역으로 소규모 무리를 이끌고 가는 군대 장교로서의 임무와 대통령 직속 특사로서의 임무 둘 다를 무척 의식하고 있었다는 느낌을 받게 된다. 더욱이 그 대통령이란 그들이 귀환했을 때 제출할 보고서에서 자신이 보고 싶은 내용을 아주 분명하게 명시한 대통령이 아니던가? 훔볼트는 자신이 측정한 고도와 기온, 동식물의 상대적 크기를 《개인적 서술》 곳곳에 언급하고 있지만(다윈은 반대로 정량화를 다소 어려워했던 것 같다), 한편으로는 자신이 본 것에 대해 거침없이 열정적으로 늘어놓거나 철학과 정치를 비롯해 마음에 드는 주제라면 무엇이든 자유롭게 옆길로 샌다. 그러나 루이스와 클라크는 해야 할 일이 있었다.

훔볼트와 다윈, 심지어 월리스도, 임무 때문이 아니라 스스로 원해서 여행을 하던 특권적인 사회 배경 출신이었다. 더욱이 유럽의 자연사 학자들은 자신들이 방문한 나라들에서 계속 머무를 계획이 아니었다. 유럽 팽창의 또 다른 요소인 식민지 행정가들이나 식민 이주자들과 달리 그냥 거쳐 가는 손님일 뿐이었다. 반대로 루이스와 클라크 탐험대는 군인들이었고, 곧 미국에 합쳐질 영토 안으로 들어가면서 미국의 제국적 운명을 선두에서 이끄는 말 그대로 예봉이었다. 루이스와 클라크 원정대가 하이플레인스(High Plains)를 통과한 지 50년도 지나지 않아 그들이 만난 인디언 부족 다수가 유럽인 정착민들이 가져온 콜레라와 천연두로 거의 몰살되게 된다.

소규모 탐험대의 분위기는 아마도 고립감에 깊이 영향을 받았을 것이다. 다윈과 월리스는 같은 유럽인들이 세운 도시와 항구에 정기적으로 들렀다. 해외에서 가장 오랫동안 머무른 기간에도 월리스는 사라와크에서 크리스마스를 백인 라자와 함께 보낼 수 있었다. 루이스와 클라크 탐험대는 이질적이며, 자신들에게 친숙한 모든 것에 잠재적으로 적대적인 부족들에 에워싸인 채 세상의 어느 새로운 한구석에 떨어져 있으면서 극도로 혼자라는 느낌을 받았을 것이다. 쾌적한 도시도, 익숙한 음식도, 이번 굽이만 돌거나 이번 고개만 넘으면 기다리고 있을 고향에서 온 편지도 없었다. 태평양 연안에 일단 도달하면 유럽인과 마주칠 수도 있겠지만, 그들은 이 여행에서 거리라는 것이 기만적인 것임을 금세 깨달았다. 해안까지 닿으려면 아직 먼 길을 가야했고 해안은 아마도 그들이 짐작했던 것보다 훨씬 길고 황량했을 것이다.

탐험대가 여정 첫 해에 미주리 강 상류로 진입하는 가운데 여행 시즌은 끝나 가고 있었다. 탐험대는 하이플레인스로 들어가 노스다코타 주 오늘날의 워시번 인근의 맨던족과 함께 첫 겨울을 났다. 1805년 4월에 이르러 그들은 다시 남아 있는 미주리 강 물길을 거슬러 올라갈 태세를 갖추었다. 그들은 가장 험난한 급류를 만나면 우회하여 카누를 지고 육로로 이동했고, 물길이 끊어질 때까지 노를 저어 나가 로키산맥에 진입한 뒤 말을 타거나 걸어서 비터루트레인지를 통과했다. 원정대는 쉽게 횡단할 수 있는 비교적 좁다란 산줄기들 대신 혼란스러운 미로처럼 뻗은 산줄기들과 직면했고, 그 가운데 어느 것도 그들이 기대해 마지않던 단 하나의 대분수령 같아 보이지 않았다. 여행에서 이 구간은 바위투성이 산악 지방을 횡단해야 하는 극도로 힘든 여정이었다. 좋은 지도를 가지고 왔고, 만약 상황이 너무 어려워지면 구조를 받을 수 있는 게 거의 확실한 오늘날 여행자라면 굉장히 아름다운 고장이다. 그러나 19세기 초에, 강 말고는 따라갈 만한 명확한 경로도 없고 현지 인디언들한테서 얻은 제한된 정보만 갖춘 탐험대에게 이곳을 횡단하는 일은 축축하고 추운 강행군일 뿐이었다. 그들은 일지에 이렇게 기록했다.

덤불숲을 통과하며 나아가는 동안 관목을 베어 길을 내어야 했고 바위투성이 비탈에서 딱한 말들은 발을 헛디디면 그대로 죽을 수밖에 없는 가련한 위험에 처해 있었다. 오르락내리락하는 가파른 언덕에서 말여러 마리가 굴러 떨어졌다. …… 우리는 이곳을 음침한 늪지라고 부른다. …… 이곳은 매우 인적이 드문 곳이다. 지독하게 진척이 없다.[28]

때로는 다함께 때로는 미주리 강 지류를 더 잘 측량하기 위해 팀으로 나뉘어, 루이스와 클라크는 산맥을 넘고 넘어 계속 서쪽으로 갔다. 그들의 추론은 흠잡을 데 없었다. 지류를 따라서 그 수원으로 거슬러 오르고 그 수원으로부터 틀림없이 대분수령을 넘어갈 짧은 육로 구간이 나올 것이며, 그렇게 대분수령을 넘어가면 바다까지 데려갈 대서부 강의 수원에 도달할 것이다. 그들의 가장 커다란 이점은 인디언들과 맺은 좋은 관계였음이 드러나게 되는데, 이 우호적 관계는 대체로 사카자웨아와 그녀의 프랑스계 캐나다인 남편 덕분이었다. 두 사람은 통역을 돕고 자신들이 이미 익숙한 지역을 통과해 탐험대를 안내할 수 있었다.

마침내 레미 강을 향해 긴 능선을 따라 내려간 뒤 루이스는 물자를 교환하는 데 관심이 많은 인디언 무리와 맞닥뜨렸다. 기쁘게도 물물교환으로 제시된 식량 가운데 하나는 알고 보니 연어였다. 그는 알을 낳으러 강을 거슬러 오르는 연어의 생애를 알고 있었으므로, 마침내 자신이 서부 분수령의 가장자리에 도달한 게 틀림없다고 생각했다. 레미 강은 실제로 새먼 강(연어 강―옮긴이)으로 흘러 들어가고, 새먼 강은 스네이크 강으로, 스네이크 강은 컬럼비아 강, 다시 말해 탐험대를 바다로 데려다 줄 대서부 강으로 흘러 들어간다. 그곳 서해안은 무역선이 드물어서 바닷길로 귀환할 가능성은 전혀 없었으므로 탐험대는 컬럼비아 강 남쪽에 요새를 짓고 겨울을 날 채비를 했다.

1805~1806년의 겨울은 춥고 습하고 사람들을 의기소침하게 만드

는 겨울이었다. 대원들 다수가 병이 났고 사냥감은 예상보다 드물었다. 그럼에도 불구하고 1806년 3월 20일치 루이스의 일지 첫머리는 이렇게 시작한다. "우리는 올 겨울과 봄에 클랫섭 요새에서 호의호식하지는 못했지만 편안하게 날 것이라고 기대할 만한 이유가 있는 만큼 꽤 안락하게 지냈다. 우리는 이곳에서 체류하며 달성하려고 한 목표들을 빠짐없이 이루었다."[29] 탐험대의 다른 대원이 덧붙인 추록이 있다. "1805년 12월 1일부터 이듬해 3월 20일까지 탐험대가 잡은 사슴과 엘크의 숫자를 계산해 봤는데, 엘크가 모두 131마리였고 사슴이 20마리였다."[30] 하루에 한 마리 이상 잡았으니 사냥 성적이 꽤 좋았던 것 같지만, 현지의 식량에 의지해 생존해 나가고 또 긴 귀로에 먹을 식량을 비축해야 하는 대규모 집단한테는 엘크 한 마리 한 마리가 다 소중했다.

귀환 여정은 1806년 3월 23일 억수같이 비가 내리는 가운데 시작되었다. 탐험대는 도중에 주기적으로 정박하여 사냥을 하고 인디언 야영지에서 물건을 교환해 가며 카누를 타고 컬럼비아 강을 거슬러 올라갔다. 한 가지 흥미로운 점은 여러 대원들이, 로키산맥과 태평양 사이에 존재하는 인디언들이 전설적인 "웨일스 인디언"임이 틀림없다고 확신하는 눈치였다는 것이다. 전설에 따르면 이들은 12세기에 아메리카 대륙으로 도망쳤다는 웨일스 왕자 매덕 압오웬 귀네스의 후손들이었다. 16세기에 아메리카 대륙에 대한 영국의 소유권 주장은 다음과 같은 생각에 바탕을 두었다. 잉글랜드 국왕의 신민인 웨일스인이 아메리카를 가장 먼저 '발견'했다면 콜럼버스의 항해로 얻은 에스파냐의 권리는 무효가 되리라. 이 이야기가 몇 백 년 뒤에도 여전히 영향을 미치고 있었다니 흥미로운 일이다.

루이스가 귀환 여정에 가능한 많이 탐험하고 싶어 했기 때문에 탐험대는 7월 초에 로키산맥 대분수령을 넘은 뒤 잠시 쪼개졌다. 이 분리는 유감스러운 결과를 불러왔는데, 루이스가 이끄는 무리가 도둑을 유혹하기에 딱 좋을 만큼 소규모였기 때문이다. 탐험대의 물자를 훔쳐 가려고 습격한 인디언 두 명이 죽임을 당했다. 탐험대 여행 전체를 통틀어 지금까지 알려진 유일한 인디언 희생자들이다. 일단 루이스가 옐로스톤 강과 미주리 강이 합류하는 지점에 도달하자 루이스의 분견대는 본대에 다시 합류했고, 탐험대는 더 이상의 사고 없이 다함께 카누를 타고 미주리 강을 따라 내려가 1806년 9월 말에 세인트루이스에 다다랐다.

탐험대를 이끈 공로로 루이스는 그 새로운 영토의 주지사가 된다. 그런데 주 정치가로서는 탐험 현장의 지도자로서만큼 성공을 거두지는 못했던 모양이다. 1809년에 워싱턴으로 가는 도중 총격으로 사망한 시신으로 발견되었을 때 그는 여전히 탐험의 결과 보고서를 작성하고 있었다. 그 죽음이 타살이었는지 자살이었는지를 둘러싸고는 여전히 논란이 있다. 클라크는 탐험대가 귀환한 뒤로 30년 넘게 더 살았다. 그는 1812년 전쟁에 복무했고 두 번 결혼했으며 여덟 명의 자녀를 보았고 미주리 준주(準州)의 주지사와 인디언 부서의 초대 감독관을 역임했으며, 계속 감독관으로 있다가 1838년 세인트루이스에서 사망했다.

'발견단'은 미주리 강과 컬럼비아 강의 광대한 배수 구역의 자연에 대해 중요한 지도학적 지식에 공헌했다. 그뿐 아니라 워싱턴으로 100여 종의 식물과 250여 종의 동물 표본을 보냈는데 그중에 다수가 동부의 자연사 학자들이 처음 본 것이었다.[31] 베이츠와 월리스가 열대에서 채집해 보존한 수천 종의 표본에 견준다면 이 총합이 적게 느껴질 수도 있지만 분류학적 시각과 지역적 시각이라는 넓은 차원에서 보아야 한다. 월리스와 베이츠는 훨씬 폭 넓은 기준에 따라 생물을 채집하고 있었고(두 사람은 작은 곤충 같은 것도 채집할 가치가 있는 표본으로 여겼다는 뜻이다—옮긴이) 그들이 채집을 한 지역은 심지어 오늘날까지도 여전히 미지의 종이 무수히 존재하는, 예나 지금이나 생물학적으로 가장 활기찬 곳이다. 더욱이 그들은 채집을 나가서 같은 경로로 다시 돌아오는 방식으로 여러 차례 탐험을 하고 중심 기지로 돌아옴으로써 표본들을 고국으로 차례차례 부칠 수 있다. 이 외에도 요령 있게 표현하기가 좀 힘든데, 월리스와 베이츠 같은 그런 종류의 자연학자들 다수는 흥미로운 희귀종을 발견하고 채집하는 데 다소 광적인 구석이 있었다. 루이스와 클라크는 생물학적으로 다양성이 훨씬 덜 한 지역에서 활동하고 있었고, 자신들의 채집 컬렉션을 관다발식물과 척추동물로 한정했다. 게다가 일단 로키산맥 안으로 들어가게 되면 탐험대의 짐으로 유지하고 싶은 것을 모조리 본인들이 지고 가야 했다. 루이스와 클라크는 둘 다 자연학자로서 교육을 받은 적이 없었고 진짜 열정적 채집가에게 필요한 한결같은 집념이 좀 부족했다. 그러나 전체적으로 발견단은 새로운 생물을 발견하고 추후 탐사의 기조를 세운다는 양 측면에서 대단한 성공을 거두었다. 그들은 향후 여러 세대 탐험가들이 뒤따르게 되는 서부 탐사 여행에서 연방정부 차원의 지원이라는 전례를 세웠다.

루이스와 클라크가 귀환한 뒤 정부 후원 탐험 측면에서 약간의 휴식기가 있는 동안 루이스는 탐험의 결과 보고서를 작성하느라 애를 먹었다. 그러나 미시시피 강 좌우로 넓게 뻗어 있는 서부 지역에 대한 걱정은 잦아들지 않았고, 연방정부는 그 지역의 풍경과 천연자원은 물론이고 그 지역 인디언 부족들의 인구와 문화, 정서에 관해 추가 정보를 얻어야 할 필요성이 커져 감을 깨달았다.[32]

비정부 부문 자연사에 관해서는 찰스 필을 언급할 만하다. 그는 1741

년, 메릴랜드의 영락한 집안에서 태어나 마구 제조인의 견습생이 되어야 했다.[33] 필은 일을 잘해서 결국에는 자신의 가게를 낼 수 있게 되었고, 자신의 사업이 허락한 충분한 시간과 자금으로 초상화라는 열정의 대상을 추구할 수 있었다. 친구들의 도움으로 그는 영국을 방문하여 런던에서 저명한 화가들과 함께 공부한 뒤 미국으로 돌아왔다. 돌아오자마자 혁명 정치에 휘말려 들어 사업을 잃고 말았지만 대신 제퍼슨과 워싱턴의 주목을 받게 된다. 미국 독립혁명이 끝난 뒤 그는 신생 미국에 최초의 공공 과학박물관을 설립했다. 이 박물관은 자연사와 예술, 그리고 이를 대신할 더 좋은 표현이 없기에 쓰는 표현으로 '진기한 것들'이 흥미롭게 뒤섞인 것이었다. 필은 제대로 된 과학 교육을 받지 않았지만 공공 교육의 가치를 열정적으로 믿었고 그의 박물관은 린나이우스 방식에 따라 분류된 박제된 새나 포유류와 더불어 아메리카에서 최초로 발굴된 마스토돈 뼈까지 소장했다. 필의 박물관은 스미스소니언박물관을 예견했으며, 그의 아들 티션(역시 화가였다)은 다음 세대의 북아메리카 서부 탐험가들과 동행하여 그들이 거쳐 간 새로운 풍경을 기록했다.

19세기 아메리카 서부의 탐험가이자 자연학자 가운데 가장 다채로운 인물은 존 프리몬트(1813~1890)이다. 프리몬트는 가난한 프랑스 망명 귀족과 부유한 남부 지주의 아내가 맺은 로맨스의 소산이었다. 프리몬트의 어머니는 부모가 죽은 뒤 자신보다 나이가 세 배나 많은 남성한테 어쩔 수 없이 시집가게 되었고, 결국 그녀의 가정교사인 프리몬트의 아버지와 정을 통하게 된다. 관계가 들통 나자 연인은 함께 도망쳐 살면서 여러 자식을 낳았고 존은 그중 맏아들이었다.[34] 프리몬트는 어렸을 때부터 수학에 재능이 있었던 듯하여 열여섯 살 때 찰스턴칼리지에 입학했고, 처음에는 뛰어난 능력으로 그곳의 선생들에게 깊은 인상을 심어 주었다. 안타깝게도 그는 곧 "어린 서부 인디언 소녀"와 사귀게 되었고 "그녀의 칠흑 같은 검은 머리와 부드러운 검은 눈동자는 불행히도 그의 학업을 방해했다."[35]

그녀의 검은 머리칼과 눈동자는 분명히 방해가 되었고, 어린 존은 찰스턴에서 쫓겨났다. "서부 인디언 소녀"는 어찌 되었는지는 알려지지 않았지만 존은 해군에 입대하여 2년 동안 복무한 뒤 찰스턴으로 돌아왔고 칼리지는 그에게 수학 학사와 석사 학위를 수여했다. 학위를 받은 프리몬트는 해군 수학 교관에 지원하여 자리를 얻었다.

프리몬트는 곧 해군이 지겨워져서 조지아주 서부의 철도 측량 사업에 합류했다. 이 작업을 통해 기술과 경험을 쌓을 수 있었고, 미시시피 강 상류로 가 프랑스 지리학자 조제프 니콜라 니콜레의 미시시피 강과 미주리 강 사이 토지 측량 작업을 도울 수 있었다. 이 탐험에서 돌아온 뒤 프리몬트는 측량 결과를 바탕으로 지도를 제작하는 니콜레를 도왔고 그로부터 자연과학 수업을 들었다. 과학과 지도 제작법을 공부하는 것 외에도 프리몬트는 미주리 주 상원의원 토머스 벤턴의 열다섯 살 된 딸에게 반했다. 딸 제시도 마찬가지로 젊은 존 프리몬트에게 관심이 있었고, 유력 인사인 아버지가 손을 써서 존에게 군사 임무를 맡겨 아이오와 강으로 보내 버린 것은 어쩌면 그리 놀랄 일도 아닐 것이다. 이런 경우에 부모의 책략은 소용이 없었다. 프리몬트가 기록적인 시간 안에 아이오와 강 임무를 마치고 미주리로 돌아오자 벤턴 부부는 두 사람의 결혼을 허락했다.

벤턴은 그 무렵 주도적 민주당원이자 미국의 국경선을 태평양 연안까지 밀어붙이는 노력을 적극적으로 지지하는 열렬한 팽창주의자였다. 벤턴은 딸이 고른 신랑감에 대해 우려했을지도 모르지만, 불가피한 결과에 굴복한 뒤로는 사위가 장래 직업 면에서 자신이 워싱턴에서 발휘하는 영향력의 혜택을 볼 수 있도록 힘썼다. 1842년 프리몬트는 오리건트레일, 더 명시적으로는 "미주리 주 변경과 로키산맥의 사우스패스 사이, 그리고 캔자스 강과 그레이트플레인스 강 물길을 따라 있는 지방"을 탐험하고 지도를 그리라는 명령을 받았다.[36) 프리몬트는 "그러한 탐험이 제공할 심신의 발달을 위해" 데려온 인척인 열두 살짜리 소년과, 핵심 안내자로서 유명한(악명도 높은) 정찰대원 크리스토퍼 '킷' 카슨을 비롯하여 총 21명의 남자들로 구성된 무리를 이끌었다.

프리몬트의 탐험 기록은 최고의 여행기 전통을 잇고 있으며, 이후에 그의 정치 경력이 자리를 잡자마자 나오기 시작한 몇몇 찬사일색 전기들보다 솔직히 훨씬 더 잘 읽힌다. 프리몬트는 각 지역을 보는 눈썰미가 뛰어났고 멈추는 곳마다 반드시 식물을 채집한 뒤 나중에 분류를 위해서 에이서 그레이의 스승이자 초기 북아메리카 식물지의 지은이인 존 토리(1796~1873)에게 맡겼다. 그는 다양한 화석을 비롯한 지질에도 주목했고 기후 패턴도 기록했다. 로키산맥에서 가장 높이 올라간 지점에 즉석에서 만든 독수리 깃발을 꽂은 것을 비롯해 첫 탐험의 몇몇 측면은 이목을 끌기 위한 행위에 불과했지만, 그가 측량조사한 경로는 훔볼트의 북아메리카 서부 지도에서 몇몇 공백을 채워 주었다. 또 동식물에 대한 관찰 내용은 그에게 자연사 학자 명단에서 한자리를 차지할 만한 자격을 안겨 준다.

역시 '킷' 카슨의 안내를 받은 두 번째 탐험에서 프리몬트는 오리건트레일을 따라서 컬럼비아 강에 위치한 밴쿠버 요새까지 간 뒤, 역시 컬럼비아 강의 하구 지도를 그리고 있는 윌크스 탐험대의 측량선과 자신의 측량선을 서로 연결하라는 지시를 받았다.[37) 이 여행에서 이례적인 요소는 추가적인 소총 여러 자루와 더불어 산악 곡사포 한 문(과학 탐험대한테서 기대할 만한 장비는 아니다)을 가져가겠다는 프리몬트의 고집이었다. 그의 유별난 군사 장비에 상관들은 깜짝 놀랐고, 아메리카 대륙 서해안에 주둔하고 있던 에스파냐와 영국의 관계 당국이 군사 원정처럼 보이는 이번 여행을 어떻게 생각할지 안절부절못한 것도 당연한 일이었다. 그래서 추가적 지시를 듣도록 귀환하라는 명령이 프리몬트한테 하달되었다. 그러나 프리몬트의 아내 제시가 귀환을 명령하는 서신을 가로챘다. 제시는 아버지와 남편의 팽창주의적 시각에 동조했기에 명령서를 전달하는 대신 프리몬트에게 더 이상 지체하지 말고 세인트루이스를 빨리 떠나라는 쪽지를 보냈다. 프리몬트는 곡사포까지 챙겨서 곧바로 서쪽으로 향했다.

탐험대의 경로는 그레이트솔트레이크 북단을 지나갔다. 프리몬트는 이전 탐험가들보다 훨씬 더 자세하게 이 지역의 지도를 그렸을 뿐 아니라 솔트레이크 호의 물과 인근 온천수를 가지고 화학 분석을 실시했다. 밴쿠버 요새에서 프리몬트는 동쪽으로 발길을 돌려 컬럼비아 강을 거슬러 가다가 그레이트베이슨(대분지)의 서쪽 가장자리를 따라서 남쪽으로 나아갔다. 탐험대의 여정 대부분은 블랙록 사막 일부를 비롯해 극도로 험난한 지형에 걸쳐 있었고, 오늘날의 네바다에서 피라미드 호를 맞닥뜨리지 않았다면 그레이트베이슨에서 죽었을지도 모를 일이다. 프리몬트는 호수를 발견하고 다소 서정적인 산문으로 묘사했다.

그 너머로 산맥의 좁은 골짜기가 대략 2,000피트(600미터—옮긴이) 아래로 급격히 하강하다 만나는 저지대는 폭 20마일(32킬로미터—옮긴이) 정도의 푸른 빛 수면으로 가득하다. 수면은 우리 눈앞에 마치 바다

그림 21 네바다, 프리몬트의 피라미드 호수. 1845년 프리몬트의《로키산맥 탐험 보고서》(1845). 자세히 보면 프리몬트의 탐험대가 끌고 온 대포도 보인다.

처럼 펼쳐졌다. …… 산들바람에 잔물결이 일고 있었고 그 짙푸른 물빛
은 수심이 깊음을 짐작케 해주었다. 산길을 이동하느라 지쳐 있었기에
우리는 아주 오랫동안 앉아서 풍경을 즐겼다.[38]

피라미드 호수에서 탐험대는 파이우트족들이 잡은 그 지방 고유의 라
혼탄 무지개송어를 식량 삼아 지냈지만, 프리몬트는 세인트루이스로 곧
장 귀환하기에는 보급품이 충분치 않다고 판단했다. 그래서 세인트루이
스로 곧장 가기보다 캘리포니아의 서터 요새에 닿기 위해 시에라네바다
산맥을 넘기로 했다. 그러나 한겨울에 시에라네바다산맥을 오른다는 것
은 거의 불가능한 임무였다. 짐을 나르는 가축이 많이 죽었고 대원들은
탐험대와 함께하던 개를 비롯하여 구할 수 있는 식량으로 간신히 연명
했다. 결국 그들은 5주 뒤에 정상에 도달하여 시에라네바다 정상부에 있
는 타호 호수를 본 첫 유럽인들이 되었다. 따라서 그들은 영문도 모른 채,

그레이트베이슨으로 흘러 들어가는 주요 강 가운데 하나인 트러키 강의 수원과 강이 끝나는 지점을 모두 본 셈이다. 그들은 산맥 정상부에서 산자락에 있는 서터의 교역소로 내려와 휴식을 취하고 재보급을 한 뒤 여행을 속개했다.

프리몬트의 나중 여행들은 과학적이라기보다 사실상 더 노골적으로 정치적인 성격을 띠었다. 1846년에는 멕시코 당국에 대항하여 반란을 선동한 뒤 잠시 캘리포니아 준주의 주지사로 임명되었다. 하지만 그 자리를 계급이 더 높은 장교에게 넘겨주는 걸 거부하다 군법회의에 회부되었다. 그의 나머지 생애는 정치 경력이므로 자연사에는 별다른 관련이 없다. 그러나 훔볼트가 지도 제작자와 자연학자로서 프리몬트의 능력에 찬사 일색이었다는 사실은 주목할 필요가 있다. "북아메리카 대륙 서부와 관련하여 논의되는 물리적, 지구 구조학적 견해들은 여러 면에서 롱 소위의 여행과 그의 동행인 에드윈 제임스의 뛰어난 글, 그리고 특히 프리몬트 대위의 광범위한 관찰을 통해 수정되어 왔다."[39]

프리몬트의 뒤를 이어 자연사 측면과 대륙의 중앙부를 미국에 연결하는 측면 둘 다에서 가장 성공적인 서부 탐사는 의문의 여지없이 1853~1854년의 태평양 철도 탐사였다. 캘리포니아의 중요성이 높아지고 인구가 늘어남에 따라 동부 해안에서 서부 해안까지 용이한 연락선을 구축하는 일이 꼭 필요해졌다. 철도는 대륙을 가로질러 적절한 노선만 확정될 수 있다면 수요를 충족할 수 있는 지점까지는 이미 개발된 상태였다. 전쟁부는 제퍼슨 데이비스(7년 뒤 남부연합의 대통령으로 더 잘 알려지게 된다)의 지휘 아래 이상적인 철도 노선을 결정하고 이 기회를 이용해 북아메리카 대륙의 자연사에 관해 최대한 많은 목록을 작성하려는 대규모 시도에 착수했다.

측량조사 팀에 하달한 제퍼슨 데이비스의 지시 사항은 대단히 구체적이었다.

탐험과 측량조사를 수행할 때 북위 49도부터 미주리 강의 원류까지 걸쳐 있는 캐스케이드산맥과 로키산맥의 고개들을 답사하고, 인접 지방이 철도 부설 자재를 어느 정도 공급할 수 있는지 또 컬럼비아 강과 미주리 강, 그리고 그 지류를 통해 어느 정도 자재를 운반할 수 있는지 파악해야 한다. 그런 만큼 두 산맥 사이에 있는 지방 전역의 지리와 기상 상태 전반, 강물이 불어나는 시기와 홍수의 성격, 강우량과 강설량, 비와 눈의 지속 기간, 특히 산간 지방의 강수에 관해 주의를 기울여야 할 것이다. 건조 지역의 지질에 관해 …… 그곳의 식물과 자연사, 농업 자원과 광물 자원, 그곳 인디언 부족들의 위치와 숫자, 역사, 전통, 관심, 우리 국토에서 그 지역만의 성격을 발달시켜 온 여타 사실들에 주의를 기울여야 할 것이다.[40]

측량조사의 전반적인 계획은 다면적 접근을 시도했다. 그에 따라 북위 32도, 35도, 38도, 47도선을 가능한 면밀히 따라가도록 독자적 분견대를 따로따로 보내고, 귀환 팀은 대안 경로들을 될 수 있으면 많이 파악해 이용하도록 예정되어 있었다. 북단 조사 계획은 실제로 두 팀으로 이루어져 있어서 한 팀은 서해안에서 동쪽으로 이동하고 다른 팀은 동쪽에서 서쪽으로 이동해, 북부의 겨울이 닥치기 전 제한된 시간 안에 완전한 조사의 가능성을 극대화했다. 남단 조사는 경로 일부가 당시 멕시코 영토이던 지역을 지나가게 되어 있었으므로 멕시코 정부의 허락을 받아 이루어졌다.

데이비스는 남쪽 조사에 흥미로운 혁신을 제의했다. 사막 환경에 가장 적합하리라고 믿은 쌍봉낙타와 단봉낙타를 구입해 활용하는 것이었다. 데이비스는 결국 이 실험을 하도록 전쟁부를 설득하는 데 성공했으나 철도 측량조사 프로젝트에는 너무 늦었다. 낙타는 1855년에 처음으로 수입되었는데 튼튼하고 유능한 역축임이 곧 드러났다.[41] 한 무리는 콜로라도 강을 거슬러 캘리포니아로 가서 베니시아 인근에 몇 년 동안 배치되었다. 안타깝게도 낙타는 말에게 공포를 불러일으켜 거의 2천 년 전에 클라우디우스의 낙타를 처음 본 브리턴족 기병들처럼, 말들이 짐마차 길에서 우르르 달아나며 연쇄 충돌하는 결과를 낳았다. 병사들은 낙타가 성질이 고약하고 냄새가 난다고 여겼고 남북전쟁이 발발함으로써 이 실험은 끝나게 되었다. 낙타 여러 마리가 남서부에 풀려나서 1900년대 초까지도 여기저기 돌아다닌다는 보고가 있었다.

철도 조사 사업의 결과는 도판과 지도, 수치를 비롯해 본문이 7천 쪽이 넘는 방대한 13권짜리 시리즈로 나왔다.[42] 조사팀마다 배정된 자연학자들은 스미스소니언협회의 부총무인 스펜서 풀러턴 베어드의 조언에 따라 선발되었다. 자연학자들은 스미스소니언협회에 256종의 포유류 표본이나 그에 대한 묘사를 제공했는데, 그 가운데 52종은 이전에 분류된 적 없는 새로운 종이었다. 각 종은 이명(異名)과 (존재할 경우에는) 지리적 변종인 아종에 대한 기술과 함께 제시되었고 당시로서 파악 가능한 지리적 분포 현황을 최대한 설명했다. 후속 권들은 포유류에 덧붙여 716종의 새와 파충류, 양서류 그리고 미시시피 강 서부에서 발견된, 289종이라는 놀라운 수치의 물고기들에 대한 묘사를 수록했다.

조사 보고서의 실제 내용은 고전적 의미의 자연사이다. 다시 말해, 생물 분포에 관해 어떤 설명이나 이론을 제시하거나, 패턴을 종합적으로 설명하려는 시도가 없다. 보고서의 스타일은 기본적으로 "우리는 '그 때, 여기서, 이것을' 발견했다"는 식이며 이따금 특정한 습성에 관한 정보를 보태는 식이다. 따라서 철도사업 팀 보고서는 그 자체로 완결점이라기보다는 장래 자연사(궁극적으로는 생태학과 생물지리학) 학도들을 위한 뛰어난 출발점 역할을 했다.

서부를 떠나기 전에 최후의 선구적인 자연학자이자 탐험가 한 사람을 언급하지 않고 지나가면 서운할 것이다. 하기야 루이스와 클라크의 경우처럼 존 웨슬리 파월(1834~1902)은 전기 작가들을 만나는 운이 좋긴 했다.[43] 비록 월리스 스테그너가 파월을 두고 "평판(plane table, 측량 도구의 일종—옮긴이)만큼이나 실제적인" 사람이라고 말하지만 말이다.[44] 그는 주변으로 신화가 생겨나기 쉬운 종류의 사람이다. 파월은 어릴 적부터 자연사와 모험에 이끌렸고, 그를 유명하게 만들 콜로라도 탐험 훨씬 전부터 이미 미시시피 강 대부분의 구간과 오하이오 강을 피츠버그에서부터 하구까지 노를 저어 단독으로 종단한 바 있다. 1859년에 그는 사회 경력 내내 오랜 기간 동안 공헌한 조직인 일리노이자연사학회의 총무로 선출되었다.[45] 파월은 고전과 더불어 지질학과 자연사에 집중하며 대학을 띄엄띄엄 다녔다. 비교적 가난한 집안 출신이라 자연사를 강의해서 생계를 유지했다.[46] 남북전쟁이 터지자 공병으로 자원병 연대에 입대하여 샤일로 전투에서 미니에라이플 총알에 맞아 오른팔을 잃는 중상을 입었다. 이 부상에도 불구하고 그는 군대에서 계속 복무하며 빅스버그 전투에서 포병 사단을 이끌고 강을 따라 내려가 내처즈와 뉴올리언스에 입성했다. 이런 와중에도 사촌인 에머 딘과 결혼했고 그녀는 전선까지 남편을 따라갈 수 있게 지체 없이 간호사로 자원했다.

전쟁이 끝나자마자 파월은 퇴역하고 자연사 강사라는 직업으로 돌아갔다. 그는 일리노이웨슬리언대학 지질학 교수 겸 박물관 큐레이터로 임명되었다. 틀림없이 자연사 교육의 선구적인 순간일 수업에서 파월은 1867년과 1868년 여름에 학생 열여섯 명을 데리고 로키산맥으로 장기 현장학습을 나갔다. 이 현장 연구는 다른 것은 차지하고라도 서부에서 급속한 변화 속도를 나타내는 지표로서 언급할 만하다. 20년 전 콜로라도 대부분 지역은 탐험된 적 없는 야생의 땅이었다. 1867년이 되자 그곳은 대학교 현장학습 장소로 적합했다. 아마도 파월이 생각하는 현장학습은 오늘날 21세기 후배들 대다수가 생각하는 현장학습보다 훨씬 더 투박했을 것이라 짐작된다. 그래도 "엄마 아빠, 이번 여름에 파월 소령님이 강좌 학생들 전부를 콜로라도에 데려간대요. 저도 가도 되죠?" 하고 이야기할 수 있었다고 생각해 보라!

파월이 탐험과 자연사의 위대한 영웅 가운데 한 명으로 이름을 남기게 될 탐험을 떠나기로 결심한 것은 아마도 이런 현장학습에서였을 것이다. 그 탐험은 바로 그랜드캐니언을 통과하는 여정이었다. 1869년 5월에 파월과 다른 아홉 명으로 구성된 탐험대는 그린 강이 콜로라도 강과 합류하는 지점을 떠나서 석 달 동안 하류로 자취를 감춘다. 많은 이들이 콜로라도 강의 협곡 지대가 항행이 전혀 불가능해서 탐험대가 여행을 나선 자신들의 어리석음을 깨달을 때쯤이면 가파른 협곡 사면 때문에 그곳에서 빠져나오지 못할 거라 생각했다. 파월은 그린 강 합류점과 바다 사이 1,600킬로미터 구간에 걸쳐 불가피한 내리막 구간을 계산했고, 과연 급류가 있기는 하겠지만 기술과 운이 따르면 그럭저럭 통과할 수 있으리라 판단했다. 탐험대는 도중에 지질학 표본을 수집하고 강가의 물리적·생물학적 풍경을 기록했다. 여러 차례 배가 뒤집히고 보급품을 잃고 참사 직전까지 갔지만, 협곡 종단 완주를 이틀 남겨 두고

한 명의 사망자도 없이 거기까지 왔다는 것은 탐험가로서 리더로서 파월의 능력을 보여 주는 증거이다. 그러나 안타깝게도 바로 그 시점에 대원 세 사람이 반기를 들어 그랜드캐니언의 협곡 사면 너머로 떠나 버린 뒤 두 번 다시 볼 수 없게 된다. 세 사람의 운명을 모른 채 파월은 마음이 바뀔 경우를 대비해 그들이 떠난 지점에 탐험대의 보트 한 척을 놔두고 계속 강물을 타고 내려가 1869년 8월에 목적지에 도착했다.

첫 탐험에서 세 대원의 이탈로 초래된 안타까운 결과 가운데 또 하나는 남은 보트에 공간이 없어서 수집했던 지질 표본을 모두 협곡에 두고 와야 했던 일이다. 그 결과 그는 표본을 다시 수집하고 그랜드캐니언의 지리를 더 상세히 조사하기 위해 그곳을 또 한 번 여행하기로 결심했다. 두 번째 여행은 연방정부의 지원을 받아 1871~1872년에 이루어졌고, 이번 탐험은 여전히 위험천만하긴 했어도 아무런 사망자 없이 무사히 끝났다.

두 번째 탐험의 결과는 파월이 작성한 일련의 공식 보고서와 여러 편의 전문적 논문에 제시되었는데, 파월은 자신의 경험을 살려 하천의 수계와 지역의 지질학적 구조를 기술하는 새로운 명명 체계를 개발했다. 파월은 지질조사국 국장과 인종부서의 수장이 되어 다음 세대 지질학자와 인류학자들을 길러 낼 수 있었고, 그들은 파월이 "개간" 사업(19세기~20세기 초에는 댐이나 보의 건설과 같은 관개 사업을 비롯한 토지 개발 사업 일체를 가리켜 '개간'이라고 불렀다—옮긴이)이라는 명목으로 처음 지도를 그렸던 풍경에 급격한 변형을 가져오게 될 터였다. 150년 전에 파월이 따라 내려갔던 강의 많은 부분은 이제 저수지 아래 잠기거나 정교한 수문과 배수로 시스템을 통해 통제된다. 이제는 자신의 이름을 달고 있는 호수를 그가 과연 얼마나 좋아했을지 궁금하지 않을 수 없다.[47]

13장 빵나무 열매와 빙산

　바다에서도 제국의 경로는 자연사의 탐험 전통을 이어 가고 있었다. 제임스 쿡의 1차 항해는 조지프 뱅크스와 관련하여 이미 논의한 바 있지만, 세계 일주 탐험가이자 뛰어난 능력을 지닌 항해가로서 쿡은 자연사와 관련된 다른 여러 사람들에게 중요한 역할을 했다. 쿡은 1728년 10월 27일 농장 일꾼의 아들로 태어났다.[1] 집안에 항해와 직접 관련된 전통은 없었지만 쿡은 어려서부터 바다에 마음을 빼앗겼다. 1742년 열네 살 때 쿡은 말 그대로 바다로 달아나 석탄 운반선에서 일하기로 계약하고 13년 동안 일하면서 항해와 조종술에 대해 배울 수 있는 모든 것을 배웠다. 1755년에 프랑스와 7년전쟁이 발발하여 나라에서 유능한 선원을 적극적으로 모집하자 쿡은 해군에 입대했다. 그는 장래가 유망한 사람으로 곧 주목을 받아 퀘벡 포위전을 지원하도록 북아메리카 해군기지로 파견되었다.[2]

　제임스 쿡은 지도 제작자로서 여러 차례 활약하며 북아메리카 해군

기지에서 성공적으로 임무를 수행했다. 덕분에 빨리 진급했고 타히티 섬에서 금성 태양면 통과 관측을 포함한 세계 일주 항해를 이끌 지휘관으로 발탁되었다. 비록 쿡은 주로 수학이나 천문학에 관심이 많았지만 자연사의 다른 요구 사항들에도 민감해서 항해 동안 조지프 뱅크스가 식물 표본을 채집할 시간과 여건을 허락했다. 이후 해양 역사의 측면에서 특히 주목할 것은 뱅크스가 타히티에서 '빵나무 열매'(Artocarpus altilis)를 알게 된 일이다. 이 이야기는 뒤에 다시 논의하도록 하자.

1775년에 쿡은 두 번째 항해를 성공적으로 완수했다. 이 항해에서 탐사선은 그때까지 시도된 어느 항해보다 훨씬 더 남반구 고위도까지 갔고 그들의 경로는 부빙 북쪽에 중요한 땅덩어리가 없음을 입증했다(쿡은 거의 남극대륙을 발견할 수 있을 만큼 멀리 내려갔지만 날씨와 부빙 때문에 접근할 수 없었다). 세 번째이자 마지막 항해에서 그는 레절루션호의 선장으로 다시 임명되었고 제2의 탐사선 디스커버리호와 더불어 추가적 탐험을 위해 태평양으로 돌아갔다. 태즈메이니아와 뉴질랜드에서 지도 작성 업무를 수행한 뒤에 선단은 북서항로(Northwest Passage)를 찾아 북쪽으로 뱃머리를 돌렸다. 이 항해 기간 동안 하와이를 발견하고는 조지프 뱅크스의 훌륭한 후원자 샌드위치 경의 이름을 따서 '샌드위치 제도'라고 이름 붙였다.[3] 알래스카 해안을 따라 짤막하게 북쪽으로 항해한 그는 하와이로 돌아온 뒤 안타깝게도 그곳에서 원주민들의 습격을 받아 사망했다.[4]

영국령 서인도제도는 허리케인이 섬의 작물을 망치고 식민지 행정관들이 정책을 잘못 수립하는 바람에 여러 차례 기아를 겪었다.[5] 이 무렵이 되면 조지프 뱅크스는 왕립학회의 회장으로 완전히 자리 잡은 상태였고, 타히티에서 빵나무 열매를 접한 경험을 기억하고는 북반구의 자메이카와 카리브 해의 나머지 다른 섬들이 남반구 타히티의 위도와 거의 동일한 위도에 있으니 어쩌면 기후가 서로 비슷해서 동일한 종류의 식물이 자랄 수도 있겠다는 생각을 했다. 그는 정부 내의 인맥을 통해 해군이 빵나무 묘목을 자메이카로 운송하는 일을 후원하도록 했는데 주로 설탕과 커피 플랜테이션에 고용된 노예들의 식량 공급원으로 삼기 위해서였다.

윌리엄 블라이(1754~1817)는 쿡 선장 밑에서 레절루션호의 항해 장교로 복무했기에 열대의 바다에 친숙했다. 해군성은 블라이를 바운티호(HMS Bounty)의 선장으로 임명한 뒤 타히티로 가서 자메이카로 이식하기에 적합한 빵나무를 선별하고 보살피라는 뱅크스의 명시적 지시를 하달했다. 블라이와 바운티호는 태평양까지 매우 험난한 여정을 겪었다. 역풍이 불어 케이프혼을 돌아갈 수가 없었고 결국 블라이는 뱃머리를 돌려 희망봉을 거쳐 동쪽으로 향했다. 이 난관으로 여정이 여러 달 더 길어졌고 신속한 항해를 기대했던 선원들도 지쳐 갔다. 드디어 타히티에 도착하자 그들은 실어 가기 적당한 빵나무를 찾아 여러 달을 기다려야 했고, 일등항해사 플레처 크리스천을 비롯한 다수의 선원들은 타히티 사람들과 시시덕거리며 섬에서 즐거운 시간을 보냈다.

바운티호가 1789년 4월에 마침내 항해에 나서려 하자 다수의 선원들은 타히티 섬을 떠나기 싫어졌다. 출항한 지 며칠 만에 크리스천은 선상 반란을 이끌었다. 블라이와 그를 따르는 선원들은 해도도 나침반도 없이 비바람에 고스란히 노출된 보트에 내려져 표류했다. 기적적인 선박 조종술로 블라이는 5,500킬로미터 넘게 항해하여 장장 47일에 걸친 이 여정 동안 단 한 명의 선원만 잃고서 티모르 섬에 상륙하는 데 성공했다.

블라이는 1791년 잉글랜드로 귀환하여 바운티호를 잃었다는 이유로 군법회의에 회부되었지만 무죄 방면되었다. 뱅크스는 여전히 빵나무를 자메이카로 가져가는 데 열성적이어서 2차 원정 자금을 지원해 달라고 해군성을 설득했고 다시금 블라이가 지휘관으로 임명되었다. 이번에는 배 두 척이 파견되었고, 빵나무를 보살피고 큐의 왕립식물원으로 가져올 수 있는 여타 유용하거나 흥미로운 식물을 채집할 임무를 띤 식물학자 겸 정원사들도 승선했다.[6] 뱅크스는 또한 새와 곤충을 비롯하여 그들이 가져올지도 모르는 표본 값으로 10파운드 10실링(현재 가치로 대략 2천 달러)을 미리 지급했다. 그들은 타히티와 태즈메이니아에 "귀화"시킬 요량으로 다수의 유럽산 식물도 가져갔다. 두 배는 아무런 사고 없이 타히티 섬에 도착했고 두 달 동안 선장과 선원들은 2천 그루가 넘는 빵나무를 채집해 선실 안 항아리에 저장했다.

그들은 서인도제도의 세인트빈센트 섬으로 가서 화물 절반을 내린 다음 큐식물원에 가져갈 현지의 표본을 싣고 자메이카로 항해를 재개했다. 남아 있던 나무 절반을 자메이카 묘목장에 이식한 뒤 식물학자들은 정부의 월급을 받으며 관리인으로 섬에 남아 있기로 했다. 그곳에서 블라이는 큐식물원에 가져갈 식물 표본 수백 종도 채집했지만 영국으로의 출발은 프랑스와 전쟁이 터지면서 지연되었다. 그는 2년이 넘도록 해외에서 보낸 뒤 마침내 1793년 8월에 귀국할 수 있었다. 타히티를 비롯한 태평양 섬들에서 구한 식물 표본들은 서인도제도의 표본들과 더불어 뱅크스를 아주 기쁘게 했고 큐식물원의 컬렉션을 크게 확대했다.

지도 제작을 위해서든 일반적 탐험이나 영토 획득을 위해서든 아니면 과학 연구를 위해서든, 대양 모험에서 영국의 지배적 우위는 18~19세기 내내 지속되었다. 미국이 라이벌들과 경쟁하여 우위를 차지하고자 한다면 고래잡이와 바다표범 사냥 무역에 매우 중요한 더 뛰어난 해도가 필요했고 해역의 자연사도 더 잘 이해할 필요가 있었다. 그러나 제퍼슨이 루이스와 클라크의 탐사 원정에서 발견한 대로 의회는 과학을 당연히 후원해 주지 않았다. 학회를 왕실 차원에서 후원하는 전통이 오래된 영국과 달리 미국 연방정부는 국가에 뚜렷한 혜택이 있다는 점을 입증할 수 없으면 연구 활동을 멀리하는 경향이 있었다.

윌크스 원정(Wilkes Expedition), 이른바 '1838~1842년 미국 탐사 원정'의 전모는 윌리엄 스탠턴이 아름답게 서술했으나 여기서 간략히 살펴보는 것도 좋을 것이다.[7] 20년에 걸쳐 대규모 해양 탐사를 위한 장기적 로비 활동은 지구공동설의 열렬한 옹호자로 유명한 제레마이어 레이널즈(1799~1858)가 앞장섰다.[8] 레이널즈의 노력은 결국 결실을 맺어서 미국 해군은 스쿠너선 두 척과 보급선 한 척을 비롯해 모두 여섯 척의 선박을 꾸려 남쪽 대양을 탐사하고 태평양의 섬들의 지도를 그리라는 임무를 내렸다.

탐사 원정은 과학계에서 미국의 위상을 드러내고, 지도 정보를 영국에 의존하던 현실에서 벗어나고자 함이었다. 탐사대에는 승무원들 말고도 19세기 미국 태생의 대표적인 지질학자 제임스 드와이트 데이나(1813~1895)를 비롯한 과학자들이 충원되었다. 앞서 언급된 찰스 필의 아들 티션 필(1799~1885)은 이미 플로리다와 로키산맥 탐험에서 현장 연구 경험을 쌓았으므로 화가이자 자연학자로서 탐사대에 채용되었다. 탐사 원정이 끝나고 15년 뒤에 다윈이 자연선택에 대한 자신의 견해를 털어놓게 될 에이서 그레이(1810~1888)도 초빙되었지만 그는 거절했다.[9]

원래 지휘관이 사임한 뒤 찰스 윌크스(1798~1877)가 탐사 원정을 이끌도록 선발되었다. 윌크스는 피츠로이가 아니었다. 그는 계급이 매우 낮은 장교였고 장기 대양 항해 경험이라고는 지중해로의 순항이 다였다. 윌크스는 지휘에 익숙하지 않았고 변덕스러운 성격은 합리적인 의사 결정과 규율을 방해했던 것 같다. 탐사 기간 동안 그는 선원들에 대한 매질로 악명이 높아졌고, 진짜이든 그가 상상한 것이든 자신을 향한 음모를 저지하기 위해 배들 간에 장교들을 수시로 교체했다.

탐사 원정대는 드디어 1838년 8월에 항해를 나섰다. 이 작은 함대는 케이프베르데를 향해 남쪽으로 항해하다가 리우데자네이루를 향해 서쪽으로 뱃머리를 돌려 11월 말에 브라질에 도착했다. 리우에서 그들은 몇 년 전에 비글호가 갔던 것과 대체로 동일한 항로를 따라서 남쪽으로 가서 부에노스아이레스와 티에라델푸에고를 방문했다. 티에라델푸에고 섬에서 그들은 푸에고 부족을 만나 다윈과 피츠로이가 글에서 묘사한 것과 매우 비슷하게 그들을 묘사했다. 남아메리카 서해안을 향해 대륙 남단을 돌아 북상하면서 작은 함대는 일련의 강풍을 만나 스쿠너선 한 척이 승무원 전원과 함께 침몰했다. 페루 칼라오 항에서는 탐사대의 선박 여러 척이 서로 부딪히고 정박 중이던 다른 선박들과 충돌했다. 전체적으로 그다지 만족스러운 항해술의 실례는 아니었다.

일단 페루 해안을 벗어나자 탐사 원정대는 투아모투 군도를 향해 태평양을 가로질러 남서쪽으로 항해했다. 그들의 궁극적 목표에는 최남단의 육지 범위가 어느 정도인지 알아내는 것도 있었다. 남양 해도를 더 훌륭하게 개선하는 것 외에도 탐사 원정대의 또 한 가지 임무는 태평양 지역 동식물의 더 좋은 표본을 채집해 오는 것이었다. 남태평양의 섬들과 오스트레일리아 대륙은 제임스 쿡이 항해하기 전부터 엄청난 매력을 지닌 곳이자 진정한 지적 도전의 장소였다. 중세 자연사는 대척지

(Antipode, 지구 위의 한 지역에 대하여 그 반대쪽에 있는 지역—옮긴이)가 괴생물체들이 사는 땅, 존재의 대사슬에서 누락된 환상적 요소가 다수 포함된 일종의 뒤집어놓은 북반구일 것이라고 짐작했다.[10] 남반구 동식물군을 실제로 맞닥뜨린 일은 대단한 충격을 안겼고, 그 충격은 어쩌면 예상했던 것보다 훨씬 폭넓고 또 장기적인 것으로는 드러나게 된다. 북반구의 단정한 분류 체계에 어떻게도 들어맞지 않는 이상한 생물들이 정말로 있었지만, 그 기이함이 단선적인 생물 구조의 빈틈을 채워 주지는 못했다.

처음에 북반구의 과학자들은 유대목이나 단공류 동물에 대한 보고를 공상적인 선원들의 황당무계한 이야기로 쉽게 치부하려고 했다. 오리너구리가 처음 발견되었을 때 여러 자연학자들은 박제사의 위조품이라고 여기거나 좀 더 온건하게는 이렇게 표현했다. "그것의 진정한 본성에 대해서 어떤 의심을 품고 그 신체 구조에 모종의 속임수가 자행되었다고 추측하지 않기란 어렵다."[11]

캥거루, 왈라비, 코알라, 태즈메이니아산 주머니곰은 질서정연하고 구조적인 자연이라는 생각 전체를 깨트리는 것 같았고 북반구 자연의 거울상을 제시하지 않았다. 오로지 이 지역의 표본 컬렉션이 더 구축되면서 모종의 체계가 회복될 수 있다. 마찬가지로 위협적인 것은 태평양 섬의 주민들에 대한 생각이었다. 그들에 관한 이야기는 무사태평한 사람들의 땅(자유연애와 공동체 생활의 낙원)이라는 생각에서부터 잔혹한 야만성과 식인 풍습의 땅이라는 생각까지 극과 극을 오갔다. 전체적으로 볼 때 남반구는 19세기 미국인들의 믿음 체계에서 거대한 기이함을 대변했으며, 윌크스와 그의 배들은 그 남쪽을 향해 가고 있었다.

윌크스는 시드니에 기항했다가 빙상(대륙 빙하—옮긴이)을 향해 배를 몰았다. 남극의 실제 '발견'은 논쟁으로 둘러싸인 사건이다. 제임스 쿡은 앞선 어느 누구보다 더 남쪽 고위도까지 갔지만 실제로 육지를 보았는지 아니면 그저 빙상만 본 것인지는 불분명하다. 1820년이 되면 러시아와 영국 선원들은 모종의 땅덩어리를 보았다고 분명하게 기록하지만 그 크기가 얼마나 되지는 잘 몰랐다. 엉성한 기록 관리 탓에 이후의 논쟁에도 불구하고 대체 누가 최초로 남극대륙에 다다랐는지는 불분명하지만, 남극에 접근한 최초의 미국 배는 1840년 1월 16일에 거의 확실하게 육지를 보았다.[12]

새로운 대륙(나중에 그렇게 밝혀지게 되는)의 해안선은 빙산의 장벽으로 둘러싸여 있어서 보호 장비가 시원찮은 선단의 배들은 빙산에 적잖은 손상을 입었다. 한 척은 방향타가 거의 즉시 떨어져 나갔고 시드니로 느릿느릿 귀환하기 전에 빙산에 부딪혀 난파될 뻔했다. 빙산의 장벽에 접근하면서 윌크스는 육지에서 좀 떨어진 곳에 분리된 빙산에서 토양과 암석 표본을 채취할 수 있었다. 빙산 장벽에 가까워졌다 멀어지기를 반복하며 1,300킬로미터에 걸쳐 이루어진 수심 측량과 수차례의 육지 목격은 그들이 단순한 섬 이상의 것을 발견했음을 확실히 보여 주었다.

배를 수리하기 위해 시드니로 돌아온 뒤 탐사 원정대는 사모아제도 남쪽에 있는 통가로 향했다. 남양을 통과하면서 제임스 데이나는 산호 조각을 채취하고 수심을 측정했는데, 이 조사 덕분에 그는 나중에 환초는 옛날 화산이 가라앉은 정상부라는 다윈의 이론을 확증할 수 있었다. 통가에서 윌크스는 암초와 식인종으로 악명 높은 군도인 피지로 항해했다. 1840년 7월에 그곳에 도착한 선원들은 남은 스쿠너선과 소형 보트를 이용해 거초(섬이나 대륙 주변에 발달한 산호초—옮긴이)와 노출된 바위섬 사이를 이동하며 피지 군도의 측량조사에 착수했다. 과학탐사 팀은 피지 섬에 기지를 구축하고 나중에 분류하기 위해 동식물 표본을 채집했다.

처음에 미국인들은 원주민들과 무척 잘 지냈지만 실제 측량조사 작업이나 피지인들과 교류 과정에서 선박마다 선원들의 무질서와 혼란이 어느 정도 존재했던 것 같다. 결국에는 한 팀이 섬 주민과 충돌하여 원주민들에게 보트를 잃게 되었다. 여기에 윌크스는 무장한 선원들을 보내 대응했고 보트를 되찾은 뒤에 마을을 불태웠다. 이 사건은 긴장만 고조시켜서 짤막한 싸움에서 윌크스의 조카를 비롯해 선원 둘이 살해되었다. 대응은 빠르고 잔혹했다. 윌크스는 중무장한 병력을 상륙시켜 견고한 방어를 갖춘 마을을 잿더미로 만들고 적어도 피지 주민 87명을 학살했다.

탐사 원정대의 잔학한 대응은 사후에 피지인들이 먼저 공격했고 그들이 식인종이라는 근거로 정당화되었다(탐사선들과 나란히 도착한 한 원주민이 기분 좋게 인간의 머리를 뜯어 먹고 있었다는 소름 끼치는 보고가 있다).[13] 귀환한 뒤에 쓴 한 편지에서 제임스 데이나는 피지인들의 식인 풍습에 관해 제법 상세하게 적고 있다. 물론 그가 무시무시한 이야기를 기대하는 청중에게 얼마간 영합하고 있었다는 의심이 들기는 한다.[14] 어쨌거나 피지인들을 학살함으로써 더 이상 조사 작업은 불가능해졌다.

탐사 원정대는 피지를 떠나 샌드위치 제도(하와이)로 향했고 하와이의 마우나로아 화산에 올라 화산 분화구 가장자리에 진을 쳤다. 거기서 그들은 몇 주를 머무르며 주변 지역을 조사하며 분화구의 깊이를 측정하고 표본을 채취했다. 이때가 되자 다수의 선원들이 원정을 지겨워하고 있었다(윌크스는 원정대가 얼마나 오래 떠나 있을지에 대해 줄곧 거짓말을 했다). 윌크스가 북아메리카 서해안으로 향하라는 명령을 내리기 전에 이미 여럿이 도주해 버렸다. 그들은 북동쪽으로 항해하다가 오늘날의 시애틀 북부에서 처음으로 육지를 목격하고 서서히 해안을 따라가며 후안데푸카 해협과 퓨젓사운드 만을 탐사했다. 그들은 1841년 7월에 컬럼비아 강에 도착했지만 하구에서 모래톱을 가로질러 경솔하게 범주를 시도하다 두 번째 스쿠너선을 잃고 말았다. 다행스럽게도 선원들은 무사했지만 수많은 귀중한 표본이 배와 함께 수장되고 말았다. 이 사건은 자신들이 대체 뭘 하고 있는지 또 왜 이 일을 하고 있는지 갈수록 의심스러워하는 선원들 사이에서 전반적인 태만과 무능력을 잘 보여 준다.

월크스는 한 무리에게 해변에 상륙해 컬럼비아 강 하류 지역의 지도를 그리고 여건이 이상적이라면 그들의 측량조사를 앞 장에서 본 대로 당시 미시시피 강에서 육로로 오고 있던 프리몬트 팀의 측량조사와 연결시키라는 명령을 내렸다. 두 팀의 연결은 이루어지지 않았고 프리몬트는 나중에 월크스가 조사한 결과의 정확성에 이의를 제기했다. 결국 이 비난은 두 탐사대 대장 사이의 오랜 불화를 낳았다. 그 사이 남은 배들은 해안을 따라 내려가서 샌프란시스코 만에서 육지 팀과 만났다. 이제 정말로 집으로 돌아갈 시간이 왔다. 월크스와 부하들은 서부 해안을 떠나서 필리핀과 싱가포르로 갔다가 인도양을 횡단해 희망봉을 돈 뒤 1842년 6월에 미국으로 돌아왔다.

탐사대가 귀환한 뒤에 여행 내내 대원들을 괴롭혀 온 반감과 불화가 본격적으로 터져 나와 몇 년 동안이나 결과 보고서 출간이 지연되었다. 그럼에도 불구하고 탐사는 몇몇 실제적인 성과를 냈다. 제임스 데이나의 경력은 탐사를 바탕으로 저술을 출간함으로써 꽃피었고, 그는 지질학과 산맥 형성에 관한 생각을 정교하게 가다듬으며(그리고 성경의 창조

개념과 새로운 발견 사실을 조화시키려 애쓰면서) 여생을 예일대학의 교수로 지냈다. 태평양에서 가져온 방대한 표본 컬렉션은 결국에 한데 수합되어 연구와 대중 전시를 위한 새로운 기관, 곧 스미스소니언협회의 초기 수장품의 주요 부분을 이루게 되었다. 스미스소니언은 독특하게 미국적인 기관이다. 그곳은 연구센터라는 기증자의 원래 유지를 바탕으로 유지되고 또 확대되어 왔고, 파나마에 있는 스미스소니언 열대연구소는 여러 세대에 걸쳐 젊은 생태학자들을 육성해 왔다. 그들 중 다수는 오늘날 열대지방 전역에서 환경보호 노력에 중요한 역할을 담당하고 있다.

윌크스 탐사 원정대의 산물을 소장하는 것 외에도 스미스소니언은 허드슨베이컴퍼니로부터 중요한 컬렉션들을 받았고 서부에서 지도를 그리고 표본을 채취하는 일에 관여한 많은 탐험대들의 저장고 역할을 했다. 뉴욕의 미국자연사박물관과 시카고의 필드박물관, 매사추세츠 주 케임브리지의 비교동물학박물관, 버클리의 척추동물학박물관과 더불어 스미스소니언은 미국의 자연사 컬렉션의 영원한 유산 가운데 일부이다.[15]

미국이 윌크스 탐사 원정대를 보내는 동안 영국 정부도 남극대륙 탐사에서 손 놓고 가만히 있지는 않았다. 1839년에 영국 해군은 제임스 로스(1800~1862)에게 에러버스호(HMS Erebus)와 테러호(HMS Terror) 두 척을 이끌고 남극으로 가서 발견한 것은 무엇이든 지도로 그리라는 지시를 내렸다.[16] 로스는 열두 살 때부터 해군에 복무한 노련한 뱃사람이었고 1818년 북서항로를 찾아 북극해 항해에 나선 삼촌과 동행한 적도 있었다. 또 에러버스호와 테러호를 지휘하기 전에 다른 북극해 항해 임무를 네 차례나 완수했다.

자연사의 측면에서 가장 중요한 것은 앞에서 잠깐 언급한 것처럼 조지프 후커(1817~1911)가 동행한 일이다. 후커는 윌리엄 잭슨 후커의 아들로서 아버지처럼 경력의 주요 시기를 큐식물원의 원장으로 지냈다. 조지프의 어린 시절에 윌리엄 후커는 글래스고대학의 식물학 흠정교수였고 어린 아들은 일찍부터 아버지의 뒤를 잇겠다는 소망을 드러냈다.[17] 19세기의 첫 사반세기에도 식물학은 유의미한 '직업'으로 여겨지지 않았다. 그보다는 식물학자들은 일하지 않고도 자립할 수 있는 재산이 있든지(조지프 뱅크스 경을 떠올려 보라) 생계를 유지할 수 있는 다른 일을 하면서 식물학은 부업으로 병행했다. 조지프 후커의 경우 다른 일이란 의료였고 그는 글래스고대학에서 외과의학을 전공했다.

헉슬리가 지적했듯이 19세기에 의학과 식물학 사이의 거리, 어쩌면 특히 열대식물학의 경우는 사람들이 생각하는 것만큼 그리 멀지 않았다.[18] 대영제국은 온갖 새로운 환경으로 확장되어 나가고 있었고, 여행은 여전히 느렸으며, 식민지의 의사는 적어도 자신이 사용할 의약품 가운데 일부는 현지 식물을 가지고서 조제해야 했을 것이다. 글래스고대학에서 윌리엄 후커의 제자들 다수는 해외 발령을 준비하며 의사로 훈련을 받고 있었고, 식물분류학 수업과 적어도 기본적인 생물지리학 공부는 매우 당연했을 것이다.

식물학에서도 조지프 후커의 주요 관심사는 광범위한 여행을 요구하는 생물지리학이었다. 이 방랑벽은 어떤 친구가 다윈의 《탐사 일지》(《비글호 항해기》의 초판)의 출간 전 원고를 주면서 더 심해졌다. 후커는 문자 그대로 일지를 머리맡에 두고 잤고, 에러버스호와 테러호가 출항하기 직전에 런던을 걷다가 우연히 다윈을 직접 만나기까지 했다. 우리는 이런 상황들에서 19세기 자연사의 그 많은 부분을 추동한 영향력이 즐거운 연쇄 작용을 일으키는 장면을 볼 수 있다. 훔볼트의 《개인적 서술》

은 다윈을 부추겨 비글호를 타고 항해하라는 헨슬로의 제안을 받아들이게 했다. 다윈의 《탐사 일지》는 후커에게 남극대륙으로 가도록 부추겼고 후커는 돌아온 뒤 진화론 논쟁에서 다윈의 가장 확고한 지지자가 된다.

에러버스호에서 후커의 지위는 비글호에서 다윈의 위상과 상당히 달랐다. 다윈은 필요할 때면 선장을 상대하는 것 말고 다른 의무가 없는 정원 외 승선자였다. 그래서 비글호가 육지에 닿을 때마다 배에서 내릴 수 있었고 자신이 원하는 만큼 육지에 머무를 수 있었다(심지어 언제든 항해를 그만둘 수도 있었다). 반대로 후커는 공식적으로 에러버스호의 보조 선의(船醫)였다. 그래서 배와 선원들에게 해야 할 구체적인 의무가 있었고 해군 규율의 관할을 받았으며, 배가 항해 중일 때뿐 아니라 의료 임무를 수행할 필요가 있는 만큼 항구에서도 많은 시간 자리를 지켜야 했다.

후커가 탐사선에 승선한 유일한 자연학자는 아니었다. 제임스 로스는 사실 과학도로 교육을 받은 왕립학회 회원이었으며, 언제든 모든 동물학 연구에 적극적으로 참여할 의사가 있었다.[19] 로스 말고도 항해의 공식 자연학자로는 로버트 매코믹(1800~1890)이 있었는데, 다윈의 비글호 항해에도 임명되었지만 피츠로이가 다윈을 더 좋아한다고 생각해서 홧김에 리우에서 비글호를 떠나 버린 그 사람이었다.[20] 불쌍한 매코믹! 그가 50년 뒤에 쓴 글을 보면 그 앙금이 아주 오래 갔음이 분명하다. 매코믹의 자서전에는 비글호 항해에서 자신의 역할을 언급한 부분은 딱 두 쪽밖에 되지 않으며 다음과 같은 말로 끝난다. "작고 매우 불편한 배 안에서 내 처지가 곤란하다는 걸 깨닫고, 육지로 올라가 컬렉션을 수집하는 일을 막는 온갖 장애가 생겨나 자연사 연구 활동을 해

나갈 수 있으리란 기대가 깨져 몹시 실망했다. 그래서 나는 이곳 해군기지를 통솔하는 제독한테 직위에서 물러나 타인호(HMS Tyne)를 타고 본국으로 돌아가도 좋다는 허락을 받았다."[21] 800쪽이 넘는 매코믹의 서술 가운데 어디에도 "비글"이나 "다윈"이란 이름은 나오지 않는다. 참 딱하고 불쌍한지고. 운명의 날개가 그를 스쳐 지나가는 소리가 들리는 듯하다. 그 "작고 몹시 불편한 배"는 다윈을 불멸의 지위로 이끌었다. 반대로 매코믹의《항해기》(Voyages)가 나왔을 때 대중은 이미 그를 잊은 지 오래였다.

후커는 가능한 모든 연줄을 동원하여 탐사대 소속 과학자 팀에 한 자리를 확보했다. 무척 너그러운 사람이었던 듯한 로스는 후커의 강점은 물론 야심까지도 이해했고, 육지에서 최대한 많은 시간을 허락하겠다고 약속하며 그를 "탐사대 식물학자"로 임명했다. 비록 야심만만한 자연학자에게 이상적인 상황은 아니었지만, 그 정도면 확실히 후커가 바랄 수 있는 최상의 제안이었으므로 그는 약간 마지못해 임명을 수락한 뒤 에러버스호에 자리를 틀었다. 후커는 로스가 일반 자연사에 허락해 준 어떤 양해에든 고마워할 이유가 차고 넘쳤다. 항해의 공식 목적은 동식물과는 거의 상관이 없었다. 그 대신 에러버스호와 테러호는 항법을 향상시키기 위해 남반구 고위도에서 자기 변화를 측정하는 임무를 맡았다.

두 배는 1840년 5월 12일에 케르겔렌 제도에 도착했다. 이곳은 항해의 전반부에서 생물학적으로 가장 흥미로운 섬 지역으로 드러났다. 본 섬은 또한 후커에게는 일종의 귀향과도 같았다. 쿡은 몇 차례의 세계 일주에서 한 번은 케르겔렌 섬을 방문한 적이 있다. 후커는 자서전에서 이렇게 말한다. "아직 어렸을 때 나는 여행과 항해를 무척 좋아했다. 커다

그림 22 케르겔른 섬에서 펭귄을 때려잡고 있는 제임스 쿡의 선원들. 아치 모양 바위도 보인다. 이 삽화는 조지프 후커의 여행에 큰 영감을 주었다. 《쿡의 항해기》에 나오는 19세기 초의 복제화.

란 즐거움은 할아버지 무릎에 앉아서 쿡의 '항해기' 삽화를 들여다보는 것이었다. 특히 나의 상상을 사로잡은 것은 바다 쪽으로 튀어나온 아치 모양 바위와 펭귄을 사냥하고 있는 선원들을 그린 케르겔렌 섬 크리스마스 포구 삽화였다. 만약 언젠가 그 멋진 아치 모양 바위를 구경하고 펭귄들의 머리를 쳐서 쓰러뜨린다면 나는 이 세상에서 가장 행복한 소년일 거라고 생각했다."[22] 후커는 마침내 케르겔렌에 갔지만 펭귄들을 때려잡는 것보다는 섬의 식생에 훨씬 더 관심이 많았다. 매코믹은 총을 쏴서 온갖 새를 사냥했고 산비탈 위쪽에서 발견한 규화목(硅化木)에 대해 찬탄을 늘어놓았지만, 섬에 살아 있는 나무와 관목이 부족한 것을 비웃었다. 후커는 쿡의 기록보다 섬의 식물지를 열 배 가까이 증가시키며 조용히 일을 해나갔다.

탐사대는 전체적으로 케르겔렌 본섬에서 석 달을 보낸 뒤 태즈메이니아로 갔고, 그곳에서 로스는 윌크스한테서 남극대륙 해안선의 측정 결과를 묘사한 약도와 편지를 받았다.[23] 로스는 놀라울 만큼 이 조언을 대단치 않게 여겼고 실은 자신이 탐험을 계획하고 있던 바다를 양키들이 항해했다는 사실에 약간 불쾌감마저 내비쳤다. 에러버스호와 테러호는 1841년 초에 윌크스의 경로 동쪽으로 지나가다가 부빙을 뚫고 나아가는 데 성공하여 로스 해의 개빙 수역으로 진입하는 쾌거를 이루었다. 1월 11일 그들은 남쪽에서 길게 뻗은 산맥을 목격했고 로스는 그 산맥에 '애드미럴티스'(Admiralties)라는 이름을 붙였다. 이윽고 그들은 두 개의 화산을 목격했다. 하나는 활화산이고 하나는 휴화산인 이 화산들에는 자신들의 배를 기려 각각 '에러버스'와 '테러'라는 이름을 붙였다. 후원자들을 흡족하게 하는 것도 잊지 않아서 인근 섬에는 정부 수로학자이자 해군 대령 프랜시스 보퍼트의 이름을 따서 '보퍼트'라고 이름 붙였다.

그때까지 기록된 것보다 훨씬 더 남쪽으로 항해를 이어 가며 에러버스호와 테러호는 태즈메이니아로 돌아왔고 남반구의 겨울을 나기 위해 결국에는 뉴질랜드 북섬으로 갔다. 윌크스가 남극대륙의 일부로 표시한 지역에서 육지의 자취는 전혀 찾지 못했다. 다음 시즌에 그들은 다시금 남쪽으로 가서 무려 남위 78도 10분까지 나아갔는데, 이 숫자는 19세기 내내 깨지지 않을 기록이 되었다. 두 번째 남쪽 순항에서는 하마터면 두 배와 승선자 전원을 잃을 뻔했다. 빙산이 많은 수역을 통과하다 에러버스호와 테러호는 서로를 놓쳐 버렸다. 매코믹은 다음에 일어난 사태를 이렇게 묘사한다.

갑판에 올라가자 얼마나 엄청난 광경이 펼쳐졌는지! 먼저 테러호의 거대한 선체가 우리 좌현 쪽의 너울에 심하게 출렁거리며 우리 배의 선수 기움돛대를 달고 가 버렸고, 그와 함께 우리 배의 앞돛대 중 가운데돛대도 달고 가 버렸다. 그 사이에 어둑어둑하고 음침한 한밤중 안개 사이로 어마어마한 빙산이 우리 눈앞에 우뚝 솟아났다.[24]

테러호는 두 배의 충돌 과정에서 비교적 손상을 입지 않았지만, 에러버스호는 선수 기움돛대뿐 아니라 앞돛도 함께 잃어 버려서 기동 능력 대부분을 상실하고 말았다. 로스는 서로 접근하고 있던 두 빙산 사이로 놀랍도록 침착하게 에러버스호를 조종해 그 너머 부빙이 없는 더 탁 트인 바다로 들어가는 데 성공했다. 그들은 임시 범장으로 다시금 항해를 재개했고 선원들은 다음 몇 주 동안 복구할 수 있는 부분은 복구했다.

그다음 선단은 포클랜드제도로 항해했고 그곳에서 매코믹은 사관생도가 "생각 없이" 말 두 마리를 총으로 쏴 죽인 것을 보고 개탄했다. 그는 이 사건을 "아주 방종한 잔혹 행위"이자 전혀 불필요한 행위라고 묘사한다. "나 혼자서 사냥으로 마젤란오리 48마리와 도요새 40쌍, 토끼 24마리 외에도 남극오리 30마리를 포함한 식용 새, 쇠오리, 물떼새, 회색오리들을 우리 식탁에 무제한 기여했으니 말이다."[25] 다시금 19세기와 오늘날의 관습 차이를 생각해 보는 것은 흥미롭다. 새들은 그 지역 토착 생물이었고 아마도 지금이라면 엄격하게 보호받을 것이다. 그러나 그때는 그저 사냥감일 뿐이었다. 그런가 하면 또 말은, 지금은 도입된 외래종으로 여겨질 뿐이지만 그때는 "야생의 자연 속 고귀한 동물"이었다.[26]

두 배는 티에라델푸에고로 계속 항해했고, 동식물 표본을 수집하기 위해 정박하는 동안 마치 의무 사항이라도 되는 듯 푸에고 사람들과 접촉했다. 후커는 그 지역의 식물군에 마음을 홀딱 빼앗겼다. 생물지리학의 관점에서 이 탐사 원정은 남반구의 거대한 원호 일대를 가로로 크게 횡단하는 가운데 이보다 더 흥미로울 수도 없었을 것이다. 후커는 다양한 섬들과 군도의 식물군에서 자신이 관찰한 유사성과 불연속성에 사로잡혔다. 동물지리학을 집대성한 월리스의 방대한 저작이 나오기 한참 전에 후커는 훔볼트의 식물 대상 분포(고도에 따른 식물 분포)라는 발상을 취해서 그것을 높낮이가 아닌 좌우로 확장하고 있었다. 어째서 어떤 지역들은 다른 지역들보다 식물 형태 측면에서 공통점이 훨씬 많아 보이는가? 바람과 날씨는 식물의 "이주"에 어떤 효과를 가져다줄 수 있을까? 왜 어떤 식물군들은 드넓은 경도대에 걸쳐서 연속적으로 나타나는 듯하지만 어떤 식물군들은 매우 단절되어 있는 것처럼 보이는가?

항해는 로스와 후커에게 대성공이었고(로스는 보답으로 기사 작위를 받았다) 후커는 곧바로 남극 섬들의 식물군에 관한 중요한 기록을 출판하는 일에 착수했다.[27] 안타깝게도 에러버스호와 테러호, 그리고 많은 동료 선원들은 후커의 저술이 출간되는 것을 보지 못할 운명이었다. 두 배와 선원들은 북서항로를 찾는 과정에서 실종되고 말았다. 몇 년 동안 아무런 소식도 들려오지 않자 로버트 매코믹은 구조 원정대를 촉구했고, 실종된 동료들을 찾겠다는 희망에서 '가냘픈 희망'(Forlorn Hope)이라는 아주 적절한 이름의 무갑판선을 몰고 북극 서부에서 가장 까다로운 해협들 일부를 통과했다. 형편없는 작가이자 실력 없는 자연학자였을지는 모르지만 매코믹은 용감하고 의지가 굳은 사람이었다. 그의 노력과 무수한 다른 구조 희망자들에도 불구하고 생존자는 결코 발견되지 않았다.

후커는 탄탄대로를 걸었다. 후커한테 다윈이 부친 첫 편지가 1843년 11월에 도착했다. 더 일반적인 보고서 속에 연구 결과를 묵히느니 명확한 식물지로 따로 출간하라고 권유하는 내용이었다.[28] 다윈은 후커의 진척 상황을 찰스 라이엘 경과 주고받은 서신을 통해서 이미 알고 있었고, 후커한테서 자신의 동물학적 초점에 대응하는 식물학적 근거를 이미 보았을지도 모른다.[29] 다윈은 비글호 항해에서 수집한 자신의 식물학 컬렉션을 가지고는 아직 거의 한 게 없었고, 후커가 무사히 돌아옴에 따라 그것들을 활용할 수 있으리라는 사실에 기뻐했다. 후커는 곧바로 두 장짜리 답장을 써서 표본을 제공해 주겠다는 다윈의 제의에 감사를 표시하고 자신이 관찰한 내용 일부에 관해 상세히 설명했다.[30]

이리하여 과학의 역사에서 가장 놀랍고도 장기적인 의사소통 사례 가운데 하나가 시작되었다. 우선 두 사람은 서로에게 매우 격식을 차려서 편지는 언제나 "친애하는 선생님"으로 시작하여 "진심을 담아"나 그 비슷한 표현으로 끝을 맺었다. 다윈은 자신의 생각을 털어놓을 누군가를 간절히 원했고, 1844년 1월 11일의 유명한 편지는 분포에 관한 통상적인 일련의 의문들로 시작한 다음 문제의 핵심으로 들어간다. 이 편지는 다윈의 전반적인 방법론을 이해할 수 있게 해주므로 여기에 얼마간 인용하고자 한다.

남쪽 지방에 대한 일반적 관심 외에도 저는 비글호 여행에서 돌아온 뒤로 줄곧 너무도 주제 넘는 일에 매달려 왔으니, 매우 미련한 일이라고 말하지 않을 이가 하나도 없을 줄 압니다. 저는 갈라파고스의 생물과 그 분포 그리고 아메리카의 화석 포유류와 그 성격에 매우 깊은 인상을 받아서, 종이란 무엇인가에 관해 어떤 식으로든 관련이 있는 모든 종류의 사실들을 무작정 수집하기로 결심했습니다. 저는 농학과 원예 서적을 쌓아 두고 읽었고 쉬지 않고 사실들을 수집해 오고 있습니다. 마침내 몇 가닥 섬광이 비쳐 왔고 (작업을 시작할 때 품었던 견해와 반대로) 종은 영구

불변이 아니라는 점을 거의 확신하고 있습니다(살인을 고백하는 기분이 군요). 제가 제발 라마르크의 헛소리를 늘어놓는 꼴이 되지 않기를……! (추측입니다만!) 저는 종들이 다양한 목적에 절묘하게 적응하는 단순한 방식을 찾아낸 것 같습니다.[31]

다윈이 이 편지를 부치고 답장을 기다리는 동안 어떤 기분이었을지 짐작이 간다. 그는 자신의 생각이 어떻게 돌아가고 있는지 매우 강한 암시를 보내고 있었고, 후커는 다윈의 발상들을 가지고 씨름할 지적 능력을 갖춘 최초의 사람들 가운데 한 명이었다. 후커의 답변은 언뜻 보기엔 어정쩡한 것 같다. 그는 '살인' 고백 언급에 덥석 넘어가지 않지만 분명히 흥미를 느낀다. 주의 깊게 읽어 보면 신중함이 느껴지는데 [종 변화에 관한] 후커 자신의 입장이 신중하기도 하고 다윈에게 신중함을 권유하는 게 조심스럽게 느껴졌기 때문이기도 했을 것이지만, 한편으로는 격려도 담겨 있다.

식생은 틀림없이 같은 장소에서도 과거와 지금이 매우 달랐습니다. 인간이 출현하기 전 까마득히 먼 옛날(이라고 추정되는)에 생겨난 섬들에서 특정 식물들의 존재와 관련한 의문을 해결할 길도 전혀 없어 보입니다. 지구상 식물의 탄생에 시작이 있었다는 것은 틀림없는 사실이지만, 지금 우리 앞에 있는 식물들이 오로지 그 최초의 식물들 가운데 남은 것들이라고는 도저히 생각할 수 없습니다. …… 제 생각에는 서로 다른 장소에서 일련의 탄생이 있었고 또한 점차 종의 변화가 있었을지도 모릅니다. 이 변화가 어떻게 일어났을지 당신의 생각을 들을 수 있다면 저는 무척 기쁠 것입니다. 그 주제에 관해 현재 제시된 견해들 그 어느 것도 제게는

334 내추럴 히스토리

만족스럽지 않으니까요.[32]

이윽고 분포와 종의 풍성함으로 돌아간다.

이것이야말로 정확히 다윈이 바라던 것이 아니었을까 싶다. 그는 자신의 발상에 대한 의견을 타진해 볼 수 있고, 자신이 제기하는 것만큼 빠르게 새로운 개념과 정보를 던져 줄 수 있는 친구를 찾아낸 것이다. 1847년에 간단하게 몇 줄 적은 편지에서 후커는 상황을 아주 적절하게 요약한다. "이 모든 것이 쓸데없이 긴 설명보다 더 나을 것이고 제게는 그것이 이동보다 더 쉬운 설명입니다. 아시다시피 당신의 각다귀가 제게는 낙타이고 또 반대로 저한테는 낙타가 당신에게는 각다귀이지요(마태복음 23장 24절을 인용한 것으로, 여기서 각다귀와 낙타는 각각 작고 사소한 일과 크고 중요한 일의 비유적 표현이다—옮긴이)."[33] 이 짤막한 편지 훨씬 전에 두 사람은 친구가 되었다. 1844년 2월 23일 다윈은 격식을 차리지 않은 "친애하는 후커"로 ("이렇게 허물없는 호칭"에 대한 사과와 더불어) 호칭을 바꾸었고, 다윈이 죽을 때까지 두 사람 사이에 오고갈 그야말로 수백 수천 통의 편지는 변함없이 그 호칭으로 시작하게 된다.[34]

후커는 과거 자신의 영웅이 이렇게 친구이자 동료로 금방 받아들여 준 데 틀림없이 기뻤을 테지만 여전히 생계를 꾸려 가야 하는 문제를 안고 있었다. 개인사의 문제도 있었다. 그는 다윈의 스승 존 헨슬로의 딸 프랜시스 헨슬로와 약혼한 사이였다. 그는 대학교수 자리를 희망해 에든버러대학에 지원했는데 그 자리는 식물원장도 겸임하는 자리였다. 후커와 다윈으로서는 매우 뜻밖에도 그는 지원에서 탈락했다. 아버지가 큐식물원 원장이라는 사실은 조지프에게 훌륭한 연줄이 되었지만 식물원이 그를 부양해 줄 수는 없었다. 그는 현장으로 다시 돌아가

그림 23 벌새. 윌리엄 자딘의 《자연사》(Natural History)에서.

야 할 필요가 있었다. 남극 식물지를 펴낸 뒤 이번에는 히말라야로 가는 또 다른 탐사 원정에 나서서 1848년 4월에 인도에 도착해 다르질링 고산 기지에 자리를 잡았다.[35]

인도에서 보낸 후커의 편지는 그 자체로 책의 한 장을 차지할 만하다. 인도 북부 고산 지대를 탐험하면서 느끼는 흥분은 거의 손으로 만져질 듯하다. 후커는 채집을 하러 시킴과 네팔로 들어갔다. 본국에 있는 친구를 위해 지질학과 동물학 정보들을 기록하고, 자신의 식물학적 염원을 더 열심히 추구하고자 한 무리의 채집가들을 고용했다. 다윈의 따개비 연구 작업과 관련하여 '거위 옛날이야기'로 다윈을 가볍게 놀리는 대목은 재미있다.[36] 그는 다윈에게 자신의 편지를 일종의 백업 자료로 간직해 달라고 요청하는데 "저는 친구들한테 보내는 편지에서가 아니면 좀처럼 추론하지 않습니다. 제 추론들은 너무 일시적이기 때문입니다. 우리가 다운에서 줄곧 토의해 온 그 생각들은 모두 불속으로 사라질지도 모릅니다."[37]

1865년 아버지가 세상을 떠난 뒤에 큐식물원 원장으로 임명됨에 따라, 후커는 식물원에서 재배하도록 살아 있는 표본을 보내줄 수 있는 해외의 위성 식물원들을 장려함으로써 이 왕립식물원의 범위를 확대할 수 있었다. 인도에서 작업한 결과물과 다윈에게 나중에 보냈던 컬렉션은 인도 식물지의 결정판이나 다름없었고, 그는 15년 넘게 여러 버전의 원고를 쓰면서 이 작업에 매달렸다.

인도에서 지낸 뒤 후커는 관찰 결과를 써 내기 위해 영국으로 돌아왔는데, 이것은 여러 해 동안 집중적인 연구가 필요한 프로젝트였다. 그는 프랜시스 헨슬로와 결혼도 하여 자식 일곱을 보았고 그중에 다섯 아이는 무사히 자라서 성인이 되었다. 1874년 프랜시스가 죽자 그는 2년 동안 조용히 아내를 추모한 뒤 윌리엄 자딘의 미망인과 결혼했다. 자딘은 1830년대에 영국의 동물군에 대한 관심을 자극하는 데 크게 기여한 바 있는 삽화가 수록된, 중요한 대중적 자연사 저서 시리즈를 출판한 적이 있었으므로 그의 미망인은 틀림없이 자연학자들의 행동거지에 친숙했을 것이다.

이듬해 후커는 다윈주의에 대한 지지를 공유한(1858년 린네학회에서 발표되었고 자연선택 이론의 발전에서 다윈의 우선권을 확인해 준 것이 바로 다윈이 에이서 그레이에게 보낸 편지였음을 기억하라) 에이서 그레이의 초청으로 미국을 방문했다. 그레이도 열성적인 식물지리학도였고 둘은 함께 미국 서부를 여행하면서 프리몬트가 고작 한 세대 전에 고생고생해서가 닿았던 여러 지역을 방문했다. 그레이트베이슨을 횡단한 뒤 그들은 시에라네바다산맥을 넘어 열흘 만에 캘리포니아로 진입했다(똑같은 여행을 하는 데 지난날 프리몬트는 5주가 걸렸다). 캘리포니아에 도착해서는 요세미티와 샌프란시스코를 방문하고 존 뮤어를 만났다. 그 뒤에 후커

는 새로운 표본들을 잔뜩 챙겨서 영국으로 돌아갔다. 다윈과 달리 후커
는 자신의 작업에 진정으로 독창적인 이론적 종합을 제시하지 않았다.
그에게는 관찰 사실들로부터 개별 종의 분포와 분류라는 형태로 조금
씩 뽑아내는 것이 진짜로 중요했던 것 같다. 후커는 결코 은퇴하지 않았
고 죽을 때까지 자신이 사랑하는 식물을 끝없이 연구해 나갔다. 또 다
른 위대한 빅토리아인 앨프리드 러셀 윌리스가 죽기 2년 전에 세상을
떠났다.

14장 뉴잉글랜드의 자연학자들
소로, 아가시, 그레이

1896년 7월, 미국과학진흥협회(AAAS)에서 펴내는 저널 《사이언스》에 이런 글이 실렸다.

Ginn & Co. 출판사가 '어린이 고전' 시리즈로 50권 가량을 출판했으니 이제 과학 선집을 포함시켜야 할 때다. 길버트 화이트가 쓴 《셀본의 자연사》를 고른 것은 잘한 일이다. …… 열네 살 소년의 손에 그보다 더 좋은 책을 쥐어 주는 일도 없을 것이다. 화이트, 소로, 오듀본 같은 자연 관찰자들이 요즘은 부족한 것 같다. 어쩌면 생물학이 너무 확장되고 복잡해져서 아마추어들이 의욕을 잃게 되었는지도 모르지만, 최근의 상황이 암시하는 바와 같이 …… 소년들은 이제 자연에 관심을 두지 않으며 자연학자를 길러 낼 수 있는 대규모 강좌도 없다.[1]

이 글에 드러난 정서에는 섬뜩할 정도로 현대적인 구석이 있다. 글쓴

이는 이어서 이렇게 쓴다. "도시의 성장, 체육 활동에 대한 과도한 관심, 실험실 안 생물학 연구 탓에 학생들은 자연과 접촉할 기회로부터 멀어지게 되었다. …… 우표 수집 활동은 여전히 이루어지고 있지만 새의 알이나 나비, 조가비에 비하면 보잘것없는 대체물일 뿐이다. 이러한 상황에서 모든 학교와 가정에 비치된 《셀본의 자연사》 한 권만큼 더 귀한 것도 없을 것이다."[2]

이전 세대들이 특히나 자기 세대와 비교할 때 얼마나 자연과 공감하고 있었는지 귀에 못이 박히게 이야기를 들은 내 딸은, 여기에 "흥, 내가 어렸을 때는 말이야 소리는 됐다고요!" 하고 대꾸했다. 이 글을 쓴 시점은 다윈이 죽은 지 고작 14년 전이고 후커가 식물을 채집하고 연구할 시간은 아직 15년이 남아 있었지만, 과학은 18~19세기를 특징지어 오던 종류의 연구로부터 이미 급격하게 이동해 왔다. 자연사가 언제부터 쇠퇴하기 시작했는지 정확하게 딱 꼬집어 말할 수는 없지만, 1890년대에 이르러 하강 곡선을 긋고 있었던 것은 분명하다. 이런 일이 왜 일어났을지, 이러한 변화가 불가피한 것이었는지, 좋은 일이었는지 나쁜 일이었는지 짚어 보는 것은 이제 남은 세 장의 주제이다.

자연사가 쇠퇴한 원인들을 찾아보면서 19세기 미국의 대중문화와 과학 문화 양쪽에서 중요한 인물 몇몇을 살펴보는 것도 좋을 것 같다. 아이러니하게도 이 작가들은 일반 대중들이 자연사의 여러 측면을 주목하게 만들면서 과학계 안에서 자연사의 축출을 재촉했는지도 모른다.

헨리 데이비드 소로(1817~1862)는 미국의 자연 작가 영역에서 하나의 아이콘이다. 여러 세대의 학생들이 그가 쓴 저작들의 단편을 읽어 왔고 우리 같은 적잖은 이들이 다음 문장에 영감을 받아 왔다.

나는 숲으로 갔다. 인생을 성찰하며 살고 싶어서, 삶의 정수가 되는 사실들만 대면하고 싶어서, 인생이 가르쳐 주는 것을 배울 수 있을지 알고 싶어서, 그리고 죽을 때 내가 인생을 제대로 살지 않았구나 하고 깨닫게 되고 싶지 않아서.[3]

소로는 자연사의 역사에서 보면 약간 수수께끼 같은 인물이다. 그의 저작들로 보건대 그가 깊이 읽은 것은 분명하다. 그는 길버트 화이트와 훔볼트, 바트람 부자에 친숙했다.[4] 그는 미국에서 출판된 지 얼마 안 되었을 때 《종의 기원》을 읽었다.[5] 하버드대학에 다닐 때 과학 강의들도 들었다. 어떤 이들은 소로가 미국 현장 생물학의 지도자가 될 거라고 내다봤을 수도 있다. 이 모든 것에도 불구하고 그의 초점에는, 아니 어쩌면 초점의 결여에는 어떤 문제가 감지되며, 본격 자연학자라면 그를 자연학자로서 심각하게 다시 보았을지도 모른다. 〈매사추세츠의 자연사〉에서 그는 또 이렇게 쓴다. "자연은 신화 같고 언제나 신비로우며, 천재의 자유와 방종으로 돌아간다. 자연은 예술과 더불어 호사스럽고 화려한 자신만의 스타일을 갖고 있다. 나그네가 쓸 컵을 만들어야 하는데 마치 그것이 어떤 전설 속의 해신 네레우스나 트리톤의 전차라도 되는 양, 가는 손잡이와 우묵한 부분, 자루, 코까지, 어떤 환상적인 형태를 그 전체에 부여한다."[6]

내가 야박하게 구는 것인지도 모르지만, 이쯤에서 다윈이나 후커라면 대충 "음, 다시 내 작업이나 해야겠군" 하며 책을 한쪽으로 조용히 치워 버리지 않았을까? 심지어 소로와 같은 시대를 살아간 사람들한테서도 낭패감이 느껴진다. 랠프 월도 에머슨은 사후의 약전(略傳)에서 그를 이렇게 표현한다. "그는 하루하루 자연을 조금씩 알아 가면서 끝없는 산책과 잡다한 연구를 다시 시작했다. 그렇다고 동물학이나 식물학을 이야기하지는 않았다. 비록 자연에 관한 사실들을 매우 진지하게 공부하기는 했지만 전문적이고 책으로 배우는 과학에는 흥미가 없었다."[7] 에머슨은, 소로가 주 정부에서 지정한 자연학자였으니 적어도 매사추세츠의 자연사는 잘 알았지만, 자연학자라면 모름지기 그래야 한다고 친구들이 생각하는 방식으로 행동하기를 거부했다고 주장한다. 바로 여기에 문제가 있었다.

〈매사추세츠의 자연사〉 말미에 소로는 자신의 의도를 너무도 분명하게 드러낸다.

> 하나의 사실이 지닌 가치를 과소평가하지 말자. 언젠가 그것은 하나의 진리로 꽃필 것이다. 어느 동물의 자연사에든 한 세기 동안 중요 사실들이라는 게 얼마나 적은 수만 추가되는지 알면 깜짝 놀랄 것이다. …… 지혜는 조사하는 게 아니라 응시해야 하는 것이다. 우리는 볼 수 있기 전에 우선 들여다보아야 한다. …… 우리는 인위적 장치와 방법으로 진리를 알 수 없다.[8]

이것이 바로 소로의 문제의식이다. 그는 "오랫동안 들여다봐 왔다." 우리는 그가 이야기해 줄 온갖 흥미로운 것들을 갖고 있음을 알지만 그는 이야기하지 않는 쪽을 택했고, '인위적 장치와 방법'을 거부한다. 우리가 가서 직접 보아야 한다.

소로는 우리가 이 책에서 검토한 것 다수를 포함해 자기 주변 과학 세계의 사건들에 친숙했지만 그로부터 자신만의 결론을 이끌어 냈다. 윌크스 탐사 원정을 두고는 이렇게 말한다. "그 모든 화려한 과시와 막

대한 비용에도 불구하고 남양 탐사 원정의 의미는 대체 무엇이었을까? 정신적 세계에는 대륙과 바다가 있으며, 거기에 대하여 모든 인간은 지협이나 좁은 유입구이고 그 대륙과 바다들은 인간에 의해 아직 탐험되지 않았지만, 추위와 폭풍우를 헤치고 식인 풍습을 무릅쓴 채 수천 킬로미터를 항해하는 것이 내면의 바다, 즉 고독한 개인의 대서양과 태평양을 탐험하는 것보다 더 쉽다는 사실의 간접적 인식 말고는."[9] 탐사 원정 보고들이 티에라델푸에고와 피지 섬 주민들에게 쏟아낸 명시적으로 도덕적인 많은 비판에도 불구하고, 윌크스는 자신의 항해가 어떤 식으로든 "내면의 바다"와 관련이 있다는 주장에 완전히 어리둥절했을 것이다.

나는 소로와 그의 글들이 한편에는 자연학자들과 자연사, 다른 한편에는 생물학·생태학과 과학자들 간의 결별을 대변하고 조장한다고 생각한다.[10] 흔히 최상의 모습일 때 과학은 독자로 하여금 직접 경험의 필요성을 제거한다. 훌륭한 과학자는 자신의 증거와 논증을 만약 독자들이 관찰을 하거나 실험을 수행했다 하더라도 동일한 정보를 보거나 알아차리고 동일한 결론에 도달했을 것이라고 확신할 수 있을 정도로 제시한다. 동시에 과학은 궁극적으로 의심에 관한 것이다.

소로는 결코 방법론의 문제를 해소하지 못했던 것 같다. 그는 수집 자체를 위해서 수집하는 데 관심이 없었다. 《콩코드 강과 메리맥 강에서 보낸 일주일》(A Week on the Concord and Merrimack Rivers)에서 그는 이렇게 말한다. "발견의 과정은 무척 단순하다. 자연에 알려진 법칙을 끈기 있게 체계적으로 적용하면 알려지지 않은 법칙이 스스로 드러나게 된다. 거의 어떤 방식으로 관찰하든 결국에는 성공적일 텐데, 가장 필요한 것은 방법이기 때문이다. 관찰을 집중시킬 수 있는 뭔가를 결정하는 것만이 관건이다."[11]

《월든》집필로 바쁜 와중에 1849년에 출간된) 이 책에서 소로는 어느 과학자든 이상적인 의미에서는 찬동할 조언을 내놓는다. 다윈은 《종의 기원》이 될 '긴 논증'에서 사실을 하나하나 쌓아 가는 데 열성적이었을지 모르지만 그렇다고 무턱대고 사실을 수집한 것은 아니다. 그 대신 그는 최초의 잠정적인 가설들을 갖고 있었고 정보가 그를 새로운 시야로 이끌어 가는 가운데 그 가설들을 가다듬어 나갔다. "7월에 나는 《종의 기원》과 관련된 사실들을 얻고자 내 첫 노트를 펼쳤다. 《종의 기원》에 관해 나는 이미 오랫동안 고찰해 왔고 다음 20년 동안 결코 작업을 멈추지 않았다."[12] 그런데 다윈이 앞선 지질학 논문에 관해 했던 좀 더 나중의 언급도 주목하는 것이 중요하다. "당시 우리의 지식 상황에서는 다른 어떤 설명도 불가능했기 때문에 나는 바다의 활동이란 설명을 지지했는데, 나의 오류는 과학에서는 배제의 원칙을 신뢰하면 안 된다는 훌륭한 교훈을 주었다."[13] 달리 말해 다윈은 가설 형성의 관점에서 데이터 수집과 분석의 중요성은 물론이거니와 가설이나 '법칙'에 너무 얽매이다가 거기에 맞춰 사실이 때로는 잘못 배치될 위험성도 인식하고 있었다.

소로가 죽고 35년 뒤에 지질학자 T. C. 체임벌린은 모든 대학원생들의 필독서가 되어야 할 책을 출판했는데, 여기서 그는 이론에 지나치게 의존하지 말라고 경고한다.[14] 19세기 후반 이전에 자연사 학자들은 대개는 표본이라는 구체적 형태로 사실들을 축적했다. 표본은 '거기에' 존재했고, 그것은 '이러저러하게' 생겼으며, 특정한 실체를 지니고 있었다. 충분한 사실의 배열로부터 다윈 같은 학자는 더 깊이 있고 더 보편적인 통찰을 제공하는 패턴과 과정을 이끌어 낼 수 있었다. 가설이 법칙으로

그림 24 헨리 데이비드 소로(1856년)

비화할 위험과 자연학자들이 특정한 형태학에 눈이 멀어 자신들 눈앞
에 실제로 존재하는 것을 못 볼 위험은 언제나 존재했다. 특정한 이론에
너무 빠져 있어 자신의 믿음을 반박하는 증거라면 뭐든 무시해 버릴 수
도 있었다. 체임벌린은 '작업가설'이라는 용어의 사용을 권장하며, 검증
과정이 명시적이고 지속적이 될 수 있도록 '복수의' 가설을 보태라고 역
설한다.

소로는 멋진 관찰자였고 글은 시시때때로 번득이는 재기로 빛나지만,
그의 신비주의는 전염성이 강하고 어떤 의미에서 자연사 인식에 해가
된다. 그가 쓴 아름다운 글은 진지한 과학자로 하여금 점점 더 자연사
를 너무 애매모호하거나 너무 철학적이어서 주목할 가치가 없는 것으
로 일축하게 만들 수밖에 없었다.

소로의 너무도 짧은 경력의 만년 동안 뉴잉글랜드 지방은 과학 일반

과 특히 다원주의를 둘러싼 전쟁에서 19세기의 주요 전장이었다. 이 전쟁은 때로 굉장히 격렬했고 국지적 규모로도, 전국적 규모로도 펼쳐졌다. 소로는 옥신각신하는 학자들의 이미지에 영향을 받았음에 틀림없고, 과학에 대한 양가적 태도 가운데 일부는 이 전쟁의 격렬함과 때로는 옹졸함으로 설명될 수 있을 것이다. 자기 둘레의 동식물을 그저 이해하고 싶은 사람에게 일반적으로 존경받는다는 사람들이 보여 주는 쩨쩨함은 단연코 거부감을 불러일으켰을 것이다.

19세기 미국에서 진화론 논쟁의 성격을 이해하려면 얼마간 뒤로 돌아가 가장 중요한 논쟁 참여자들의 삶을 짚고 넘어가야 한다. 바로 우리가 이미 지나가면서 만난 에이서 그레이와 루이 아가시(1807~1873)이다[15] 소로는 두 사람의 활동에 친숙했으며 자신의 글에서 시시때때로 두 사람의 특정 저작을 인용하고 있다. 동물학과 식물학에 관심이 높아지면서 소로는 두 사람이 대표하는 학파 사이에 벌어진 논쟁의 낙진에 노출되었을 가능성이 크다. 특히 생애 마지막 몇 해 동안 다윈식 변화 관념을 알게 되면서, 그토록 많은 격렬한 대립으로 이어진 의견 차를 더 세심하게 검토하고 싶은 마음이 틀림없이 들었을 것이다.

루이 아가시는 이 이야기를 통틀어 가장 복잡한 인물이다. 여러 측면에서 그는 분류를 거부했다. 개인적으로 직업적으로 그는 영웅이자 악당이었고, 뛰어난 과학자였지만 한편으로 자신의 종교적 신념에 눈이 먼 사람이기도 했다. 그는 훌륭한 연설가이자 교사였지만 가까운 가족에게 굉장히 잔인하게 굴었다. 독창적 사상가였지만 공공연하게 자기 학생들한테서 생각을 훔치기도 했다.

스위스에서 태어나 눈과 얼음으로 뒤덮인 높은 산악 지대의 환경에서 자랐으니, 아가시가 내내 빙하와 암석의 상호작용에 깊은 흥미를 느겼다는 사실은 그리 놀랍지 않다. 아가시가 과학에 끼친 가장 위대하고 항구적인 지적 공헌은 빙하기라는 개념이다. 하지만 동물학도 공부했고, 여러 측면에서 다름 아닌 동물학적 주제를 다룬 수업과 그에 대한 열정을 자신의 유산으로 생각했을지도 모른다.[16] 그는 조르주 퀴비에에게 헌정한, 브라질 물고기에 관한 논문으로 1829년에 뮌헨대학에서 박사 학위를 받았고 추후에 나온 물고기 화석에 관한 책은 획기적인 저작으로 마땅한 찬사를 받았다.[17] 1830년 아가시는 의학 박사학위를 받은 뒤, 논문 헌정으로 분명히 어깨가 으쓱했을 퀴비에와 함께 공부하려고 파리로 갔다. 거기서 아가시는 훔볼트도 만났다. 앞에서 이야기한 대로 훔볼트는 아가시의 연구를 지원하고 퀴비에가 죽은 뒤에도 계속 파리에 머물 수 있게 도와주었다.

파리에서 보낸 시간은 아가시에게 상류사회를 처음 맛보게 해주었던 것 같고, 이 경험은 그의 훗날 인생에서 중요한 요소가 된다. 훔볼트와 맺은 인맥은 출세도 가능케 했다. 그 무렵 프로이센은 스위스의 상당 지역에 중요한 영향력을 행사하고 있었다. 훔볼트는 앞서 본 대로 프로이센 국왕과 교분이 두터웠고 이 인맥을 통해 아가시는 1832년 뇌샤텔대학에서 교수 자리를 얻을 수 있었다. 그는 곧 뛰어난 강사이자 혁신적인 교사로 평가된다. 그는 자연사 클럽을 만들었고 적극적으로 현장학습을 나가도록 학생과 주민들을 격려했다. 이 무렵 아가시는 첫 번째 부인 세실 브라운과 결혼도 했다. 세실은 독일계 체신부 장관이자 지질학자의 딸이었는데, 아가시의 초기 저서 여러 권에 도판을 그린 재능 있는 화가이기도 했다.[18]

아가시는 어류 화석 연구를 이어 나갔는데, 이 연구는 훔볼트에게 찬사를 받았고 이내 영국의 애덤 세지윅과 찰스 라이엘의 관심을 끌었다.

세지윅은 아가시의 어류 연구에는 깊은 인상을 받았지만 몇몇 지질학 연구는 신통치 않다고 여겼다. 1835년 9월에 라이엘에게 쓴 편지에서 세지윅은 이렇게 적고 있다. "아가시가 더블린에서 우리와 합류하여 우리가 속한 섹션에서 긴 논문을 발표했네. 헌데 어땠는지 아나? 우리가 알고 싶어 하는 것을 가르쳐 주고 넘쳐나는 자신의 풍성한 어류학 지식을 전달해 주는 게 아니라 지질학에 관한, 극도의 무지에서 나온 멍청한 가설이 담긴 논문을 읽었지."[19]

아가시는 어류 화석을 묘사하면서 석화 과정에서 흔히 보존되는 구조들을 토대로 새로운 분류 체계를 발전시켰다. 아가시 마음속에 깊이 자리 잡은 프로테스탄티즘은 처음부터 그의 과학적 개념이 발전하는 데 뚜렷한 역할을 했던 것 같다.[20] 그는 천지창조라는 관념에 사실상 전혀 의심을 품지 않았던 것 같고, 종의 영구불변성이라는 관념을 바탕으로 자신의 분류 체계를, 그리고 사실 그의 생각의 많은 부분을 구축했다. 이러한 전제 속에서 생물 종들은 조물주에 의해 뚜렷하게 구분되어 생겨났고 얼마 동안 번성한 다음 지금의 형태들에는 아무런 연관성도 남기지 않고 사라졌다. 시간이 흐르면서 그가 스위스 알프스에서 처음 그려 보인 빙하기는 점점 더 지구적 차원의 모습을 띠게 되었고, 빙하기는 화석화된 과거의 생물 형태들과 오늘날의 동식물 사이에 뚜렷한 단절을 가져왔다. 이런 의미에서 아가시는 학자 인생 내내 일관된 '격변론자'였다. 이 세상의 지질학적·생물학적 역사는 창조와 확산, 그다음 보편적인 빙하에 의한 갑작스러운 멸종이라는 뚜렷한 시기들로 이루어져 있으며, 갑작스러운 멸종 뒤에 새로운 창조로 세상이 다시 시작되었다는 생각이었다.

종교와 과학의 관계에 대한 아가시의 태도는 우리가 길버트 화이트의 책에서 보는 것과는 너무 다르다. 언뜻 봐서는 화이트가 서임을 받은 성직자로서 조물주의 의도와 본성을 예증하기 위해 천지창조에 관한 연구를 활용하는 데 훨씬 더 관심이 있었다고 짐작할지도 모른다. 그러나 아가시와 달리 화이트는 자신의 정보를 단순히 기록하고, 철새의 이주나 동면에 관해 이런저런 추측을 해보고, 부제(副祭)로서 의무와 무리 없이 나란히 가는, 그러나 많은 측면에서는 그 의무와 분리된 과학의 삶을 사는 데 전혀 불편함을 느끼지 않았던 것 같다. 종교와 과학을 뒤섞는 아가시의 더 노골적인 (그리고 더 대립적인) 태도는 자연사를 신학과 조화시키려 한 존 레이의 시도를 연상시켰다.

아가시도 세지윅도 성서에 적힌 말 하나하나가 의심의 여지없는 진리라고 믿는 성서 문자주의자는 아니었다. 둘 다 문자 그대로 '엿새 만의 천지창조'란 관념을 버릴 만큼 지질학적 증거들을 충분히 봐 왔고 기독교 근본주의자들이 받아들이는 것보다 지구의 역사가 훨씬 더 오래되었다고 확신했다. 그들은 지질학보다는 생물학에서 다윈과 가장 직접적으로 대립했다. 세지윅이 격변설을 버리고 지질학에 관해 더 점진적이고 발달적인 라이엘의 접근법을 지지한 것은 확실히 다윈 사상의 부상을 도왔다.

결혼 직후 아가시와 세실은 베(Bex) 근처 알프스에 살고 있는 스위스 지질학자 장 드 샤르팡티에를 방문하기 시작했다.[21] 샤르팡티에는 알프스 고지대의 방하에 의해 이동된 표석과 빙퇴석을 조사하며 많은 시간을 보냈고, 과거 어느 시점에는 현재보다 더 광범위한 빙하작용이 일어났다는 결론에 다다랐다. 엔지니어 이그나츠 베네츠는 이러한 생각들이 옳다는 것을 확인하고 더 정교하게 발전시켰다. 그는 꽤 낮은 고도의 암석에서 빙하의 침식 흔적을 목격했다. 아가시는 이 같은 개념에 흥미를

그림 25 강의하고 있는 루이 아가시

느껴 1837년에 뇌샤텔 자연사클럽 연례 모임에서 회장으로서 연설하면
서 빙하작용 이론을 간략히 제시했다. 세지윅은 초기 보고를 듣고 신중
하면서도 호의적으로 반응했다. 그러나 다윈이 남아메리카 고지대에서
빙하작용의 증거를 여럿 목격했지만 브라질 열대지방에서는 전혀 발견
하지 못했다는 점을 지적했다.

1835년의 영국 방문은 아가시에게 동물학에 명성을 쌓을 수 있는 대
규모 어류 화석 컬렉션에 접근할 수 있는 기회가 되었다. 고국인 스위스
뇌샤텔에서 아가시의 생활은 이전의 협력자들과 갈수록 증대되는 반목
으로 어느 정도 얼룩졌다. 여기에는 아가시가 발표한 생각에 자신이 기
여한 공헌을 충분히 인정받지 못했다고 느낀 샤르팡티에도 포함되어 있
었다. 이러한 비난 중 일부는 부풀려지거나 순전히 거짓말이었지만 아
가시의 일생을 따라다닐 쟁점을 암시했다. 아가시는 어느 무리에서든

우두머리가 되는 걸 원했다. 연구에 대한 집착과 자신의 책에 수록될 삽화에 많은 돈을 써야 한다고 고집함으로써 아가시는 아내와도 멀어졌다. 아내 세실은 갈수록 스위스에서 편치 않았다. 세 아이를 양육할 책임은 대부분 그녀 몫이었고 건강도 나빠지기 시작했다. 결핵에 걸려 서서히 죽어 가고 있었던 것이다.

1845년 아가시는 프로이센 국왕의 후원으로 강연과 지질학 연구를 결합한 미국 동부 순회 일정을 준비했다. 라이엘과 맺은 인맥을 통해 아가시는 보스턴 로웰연구소의 초청을 얻어 냈고, 거기서 어류학과 발생학 강연에 더해 '동물계에서 보이는 천지창조의 의도'라는 제목으로 연속 강연을 할 예정이었다. 유럽에서라면 아가시는 오래전에 자리 잡은 과학 연구 기관들에 만족해야 했을 터이다. 미국에서 그는 자신이 과학의 구조 자체를 직접 형성해 낼 기회를 갖게 되리라.

아가시는 미국에 도착하여 열렬한 환영을 받았다. 미국 대중은 그의 외모와 유머감각, 지성, 활기찬 강의 스타일에 깊은 인상을 받았다. 그는 강연회는 매진을 이루었고, 아가시는 수요를 충족시키기 위해 각 강연의 다음날 매번 똑같은 내용의 강연을 또 해야 했다. 아가시 또한 미국에 매료되었다. 아가시를 후원한 존 에이머리 로웰은 부유한 방직공장 소유주였고 재산의 상당 부분을 과학을 후원하는 활동에 쏟았다. 아가시를 유혹해 미국으로 오게 한 것은 대성공이었고 그는 자신의 손님에게 모든 안락함을 누릴 수 있게끔 했다. '로웰 연속 강좌'가 완료되자마자 자연사 연속 강좌 요청을 비롯해 추가적인 제의가 쏟아져 들어왔다.[22]

1847년 아가시는 하버드대학에 신설된 지질학 교수 자리를 제의받았고, 교수직이 원래 순수하게 실용적 경암 지질학에 초점이 맞춰져 있었음에도 불구하고 아가시는 제의를 수락하여 유럽에 영영 등을 돌렸다. 새로운 자리는 일단 아가시가 빙하작용과 해양생물학, 어류학, 분류학에 관한 더 심화된 연구를 해나갈 수 있게 조정되자 자연사에서 종합적 연구를 위한 완벽한 도약대가 되었다. 아가시는 마침내 안정된 재정적·정치적 발판을 확보했고, 그 발판으로부터 그는 유럽이 내놓을 수 있는 무엇과도 견줄 수 있거나 그것을 능가하는 미국 과학을 창출해 낼 수 있으리라 생각했다.

한창 월든 실험을 하는 중이었을 데이비드 소로가 실제로 아가시의 대중 강연에 참석했는지는 모르겠지만, 하버드 무대에 도착한 새로운 학계의 슈퍼스타를 틀림없이 알고 있었을 것이다. 월든 호숫가에서 첫해에 소로는 아가시를 위해 어류와 파충류 표본을 채집하는 일에 자원하여 적어도 무는 거북(snapping turtle, 북아메리카 민물 거북의 일종으로 켈리드라 거북이라고도 한다. 성질이 사납고 잘 물기 때문에 '무는 거북'이라는 이름이 붙었다—옮긴이)이 두 마리를 보냈다. 아가시의 현장학습에 대한 강조는 적어도 소로의 철학 몇몇 측면에 무척 매력으로 다가갔겠지만, 갈수록 정량화와 측정, 표본 수집을 강조하는 경향은 소로의 자유로운 영혼에 결코 맞지 않았을 것이다. 두 사람은 1857년 3월 에머슨에서 열린 만찬 자리에서 만났지만, 소로의 그 날짜 간결한 일기에는 대단한 호감을 느꼈다거나 뜻이 통했다는 암시가 전혀 없다.[23]

아가시는 청중을 사랑했고 청중도 그를 사랑했다.[24] 청중의 흠모는 어느 정도는 다소 파격적인 강연 스타일 덕택이었다. 그는 강연을 즐겼지만 논의 중인 것이 무엇이든 그것에 대한 직접 관찰과 실제 사례가 가치 있다고 믿었다. 그는 대규모 무리를 이끌고 케임브리지 인근 지역뿐 아니라 멀리 오대호와 케이프코드까지 현장학습을 나가기 시작했다(훗날 페니키즈아일랜드에서 한 해양생물학 여름 강좌는 우즈홀해양생물학연구

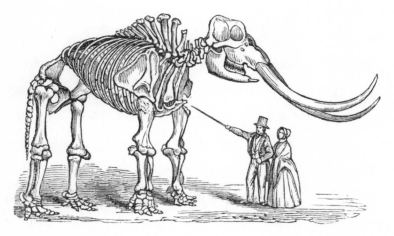

그림 26 빅토리아 시대 남녀 한 쌍이 마스토돈의 뼈를 살펴보고 있다. 루이 아가시,《자연사 연구 입문》(An Introduction to the Study of Natural History, 1847).

센터의 탄생에 중요한 역할을 했다고들 한다). 소로는 이 현장학습의 목적지들을 즐겼을 테지만 대규모 '생태 투어'의 일부로 여행한다는 생각은 혼자 공부하는 그의 연구 방법론과 상극이었을 것이다. 소로는 아가시의 컬렉션에 기여했을지도 모르고 아가시가 쓴 글을 몇 편 읽었지만 철학이나 이데올로기에서 두 사람은 커다란 간극이 있었다.

아가시의 개인사 역시 소로보다 더 복잡했다. 소로는 결혼을 하지 않았고 아이도 낳지 않았다. 아가시는 미국으로 오기 위해 죽어 가는 아내를 포함해 사실상 가족을 버렸다. 세실은 1848년에 사망했고 아가시는 거의 곧바로 보스턴의 부자이면서 뉴잉글랜드에서 가장 저명한 가문인 캐벗 가와 사촌지간의 딸인 엘리자베스 캐벗 캐리와 깊이 교제하기 시작했다. 두 사람은 세실이 죽고 2년도 되지 않아 결혼했다. 곧 스위스에서 아이들을 데려왔고 아가시는 보스턴 상류사회에서 신분 상승을 이어 갔다.

아가시가 정말로 원했던 것은 자기 스타일의 자연사에서 항구적인 기념비를 남기는 것이었다. 이 기념비는 두 가지 형태를 띠었는데 하나는 비교동물학박물관(MCZ, Museum of Comparative Zoology)이고 또 하나는 국립과학아카데미로, 아가시는 특별히 자신이 그곳의 회원을 선출할 자격이 있다고 생각했다. 대중적 인기와 사회적 인맥, 당대 대표적인 과학자로서 널리 인정받는다는 사실 등으로 아가시는 두 가지 목표가 틀림없이 쉽게 달성되리라 확신했을 것이다.

MCZ는 아마도 북아메리카에서 가장 규모가 큰 박물관 가운데 하나일 것이다. 다음 장에서 다룰 척추동물학박물관과 달리 처음부터 연구 공동체와 일반 대중 양쪽의 요구에 부응하는 방식으로 설립되었다. 두 가지 기능을 모두 수행하는 점에서 우리는 아가시에게 감사해야 한다. 청중을 계속 만족시켜야 한다는 생각을 줄곧 염두에 두면서 아가시는 MCZ가 연구기관이자 교육기관으로서 매사추세츠 주와 보스턴 시 엘리트 계층 양쪽의 후원을 받기 위해 힘썼다. 아가시의 인생 후반부 상당 부분은 '자신의' 박물관 자금을 확보하고 컬렉션을 구축하는 데 바쳐졌다. 컬렉션은 자신과 학생들이 연구를 해나가는 데 없어서는 안 될 도구이자 자연사 대중 교육을 위한 수단이기도 했다. 박물관의 전시품은 아가시의 철학, 구체적으로는 창조된 설계의 범위와 논리를 보여 주도록 배치되었다.[25] 여기에는 굉장히 노스탤지어를 자극하는 느낌이 있다. 존 레이라면 만년에 아마도 이 박물관의 '신의 지혜' 전시에서 대단히 편안함을 느꼈을 테지만, 젊은 날의 레이라면 그 아이디어의 그토록 많은 부분이 150년 넘게 고스란히 존속되었다는 사실에 다소 놀랐을지도 모른다.

아이러니하게도 종의 영구불변성에 헌정된 박물관은 1859년, 바로 다윈이 마침내《종의 기원》을 출간한 바로 그해이자 자연선택 이론의 우선권을 확립하기 위해 하버드대학에 있는 에이서 그레이에게 보낸 다윈의 편지가 린네학회에서 낭독되고 1년 뒤에 건립되었다. 시간이 흐르면서 MCZ는 점점 더 넓은 공간으로 옮겨 갔다. 처음에는 하버드대학 캠퍼스의 작은 목조 건물로 시작하여 애초에는 공학부 건물로 의도된 신축 건물의 여러 층을 차지하게 되었다. 한 가지 심각한 우려는 컬렉션이 화재에 취약하다는 점이었고 특별히 박물관의 컬렉션을 소장하기 위한 목적으로 벽돌 건물이 건립되자 마침내 모두가 크게 안도했다. 이 건물은 런던자연사박물관이나 뉴욕의 미국자연사박물관과 같은 의미에서 자연사의 웅장한 궁전은 아니다. 파사드(건물 전면 장식―옮긴이)는 예술가보다는 수공 장인의 느낌이 나지만(공업적이라 해도 될 정도이다) 내부 공간은 관람객이 특정 표본을 속속들이 들여다볼 수 있게 꾸며져 있으며, 전시실 너머 작업실과 수장고는 엄청나게 많은 생물 컬렉션을 소장하고 있다. 2010년까지도 MCZ는 실제 표본을 실제보다 더 크고 근사한 디지털 시뮬레이션으로 대체하는 유행을 거부했다. 그곳은 가장 좋은 의미에서 옛날식 박물관인데, 아가시가 온다고 해도 지금의 박물관 내부를 돌아다니는 데 불편함을 느끼지 않을 것 같다.

언급한 대로 아가시가 미국 과학계에 항구적인 족적을 남기고자 발전시킨 두 번째 프로젝트는 국립과학아카데미였다. 이 아이디어는 일찍이 아가시가 유럽 지성계에 노출된 경험에서 나왔다. 그가 경험한 영국의 왕립학회와 파리의 과학아카데미는 과학 연구 문제에 관해 정부에 자문하고 과학 논쟁을 중재하는 기관 구실을 했다. 그와 유사한 기관이 미국에 전국적 규모로 발전할 수 있다면 아가시는 아카데미를 지배하는 사람은 누구든 연방정부의 연구 지원을 감독하고 주요 대학 교수진

선발 과정에 영향력을 행사할 위치에 서게 될 것이라 생각했다. 한마디로 이 자리는 과학이 가까운 장래에 나아갈 방향을 좌우할 터였다.

　미국에는 지역 과학 기관이 이미 여럿 있었다. 필라델피아 자연과학 아카데미는 창립 연도가 1812년으로 거슬러 올라가는 가장 오래된 과학 기관이었다. 물론 1743년에 미국철학회가 더 앞서 설립되었으나 특정하게 과학만 다루는 기관은 아니었다. 보스턴에는 1780년에 미국 과학예술아카데미가 생겼고 1832년에는 자연사학회가 창립되었다. 심지어 캘리포니아도 연방 가입이 받아들여지고 몇 년 만에 과학아카데미를 설립했지만 이 기관들 어디도 전국적 규모라고 볼 수는 없었다. 스미스소니언은 이제 막 출범한 상태였고 앞으로 어떤 방향으로 나아갈지는 아직 분명치 않았다. 아가시의 계획은 이 가운데 어느 것보다 더 막강하고 더 위용을 갖춘 기관, 워싱턴에서 이루어지는 정책을 형성할 기관을 설립하는 것이었다. 원래 이런 종류의 조직에 대한 필요는 1848년 미국과학진흥협회의 창립으로 충족되는 듯했지만 이 집단은 아가시의 구상보다 '너무' 포괄적이어서 마음에 들지 않았다. 거의 누구나 가입할 수 있다면 대체 회원이라는 게 무슨 권한이 있겠는가?

　아카데미의 중핵은 아가시와 벤저민 프랭클린의 증손자인 공학자 알렉산더 배치(1806~1867)의 주도로 결성된 '사이언티픽 라자로니'(Scientific Lazzaroni)라는 동인 집단에서 발전해 나왔다.[26] 배치는 미국 연안조사국의 수장으로 임명된 덕분에 워싱턴 정계에 강력한 인맥을 갖고 있었고, 조사국장은 아가시와 학생들이 연안 지질을 조사하고 해양 표본을 채집하는 작업을 지원해 줄 수 있는 자리였다. 아가시의 친구들로 구성된 협회인 '라자로니'는 애초에 보스턴을 기반으로 했으나 결국에는 예일대학의 제임스 데이나와 보스턴·케임브리지 지역 바깥의 다른 유력한 과학자들도 아우르게 되었다. 협회는 1853년부터 비공식 모임을 시작했다.[27] 배치와 아가시는 이 모임을 독립적인 국가기관으로 도약시킬 적절한 발판으로 생각했다. 남북전쟁이 발발하면서 연방정부에는 전쟁 수행 과정에 과학 전문가들을 더 잘 활용하라고 촉구하는 압력이 들어왔다. 아가시는 매사추세츠 주 상원의원 헨리 윌슨의 지지를 얻었고, 그를 통해 국립아카데미를 인가하는 법안을 상정했다.

그다음에 일어난 일은 아가시가 보인 최악의 모습을 드러내고 있다. 그는 스미스소니언의 이사를 맡기 위해 워싱턴에 갔고, 곧장 배치를 포함해 라자로니 회원들과 자리를 잡고 앉아 자신들이 보기에 이상적 아카데미 회원에 들어맞는 회원 목록을 작성했다. 그들은 50명의 명단에 합의했는데 이 가운데는 아가시의 생각에 우호적이지 않지만 (에이서 그레이를 비롯해) 너무 유명해서 배제할 수 없는 인물들도 들어 있었다. 하지만 대다수는 아가시와 배치가 주도하는 대로 따라갈 것이라고 믿을 수 있는 사람들이었다. 조직과 향후 회원 선출을 전적으로 아카데미에 맡긴 법안 자체는 상정된 회원들 어느 누구도 읽어 보지 않은 채 호명 투표로 통과되었고 링컨 대통령은 즉시 서명하여 법안을 확정했다. 아가시는 마침내 자신의 박물관과 아카데미를 얻었다. 과학계에서 차지하는 지위에서 그 누구도 도전할 수 없는 인물로 보였을 것이다.

1850년대 대부분 동안 소로는 자신만의 자연사에 몰두했다. 1850년대 초에 그는 보스턴 자연사학회의 교신 회원으로 선출되었다. 9년 뒤에 그는 하버드대학의 자연사 방문 위원회에 임명되었는데, 이 조직은 모든 교과과정을 검토하는 기관이었고 적어도 서류상으로는 소로가 하버드대학의 직원과 교수진과 직접 접촉할 수 있는 기회를 제공했을 것이다. 따라서 그는 아가시가 자신의 박물관을 출범시키던 바로 그 순간에 케임브리지에 있을 이유가 있었고 아가시 컬렉션의 기증자로서 지나가는 관심 이상을 갖고 있었을지도 모른다.

여기서 소로의 아주 초기 저작인 〈매사추세츠의 자연사〉(1842)와 《월든》(1854), 《삼림의 천이》(The Succession of Forest Trees, 1860) 사이에 나오는 내용과 어조의 변화를 주목해 보는 것도 흥미롭다. 이 마지막 에세이는 초기 작품을 특징짓는 자유분방한 상상보다는 주의 깊게 관찰한 사실과 생각을 많이 담고 있어 전형적인 자연사라고 부를 만한 구석이 많다. 데이비드 포스터는 이 에세이를 소로의 다른 저작의 맥락에 위치시키는 작업과 소로를 급속히 변화하는 콩코드 주변 풍경 안에 위치시키는 두 가지 작업을 훌륭히 해낸 바 있다.[28] 소로가 풍경에서 식생 변화와 관련하여 '천이'라는 표현을 처음 쓴 사람인지는 분명치 않지만, 그는 더 엄격한 과학적 배경을 지닌 이후의 수많은 생태학자들보다 종자 확산의 중요성을 훨씬 더 훌륭하게 논의했다.[29] 《삼림의 천이》에서 자신은 "씨앗을 믿는다"고 말할 때 그의 뜻은 말 그대로이다. 그는 변화하는 풍경 속에서 자신이 직접 관찰한 것의 실제성을 위해 은유와 신비주의를 명시적으로 거부하고 있다.[30]

《삼림의 천이》를 쓰고 있을 때 한동안 소로의 건강은 나빠지고 있었고 결국 2년 뒤에 사망했다. 소로가 MCZ의 개관식에 참석하지는 않았을 테고 그곳을 방문하지도 않았을 것 같지만, 학계의 알력 다툼에 전혀 깜깜하지는 않았으며 하버드대학 과학 교수진 사이에 갈등이 얼마나 팽배한지 깨달았을 가능성이 크다. 아가시가 이끄는 로런스과학대학은 자연사학부와 정면충돌하고 있었고, 소로도 회원인 방문위원회는 자연사학부를 감독하는 기구였다. 자연사학부는 다윈과 관련해서, 또 윌크스 탐사 원정대의 참가를 고사한 사람으로서 앞서 언급된 식물학자 에이서 그레이가 이끌었다. 만약 소로가 방문 위원으로 있던 2년 동안 적극적인 역할을 했다면 미국 과학계 내부의 분열상을 두 눈으로 목격했을 것이다.

에이서 그레이는 여러 면에서 아가시와 정반대였다. 요란하고 자기 홍보에 능한 맞수와 달리, 그레이는 잘 나서지 않는 편이었고 학문 활동에 집중했으며, 학계 알력 다툼에 관여할 때도 배후에서 하는 경향이 있었다. 그레이는 우리가 만난 그 많은 자연사 학자들과 마찬가지로 뉴욕 주 중심부에서 떨어진 북부에서 태어났고 원래는 의학을 전공했다. 학자 경력 초기에 그는 《미국 북부와 중부 지역의 식물지》를 썼고 나중에 뉴욕 주 지정 식물학자가 되는 존 토리(1796~1873)의 영향을 받게 된다.[31] 토리도 원래는 의학을 공부했지만 식물학으로 전향했고 젊은 그레이도 자신을 본보기로 삼으라고 격려했다. 그레이는 토리의 제자가 된다는 생각에 기뻐했고, 1830년대의 많은 기간을 토리와 편지를 주고받거나 그의 식물학 작업을 힘껏 도우면서 보냈다. 그레이는 영국의 조지프 후커에게 호의적인 인상을 심어 준 논문도 여러 편 발표했고 1836년에 《식물학 원리》(Elements of Botany)를 완성했다.[32]

하버드대학은 원래 1805년에 자연과학의 모든 분야를 아우르는 자리로 자연사 교수직을 만들었다. 하지만 1836년이 되자 학문 연구의 풍토는 갈수록 한 가지 초점에 집중하는 경향을 띠었고 대학의 식물원에 더 관심을 쏟아야 한다는 요구도 커지고 있었다.[33] 자연사의 한 자리가 과학의 한 분야에 집중하도록 대체 어떻게 설정될 수 있을지는 다소 시간과 노력이 필요할 것이었다. 그레이는 식물학과 동물학을 결합한 요구 사항을 충족시킬 적임자라고는 도저히 볼 수 없었다. 재정 지원은 언제나 빠듯했고, 자리를 잡고 앉아 장기 연구 계획에 진득하게 집중할 수 있는 가능성은 거의 없어 보였다. 1838년 그레이는 영국과 유럽으로 갔다. 큐식물원에 들렀을 때 그는 찰스 다윈을 소개받았다. 물론 그때는 두 사람 모두 둘 사이에 꽃피게 될 우정의 중요성을 깨닫지 못했지만.

그레이가 귀국하자마자 윌크스 탐험대 조직 관계자들이 그레이를 탐험대 공식 식물학자로 염두에 두고 접근해 왔다. 그레이는 탐사 원정 계획을 둘러싼 난맥상으로 어려움을 겪었고 급기야는 과학 팀의 자리 제의를 거절했다. 시간이 지나서 되돌아보면 이것은 현명한 결정이었다. 1841년 하버드대학 이사회가 마침내 교수직을 식물학자로 채우겠다고 결정을 내린 것이다. 만약 그때 그레이가 태평양을 떠돌고 있었다면 그 자리는 틀림없이 다른 사람에게 돌아갔을 것이다. 그 대신 하버드가 부른다면 그는 언제든 달려갈 준비가 되어 있었고 1842년에 일생의 과업을 뒷받침하게 될 자리를 맡았다.

1846년 아가시의 미국 도착은 처음에는 하버드대학의 명성을 진작시킬 반가운 사건인 듯했다. 그가 도착함에 따라 그레이는 식물학에 집중하는 동안 동물학 사안을 다룰 수 있는 마음에 들고 정력적인 동료를 얻을 수 있으리라. 마침 본격 식물학자를 바쁘게 할 만한 일은 확실히 차고 넘쳤다. 미시시피 강 횡단 서부 탐험대는 분류 목록을 작성하기 버거울 만큼 빠른 속도로 표본들을 보내오고 있었고 대량의 태평양 식물을 챙겨 온 윌크스 탐험대의 귀환도 추가적인 관심을 요구했다. 1848년 갓 결혼한 그레이는 윌크스 탐험대 컬렉션의 식물 부문 책임을 맡는 문제를 논의하기 위해 워싱턴 특구로 갔다. 그곳에 도착하자 그는 정부와 협상해 윌크스의 표본을 분류하는 데 영국과 유럽의 컬렉션을 활용할 수 있도록 자신이 유럽으로 가는 비용을 정부가 지원하는 협의 내용을 이끌어 냈다.

그레이의 두 번째 유럽 여행은 국제적 명성을 얻는 데 결정적 순간이었다. 그는 큐식물원에서 후커와 함께 작업하고, 다윈을 만나면서 시간을 보냈다. 이번에는 두 사람도 거의 하룻밤 사이에 발전하고 있는 새로운 생물학에서 상대방의 중요성을 알아보았다. 영국에서는 그는 다시금 토머스 헉슬리와 리처드 오언을 비롯한 빅토리아 시대 자연사의 스타들을 만나고 분류학자로서 기량을 연마했다. 그레이와 그의 아내는 빅토리아 자연학자 사교계의 중추 세력에 받아들여졌고, 아가시와 달리 그레이는 자신의 지지자가 되어 주고 장래 연구에 의견을 개진해 줄 수 있는 평생지기들을 사귀는 재주가 있었다.

윌크스 탐사 원정대의 식물학 분야 보고서를 작성하는 작업은 괴로울 정도로 진척이 더뎠다. 대개는 보고서의 형식과 내용 양쪽에서 윌크스와 끝없는 이어진 의견 충돌 탓이었다(마지막 권은 1873년에 가서야 완성되었다). 그레이는 이 임무를 떠맡지 말 걸 그랬다고 수시로 후회했을 게 틀림없다. 그레이 부부가 1851년 하버드대학으로 돌아왔을 때, 아가시는 완전히 자리를 틀고 식물학 대신 동물학과 지질학에 이미 상당한 관심과 자금을 끌어들이고 있었다.

그레이의 신학상의 신념은 잠깐 살펴볼 만하다. 그레이는 데이나와 아가시처럼 프로테스탄트로 교육을 받고 자랐지만, 한편으로 다윈과는 달리 평생 동안 공개적으로 신앙생활을 이어 간 기독교도였다. 그레이는 《젊은이와 일반 학교를 위한 식물학》(Botany for Young People and Common Schools)을 마태복음 6장 28절을 인용하며 시작한다. "들에 피어 있는 백합을 보라." 그리고 첫 문단에서 이렇게 쓴다. "그리스도께서 우리에게 우리 주변의 식물을 주의 깊게 살펴보라고 하실 때, 즉 그것들이 어떻게 자라고, 어떻게 서로 다르며, 얼마나 수가 많고, 얼마나

우아한지 주목하라고 하실 때 …… 우리는 분명히 식물이 가르쳐 주는 교훈을 배우는 것이 유익하고 즐겁다는 사실을 알게 될 것이다."[34]

예수 그리스도를 식물학자로 보는 이 시각에는 퍽 감동적인 구석이 있다. 그레이는 목적론이나 궁극적 설계 같은 문제들로 곤란을 겪지 않았다. 아가시와 달리 그는 성서의 천지창조 이야기 대부분을 기껏해야 하나의 은유적 이야기로 간주하는 데 아무런 어려움을 느끼지 않았다. 1880년 예일신학대학에서 한 연속 강연에서, 그레이는 그때쯤이면 오랫동안 숙고해 왔을 법한 원칙을 제시했다. "모세오경은 과학 지식에서 우리의 지침이 되기 위해 전해 내려온 것이 아니라는 것을 일반적인 생각으로 간주하고, 과학적 믿음을 다른 질서에 대한 고려와 뒤섞지 않고 관찰과 추론의 토대 위에 두어야 하는 것이 우리의 의무다."[35]

엘리자베스 키니가 지적한 대로, 이런 관점은 19세기 중반 자연신학의 전반적인 어조와 일치한다.[36] 그레이는 자연선택을 통한 진화가 자신이 상정한 조물주의 천지창조에 메커니즘을 제공한다는 생각에 전적으로 편안했다.

이 완화된 유신론에 반하여 진화론에 대한 아가시의 완고한 부정은 그 스위스에서 온 신입이 기금 후원자들의 이목을 집중시키려는 행태 그리고 기금 전용과 더불어 틀림없이 그레이에게 대단히 불만스럽게 느껴졌을 것이다. 자신만의 조용한 방식으로 그레이도 아가시 못지않게 야심이 컸다. 또한 식물학에는 그만한 관심을 보이지 않으면서 대규모 동물학 박물관만 있는 하버드대학은 생물학계에 떠오르는 이론적 틀을 반대하는 아성처럼 비치는 하버드대학만큼 받아들이기 힘들었다. 그레이와 아가시의 갈등은 두 사람이 과학의 틀 안에서 위상을 차지하기 위해 다툼을 벌이면서 1850년대 후반 내내 수면 아래서 끓어오르고 있었다. 그레이는 다른 사람의 공로나 아이디어를 훔치는 기색 없이 강한 개인적 우정을 발전시키고 유지할 수 있는 능력이 있었다는 점에서 아가시보다 유리해 보였던 반면 아가시는 꾸준히 세간의 이목을 좇았다.

다윈주의에 대해 갈수록 거세지는 아가시의 개인적 공격과 국립아카데미의 발전에서 '라자로니'의 역할 탓에 이 두 강력한 인물 사이에 벌어진 수면 아래의 대립은 1850년대 초에 공공연하게 불거졌다. 아가시가 다윈 생물학의 위험스러운 무신론이라고 보는 것에 대한 공격이라면 무엇이든 부추기는 동안, 그레이는 공적 논쟁과 《애틀랜틱 먼슬리》에 기고한 중요한 글을 통해 대응했고 이 글은 나중에 영국에도 널리 배포되어 그를 다윈 사상의 첫째가는 옹호자로 자리매김했다.[37]

그레이의 《자연선택》(Natural Selection)은 다윈 사상에 대한 주도적 반대자이자 과학에서 낡고 뒤떨어진 사고의 대표자로 아가시를 구체적으로 지목했다. 이 같은 상황은 아가시가 특히 거친 몇몇 반론에 사과하면서 결국에는 수습되기는 했지만, 국면은 이미 그레이와 다윈주의자들에 유리하게 바뀌었다. 아가시는 자신의 신학과 과학을 결코 조화시키지 못했고 MCZ의 설립과 함께 욱일승천할 기세였던 그의 운은 기울기 시작했다.

아가시는 MCZ를 자연계에 대한 새로운 생각과 설명을 내놓을 뿐 아니라 다른 대학들로 진출하고 국립아카데미 같은 기관을 지배할 차세대 과학자를 길러 내는 '과학 공장'으로 구상했었다. 안타깝게도 자신의 학생들에 대한 극도의 시기심과 제자의 작업은 물론 글과 연구까지도 쉽사리 자기 것으로 유용하려는 행태로, 그는 헌신적인 직업상 추종자를 얻을 가망이 전혀 없었다. 자신의 명성을 띄울 시도로 아가시와 그의 아내는 철도 재벌 내서니얼 세이어를 설득해 민물고기를 수집하고

그림 27 에이서 그레이(1864년)

열대지방에 있었을지도 모르는 빙하작용의 정도를 알아보기 위한 브라질 탐험을 후원하게 했다.

그 결과는 과학계에서는 불신을 받은 다소 대중적인 책이었다.[38] 동료 지질학자들 대다수한테는 놀랍게도 아가시는 아마존 분지에서 근래의 빙하 활동의 분명한 흔적이 있다고 발표했다. 하지만 그가 본 것을 다른 누구도 볼 수 없었고 많은 이들이, 베이츠와 훔볼트가 같은 지역에서 몇 년 동안 여행하면서 보지 못한 것을 아가시가 단 몇 달 만에 발견했다고 주장할 수 있는지 의문시했다.

1864년, 그레이는 국립아카데미에서 궁정 쿠데타라 할 만한 것을 해냈다. 아가시의 강한 반대에도 불구하고 스미스소니언의 부총무 스펜서 베어드를 아카데미 회원으로 선출시킨 것이다. 그레이는 그 직후에 아카데미에서 사임했지만 1870년대에 아가시가 뇌졸중으로 활동이 불가능해졌을 때 조직의 재편에 관해 유용한 제안을 하는 등 그 기관을 호의적으로 바라봤던 듯하다.[39] 이 시점이 되자 생물학의 미래가 아가시보다는 그레이에게 있다는 것은 분명했고, 그레이는 자신이 결코 전적으로 찬동하지는 않았던 기관에 대해 너그러운 태도를 보일 수 있었다.

1871년 아가시는 난바다 지역 연구를 위해 연안조사국 소속 선박 해슬러호(Hassler)를 이용해도 좋다는 제안을 받았다. 연안조사국은 친구 알렉산더 배치가 맡고 있던 기관이었고 그곳에 남아 있던 라자로니는 과학계의 지도자로 당연하게 여겨지는 아가시에게 여전히 우호적이었다. 아가시는 갈라파고스제도 방문과 해저를 퍼 올리는 작업을 비롯해 다윈의 남아메리카 일대 여행을 적어도 일부나마 재연할 수 있는 기회를 선뜻 받아들였다. 증기선 해슬러호는 이 임무를 훌륭히 해내리라고 기대되었다.

안타깝게도 여행은 그가 바라던 대로 풀리지 않았다. 해슬러호는 몇 차례나 고장이 났다. 비록 아가시는 남아메리카 남단에서 빙하를 관찰할 수 있었고 해양 심층수에서 새로운 표본을 많이 건져 올렸지만 정말로 새로운 통찰을 얻지는 못 했고 여행의 부담은 이미 위태로운 건강을 더욱 약화시켰다. 육로로 케임브리지로 돌아온 아가시는 인생 만년에 접어들었다. MCZ의 책임은 점점 아가시의 아들 알렉산더가 지게 되었다. 알렉산더는 해양 생물학에서 아버지의 연구 성과를 더욱 확대하는 한편, 어류학과 해양학에서 면밀한 연구로 독자적 명성을 쌓는 동시에 광산업에서 큰 재산을 쌓아 그중 일부가 MCZ의 장기 기증 자산이 되도록 했다.

1873년 아가시가 죽자 그를 비판하는 이들은 그의 전반적 행위에 마음 놓고 불만을 표명했다. 과학 대중화의 공로자로서 아가시의 역할은 그의 오랜 명성에 견주어 고려되었고 동료와 학생들에 대한 나쁜 처신 탓에 적어도 그의 죽음에 슬퍼한 사람들만큼 많은 사람들이 그의 별세에 안도했던 것 같다. 에른스트 헤켈은 아가시를 두고 "자연사 분야에서 여태껏 활동한 가장 영리하고 적극적인 사기꾼"이라고 일컫는다.[40] 이것은 이미 과학의 중심 무대에서 밀려난 사람한테 가차 없고 어쩌면 불필요한 묘비명이 아닐까? 반면에 그레이는 그를 숭상하는 학생들과 후계자들을 가르치고 강의를 하면서 잘나갔고, 아가시의 박물관에 버금가는 기념비로 손색이 없는 그레이식물표본관을 남겼다.

소로가 이 모든 것을 어떻게 생각했을지는 물론 알 수 없다. 1860년이 되자 갈수록 엘리트 중심으로 변하고 학구적 경향이 강해지는 과학계가 아무리 박식하다 한들 아마추어의 작업을 반겼을 것 같지는 않다. 바로 그 아마추어 다윈이 비글호에서 귀환하여 환영을 받았던 이후로 불과 몇 년 사이에 이미 많은 변화가 일어났던 것이다.

통제된 실험과 반복 가능한 실험 결과, 분명하게 정의된 가설이 점점 더 강조되면서 과학의 성격이 변화하고 있었다. 이 도구들은 통제된 환경이 기정 사항이나 다름없는 물리과학과 응용과학에서는 매우 주효했다. 그러나 동일한 도구들은 현장에 기반을 둔 자연사에는 적용하기 훨씬 힘들었다. 여기서는 표본 크기가 작은 경향이 있었고 맥락이 중요해지고 흔히 그대로 재연하기가 불가능했으며 관찰 결과는 수시로 해석에 달려 있었다. 소로는 비상하는 산문과 자연의 여러 주제를 끌어오면서 동시에 그것들을 겹겹의 은유로 모호하게 만드는, 종종 생략적인 암시로 열렬한 문학 애호가들에게 엄청난 은혜를 베풀었다. 그러나 한편으로 자연학자란 묘한 괴짜, 흙으로 돌아가기를 부르짖는 사람, 이해와 의사소통보다는 교감에 더 관심이 있는 사람이라는 희화화된 그럴싸한 이미지를 제시했다. 다윈은 여전히 "생명에 대한 이러한 시각 속에서 장엄함"을 목도하면서도 비판을 피해 갈 수 있었다. 그건 결국에 그가 다윈이었기 때문이고, 더욱이 그는 자신의 요점들을 상세한 다량의 정보들로 뒷받침했다. 그러나 과학자들은 갈수록 측정 가능하고 수학으로 환원할 수 있는 것, 갈수록 과학의 진정한 언어로 간주되게 되는 형식에 의존하면서 산문체에 인내심을 잃기 시작했다.

그레이는 죽을 때까지 편안한 마음으로 기독교도인 동시에 식물학자로 남을 수 있었다. 헉슬리는 그 문제에 논리를 적용한 뒤, 나도 모르겠다는 듯 어깨를 으쓱하고는 불가지론자라는 용어를 만들어 냈다. 그들의 후배들은 갈수록 그 문제에 대한 더 이상의 논의를 인문학자들에게 떠넘기고 그들의 직업에서 더 중요한 쟁점이라고 여기는 것들을 다루게 된다. 그 세기가 끝날 때가 되자 이 장의 도입부 인용문에서 본 대로 자연학자라는 관념 전체가 이미 인기를 잃었다. 그와 동시에 점점 더 많은 사람들이 과학자와 비과학자 모두에게 새로운 쟁점들을 제기하고 있었다. 최초로 인간은 진정으로 지구적 규모에서 지구의 유한한 속성을 이해할 수 있었고 이것은 새로운 질문을 요구하게 된다. 월든 호수에 떨어지는 잎사귀를 조용히 바라보는 소로의 마음을 분명히 괴롭혔을 환경 보호의 문제를.

15장 생태와 환경 문제
뮤어, 알렉산더, 레오폴드에서 카슨까지

자연경제와 관련한 지식의 몸체, 곧 유기적·비유기적 환경과 동물의 총체적 관계에 대한 조사 …… 한마디로, 생태학은 다윈이 생존경쟁을 위한 조건들이라고 말한 그 모든 복잡한 상호관계에 대한 연구이다. …… 좁은 의미에서 종종 '생물학'이라고 부정확하게 불리는 생태학은 여태까지는 흔히 '자연사'로 불리는 분야의 주된 요소를 구성해 왔다.[1]

1869년 독일 발생학자 에른스트 헤켈(1834~1919)은 이렇게 썼다. 헤켈이 실제로 '생태학'(그리스어에서 집, 가정을 뜻하는 '오이코스'*οἶκος*에서 온 오이콜로기아)이라는 용어를 처음 사용한 사람인지 논의하는 것은 다소 쟁점을 벗어난다. 헤켈은 이 용어를 대중화시켰고, 자연사에서 몇몇 핵심 인물들에게 결부시키면서(다윈은 명시적으로, 린나이우스는 '자연경제'라는 환기를 통해서 암묵적으로) 역사적 맥락에 확고하게 위치시켰다. 이제 와서 보면 헤켈의 정의에서 가장 중요한 한 단어는 어쩌면 머지않아 중요한 변화를 암시하는 '여태까지는'인지도 모른다. 다윈은 새로운 연구 전망을 열어젖혔다. 만약 신이 만물을 지금의 상태로 창조하여 지금 발견되는 자리에 두지 않았다면 다른 인과관계의 요인들이 무엇인지 밝혀야 하며, 유기체 간의 관계들은 더 이상 그저 천상의 기본 설계로 돌려질 수 없다.

자연학자들이 점점 더 자신들이 연구하는 유기체 집단으로 스스로를 정의함에 따라 1840년대가 되자 자연사 내부에서는 전문화 추세가 뚜렷해졌다.[2] 카를 젬퍼가 1877년 로웰연구소 연속 강좌(과거에 에이서 그레이와 루이 아가시가 맡았던 강단)에서 강하게 시사했듯이, 생명과학에 대한 생태학 또는 '동물학적' 접근은 강조와 방법론 양쪽에서 이동이었다. 나는 다음 몇 쪽에서 젬퍼를 얼마간 인용할 텐데, 그가 말한 것이 유례없는 것이어서라기보다는 다른 여러 사람들보다 더 명확하게, 우리가 짐작하는 것보다 훨씬 더 일찍 이야기했기 때문이다. 출판된 강연록의 서문에서 젬퍼는 이렇게 말하고 있다. "언젠가 예거는 이렇게 말했다(어디에서 이야기했는지는 잊어버렸다). 다윈주의자들에 의해 철학적으로 이론을 세우는 방식으로 많은 것이 이미 충분히 달성되었고, 이제 우리 앞에 놓인 과제는 우리가 내놓았던 여러 가설에 엄밀한 조사라는 검증 과정을 적용하는 것이었다."[3]

다시금 용어 사용을 검토해 보면 흥미롭다. 다윈과 후커, 그들의 동료들 모두 자신도 "엄밀한 조사"를 한다고 말했을 테지만, 젬퍼는 계속해서 자신의 말뜻을 분명히 한다. "동물학자들의 처지는 매우 나쁘다. 다른 과학 탐구자들 어느 누구보다 나쁘다. 최근까지도 그들은 자신들만의 문제를 공식화하거나 중대한 실험으로 그 문제들에 직접 해답을 주라고 자연에 강요할 수 있는 처지에 있지 못한 채 그저 자연에 의해 그들 앞에 제시된 사실들을 해석하라는 명령만 받았기 때문이다."[4] 젬퍼는 이제부터는 실험과 조작을 훨씬 더 강조하게 될 것이라고 암시한다. 생명과학이 정녕 '과학'으로 인정받고자 한다면 물리과학을 모방해야 한다. 실험실이라는 조건 속에서 어떻게 자연에서 선택되어 온 습성이나 생리를 위한 적절한 맥락을 확립할 수 있을까? 이 과제는 흥미로운 짐을 부과하지만 그 문제를 젬퍼는 그다지 걱정하지 않은 것 같다.

어쩌면 그보다 더 흥미로운 것은 다음 문단에 제시되는 세계관의 이동이다. "비록 한 지방에 서식하는 다양한 동물들이 개체의 신체기관들처럼 그렇게 긴밀하게 상호 의존적이지 않은 것은 틀림없는 사실이지만 두 경우의 관계는 매우 직접적으로 비교될 수 있을지도 모른다. 마치 여러 신체기관 가운데 하나가 파괴되거나 다친다면 몸 전체가 고통을 받는 것처럼 동물들의 일반적 수치상 비율, 생활 방식, 분포 상태는 단 한 동물의 멸종으로 바뀌거나 무너질 것이다."[5]

이것은 대단히 흥미로운 시각인데, 규모의 변화뿐 아니라 연구의 함의 전체가 바뀌었기 때문이다. 다윈과 월리스, 후커 같은 이들은 유기체를 연구했다. 다윈은 종의 기원에 관심이 있었지만 연구 단위는 개체였고, 그 개체에 다른 개체들을 비교했다. 반대로 젬퍼는 생리학적 유추를 적용하면서 군집이나 생태계에 대한 20세기의 집착을 닮은 접근을 주창한다. 같은 글의 더 뒤에서 그는 영양 단계를 다루면서 '엘턴 피라미드'(생물체가 먹고 먹히는 관계에서 각 단계의 개체군의 양적 관계를 표현한 것. 생체량 피라미드나 생태 피라미드, 에너지 피라미드라고도 불린다—옮긴이)와 굉장히 유사한 구조를 제시한다. 실제 엘턴 피라미드가 등장하기까지는 70년이 더 걸리지만, 젬퍼가 초식동물에서 육식동물로 에너지 전달과 에너지 효율에 관해 대략적 계산을 수행한 것처럼 완전히 새로운 형태의 현장 생물학이 이미 목전에 와 있음을 알 수 있다.

19세기의 마지막 사반세기에는 또한 미국에서 정착민들과 그 지방 사이의 관계에 심대한 변화가 일어났다. 아메리카 인디언은 미시시피 강 유역에 남은 땅 거의 전부를 빼앗겼다. 수백 만 마리씩 대평원을 활보하며 인디언과 덫 사냥꾼들에게 하나의 생활 방식 전체를 제공했던 들소는 이전 개체 수의 극히 일부만 남게 되었고, 그것도 어떤 자연환경의 핵심적 일부라기보다는 박물관에서나 구경할 수 있는 동물에 가깝게 바뀌었다. 보존은 의심의 여지없이 수많은 이들이 염려하는 문제였지만, 목소리를 낼 만한 대변자가 필요했다. 그리고 그 대변자가 오고 있었다.

존 뮤어(1838~1914)는 스코틀랜드 에든버러에서 남동쪽으로 50킬로미터 떨어진 던바에서 태어났다. 170년 전에 레이와 윌러비가 식탁에 앉아 부비새 새끼로 저녁을 들었던 바로 그 동네이다. 뮤어의 아버지는 자식들에게 성경의 많은 부분을 외우라고 시킬 정도로 신앙심이 매우 깊은 사람이었다. 뮤어는 나중에 자신이 신약성서 전체와 구약의 3분의 2를 외우고 있다고 말했다. 도널드 워스터는 그가 '좌파 프로테스탄티즘'이라고 묘사한 근본주의 형태의 프로테스탄티즘에 일찍이 노출된 경험이 나중에 자연과 그 자연 속에서 인간의 역할에 대한 뮤어의 시각에 영향을 끼쳤다고 주장한다.[6] 뮤어가 열한 살 때 아버지는 스코틀랜드 교회가 자기 기준에서 너무 자유분방해졌다고 판단했고, 결국 가족 전체가 미국 위스콘신의 농장으로 이사를 갔다.

뮤어가 인생 말년에 자신의 어린 시절을 묘사한 글은 목가적이라 할 만한 이야기를 담고 있다. 독자들이라면 농장, 조랑말, 수소와 암소, 짐수레 말에 이르기까지 모든 게 다 같이 합심해 그를 가르치고 있었다고 생각할지도 모르겠다.[7] 그럼에도 얼마 전까지 변경지대였던 그곳에서 삶은 힘들었다. 뮤어의 정규교육은 스코틀랜드를 떠나면서 끝났고 나중에 위스콘신대학을 잠시 다니게 되면서 다시 시작되었다. 식구들은 저마다 농장의 자질구레한 일을 맡아서 해야 했고 자유 시간을 내기는 여간 어려운 일이 아니었다.

> 우리는 언제나 열심히 일해야 했다. 더 열심히 일하면 해질 무렵 긴긴 여름날 저녁에 이따금 낚시를 할 수 있는 약간의 휴식 시간이 허락되었고, 일요일에 호수가 잔잔할 때면 낚싯대나 총은 집에 놔둔 채 한두 시간 조용히 배를 탈 수 있었다. 그래서 우리는 호수에 사는 것들에 대해 점차 알아 갔다. 강꼬치고기, 개복치, 블랙배스, 농어, 샤이너(은빛 담수어의 통칭), 펌프킨시드(북아메리카산 납작한 작은 담수어), 오리, 아비(북반구에 서식하는 잠수하는 새—이상 옮긴이 주), 거북이, 사향뒤쥐……[8]

뮤어는 독서광이었지만 부모는 성경 말고는 다른 읽을거리를 불허했다. 그래서 몰래 소설을 읽거나 자신이 만든 갖가지 발명품을 만지작거릴 시간을 내기 위해 새벽 한 시에 일어나곤 했다고 쓴다. 뮤어는 타고난 엔지니어였던 것 같다. 그는 수학을 독학으로 깨우쳤고 다양한 시계와 온도계, 기계를 스스로 만들어 냈다. 이런 발명품 가운데 일부는 자서전에 아름다운 삽화로 묘사되어 있다. 금속이 없었기 때문에 그는 이런 기기의 온갖 부품을 직접 나무를 깎아 만들었고, 만든 기기들은 선반에 올려 두는 작은 모형부터 헛간 한편에 세워 두는 엄청나게 큰 구조물에 이르기까지 다양했다. 뮤어는, 자기가 만든 시계 가운데 하나는 조립한 지 50년이 지난 뒤에도 여전히 "시간이 잘 맞았다"고 매우 흡족해 했다.[9]

들에서 온종일 힘들게 일한 뒤 잠이 들었다가, 촛불 아래서 책을 읽기 위해 새벽 한 시에 살금살금 내려오는 젊은 존 뮤어의 모습은 얼마나 사랑스러운가. 내가 가르치는 학생들이 요즘 책 읽을 시간이 없다고 말할 때마다 나는 학생들이(나도 마찬가지지만) 그렇게 오래전 위스콘신 가장자리 그 농장에서라면 어떻게 지냈을까 궁금해진다. 뮤어는 셰익스피어, 밀턴, 플루타르코스 할 것 없이 손에 넣을 수 있는 책은 모조리 읽었다. 대서양 건너편 수천 킬로미터 떨어진 곳에 있던 앨프리드 월리스처럼, 뮤어가 멍고 파크의 아프리카 여행 이야기나 아마존과 네그루강에 관한 훔볼트의 글에 매혹되었다는 건 어쩌면 그렇게 놀랄 일도 아니다.

이 책을 쓰면서 내가 경험한 것 가운데 가장 마음을 따뜻하게 해주는 것은, 우리가 자연학자라고 부르는 사람들 사이에 서로 연결되어 있다는 느낌이다. 사람들로 가득한 오늘날의 우리 세계에서는 더 이상 불가능해 보이는 방식으로, 그들은 모두 서로를 알거나 들어 봤던 것 같다. 그들은 같은 글을 읽었고, 다수의 같은 질문을 던졌으며, 유사한 역경을 견뎠고, 거듭거듭 같은 기쁨에 도달했다. 마치 그들의 모든 이야기들이 사실은 여러 장과 플롯으로 구성된 하나의 이야기, 거대한 시공간을 가로질러 서로 연결된 이야기 같다. 뮤어는 마이클 스콧의 종교적 시각에 찬동하지 않았을지도 모르지만 그의 발명은 좋아했을 것이며(반대로 마이클 스콧도 뮤어의 발명품들을 좋아했을 것이다), 두 사람 모두 아리스토텔레스와 함께 어슬렁거리거나 월러비나 프리드리히와 함께 매의 비행에 관해 즐거이 논쟁을 벌였을 것이다.

1860년부터 1864년까지 뮤어는 위스콘신대학에 다녔다. 정규 강좌를 순서대로 듣기보다는 관심이 있는 강의에 참석하는 식이었고, 교습부터 농장 일까지 잡다한 일거리로 수업료를 지불했다. 기회가 날 때 화학, 지질학, 식물학을 공부했고 아침에 일어날 시간이 되면 몸을 일으켜 세워주는 침대와 정해진 공부 시간에 맞춰서 바른 순서대로 교과서를 꺼내 주는 책상을 비롯해 끝없이 발명품을 제작했다. 정식으로 학교를 졸업하지 않았지만 그 대신 그가 표현한 대로 "멋진 식물학, 지질학 소풍을 떠나 이곳저곳을 배회했다. 이 소풍은 50년 가까이 이어졌지만 아직 끝나지 않았으며, 나는 가난할 때나 부유할 때나 언제나 행복하고 자유롭게, 명성이나 졸업장에 대한 생각은 하지 않은 채 영감을 불어넣어 주고 신으로 충만한 끝없는 아름다움을 통과해 발길을 재촉했다."[10]

뮤어의 "배회"는 어느 정도 남북전쟁 마지막 해에 징집을 피하기 위해서였다. 그는 국경을 넘어 캐나다로 가서 제재소에서 일하며 온타리오 숲을 탐험하다가 미국으로 돌아왔다.[11] 1867년에 그는 대단히 충격적이라 할 만한 사건을 겪었다. 기계에 머리를 부딪쳐서 한동안 실명을 하게 되지 않을까 불안에 떨었다. 장기간 요양을 한 뒤 시력은 어느 정도 회복되었지만, 그는 기계의 세계를 떠나서 인디애나와 일리노이를 거쳐 식물학 방랑을 떠났다가 위스콘신으로 귀향했다. 뮤어는 사고가 나기 전에 얼마 동안 남아메리카 지도를 열심히 들여다보고 있었고 훔볼트의 《개인적 서술》을 꼼꼼히 읽은 뒤 남아메리카 정글을 직접 보고 싶어 했다.

1867년 가을에는 플로리다 쪽으로 도보 여행을 떠났고 이 여정은 《멕시코 만까지 1천 마일 도보 여행》(A Thousand Mile Walk to the Gulf)이라는 책에서 묘사되어 있다.[12] 이 시기의 뮤어는 그 낱말에 결부된 좋고 나쁜 이미지를 모두 통틀어 '히피'라는 표현이 어쩌면 가장 적절할 것이다. 윌리엄 베이드는 《멕시코 만까지 1천 마일 도보 여행》에

붙인 서문에서, 뮤어가 여행 일기 표지 안쪽 면에 자신의 주소를 "존 뮤어, 지구 행성, 우주"라고 적어 두었다고 말한다.[13] 나 같은 중년 남성이 보기엔 유치해서 닭살이 돋을 것 같지만 그것은 결정적 순간이다. 뮤어는 자신이 지금까지 추구해 왔던 모든 것을 내던졌다. 그러고는 다윈이나 훔볼트처럼 부자이거나 준비가 잘 되어 있지 않았지만, 자신이 휴대할 수 있는 것과 대학이나 독서를 통해서 배운 것, 그리고 열린 태도만을 간직한 채, 마치 좋은 의도에서는 언제나 좋은 일만 생길 거라고 생각하기로 한 듯 길을 떠났다.

존 뮤어의 인생을 가볍게 묘사한 글들은 종종 그를 다른 인간과 함께 있기를 거부한 일종의 괴짜 은둔자처럼 그리고 싶어 한다. 사실은 정반대 묘사가 더 정확하다. 그는 이야기를 듣는 것은 물론 이야기를 하는 것도 좋아했다. 그는 어디를 가든 친구를 사귀고 우정을 이어 가는 재능이 있었다.[14] 이런 재능을 타고난 것은 잘된 일이었는데 플로리다 걸프코스트(멕시코 만)에 도착했을 때 말라리아에 걸려서 새로 사귄 친구들과 더불어 장기간 쉬면서 원기를 회복해야 했기 때문이다. 그는 남아메리카 여행을 재고하고 그 대신에 배를 타고 샌프란시스코로 갔다. 1868년 캘리포니아에 도착하여 한동안 잡다한 일을 하다가 1869년 여름 동안 시에라네바다에서 목동으로 일자리를 구했다.[15] 이것은 뮤어의 여생 내내 지속되었고, 수백 만 명 사람들의 마음을 사로잡을 '빛의 산맥'(뮤어는 시에라네바다를 빛의 산맥이라 불렀다—옮긴이)과 나눌 사랑의 시작이었다.

1860~1870년대의 시에라네바다는 몇 년 전에 프리몬트가 죽을 뻔했던 험한 바위투성이 장벽이 아니었다. 산기슭의 언덕에는 방목장이 여기저기 들어섰고, 철도와 역마차는 캘리포니아 주를 종횡무진 가로질

렀으며 그칠 모르는 목재 수요가 거대한 소나무 숲과 삼나무 숲 가장자리를 야금야금 침식하고 있었다. 뮤어는 시에라네바다로 들어가서 영적 고향과 지적 고향 둘 다를 발견했다. 그는 에머슨과 소로의 책을 읽었고 그들의 초월주의 사상에 흥미를 느꼈지만 식물학과 지질학 연구에도 푹 빠져 있었다. 그가 요세미티에 도착했을 무렵, 전통적인 견해는 산맥을 관통하는 거대한 협곡들이 선사시대에 일어난 대규모 지진의 결과라고 주장하고 있었다. 뮤어는 아가시의 저작을 읽었기에 빙하작용이 풍경 전체를 만들어 낼 수 있다는 생각에 친숙했다. 요세미티에서 어디를 가든 그는 땅 위에 새겨진 빙하의 흔적을 보았다. 그는 곧 협곡과 협곡의 거대한 화강암 돔들이 처음에는 빙하, 그다음에는 뒤따른 강물에 의한 침식 작용의 결과라고 확신하게 되었다.

뮤어는 동부 해안은 물론 새로 문을 연 캘리포니아대학(버클리)의 과학자들과도 활발하게 서신을 교환했다. 뮤어가 보낸 편지는 보스턴자연사학회에서 발표되었으며 빙하의 의해 협곡이 생겨났다는 그의 이론은 점차 수용되었다. 그가 죽고 한참 뒤에 오스트레일리아 지질학자는 이렇게 평가했다. "빙하작용에 관해 존 뮤어가 지적한 내용은 정말로 훌륭하다. …… 존 뮤어는 그 세대 사람들에게는 잘 받아들여지지 않았던 것 같지만, 머지않아 틀림없이 인정을 받게 될 것이며 '불후의 인물'로 남게 될 것이다."[16]

소로와 달리 뮤어는 자신의 활동에 관하여 과학계와 꾸준히 접촉했고 그들이 이해하고 평가할 수 있는 언어로 말할 수 있었다. 그는 꾸준하게 대중적 글쓰기, 개인적 사고와 감정의 추상적 표현, 그리고 '진지한' 과학적 관찰 간의 미묘한 경계를 걸었다.

뮤어는 열적적인 식물학자이기도 해서 하버드대학의 에이서 그레이와 연락을 주고받으며 그에게 분류를 하고 이름을 붙일 대량의 표본을 보냈다. 그레이에게 보낸 뮤어의 편지는 도저히 전문적이라고 할 수 없다.

> 라이엘 산꼭대기, 스러지고 시들시들한 키 작은 온갖 식물들 위로 높이 자라나 다윈의 '생존투쟁'이라는 말을 거의 정당화하는 커다란 노란색 식물과 자주색 식물에 주목해 주시길 바랍니다. …… 그것들은 빙하위 차가운 하늘까지 올라와 열대의 짙고 부드러운 황금빛 태양에 반응하듯 변함없이 풍성하고 풍요롭게, 자줏빛과 황금빛으로 활짝 피어나는, 제가 여태 본 것 가운데 가장 고귀한 산지 식물입니다.[17]

이러한 편지들은 진짜로 강한 개성과 학식을 드러내며, 학자와 일반인 양쪽에서 반응을 이끌어 냈다. 나무와 산은 그에게 그저 연구의 대상으로 그치지 않았다. 오히려 과학만으로 발견할 수 있는 것보다도 더 폭넓고 숭고한 해석을 끊임없이 추구하는 듯했다.

1871년 여름에 신서부의 풍경을 살펴보려는 동부 관광객 무리의 일원으로 에머슨이 요세미티를 찾아왔다. 뮤어로서는 대단히 기쁜 일이아닐 수 없었다. 뮤어는 만남의 기회를 마련했고 두 사람은 처음부터 죽이 잘 맞았던 모양인지 함께 협곡 이곳저곳을 다니고 몇 시간씩 자연과 철학에 관해 이야기를 나눴다. 한 번은 뮤어가 자이언트세쿼이아 나무를 구경시켜 주러 에머슨을 데리고 나간 적이 있었다. 하지만 무척 실망스럽게도 에머슨은 별빛 아래서 거대한 나무둥치를 배경으로 깜빡이는 모닥불을 감상하며 그와 함께 야영하기를 거부했다. 나중에 에머슨한테 쓴 편지에서 뮤어는 방문객들이 자신을 숲 곁에 둔 채 말을 타고가 버렸을 때 느낀 쓸쓸함을 언급한다. 두 사람은 계속 편지 친구로 남았고, 늙어 가던 에머슨이 뮤어한테서 소로가 결코 되지 못한 모습을 본 것은 아닌지 궁금하지 않을 수 없다.

1877년에는 캘리포니아에 에이서 그레이와 조지프 후커가 찾아왔고, 뮤어는 두 사람을 데리고 섀스터 산으로 식물채집 여행을 나갔다. 뮤어는 후커와 전부터 편지를 주고받았고 영국에 갔을 때 큐식물원을 방문한 적도 있지만, 후커에게는 에이서 그레이보다 훨씬 더 격식을 차렸다. 두 사람의 공통 관심사는 분명히 철학보다는 식물학 쪽이었던 것 같고 후커는 자신의 《삶과 편지》(Life and Letters)에서 뮤어를 언급하지 않는다.[18]

뮤어를 찾아 온 방문객 가운데에는 시어도어 루스벨트도 있었다. 자연을 음미하고 연구하는 것만 중요시하던 뮤어는 대규모 삼림 파괴의 현실과 파괴되기 쉬운 고산 초지가 풀을 뜯는 양떼에 의해 사라지는 현실에 충격을 받은(바로 이 양떼 방목이 그에게 고지대에서 일할 기회를 처음 주었다는 사실을 생각하면 아이러니한 일이다) 활동가로 점차 변모해 가고 있었다. 1892년 그는 시에라네바다에 잔존한 야생 지역을 보존하는 데 헌신하는 시에라클럽을 공동 창립했다. 처음에 이 조직은 연방 삼림청장인 기퍼드 핀쇼를 비롯해 넓은 지지 기반을 갖고 있었지만 두 사람은 1898년에 갈라서게 된다. 핀쇼는 후세의 이용을 위한 자원 '보호'(conservation)라는 생각을 대변하게 된 반면, 뮤어는 현재 존재하는 것을 그대로 '보존'(perservation)하려는 미학을 대변했다.

호화찬란한 의전과 특별 경호원, 대중매체 전문가, 보좌관, 언론 담당관 무리로 둘러싸인 오늘날에는 미국 대통령이 일개 민간인과 가볍게 긴 주말 연휴를 보낸다는 것을 상상하기 힘들다. 1903년 5월에 바로 그런 일이 일어났다. 뮤어는 사실 캘리포니아를 떠나 오랫동안 유럽과 중

그림 28 요세미티 협곡을 함께 오른 시어도어 루스벨트와 존 뮤어(1906년)

그림 29 존 뮤어(1907년)

동을 여행할 계획이었지만 마리포사 삼나무 숲에서 시어도어 루스벨트 대통령과 만나기로 했다. 여행 동반자에게 일정이 지연된 이유를 뮤어는 이렇게 설명하고 있다. "워싱턴에서 온 유력 인사가 나와 함께 시에라로 여행하고 싶어 합니다. 모닥불 주변에 둘러앉아 자유롭게 대화를 나누면서 숲에게 뭔가 좋은 일을 할 수도 있을 것 같습니다."[19]

뮤어와 루스벨트는 나흘 동안 산속으로 자취를 감추었다. 모닥불 주변에서 어떤 대화가 오갔는지는 기록이 남아 있지 않지만, 두 사람은 서로 깊은 애정을 품은 채 산에서 나왔고 루스벨트는 고산지 보존을 위한 뮤어의 캠페인을 지원하는 지지자가 되었다. 루스벨트가 대통령에서 물러날 때가 되자 국립공원의 수는 곱절로 늘었고 국유림의 면적도 거의 1억5천만 에이커나 늘어났다.

존 뮤어는 전반적으로 캘리포니아와 엮여 있고 길이 남을 그의 유산도 캘리포니아의 산지에 관해 쓴 글이다. 그는 출판으로 어느 정도 생계를 유지할 수 있었지만 1878년 루이사 스트렌츨과 결혼하게 됨으로써 경제적 안정을 얻었다. 샌프란시스코 만 바로 북동쪽 마르티네즈에 작은 과수원을 소유한 루이사는 인내심과 이해심이 깊었음이 틀림없다. 뮤어는 결코 가정생활로 정착하지 못해서 틈만 나면 산으로 훌쩍 떠났고, 때로는 딸 한두 명을 데려가기도 했다.

캘리포니아를 트래킹하는 것 외에 뮤어는 여러 차례 알래스카까지 갔다. 이 가운데 한 번은 철도 부호 에드워드 해리먼의 지원을 받았다.[20] 해리먼은 대륙횡단철도 수송의 상당 부분을 장악해 막대한 재산을 모았고 알래스카 탐험이 학문 후원자로서 자신의 위상을 보여 주는 동시에 즐거운 가족 휴가를 제공할 후원 행위로 봤다. 과학 팀은 스미스소니언의 조류 부문 큐레이터인 로버트 리지웨이, 미주리식물원 원장 윌리엄 트릴리즈, 캘리포니아과학아카데미 회장 윌리엄 리터, 미국 지질조사국 국장 C. 하트 메리엄을 비롯해 25명에 가까운 기라성 같은 명사들로 이루어져 있었다. 예술 팀에는 이미 새 그림으로 명성을 얻은 루이스 아가시 푸어티스와 개척 시대가 저물어 갈 때 아메리카 인디언들에 관한 철저하고 감동적인 기록을 남겨 가장 잘 알려진 사진작가 에드워드 S. 커티스가 대표적 인물이었다.

탐험대의 보급은 뮤어의 초창기 방랑 때와 천양지차였다. 탐험대는 많은 승무원과 보급품을 실은 화려하게 재의장된 증기선을 타고 이동했다. 뮤어가 빵 한 덩어리와 차 한 봉지만 챙겨 홀로 방랑하던 시절과는 한참 달랐다. 탐험대는 브리티시컬럼비아와 알래스카 해안을 따라 올라가면서 주기적으로 정박해 빙하의 풍광을 즐겼고 식물 표본을 채집했으며, 뮤어로서는 마음이 편치 않았지만 버려진 원주민 마을에서 토템폴을 비롯한 유물을 수집했다. 이런 여행은 늘 그렇듯이 전문 지질학·식물학 저술에서부터 더 대중적인 글에 이르기까지 여러 권의 다양한 책과 출판물로 나왔다.

뮤어는 야생 지역을 더 폭넓은 대중이 주목할 수 있도록 주의를 환기하는 일의 중요성을 항상 확고하게 믿는 사람이었다. 나이가 들수록 여행 욕구는 오히려 더 커져 갔다. 1903~1904년에 뮤어는 유럽에서 출발하여 시베리아횡단열차를 타고 러시아를 가로질러 만주와 상하이를 방문한 뒤 왔던 길로 이집트로 되돌아오는 '그랜드 투어'를 떠났다. 이집트에서 다시 배를 타고 인도와 실론(스리랑카), 오스트레일리아로 갔고, 오스트레일리아에서 자생 유칼립투스나무(그 무렵이 되면 캘리포니아에도 수입되어 눈에 익은 이국적 풍광을 만들어 냈다)를 보며 얼마간 즐거운 시간을 보냈다. 그다음 뉴질랜드로 건너가 로토루아의 온천과 남섬에 있는 마운트쿡 산기슭에 들어가 한 달 반을 보냈다.[21] 뮤어는 그곳 서던알 프스를 무척 좋아했지만 북섬과 남섬에서 목격한 삼림 파괴 속도에 경악했다. 그것은 제2의 고향인 캘리포니아에서 벌어지고 있는 비슷한 결과들을 절실히 깨닫게 해줄 뿐인 인간이 저질러 놓은 엄청난 충격이었다.

1911~1912년에 뮤어는 마침내 남아메리카를 방문하여 《멕시코 만까지 1천 마일 도보 여행》의 원래 목표를 달성할 기회를 얻었다.[22] 이것은 긴 바닷길 여정과 육로 트레킹을 아우르는 참으로 대단한 여행이었다. 뮤어는 아마존 분지로 갔다가 남쪽으로 아르헨티나와 칠레, 우루과이를 방문했다. 우루과이에서는 고국을 떠나온 이주민들에게 "짤막하게 몇 말씀해 달라"는 부탁을 받기도 했는데, 그 자리는 뮤어 혼자 두 시간 동안 이야기하는 자리가 되고 말았다. 그다음 그는 아프리카 동부와 남부로 가는 선편을 예약하여 중간에 훔볼트가 한 세기 전에 올랐던 커다란 산봉우리 아래에 있는 테네리페 섬에 들렀다가 1912년 연말에 캘리포니아로 귀환한 뒤 하이시에라를 보존하기 위한 싸움을 재개했다.

안타깝게도 마지막 싸움은 뮤어의 가장 뼈아픈 패배로 끝나고 말았다. 요세미티 자체는 보존되었지만(비록 갈수록 늘어만 가는 인구 탓에 그가 그토록 아낀 한적함은 많이 파괴되긴 했어도) 인근의 헤치헤치밸리는 투올러미 강물의 흐름을 이용하고 싶어 하는 개발업자들의 목표물이 되었다. 1906년 샌프란시스코 일대를 폭삭 주저앉힌 지진과 대화재 이후로 개발을 부르짖는 목소리가 힘을 얻었다. 뮤어와 시에라클럽은 헤치 협곡을 보존하기 위해 결연한 캠페인을 벌였지만, 1913년 우드로 윌슨 대통령은 오쇼네시 댐 건설 법안에 서명했다. 뮤어는 이듬해 세상을 떠났고, 그의 죽음에는 크나큰 상심이 느껴진다.

나는 '뮤어의' 강을 잠기게 한 거대한 댐 뒤에 생겨난 잔잔한 인공호 옆 헤치헤치밸리에서 하이킹을 한 적이 있다. 만감이 교차했다. 밸리는 여전히 장엄하다. 물론 그 심장부에 자연 그대로의 강이 흐른다면 훨씬 더 장엄할지도 모르겠지만 말이다. 어쩌면 요세미티에서는 한겨울을 제외한다면 느껴본 적 없는 고요함도 있었다. 적어도 그때(나는 지금 30년도 더 지난 얘기를 하고 있다) 헤치헤치는 해마다 요세미티로 쏟아져 들어와 캠프파이어 연기와 자동차의 매연으로 대기를 자욱하게 매우는 수백 만 명의 관광객들로부터 잊힌 듯했다. 거기에는 RV 차량도 시끄러운 스테레오 음향 장치도 없었고, 자료관 투어나 관광 기념품도 없었다. 오로지 산과 물뿐이었다. 적어도 그 한 차례 배낭여행을 하는 동안은 나도 뮤어가 느꼈던 산들과 약간은 접촉한 게 아닐까 생각했고, 댐이 수몰시켜 버린 것들에 대한 슬픔에도 불구하고 그 댐이 내게 허락한 그 커다란 적막에 고마움을 느꼈다.

과학으로 분류될 만한 분야에서 증대되는 변화에도 불구하고 자연사는 19세기가 저물어 가는 시절에도 변함없이 명맥을 이어 갔다. 에드워드 해리먼 말고 다른 후원자들도 자연 유물의 수집과 전시에 관심이 있었고, 정부는 새로 획득한 영토의 자원에 대한 평가를 계속 요구했다. 미국에서 생물조사 사업은 C. 하트 메리엄 아래서 지속되었고, 19세기 중반의 철도 측량조사 사업에서 했던 작업을 바탕으로 확대되어 나갔다. 메리엄은 1855년 뉴욕 시에서 태어났고 예일과 컬럼비아대학에서 해부학과 의학을 공부했다. 1880년대 후반에 연방정부는 미국 지질조사국을 보완하는 기관으로서 농업부 안에 생물조사국을 신설했고 메리엄이 1885년부터 1911년까지 국장으로 재직했다.

메리엄은 다방면으로 지식이 꽤 풍부한 사람이었고, 어떤 면에서는 19세기가 끝나갈 무렵이 아니라 시작될 무렵의 자연학자들을 더 대표하는 인물이었다. 그는 조류와 포유류에 관해 널리 출판물을 펴냈고 인류학에도 관심이 많아서 서부 아메리카 인디언의 문화와 종교적 관습을 연구했다.[23] 그의 저작 목록은 500편이 넘는 글과 노트, 책, 리뷰를 망라하고 있다. 대부분은 조류학이나 포유류학에 속하지만 고생물학과 파충류학, 역사학 연구를 시도한 작업도 포함되어 있다.[24] 메리엄은 19세기 초에 훔볼트가 시작한 것과 흡사한 방식으로 북아메리카를 기후와 고도를 바탕으로 일련의 '생물 지대'(life zones)로 구분한 생물지리학 업적으로 가장 널리 기억될 것이다.[25]

자연사는 메리엄 집안에서 일종의 가업과도 같았다. 메리엄의 누이 플로렌스 메리엄 베일리(1863~1948)는 여러 면에서 조류학의 선구자라 할 만하다.[26] 플로렌스는 뉴욕 주 북부에서 태어났고 어렸을 때부터 야외 활동에 관심이 많았던 것 같다. 그녀는 고등학교 예비 교육이 부족했던 탓에 스미스칼리지에 '특별 학생'으로 받아들여졌는데 학교를 4년이나 다녔지만 학위를 받지 못하고 떠났다. 스미스칼리지를 다니는 동안 그녀는 새로 창간된 잡지 《오듀본 매거진》에 글을 쓰면서 조류학과 조류보호 활동에 적극적으로 참여하게 되었고 결국에는 잡지에 기고한 글을 모아 첫 책을 펴냈다.[27] 20대에 그녀는 결핵이 걸렸고 19세기의 일반적 관행대로 서부로 갔다. 캘리포니아와 애리조나의 건조한 공기가 병을 치유해 주리라는 희망에서였다. 이 여행 덕분에 그녀는 스탠퍼드대학에서 강의를 듣고 캘리포니아와 미국 남서부의 조류군을 관찰할 수 있었다. 이 경험이 나중에 그녀가 쓴 책들의 주제가 된다. 그 가운데에 《들판과 마을의 새들: 초보자를 위한 조류 도감》(Birds of Village and Field: A Bird Book for Beginners)은 최초의 대중적인 북아메리카 조류 안내서 가운데 하나이다. 이 책에는 루이스 아가시 푸어티스(해리먼의 탐험에 뮤어, 메리엄과 동행함)와 어니스트 톰슨 시턴(《동물기》로 유명한 대중 작가), 존 리지웨이가 그린 삽화들을 수록하고 있다.[28]

시간이 흐르면서 다른 저서들도 명성을 더해 가는 가운데 전문 조류학에 대한 플로렌스 메리엄 베일리의 관여는 꾸준히 폭을 넓혀 갔다. 역시 루이스 아가시 푸어티스가 삽화를 그린 《미국 서부 조류 편람》 (Handbook of Birds of the Western United States)은 앞서 나온 현장 안내서보다 훨씬 더 전문적이고 새의 색깔보다는 분류학적 기준에 따라 구성되었다.[29] 그녀가 염두에 둔 독자들은 일반 대중에서 진지한 조류학자들 쪽으로 뚜렷하게 이동했지만 유머 감각과 열정은 플로렌스의 글 속에서 여전히 빛난다. 이 책은 표본 채집에 관한 기본적 지침과 자기 오빠의 생물 지대 시스템에 관한 개관, 우리가 곧 만나 볼 조지프 그리널이 작성한 패서디나의 조류 목록도 수록하고 있다. 플로렌스의 업적은 미국조류학연합에 의해 높이 평가되어 1929년에 회원이 되었다. 1931년에는 여성으로서는 처음으로 브루스터 메달을 받기에 이르렀다.

자연사는 애니 몬터규 알렉산더와 루이스 켈로그(그에 대해서는 이하를 보라), 조지프 그리널이라는 대단한 팀에 의해 입증되듯이 학계에 여전히 강력한 추종 세력이 있었다. 미국 서부의 자연사에 심오한 영향을 끼친 그리널의 유산은 마지막 장에서 자세히 다루기로 하고 우선 알렉산더부터 살펴보자. 애니 알렉산더(1867~1950)는 선교사의 손녀로 하와이에서 태어났다.[30] 애니의 아버지 새뮤얼은 카우아이 섬의 풀집에서 태어났지만 가족은 마우이 섬으로 이사 갔고 애니의 할아버지는 그 지역 선교학교 교장이 되었다.[31] 그곳에서 새뮤얼은 또 다른 선교사의 아들인 헨리 볼드윈을 만났고 두 사람은 끈끈한 친구이자 동업자, 결국에는 처남매부지간이 되었다. 두 사람의 회사인 알렉산더앤드볼드윈사는 결국에는 하와이의 해운과 사탕수수 사업 상당 부분을 지배하게 되었고, 애니는 호놀룰루 교외에서 부유한 특권층의 자제로서 아무 걱정 없이 자랐다.

우리가 숭배하는 영웅들을 실제로 만난다면 어떤 느낌이 들지 짐작하는 것은 위험한 일이지만, 전기 작가들이 우리에게 압도적으로 남겨준 어린 시절 애니 알렉산더에 대한 인상은 그녀가 '재미있는' 사람이었다는 사실이다. 우리 할머니가 표현한 대로, 애들은 "어른들 앞에서 얌전히 있어야 하고" 어린 숙녀들은 단정하고 예의바르게 처신하길 기대하던 시절에 애니는 위층 침실로 들어갈 때 계단을 오르기보다는 창문을 넘어 들어가는 쪽을 좋아했다. 그녀는 아버지와 함께 야외 활동을 즐겼고 그 시절에는 비교적 사람이 살지 않은 마우이 섬을 탐험할 기회를 놓치는 일이 없었던 것 같다. 식물채집 솜씨를 활용해 아보카도를 가져오면 하나에 75센트를 주겠다고 삼촌이 제안하자 그녀는 1백 개가 담긴 손수레를 밀고 나타났다.

애니가 열다섯 살 때 아버지는 하와이의 기후가 건강에 좋지 않다고 판단하여 캘리포니아의 오클랜드로 이사를 갔다. 그곳에 이미 살고 있던 이웃 가운데에는 소설가 잭 런던, 저명한 건축가 줄리아 모건, 버클리에서 캘리포니아대학의 발전과 확대에 크게 이바지한 제인과 피더 세이더 같은 명사들이 있었다. 또 다른 캘리포니아대학 인맥으로는 찰스 켈로그 가문이 있었는데, 라틴어와 그리스어 교수였던 찰스의 사촌 마틴 켈로그는 1890년부터 1899년까지 캘리포니아대학 총장을 역임하게 된다.

그림 30 알렉산더 가족. 오른쪽 끝이 애니 몬터규 알렉산더(1882년 무렵)

애니는 다음 4년 동안 오클랜드공립학교에 다닌 뒤 매사추세츠로 가서 래설여학교에서 공부했다. 1889년 새뮤얼 알렉산더는 가족을 데리고 유럽으로 여유로운 유람을 떠났다. 가족들이 미국으로 귀국할 때 애니는 소르본대학에서 미술을 공부하기 위해 파리에 남았다. 그러나 원인을 알 수 없는 시력 악화로 그림 공부를 포기할 수밖에 없었고 앞으로 인생을 어떻게 살아갈지 고민해 보고자 오클랜드로 돌아온다.

다음 몇 년 동안 애니 알렉산더는 아버지와 함께 영국과 유럽 대륙을, 오빠와는 아시아와 남쪽의 뉴질랜드까지 광범위하게 여행했다. 눈이 멀게 될지도 모른다는 걱정이 끊이질 않았고, 애니는 몇 차례 수술을 받은 끝에 근접 관찰 시력을 어느 정도 희생하는 대신 원거리 시력은 보존했던 것 같다. 1899년 애니는 친구 마사 벡위스와 함께 오리건 남부로 탐험을 떠나 멀리 북쪽의 크레이터 호수까지 갔다. 두 사람은 여행 내내 식물을 채집하고 새를 관찰하고 자연사에 관해 이야기를 나눴다. 애니는 그때만 해도 여전히 꽤 야생이었던 지방에서 불편한 생활을 마음껏 즐겼다. 벡위스는 고생물학에 흥미를 느꼈고 알렉산더에게 버클리에서 그 주제의 수업을 청강하라고 부추겼다.

운 좋게도 존 C. 메리엄(C. 하트와 플로렌스 메리엄의 사촌)이 척추고생물학 강의를 하고 있었다. 애니는 수업 내용에 빠져 곧 독자적으로 화석을 수집하기 시작했고, 오리건 남부에 화석이 풍부한 지층을 조사하러 가는 메리엄의 탐험도 도왔다. 애니는 틈만 나면 언제나 현장에서 시간을 보냈다. 그 시절만 해도 젊은 여성이 혼자 여행을 가거나, 심지어 그녀가 여행의 모든 경비를 지불하고 있다고 하더라도 남자들 사이에서 여자가 혼자 있는 상황을 허락하지 않았기 때문에 그녀는 이런 답사 여행을 같이 갈 다른 여자들을 구했다. 알고 보니 알렉산더는 화석을 찾는 눈썰미가 뛰어나서, 캘리포니아 북부 새스터 카운티 여행에서 다수의 어룡 화석 표본을 찾아냈다.

1904년 애니는 아버지와 함께 영국령 동아프리카(케냐)로 사파리 여행을 떠났다. 뱃길로 몸바사에 도착한 뒤에 두 사람은 기차를 타고 내륙으로 들어가 나이로비에 도착했다. 그곳에서 부녀는 짐꾼과 몰이꾼을 대동한 채 대형 포유류를 사냥하며 1,200킬로미터 넘게 트레킹을 했다. 이 과정에서 애니는 카메라로 식물과 야생동물을 찍는 기술도 익혔다. 귀로에 올랐을 때 불행히도 두 사람은 잠베지 강 유역의 빅토리아폭포에 들르기로 했다. 빅토리아폭포에서 낙석이 아버지의 왼쪽 다리와 왼쪽 몸을 으스러뜨렸고 아버지는 이튿날 사망하고 말았다. 애니는 아버지를 아프리카에 묻고 케이프타운으로 가서 배를 타고 영국을 거쳐 귀국했다.

그 뒤에 일어난 일 가운데 결정적 사건은 애니 알렉산더와 C. 하트 메리엄의 만남이었다. 메리엄은 생물조사국에서 일하며 미국 서해안과 알래스카에서 나온 표본을 입수하는 데 열심이었다. 샌프란시스코에 있는 캘리포니아과학아카데미는 다른 연구 단체에 웬만해서는 표본을 빌려주지 않는 걸로 악명이 높았다. 그런데 분류학 연구를 위해서는 표본을 직접 조사하는 것이 필수적이었다. 메리엄의 격려를 받아 애니는 미국 서해안을 대표하는 척추동물학박물관을 건립하려는 계획을 세우기 시작했다.

잠재적 협력자들을 찾는 과정에서 그녀는 당시 버클리 캘리포니아대학의 오랜 라이벌인 스탠퍼드대학 의과대학에 다니고 있던 조지프 그리널(1877~1939)를 만났다.[32] 그리널은 오클라호마에서 태어났지만 어릴 때 온 가족이 캘리포니아로 이사를 왔다. 그는 일생의 과업이 될 일, 곧 캘리포니아의 척추동물 표본을 최대한 수집하고 보존하는 과업에 이미 착수한 상태였다.

그리널은 여러 차례 알래스카를 방문했는데, 1898~1999년에는 2년간 머물며 표본을 찾아서 설피를 신고 수천 킬로미터를 걸어서 이동했다. 적당한 표본 채집 장소와 훌륭한 표본에 관해 제의할 의견도 많았다.[33] 그리널만의 장점은 꼼꼼한 필기와 현장 연구 기법에 강박에 가까울 정도로 주의를 기울이는 태도였다. 그는 조류와 소형 포유류 표본으로 대단히 훌륭한 개인 컬렉션을 구축했지만 진정한 자신의 능력을 적절한 규모로 적용할 필수적 자원이 부족했다. 알렉산더와 그리널은 곧 서로가 관심사를 열정적으로 공유하고 있음을 느꼈고, 그리널은 알렉산더를 만난 뒤 알래스카에서 현장 연구에 건의하고 싶은 내용을 꼼꼼하게 덧붙인 장문을 편지를 보냈다. 알렉산더는 답장으로 자신이 탐험에서 돌아왔을 때 오클랜드로 찾아오라고 그를 초대했다.

비록 알렉산더가 집안에 다급한 일이 생겨 중도에 돌아와야 했지만 1907년 현장 연구 시즌은 성공적이었다. 떠나기 전에 애니와 그녀의 팀은 알래스카 주노 바로 남서쪽에 있는 애드미럴티 섬과 더불어 채텀 해협을 따라 위치한 여러 장소도 탐험했다. 연구 시즌이 시작되고도 눈이 한참 동안 내려 현장의 조건은 좋지 않았다. 베이스캠프는 여섯 동의 텐트로 이루어져 있었는데, 세 동은 숙소였고 하나는 표본 준비를 위한 현장 실험실, 하나는 취사장, 하나는 보급 창고로 쓰였다.[34] 이 캠프에서 표본 채집자들은 밖으로 나가서 온갖 새알을 포함해 조류와 포유류 표본을 폭넓게 채집했다.

베이에이리어로 돌아오자마자 알렉산더는 그리널과 미래의 자연사박물관에 관해 진지하게 논의하기 시작했다. 처음에 중요한 쟁점은 어떤 식으로든 새로 들어설 박물관의 실제 위치였다. 그리널이나 알렉산더 둘 다 캘리포니아과학아카데미와 엮이고 싶지 않았다(아카데미의 원래 건물은 1906년 지진과 대화재로 파괴되었다). 그리널은 새로 설립될 박물관이 스탠퍼드에 자리 잡았으면 했고, 알렉산더에게 팰러앨토를 작업의 기지로 삼을 경우 얻을 수 있는 모든 장점에 관해 편지를 써 보냈다. 하지만 알렉산더는 다른 방안을 갖고 있었다. 그녀는 스탠퍼드와 인맥이 전혀 없었고, 박물관이 스탠퍼드대학 캠퍼스 안에 자리 잡을 경우 자신은 언제나 그곳에서 이방인처럼 느껴지지 않을까 우려했다. 그녀는 박물관이 건립되어 다른 사람들이 재미를 보는 동안 자신은 한걸음 물러나 그저 후원자로 머물 생각이 전혀 없었다. 그녀는 박물관이 하는 어떤 연구 활동에든 참여할 작정이었다.

알렉산더는 박물관에 적어도 7년 동안 기금을 후원하고, 그때가 되면 3천 점이 넘는 척추동물 컬렉션을 비롯하여 개인 컬렉션도 기증하기로 기꺼이 약속했다. 캘리포니아대학 동물학과가 이미 관리하고 있던 표본까지 합치면 신설 박물관은 훌륭한 출발을 할 수 있으리라. 더욱이 캘리포니아과학아카데미 건물이 파괴됨에 따라 캘리포니아 동물군 컬렉션에는 커다란 공백이 생긴 상태였다. 1907년과 1908년에 걸쳐 일련의 협상을 거친 끝에 캘리포니아대학은 알렉산더의 방안을 받아들이기로 합의했다. 처음에는 캘리포니아 척추동물학박물관(MVZ, Museum of Vertebrate Zoology)으로 이름 붙인 박물관은 그리널을 초대 관장으로, 애니 알렉산더를 무시할 수 없는 유력 인사로 맞아들이며 모양새를 갖춰 가기 시작했다.

알렉산더는 예습을 하는 것이 좋겠다고 생각했다. 신설 박물관에 실제 설비가 시작되기 전에 그녀는 스미스소니언을 방문해 C. 하트 메리엄과 상의했고(그녀의 편지들은 그녀가 다른 스미스소니언 인사들한테는 별 관심이 없었음을 시사한다), 다른 주요 자연사박물관을 둘러보고 아이디어와 기법을 얻도록 그리널을 동부로 파견했다. 처음에는 얼마간 공공 전시장을 고려해서 실물과 똑같은 전시품이 일부 마련되기도 했으나 알렉산더는 주로 연구에 관심이 있었고, 디오라마(diorama)에 들이는 돈을 새로운 현장 연구에 더 값지게 쓸 수 있으리라고 내다봤다. 20세기 대부분 기간 동안 MVZ는 다소 비밀스러운 보석으로 남아 있었다. 척추동물학을 진지하게 공부하는 학생들에게는 알려져 있지만 일반 대중에게는 신비에 쌓인 채로.

루이스 켈로그(1879~1967)는 오클랜드, 애니 알렉산더와 그녀의 가족이 하와이를 떠나서 이사 온 저택 근처에서 태어났다.[35] 루이스는 알렉산더보다 열세 살 연하였고 자라면서 두 사람의 경로가 유의미한 방식으로 겹쳤을 가능성은 별로 없다. 루이스는 캘리포니아대학에 들어가 1901년에 고전학 학위를 받고 졸업했다. 그녀의 아버지는 야외 활동에 열성적인 사람이었고 루이스는 샌프란시스코 만 주변의 습지에서 사냥과 낚시를 배웠다.

1908년 알래스카로 돌아갈 때 알렉산더는 여성 동반자가 필요했다. 여자가 야생으로 여행을 가서 곰을 사냥하는 것은 용인되지만 남자들 틈에서 여자 혼자 끼어 여행을 하는 것은 용인되지 않는 세상이라니 오늘날의 관점에선 놀랍기만 하다. 그러나 알렉산더와 켈로그가 살아가던 시절은 그런 세상이었고 그들이 이 중요한 시점에 마주치게 된 것은 정말이지 행복한 우연이었다. 알래스카 답사는 표본 채집과 애니의 여생 동안 지속될 동반자 관계의 형성이라는 두 가지 측면에서 다 대성공이었다. 켈로그는 명사수였고 야외 활동을 즐겼으며, 탐험대의 다른 일원 중 한 명이 그리널에게 보낸 편지에서 표현한 그대로였다. "켈로그 양은 겁이 많거나 빼는 구석이 없이 이런 일에 딱 맞는 사람인 것 같다."[36] 본격 현장 생물학자들로 이루어진 이 거친 팀원들 사이에서 이보다 더 너그러운 평가도 기대할 수 없으리라.

1911년 켈로그와 알렉산더는 캘리포니아 수순베이에 농장을 하나 구입해, 애초에는 소떼를 기를 생각이었지만 나중에는 채소를 재배하는 곳으로 개조했다. 40년 동안 두 사람은 화석과 포유류 표본을 수집하고 1939년 그리널이 죽은 뒤에는 대학의 식물 표본관을 위해 식물 표본을 채집하는 일을 계속했다. 켈로그는 애니가 죽은 뒤에도 현장 연구 활동을 이어 갔고 여든 나이에 바하캘리포니아로 마지막 탐사를 나갔다.

이 놀라운 세 사람(그리널, 켈로그, 알렉산더)의 관계는 다소 상상하기 힘들 정도로 상호보완적이었다. 켈로그가 있었기에 알렉산더는 현장을 자유롭게 누빌 수 있었다. 두 사람 다 캘리포니아의 화석과 현재 동물군에 대해 박식한 열렬한 수집가였다(알렉산더는 1911년에 캘리포니아 대학 고생물학과에도 기증하기 시작했고 나중에는 고생물학박물관 창립을 지원했다. 이 박물관은 그녀가 죽고 한참 뒤에 MVZ와 같은 건물로 옮겨 가게 된다). 켈로그와 알렉산더 어느 쪽도 자신들의 작업 성과를 출간하고 싶어 하지 않았던 것 같다. 결국 그중에 많은 부분은 그리널의 몫으로 남겨졌다. 특히 알렉산더는 될 수 있으면 대중적으로 알려지지 않은 채 무대 뒤에 조용히 머무르는 것을 좋아했던 것 같다. 그녀는 오래 주저하다가 박물관에 자신의 초상화가 걸리는 것을 허락했는데, 그것도 자신의 죽고 나서 전시해도 좋다는 조건을 달았다. 하지만 그녀는 박물관의 일상적 운영 과정과 표본 입수 활동에는 적극적으로 관여했다. 알렉산더와 켈로그는 박물관을 위해 3만 점이 넘는 표본을 입수했다. 그리널은 조류와 포유류 표본을 2만 점가량 수집했고 1908년부터 죽을 때까지 3,005페이지 달하는 상세한 현장 연구 노트를 작성했다.[37]

MVZ가 깊이 새긴 변치 않는 유산 가운데 하나는 컬렉션 안에 포함된 모든 표본에 관해 세심한 기록을 남기도록 신경을 쓴 것이다. 그리널은 탐사를 통해 입수한 모든 것을 꼼꼼하게 목록으로 작성하고 기록으로 남기는 시스템을 발전시켰다. 그리널과 알렉산더 둘 다 현장 연구 시간은 매우 소중해서 일분일초도 낭비해서는 안 되고, 자연에 나갈 때마다 최대한 많은 정보를 수집해야 한다고 생각했다. 이런 생각에는 자신들이 관찰한 종 가운데 많은 수가 곧 멸종할지도 모른다는 염려도 담겨 있었다. 흥미롭게도 알렉산더의 이름으로 나온 몇 안 되는 출판물 가운데 하나는 나그네비둘기가 멸종한 뒤에 그것을 다룬 것이다.[38] 켈로그는 여성이 쓴 두 번째 학술 논문을 비롯하여 모두 6편의 글을 발표했다.[39]

MVZ는 1914년에 C. 하트 메리엄으로부터 호의적인 찬사를 얻으며 급속히 성장했다.[40] 캘리포니아뿐 아니라 다른 서부 주들까지 망라하는 컬렉션을 보유한 것 외에도 박물관은 유기체 생물학의 기법들을 가르치며 차세대 현장 생물학자들을 육성하는 중요한 교육기관이 되었다. 그리넬의 제자들은 작업 스타일에서 저마다 강력한 자연사학도의 분위기를 유지하며 '생태학자 왕조'라 할 만한 집단을 수립하게 된다. 1970년대까지도 "동물학 107: 척추동물 자연사"는 그리넬이 학생들을 가르쳤던 강좌의 요소들을 다수 유지했고, 그리넬의 "손자이면서 학생"인 네드 존슨과 함께 수업을 듣는 행운을 누린 우리들은 "조와 애니가 지은 집"의 초창기 낭만을 어느 정도 느낄 수 있었다. 그때까지도 그리넬의 전설은 여전히 이어졌다. 한번은 그리넬이 캘리포니아 조류에 관해 연구할 때 초창기 자동차를 타고 시에라 산마루 위로 새 한 마리를 쫓다가 급브레이크를 밟았다. 그가 탐내던 표본이 시에라산맥을 넘어 네바다로 건너가 더 이상 캘리포니아의 새라고 부를 수 없었기 때문이다.

그리넬은 예순둘 나이에 뇌졸중으로 셋 가운데 가장 먼저 죽었다. 그가 별세하면서 한 시대 전체와 연결고리가 사라졌다. 그는 당시 인디언 영토였던 지역에서 태어났다. 부모는 캘리포니아로 이사 오기 전에 어린 그리넬에게 '붉은 구름'(Red Cloud, 미국 군대에 맞서 전쟁을 이끈 유명한 인디언 지도자—옮긴이)을 소개해 주기도 했다. 그가 세상을 떠날 무렵이 되면 개척 시대는 이미 막을 내린 지 오래였고, 자연사의 위대한 시대도 지나가고 있었다. 그리넬의 뒤를 이은 제자 올든 H. 밀러는 다시 스타커 레오폴드(곧 논의할 앨도 레오폴드의 아들), 북아메리카 조류 가운데 가장 어려운 집단인 엠피도낙스 속(Empidonax) 딱새의 전문가가 되는 네드 K. 존슨, 핀치를 연구하며 갈라파고스에서 다윈보다 더 많은 시간을 보내게 될 로버트 보먼, 벌새부터 남극 물떼새와 포유류에 이르기까지 모든 것의 전문가인 프랭크 피틀카 같은 생태학자와 분류학자들을 키워냈다. 1950년에는 알렉산더마저 세상을 떠나면서 켈로그만이 세 사람이 떠맡았던 대사업을 눈으로 직접 본 유일한 증인으로 남았다. 1960년대 중반에 그녀가 죽을 무렵이 되면 현장 생물학은 몰라볼 정도로 완전히 변하고 만다.

개척 시대가 저물어 가면서 미국 탄생에서 그토록 고유한 일부였던 것 같은 거친 야생과 자연에 대한 동경과 감상주의가 엄청나게 쏟아져 나왔다. 이러한 동경(과 더불어 감상주의도)은 여러 세대에 걸쳐 갈수록 도시에 속박된 아이들을 사로잡은 어니스트 톰슨 시턴(1860~1946) 같은 작가들에 의해 포착되었다. 《쫓기는 동물들의 생애》(Lives of the Hunted)와 《내가 알고 있는 야생동물들》(Wild Animals I Have Known)같이 멋진 삽화로 가득한 이 책들(우리나라에는 이 두 책이 주로 《시튼 동물기》라는 제목으로 다양하게 소개되었다—옮긴이)은 동물을 중심 캐릭터이자 도덕적 예화로 등장시켜 이야기를 들려주었다.[41] 《쫓기는 동물들의 생애》 서문에서 톰슨 시턴은 자신의 이야기들 가운데 일부는 여러 동물들을 관찰한 내용을 조합한 것임을 분명히 하지만 자기가 쓴 내용은 전부 '사실'이라고 주장한다. 이 사실성 주장은 수많은 자연사학자들을 격분시켰고, 그들은 톰슨 시턴을 비롯한 작가들이 실제 동물의 습성을 제멋대로 고쳐 묘사하는 데 반대했다. 그들은 (매우 온당하게도) 과도한 허구가, 자연을 다룬 글들이 대중의 상상력을 사로잡고 있는 바로 그 시점에 자연사가 비과학적인 것으로 더 널리 치부되는 사태를 초래할까 걱정했다.

이 장르 전체에 대해 가장 거침없는 비판가 가운데 한 사람은 자연학자 존 버로스였다. 자신이 보기에 지나친 의인화와 순전한 공상이 진짜 자연사로 제시되는 사태를 일축하기 위해 버로스는 '자연-위조자'라는 표현을 사용했다.[42] 버로스는 이 공격에 시어도어 루스벨트를 합세시켰다. 오랫동안 자신을 사냥꾼이자 일종의 아마추어 자연학자로 여겨 온 루스벨트는 버로스의 요청에 부응하여 〈자연 위조자〉라는 글에서 야생동물이 지능적이고 개별성이 뚜렷하게 드러나게 행동한다는 주장을 공격했다.[43] 그 결과 일련의 비난과 반박이 오고갔고, 이 상황은 책의 판매고에는 아마도 별다른 영향을 주지 못했겠지만 의심의 여지없이 자연사에 대한 학계 내부의 전반적 인식을 해쳤다.

어니스트 톰슨 시턴과 반대로 앨도 레오폴드(1887~1948)는 대중적 글쓰기와 학술적 글쓰기 양쪽을 오갈 수 있는 그런 과학자였다. 레오폴드는 아이오와 주 플린트힐스의 독일 이민자 집안에서 태어나 독일어는 공립학교에 다니기 시작할 때까지 그의 언어였다.[44] 그의 부모는 사촌지간이었고 두 집안은 변경지대가 서쪽으로 이동하고 퍼져 나가면서 번영의 물결을 탔다. 앨도는 레오폴드와 스타커 집안(앨도의 외가) 대가족이 정착한 아이오와 주 벌링턴 주변의 숲과 들판에서 가능한 많은 시간을 보냈지만 뛰어난 학생이기도 해서 고등학교를 최우등으로 졸업했다. 그의 어린 시절 독서 목록에는 소로와 잭 런던, 톰슨 시턴이 들어 있었다. 이 작가들은 물론 야외 활동에 대한 그의 애정에 영향을 주었지만 앨도는 자신이 본 생물 종들에 관한 방대한 설명을 수집하면서 자연사에도 진지하게 임했다.

1900년에, 환경 '보호론자'(conservationist)와 '보존론자'(perservationist)의 대립에서 존 뮤어의 강력한 적수였던 기퍼드 핀쇼는 선조들보다 목재 자원을 더 잘 관리할 수 있는 차세대 삼림 관리원을 양성하려는 목적으로 예일대학에 임학대학(Forestry School)을 세웠다. 레오폴드는 예일대학 입학을 결심하고 열일곱 살 때 로런스빌학교에서 칼리지 예비과정에 다니기 위해 뉴저지로 갔다.

지금과 마찬가지로 당시에도 예일 임학대학은 대학원 과정이어서 레오폴드는 그곳에 등록하기 전에 먼저 셰필드과학대학에 다녀야 했다. 셰필드의 학부 과정에는 측량과 수력학, 식물분류학 등이 있었다. 레오폴드는 펜실베이니아 임학캠프에서 고학년 과정을 밟기 전에 육림과 매목 조사(timber cruise, 숲의 입목 수량을 계산하기 위해 특정 임분 내 입목 표본을 측정하는 작업―옮긴이), 벌목 기법들을 배우며 여름을 보냈다. 레오폴드는 1908년에 셰필드과학대학을 졸업하고 즉시 예일 임학대학에 입학했다. 거기서 지도 제작자이자 과학도로 열심히 공부하면서 밀턴의 《실낙원》도 읽었다.[45] 나중에 환경보호에 관한 자신의 가장 중요한 에세이는 과학자가 아니라 작가 호메로스에 대한 언급으로 시작해서 시인 에드워드 알링턴 로빈슨을 인용하며 끝맺게 된다.

레오폴드는 1909년 삼림청에 들어가 애리조나와 뉴멕시코에 파견되어 근무했다. 1910년이 되자 국유림 시스템은 2억 에이커가 넘는 땅을 보유했다. 바로 핀쇼의 차세대 전문가들이 조사하고 관리해야 할 땅이었다. 보조 삼림 감독관으로 레오폴드의 임무는 벌목하기에 적당한 목재를 찾아 지역을 돌아다니는 일이었다. 처음에는 이 임무와 현장의 작업자들을 책임지는 임무 모두가 생소했다. 그의 첫 탐험은 사건 사고들로 이루어진 장(章)처럼 읽히지만 바로 이 답사 과정에 그는 환경 운동에서 상징적인 사건이 될 만남을 갖는다.[46] 벼랑 끝 바위를 따라 탐색활동을 하던 중에 레오폴드와 동료 한 사람은 새끼를 데리고 있는 암늑대 한 마리를 깜짝 놀라게 했다. 이윽고 일어난 일을 레오폴드는 이렇게 묘사한다.

순식간에 우리는 늑대 떼를 향해 총알을 날리고 있었지만 정확한 사격이라기보다는 흥분해서 쏘는 것에 가까웠다. 가파른 경사면 아래쪽을 향해 조준하는 것은 언제나 혼란스럽다. …… 우리는 때마침 그 늙은 늑대한테 다가가 그녀의 눈동자에서 강렬한 녹색 불이 꺼져 가는 것을 지켜보았다.[47]

이 묘사의 이미지와 언어는 강렬하고 뇌리에서 떠나지 않으며 무수한 책과 웹사이트, 글, 대화에서 되풀이되었다. 늑대 이야기는 레오폴드의 개성이 나타내는 두 측면을 보여 준다. "가파른 …… 조준하는 것"에 관한 전문적인 언급과 이어지는 "강렬한 녹색 불"이라는 시적 이미지에 주목하라. 남서부에서 레오폴드는 자신이 표현한 대로 "젊고, 언제든 방아쇠를 당기고 싶어 손이 근질근질했다." 그는 광범위한 생물에 관해 직접 경험을 통한 지식을 습득하고 있었고 사람들을 이끄는 법을 배우는 직업 훈련도 받고 있었다. 훗날 대학원생들을 이끄는 교수가 되었을 때 더 없이 소중할 능력을 기르는 훈련이었다. 직업 경력 내내 그의 글은 자연을 위조한다는 비난에서 자유롭게 해줄 기술적 전문성과, 때로 어니스트 톰슨 시턴에 버금가는 낭만성의 기운을 섞게된다.

레오폴드는 그 뒤로 15년 동안 삼림청에서 꾸준히 승진했고, 삼림과 야생동물 관리의 다양한 측면에 관해 여러 편의 논문을 발표하면서 남서부에서 지냈다. 그는 뉴멕시코에서 이름난 가문의 딸인 에스텔라 버제어와 결혼도 했다. 에스텔라는 레오폴드에게 더 없이 좋은 배우자였던 것 같다. 그녀는 자식 다섯을 키우고 레오폴드가 장기간 현장에 나가 있거나 종종 오지로 발령이 나는 상황을 잘 대처했다.

과학에 대한 레오폴드의 접근법은 엄격하게 정성적(定性的)인 자연사 연구로부터 갈수록 정량적인 생태학으로 변천하는 과정과 발을 맞춘 것이었다. 이러한 과도기적 접근을 암시하는 장면은 지금은 대체로 잊힌 선집에 1919년에 레오폴드가 기고한 풍자시 〈삼림 경비원의 결심〉에서 찾을 수 있다. 여러 '결심' 가운데 이런 것이 있다.

> 7. 나는 나무에 달린 솔방울 숫자를 모두 세고, 그 총계를 씨앗용 종자 작물로 보고하리라. 그래, 임학 박사는 나한테 솔방울 1천 파운드를 모으라고 하지만, 내 머리카락이 희끗희끗해지고 송진으로 범벅이 되더라도 나는 그렇게 보고하리라.[48]

풍자를 모두 제쳐 둔다면 레오폴드는 이후 경력에 걸쳐 나오는 여러 전문적 출판물에 등장할 분포 구역 관리학을 발전시키고 있었다. 그는 땅과 그 땅에 존재하는 것들을 빈틈없이 파악하는 관찰자였지만, 새로운 강조점은 생물의 숫자를 세고 왜 그 지역에 어떤 생물은 많고 어떤 생물은 그보다 적은지 모델링을 하는 데 있었다.

애리조나 북부 카이바브 고원은 1906년 시어도어 루스벨트에 의해 동물보호구역으로 선포되었다. 유제류 사냥이 금지되었고 포식동물 제거 프로그램이 엄중하게 적용되었다. 그다음에 일어난 일과 그 원인은 이후로 줄곧 논쟁거리이다. 애리조나와 뉴멕시코에 있는 동안 레오폴드는 포식동물 관리에 적극적으로 참여하고 여러 지역에서 포식동물을 제거하거나 제한하는 전략을 수립할 때 가축 소유주와 연방정부의 협력 관계를 장려해 왔다.[49] 카이바브 사슴 떼가 개체군 과밀과 과도한 풀뜯기로 개체수가 붕괴했다고 보고되자, 레오폴드는 인간 이외 포식동물 형태의 자연 방제 요인이 제거되어 추정되는 사슴 수가 폭발적으로 늘어나고 그에 따라 식생이 파괴되었다고 결론 내렸다.[50] 그에 앞서 인간의 포식 활동이 불러온 영향은 고려되지 않았던 것 같다.

학술적 글과 대중적 글 양면에서 레오폴드는 관리의 적절한 형태로서 포식동물 제거 방법에 등을 돌렸다. 1940년대까지도 특정 상황에서는 여전히 늑대 사냥 현상금 정책을 기꺼이 옹호했지만 말이다(흥미롭게도 커트 메인은 레오폴드 전기에서 연방정부의 포식동물 관리 정책에 처음으로 진지하게 이의를 제기한 사람들은 조지프 그리넬이 이끈 집단이었다고 지적한다).[51] 1929년 레오폴드는 매디슨 위스콘신대학에서 사냥동물 관리라는 주제로 연속 강좌를 시작했다. 위스콘신대학과의 관계는 이후 3년 동안 꾸준히 구축되어 그는 마침내 농업경제학과 교수가 되었다.

삼림청과 교수직 사이의 이행기 동안 레오폴드는 이런저런 자문을 맡았고 자신의 대표적인 전문서《사냥동물 관리》(Game Management)를 집필했다.[52] 이 책 서문에서 레오폴드는 자신의 영역을 매우 분명하게 그린다.

산업 시대를 사는 우리는 자연에 대한 통제를 자랑한다. 식물이든 동물이든, 별이든 원자든, 바람이든 강이든 지구나 하늘에서 '풍족한 생활'을 이루고자 우리가 곧 이용하지 않을 힘은 없다. 대체 풍족한 생활이란

그림 31 응용생태학자의 선구자
앨도 레오폴드

무엇인가? 동력에 대한 이 만족할 줄 모르는 추구는 오로지 생계 목적
만을 위한 것인가? 인간은 빵이나 포드 자동차만으로는 살 수 없다.[53]

레오폴드를 단번에 응용생태학의 주도적 인물로 확립시킨 이 책은 영
국 생태학자 찰스 엘턴과 행운의 만남에 크게 영향을 받았다. 엘턴은
허드슨베이컴퍼니 자연학자들의 기록을 바탕으로 극북 지방의 동물 개
체수에 나타나는 장기적 변화를 세밀하게 추적하고 있는 중이었다. 엘
턴과 레오폴드는 자신들의 작업을 응용하고 싶은 욕구와 자연사적 접
근을 더 동시대적인 과학적 사고의 노선과 일치시키려는 초점을 공유했
던 것 같다.

혜안이 돋보일 뿐 아니라 누구나 쉽게 읽을 수 있는 책《동물 생태
학》(Animal Ecology)에서 엘턴은 흥미로운 정의를 제시한다. "생태학

은 매우 오래된 주제에 대한 새로운 명칭이다. 그것은 과학적 자연사를 의미할 뿐이다."[54] 그런가 하면 현대 생물학에서 자연사의 문제도 지적한다.

그 자신이 위대한 현장 자연학자였던 다윈의 발견들은 동물학계 전반을 연구실 안으로 몰려가게 하는 엄청난 결과를 가져왔고 그 속에서 학자들은 50년 넘도록 머물러 왔다. 이제 그들은 다시금 연구실에서 야외로 조심스럽게 머리를 내밀기 시작했다. 그러나 야외는 매우 춥게 느껴지며 동물학자가 형태학적이거나 생리학적 문제를 다루는 게 너무도 정상적인 과정이 되어 버려서, 연구실 밖으로 나가 자연 상태에서 동물을 연구하는 일을 퍽 당황스럽거나 혼란스러운 경험이라고 여기게 되는 것이다.[55]

엘턴은 훌륭한 학생 집단을 길러 나갔고 그들은 차가운 공기나 자연 상태에서 동물을 연구하는 데 요구되는 그 밖의 사항들에 딱히 개의치 않았다.

레오폴드는 생태학자라는 것이 무엇인지 그 깊은 의미를 그토록 분명하게 표현할 수 있으면서도 과학적 자연사의 발전에 확고하게 집중하는 사람에게 즉각적으로 동류의식을 느꼈음이 틀림없다. 위스콘신대학에서 레오폴드는 총명한 젊은 대학원생 집단(자식들도 마찬가지이다. 레오폴드의 자식들은 저마다 우리가 야외 환경을 이해하는 데 이바지하게 된다)을 육성하게 된다. 그는 또한 자연사와 과학의 다른 측면 사이에 벌어지는 갈등에 관해서도 직접적으로 할 말이 있었다.

안타깝게도 살아 있는 동물은 현재 동물학 교육 시스템에서 사실상 제거되어 있다. …… 이처럼 학교교육에서 야외 현장학습이 축출된 데는 역사가 깊다. 아마추어 자연사는 온갖 작은 새에 관한 것이고, 전문 자연사는 종에 이름을 붙이고 먹이 습성에 관해 이런저런 사실을 그러모으기만 할 뿐 그 사실을 해석하지는 않았던 그 무렵에 실험실 생물학이 생겨났다. 한마디로, 점점 증가하고 있던 필수적인 실험실 기법은 당시 정체된 현장 연구 기법과 경쟁 관계에 놓여 있었다.[56]

레오폴드에게 확장되고 내밀한 의미에서 야외와의 접촉은 사냥뿐 아니라 일종의 개인적 성장과 발전의 핵심 요소였다. 이러한 철학을 분명하게 표현하는 것은 일생의 과업이었으나 독자는 그의 책 《샌드 카운티 연감》(Sand County Almanac) 첫 줄에서 그 목표를 감지할 수 있다. "야생의 것 없이 살 수 있는 사람과 그것이 없으면 살아갈 수 없는 사람들이 있다. 이 에세이들은 야생이 없이는 살아갈 수 없는 사람들의 기쁨과 딜레마를 다룬다."[57] 남서부 여러 숲에서 레오폴드의 경험은 그의 삶에 자리 잡고 줄곧 머물렀다. 소로가 말하는 의미에서, 그는 야생에서 무한한 가치를 지닌 중요한 내적 세계의 보존을 보았다.

20세기는 자연에 관해 글을 쓰는 작가들이 대단히 많았다는 특징이 있다. 그들 가운데 일부는 과학자였고 일부는 과학의 단편들을 선별해 특정한 사상들을 뒷받침하고자 했다. 레이철 카슨(1907~1964)은 펜실베이니아의 스프링데일, 그녀가 사랑하게 될 바다에서 멀리 떨어진 곳에서 태어났다. 앨러게니 강을 따라 자리 잡고 있는 스프링데일에서 카슨은 강 소리를 배경음 삼아 태어났다. 우리가 살펴본 그 많은 자연사학자들과 마찬가지로, 자연 세계와 카슨의 만남은 어머니의 자연사 가

그림 32 레이철 카슨

정교육 형태와 주변 시골에서 혼자 즐기는 긴 산책으로 일찍부터 시작되었다.[58] 카슨의 전기 작가 린다 리어는 아마도 출처가 불분명한 이야기에서, 바다에 대한 사랑은 그녀가 이런 산책에서 어느 날 조개껍데기 화석을 발견하며 시작되었다고 말한다. 카슨은 작가가 되기로 결심하고 열한 살 때 아동 잡지에 자신의 첫 글을 기고했다. 카슨 집안은 도시 외곽에 상당한 면적의 농지를 소유하여 땅은 많았지만 실제로 현금을 충분히 만질 수 있는 형편은 되지 않았다. 그래서 레이철은 학구열이 강한 스프링데일의 다른 많은 아이들이 고등학교 입학 연령에 이르렀을 때 들어가는 기숙학교에 입학할 수 없었다. 기숙학교에 가는 대신에 그녀는 고향에 남아 부분적으로 어머니에게 개인 지도를 받으면서 동년배를 훨씬 능가하는 수준으로 책을 읽고 글을 써 나갔다.

1925년에 카슨은 마침내 집을 떠나 펜실베이니아여학교(오늘날의 채

텀칼리지)에 입학했다. 뿌리로부터 단절이라고 할 만하지만 그녀가 가족을 뒤에 남겨 두고 완전히 떠나온 것은 아니었다. 어머니는 대개 주말마다 펜실베이니아를 방문했고 카슨보다 6년 먼저 세상을 떠날 때까지 장수하면서 줄곧 딸의 삶에 중요한 역할을 했다.[59] 카슨은 공부를 잘해서 입학 첫 해에 신입생 우등상을 탔고, 2학년이 되어 첫 생물학 수업을 들었다. 그녀는 이미 교사나 동급생들로부터 눈여겨 볼 학생으로 인정받고 있었다. 3학년 때 카슨은 전공을 생물학으로 바꿨다. 여기서 그녀는 운이 좋았는데 당시 생물학 교수인 메리 스킨커가 강의실 안에서 강의만 하기보다는 학생들을 데리고 현장학습을 나가는 것이 좋다고 생각했기 때문이다.

그런데 안타깝게도 스킨커 교수는 1928년 학기가 끝나자 존스홉킨스대학에서 자신의 박사 학위를 마무리하기 위해 칼리지를 떠났다. 카슨은 스승을 따라가려고 존스홉킨스대학에 지원했고 대학원 과정에 입학 승인을 받았지만 존스홉킨스로 옮겨갈 여력이 되지 않았다. 스킨커는 수시로 카슨과 연락했고 우즈홀해양생물학연구센터(인근 페니키즈 섬에 있는 루이 아가시의 여름 프로그램의 후신)에서 보낸 그녀의 한껏 들뜬 편지들이 바다에 대한 카슨의 관심을 더욱 부추겼을 것이다. 1929년에는 카슨 본인도 우즈홀해양생물학연구센터에 참여하여 마침내 바다의 진면목을 맛보았다. 이듬해 그녀는 존스홉킨스대학 석사과정에 들어가 1932년 물고기의 발달에 관한 논문을 써서 졸업했다. 레이철은 이어서 박사과정을 밟고 싶었지만 1935년에 아버지가 세상을 떠나 진학이 불가능해졌다. 대신에 그녀는 연방정부에 취직하여 수산부에서 전문적으로 글 쓰는 일했다.

수산부에서 카슨은 갖가지 대중 잡지에 해양 생물과 환경에 관해 활발하게 글을 쓸 시간을 얻었고 자극도 받았다. 1941년에 그녀는 첫(내 생각에는 가장 매력적인) 책 《바닷바람 아래에서》(Under the Sea Wind)를 출판했다.[60] 이름을 명기하지 않았지만, 뉴잉글랜드 메인 해안임이 분명한 해안을 따라 살아가는 다양한 생물들의 관점에서 이야기가 펼쳐지는 이 책은 자연 위조라고 비난받을 위험을 감수하고 있으며, 테디(시어도어) 루스벨트나 존 버로스가 멀리서 툴툴거리는 소리가 귓가에 맴도는 듯하다. 다행히 두 사람 모두 고인이 되었고 책은 비록 많이 팔리지 않았지만, 카슨의 글쓰기에 나타나는 두 가지 주요 특징(시적이고 아름다운 문체와 진짜 세부 사항에 대한 주의 깊은 관심)을 잘 포착한 고전이다. 내 은사인 빌 드루리가 입버릇처럼 말한 대로 경력 내내 카슨은 언제나 예습을 철저히 잘했다. 어떤 의미에서 카슨의 캐릭터라고 할 수 있는 집게제비갈매기 '린콥스'와 고등어 '스콤버'(카슨은 자신이 만든 캐릭터에 전문적인 속명을 썼다)는 톰슨 시턴의 동물 캐릭터들을 떠올리게 하지만, 카슨은 캐릭터에 부여한 가상의 성격이 실제 사실을 전달하는 데 방해가 되지 않도록 조심했다.

카슨은 미국 어류야생동물보호청(수산부가 알려지게 되는 명칭)에서 꾸준히 승진하여 1949년이 되면 어류야생동물보호청의 출판물을 관장하는 수석 편집자로 일하게 된다. 그녀는 두 번째 책도 준비하고 있었는데 더 전문적인 책 《우리를 둘러싼 바다》(The Sea around Us)는 1951년에 출판되어 순식간에 베스트셀러가 되었다.[61] 이 책이 성공함에 따라 카슨은 보호청에서 사직하고 전업 작가가 될 수 있었다. 그녀의 세 번째이자 엄밀하게 봤을 때 마지막 '해양' 서적인 《바다의 가장자리》(The Edge of the Sea)는 1955년에 출판되었다.[62] 카슨은 이미 얼마 동안 오염의 효과에 관해 걱정해 왔고 '지구에 맞선 인간'이라는 가 제목이 붙은 책을 집필하기 시작했다. 이 책은 지구적 규모로 갈수록 더 많은 양이 살포되고 있던 DDT를 비롯해 잔류성 살충제를 다룰 예정이었다.[63]

다시금 카슨의 글에 나타나는 특징은 주의 깊은 사전 조사 작업이다. 연방정부에서 근무한 시간과 실험실 연구자로서의 경험을 바탕으로 그녀는 유독성과 노출량 같은 복잡한 쟁점을 다룰 수 있었지만, 결국 《침묵의 봄》(Silent Spring)이라는 제목으로 바뀌어 나온 책을 상징적 위상으로 끌어올린 것은 작가로서 그녀의 솜씨와 자연사에 대한 깊은 이해이다.[64] E. B. 화이트와 존 키츠, 알베르트 슈바이처의 저작에서 따온 인용문으로 시작해서 카슨은 딜런 토머스를 떠올리게 하는 잊을 수 없는 첫 문장으로 서두를 연다.

> 옛날에 미국 한가운데 어떤 마을이 있었다. 그곳에서는 모든 생명이 주변 환경과 조화롭게 살아가고 있는 것 같았다. …… 그때 마침 여우가 언덕에서 짖었고 사슴은 가을 아침의 안개에 반쯤 모습을 감춘 채 소리 없이 들판을 가로질렀다.[65]

어린 시절 고향의 가장 좋았던 기억이 담긴 이 목가적 그림은 이 풍경 위로 널리 살포되어 온 독성 물질로 순식간에 산산이 부서지고 만다. 책의 나머지 부분을 읽지 않은 사람들한테 《침묵의 봄》 1장은 행동에 나서도록 경종을 울리기에 충분한 '내일을 위한 우화'로 손색이 없다.

이 책에 화학공업 업계는 격분한 반응을 보였지만 환경주의자들로부터 지지는 점점 커졌다. 카슨은 독소에 관해 증언하기 위해 워싱턴으로 번번이 불려갔다. 그녀는 공업계가 환경보호에 관해 품고 있던 모든 불안과 관련한 비난의 십자포화를 한 몸에 받게 됨과 동시에 환경보호의 상징이 되었다. 슬프게도 그녀는 1960년대 후반과 1970년대 환경 개혁 대부분을 보지 못하고 세상을 떠났다. 카슨은 풍경을 공업화하고 독소로 오염시키는 현실에 반대하면서 조용한 행동주의의 유산을 남긴 채 1964년 암으로 사망했다.

16장 자연사의 느린 죽음과 부활

20세기 미국 생물학의 지배적 특징인 현장 과학에서 실험실 과학으로 이행에 관해서는 로버트 콜러가 깊이 있게 논의해 왔다.[1] 그의 논제는 더 전통적인 자연사에서 오늘날의 생태학으로 넘어오는 중요한 변화는 정량적 방법론과 가설 검증, 자연 실험이라 불리는 시도를 점점 더 강조하면서 1930년대쯤에 일어났다는 것이다. 콜러의 사례들은 설득력이 있을 뿐 아니라 현장 생물학 연구의 갖가지 형태를 생물학의 더 넓은 체계 안에서 "경계 관행들"(border practices)이라고 부른 것에 나는 동의한다. 그러나 내가 앞 장에서 언급한 대로 이 경계를 따라 존재하는 갈등과 협력은 '생태학'이 과학 용어사전에 등장하자마자 시작되었다.

통계와 정량적 현장 방법론들의 발전으로 생태학자들은 실험실에 기반을 둔 동료들의 눈에 어느 정도 정당성을 다시 확보할 수 있었다. 물론 이런 기법은 새로운 우려를 낳기도 했다. 제대로 수행되면 통계분석은 과학자로 하여금 (적어도 처음에는) 정보에 입각한 추측에 불과한 것

411

을 공식화하도록 부추기는 경우가 많다. 통계는 또한 통계가 없었다면 덜 정량화된 조사에서 눈에 띄지 않았을 패턴들을 감지하게 해준다. 통계분석에서 문제는 여느 이론적 논쟁에서와 마찬가지로 조사가 수행되는 형식과 무엇이 성공적인 분석 결과인지를 결정할 수 있는 통계분석 자체의 능력과 그 전제들에 있다.[2]

통계분석은 평균치검정 형태를 중심으로 이루어지는 경향이 있다. 다시 말해 많은 연구들에서 초점은 특정 매개변수의 일정한 평균값과 이 평균값이 다른 평균값과 유의미하게 다른지 결정하는 일에 쏠린다. 통계적 유의미성이 생물학적 유의미성과 같지 않을 수도 있다는 사실은 논의에서 종종 묻히고 만다. 중심 경향값들에 대한 강조는 연구자가 극단값을 무시하도록 조장한다. 자연사 학자들은 종종 가욋값(outlier, 변수의 분포에서 비정상적으로 분포를 벗어나는 값—옮긴이)에 이끌려 왔고, 이러한 가욋값, 곧 예외적 사례들로부터 흥미로운 통찰이 많이 나온다. 평균값이란 실제 환경에서 실제 생물한테서 볼 수 없는, 계산 결과로 나타난 인위적 산물일지도 모른다. 반면에 극단값은 적어도 실제로 하나의 환경에서 하나의 개체한테서는 드러난다.

1964년 레이철 카슨의 죽음은 생태학과 자연사에서 중요한 전환점이었다. 카슨은 과학자로서 교육을 받았지만 언어에 대한 사랑으로, 학술지 논문보다는 대중적인 출판 분야에 더 이끌렸다. 《침묵의 봄》이 성공을 거두고 레오폴드의 《샌드 카운티 연감》이 재조명된 일은 온갖 변종과 모방자들을 자극했다. 갑자기 모든 사람들이 낡은 농장을 구입하고 그것에 관해 글을 쓰거나 미래에 무시무시한 우화의 바탕이 될 만한 최신의 환경적 만행을 찾아내는 것 같았다. 환경 작가들이 과학에 어느 정도 바탕을 두었을지 모르지만 많은 이들이 하나의 대의명분이 된 운동에 대해 배경 지식보다는 열정이 더 많았다. 그들은 갈수록 "사람들이 생활 방식을 바꾸지 않으면 곧 파멸이 올 것이라는 위협적인 중얼거림"에 대한 레오폴드의 경고를 잊어 갔다. "좋다, 파멸이 임박했다. 하지만 그 파멸을 눈으로 보지 않고서는 그 누구도 생태학자는커녕 아마추어 생태학자도 될 수 없다. 그렇다고 사람들이 파국에 대한 두려움 때문에 자신들의 생활 방식을 바꿀까? 의심스러울 따름이다. 사람들은 순전히 호기심과 관심에서 그렇게 할 가능성이 더 크다."[3]

호기심과 관심은 자연사 학자의 대표적 특징이다. 1960년대 가장 두각을 나타낸 이론 생태학자 가운데 한 사람인 로버트 맥아서는 휘파람새에 관한 유명한 논문에서 19세기의 수많은 자연사 학자들이 활용한 것과 별로 다르지 않은 현장 기법을 활용했다.[4] 깔끔해 보이는 그의 결론은 방법론에 대한 어떤 회의도 깨끗하게 지워 주며, 과학자가 "천 하나, 천 둘, 천 셋……" 혼자 수를 셈으로써 연구 대상의 시간을 측정한다는 생각에는 매력적인 구석이 있다. 그 논문은 다양하게 변형된 형태로 다음 50년 동안 꾸준히 무수한 교과서들을 장식했지만, 맥아서 본인은 갈수록 이상화된 곡선들이 풍성하지만 실제 변형은 덜 중요하시는, 생태학을 수학적으로 처리하는 방향으로 나아갔다.[5]

영국은 자연사를 보존하고 장려하는 측면에서 미국보다 여러 이점이 있었다. 무엇보다 영국은 훨씬 작은 지역으로 이루어져 있고, 이 지역은 다시 정치적으로 지리적으로 작은 단위로 나뉘어 있다. 그러므로 자연학자는 전국 규모로 인지될 특정한 지역이나 풍경에 전문가가 될 수 있고 그 지방의 끝에서 끝까지 짧은 시간에 쉽게 이동할 수 있다. 박식한 아마추어의 출판 전통은 재능 있는 개인들이 나중에 종합적 테제들의 기반이 될 수 있는 학문적 기여를 할 수 있도록 고무했다.[6] 마지막으로,

어쩐 일인지 영국인들은 예전부터 열성적인 자연학자와 새 관찰자들이 다른 나라들을 훨씬 뛰어넘는 비율로 많다(조류보호왕립협회는 인구 6천만 명의 나라에서 100만 명이 넘는 회원을 자랑한다. 반면에 미국의 오듀본조류협회는 3억800만 명의 인구 가운데 대략 55만 명의 회원을 보유하고 있다).

전설에 따르면, 20세기 영국의 자연사는 제2차 세계대전의 가장 암울함 시기에 공습 대피소에서 벌어진 우연한 만남으로 튼튼한 토대가 놓였다고 한다.[7] 이 이야기에서 출판업자 윌리엄('빌리') 콜린스는 공습 당시 대피소를 찾다가 조류학자 제임스 피셔와 우연히 마주쳤다. 피셔는 "이 나라에 필요한 것은 자연사에 관한 좋은 시리즈 도서"라는 말로 운을 뗐다. 출판업자는 "지당한 말씀입니다. 편집진이 필요할 겁니다. 당신이 편집진을 꾸려 오면 제가 차와 크림빵을 대접하지요"[8] 이 일화가 사실인지 아닌지는 중요하지 않다. 사실일 '수밖에' 없다. 어쨌든 간에 피셔와 콜린스의 만남은 역사상 가장 훌륭한 출판 기획 가운데 하나인 '뉴내추럴리스트'(New Naturalist) 시리즈로 이어졌다.

처음부터 뉴내추럴리스트 시리즈는 진지한 자연사를 읽기 쉬운 형태로 제시하고자 했다. 시리즈는 광범위한 전문가와 열성적 애호가들에 의해 일종의 교양 대중을 겨냥해 쓰였다. 출판물은 《나방》(Moths)부터 《조류 민담》(Folklore of Birds)과 《영국의 인간》(Man in Britain)에 이르기까지 다양했다. 어떤 책은 특정 지역에 초점을 맞췄고 어떤 책은 생물 집단에 초점을 맞췄다. 가장 매력적인 것 가운데 하나는 《어느 시골 교구》(A Country Parish)라는 책이다.[9] 처음 그 책을 보고서 나는 화이트의 《셀본》을 재탕한 것이라 지레 짐작했다. 기쁘게도 그런 책이 전혀 아니었다. 지은이는 화이트를 알고 있는 게 분명하지만 동시대 사람들과 관습을 강조하면서 자신이 살던 교구를 보여 준다. 그는 30년 동안 그 교구에 살았고 그곳을 속속들이 잘 안다. 책에는 건물과 마을 풍속, 미신, 민담, 지명에 대한 묘사가 담겨 있다. 책 후반부 가서야 지은이는 인간 이외의 풍경으로 완전히 눈길을 돌려 그 지역의 새와 포유류, 식생에 관해 깊이 있게 설명한다.

나는 '뉴내추럴리스트' 시리즈의 갖가지 책들이 서가에 꽂혀 있는 집안에서 자랐다. 영국을 여러 차례 다시 방문하고 나서야 나는 이 시리즈가 자연사에서 폭넓은 스펙트럼의 아이디어들을 처음 접하는 데 얼마나 중요한 역할을 수 있는지를 깨달았다. 이 깨달음은 몇 년 뒤에 내가 순전히 이론적이거나 추상적 생물학이라고 여겨 오던 분야에서 나의 가장 위대한 영웅인 윌리엄 D. 해밀턴 전집을 읽었을 때 확인되었다.[10] 해밀턴은 행동생태학과 진화 분야에서 가장 흥미로운 아이디어 다수를 1960~1990년대에 걸쳐 여러 논문으로 발표했고, 나는 늘 해밀턴을 안락의자 생물학자로 여겨 왔다. 물론 그가 진짜 생물의 습성을 신기할 정도로 잘 이해하고 있다고 생각하긴 했다. 놀랍게도 나는 그가 '뉴내추럴리스트' 시리즈의 첫 50권에 관해 호평으로 가득한 서평을 썼고 그 시리즈가 생물학자로서 자신이 발전하는 데 얼마나 중요했는지를 논의한 사실을 알게 되었다. 나는 뛰어난 이론가한테서 나온 이런 증언보다 자연사의 힘에 대한 더 좋은 옹호를 생각할 수 없다. 한창 자라나는 시기에 나방에 관한 책이 때마침 도착하여 그의 상상력에 불을 댕기고 광범위한 종류의 생물과 생각들을 탐구하도록 이끌었던 것이다. 서평의 마지막 문단에서 해밀턴은 이렇게 말한다. "자연학자들은 불신을 받는 데 익숙하다. 자연은 너무나도 기상천외하기에 원한다면 우리가 거의 무엇이든 마음대로 이야기해도 용서가 되는 것은 사실이다. 또 대부분의 사람들은 실제로 우리가 그런다고 여긴다."[11]

미국에서 자연사는 적어도 1980년대까지 대학 커리큘럼에 남아 있었고 심지어 어떤 면에서는 학교에서 생태학적 관념에 대한 관심이 급증하기도 했다. 그러나 환경 연구로 알려지게 된 것들 상당수가 생물을 개별적으로 연구 가치가 있는 대상으로 삼기보다는 먹이그물과 먹이사슬에서 기계적 요소로 일반화하는 비가시적 순환과 에너지 흐름에 중점을 두면서 매우 추상적으로 흘렀다.

이런 경향이 어느 정도는 심각한 환경오염과 확대되고 있는 멸종에 맞닥뜨려 더 큰 사회적 적합성을 획득하려는 진정한 바람에서 등장했지만, 한편으로 그러한 변화에는 실용적 요인도 있었다. 소송과 비용, 도시 외곽의 무질서한 확장에 대한 갈수록 커지는 두려움에서 현장학습은 갈수록 어려워졌고, 교사들은 교실 안에서 수행하는 연구로 후퇴했다. 게다가 교사들이 학습 공간 안에서 통제력을 유지하는 것에 점점 더 신경을 쓰게 되면서 일반 과학에서 교습이라는 것의 성격 자체가 변화했다. 아서 탠슬리는 1923년에 이렇게 말했다. "과학에서 진정한 일꾼은 한 명 한 명이 끊임없이 새로운 대상과 갖가지 상황을 만나고, 거기에 자신의 물질적·정신적 장비들을 조정해야 하는 탐험가이다. ……'안전한' 결과가 나오는 게 확실한 방법, 정해져 있고 틀에 박힌 방법을 사랑하는 사람들한테는 생태학 연구를 추천해서는 안 된다."[12] 십대들 30여 명을 데리고 갖가지 수업을 해야 하는 피곤한 고등학교 교사들에게 '안전한' 결과야말로 정확히 원하던 바였고, 교과서 회사들은 기꺼이 단순화된 다이어그램과 일반 경비, 수업 계획과 컴퓨터 게임을 제공했다.

레이철 카슨이나 앨도 레오폴드 같은 인물을 배출한 소도시들은 20세기와 더불어 쇠락했고(레오폴드가 자란 벌링턴은 1960년에 인구가 정점에 다다랐고 그 뒤로 줄곧 줄어들었다), 그와 더불어 자연학자로 출발하는 사람들과 공명할 만한 일단의 가능한 경험들도 사라졌다. 처음 본 개구리가 비디오나 학교 사육 용기, 심지어 병 속에 절여진 것일 때보다는 어릴 적 혼자서 이곳저곳을 거닐다가 연못에서 우연히 발견했을 때 개구리에 푹 빠지기 훨씬 쉽다. '진짜' 자연과의 초기 이런 우연한 만남의 중요성은 온갖 책이나 자연학자와의 대화에서 변함없이 등장하며, 이 책에까지 이어지는 주제이다. 에드워드 O. 윌슨은 그런 중요성을 아주 훌륭하게 표현한다. "한 아이가 뭔가 경이로움을 기대하며 깊은 물가로 다가온다. …… 체계적 지식이 아니라 결정적 순간의 직접 경험이 자연학자를 만들어 내는 데 중요한 것이다."[13] 그러나 깊은 물과 마주칠 일이 없거나 그 만남이 너무 늦게 찾아온다면 어찌 될 것인가?

심지어 농촌 지역에서도 과학을 이루는 개념은 바뀌었다. 나는 섬에서 살면서 학생들을 가르치고 있다. 이 지역 고등학교는 국립공원으로 온통 둘러싸여 있다. 내가 살고 있는 섬에는 유전학 연구 시설도 있다. 내 딸과 딸의 친구들은 그 실험실에서 현대 유전학 기술을 배우는 인턴십을 제공받았다. 그러나 딸을 가르치는 교사들 가운데 누구도 학생 인턴십을 국립공원 생물학자와 연계하려고 생각해 보지 않는 것 같다. 어떤 면에서 내 자식이 최첨단 기술에 노출된다면 흥분하겠지만, 그 아이가 대학을 졸업하기도 전에 그런 기술들은 가망 없이 시대에 뒤떨어지게 될 것이다. 고등학교에서 겔 전기영동법(녹말이나 한천으로 된 겔에 시료를 넣고 전류를 흘려보내 DNA, RNA 단백질을 분리하는 기법—옮긴이) 실험을 해본 십대들 가운데 얼마나 많은 학생이 앞으로 두 번 다시 그 실험을 하게 될까? 또 그들 가운데 얼마나 많은 학생이 머리 위 나뭇가지에 오색딱따구리와 솜털딱따구리가 앉아 있을 때 그 둘을 구별할 수 있을까? 어느 쪽 경험이 평생의 즐거움과 배움의 가능성을 가져다줄 공산이 더 클까? 어쩌면 더 시급한 사안으로, 다음 세대 가운데 어느 정도 비율로 사람들이 겔 전기영동법 실험을 할 필요가 있고, 어느 정도 비율이 지역사회 환경 감사에서 유용할 것인가?

이 책을 쓰기 시작했을 때 내 생각의 가장 좋은 출발점은 내가 자연학자가 될지도 모르겠다는 그림을 처음 떠올린 장소일 거라고 생각했다. 바로 애니 알렉산더의 척추동물학박물관이었다. 캘리포니아대학에서 그리널의 '척추동물 자연사' 강좌는 앞에서 이미 말했지만 내가 학문 세계의 현장 생물학을 처음 접한 곳이다. 버클리 시절 말기에 나는 자원봉사자로서 박물관에서 다른 사람들은 시간이 나지 않는 잡다한 일을 하면서, 다소 서투른 큐레이터 보조로 일했다. 그러면서 대체로 방해를 주지 않으려고 애쓰면서 그곳 사람들과 그 장소 자체로부터 될 수 있으면 많은 것을 흡수하고자 했다.

30년도 더 지나 그곳을 다시 찾았을 때 나는 무엇을 발견하게 될지 몰랐다. 밖에서 보니 생명과학부 건물은 비록 입구는 미묘하게 변한 것 같았지만 내가 항상 기억해 온 모습 그대로인 듯했다. 안에 들어가자 모든 것이 새로웠다. 낡은 건물은 내부를 완전히 리모델링했다. 고생물학박물관은 MVZ 옆, 생명과학부 건물로 이전했고 건물 중앙 아트리움은 내 기억에 예전에 교정에서 완전히 다른 곳에 있었던 골격들로 도배되었다. 나의 지적 유년기에서 기억나는 모든 사람들 가운데 짐 패튼 교수만이 남아 나를 반갑게 맞이하며 반들반들 윤이 나는 새로운 현대식 박물관으로 나를 안내했다.

패튼 교수는 내가 기억해 온 모습 그대로였다. 여전히 원기 왕성하고 열정이 넘쳤다. 이틀 뒤에 설치류를 탐사하러 동남아시아 정글로 떠날 예정이었지만 시간을 내서 내가 학교를 떠난 뒤 일어난 새로운 일들에 관한 소식을 기꺼이 들려주려고 했다. 안타깝게도 척추동물 자연사 강좌는 세월의 흐름을 이기지 못한 채 애를 먹고 있었다. 1970년대에 이 수업은 학생들이 캘리포니아 구릉지에서 겨울과 봄 동안 일어나는 갖가지 현상을 체험할 수 있는 두 학기짜리 강좌였다. 우리는 샌프란시스코 만에서 날아온 겨울 철새들이 도착하는 모습을 볼 수 있었고, 더 내륙으로 들어간 연못에서 봄에 영원(蠑蚖, 도롱뇽과 동물―옮긴이)들이 짝짓기 하는 광경도 관찰할 수 있었다. 강좌 수강생은 많았는데, 어느 정도는 이 과목이 의예과 생물학 과정을 비롯해 다양한 학위의 필수 과목이었기 때문이다. 버클리가 3학기제에서 2학기제로 전환하면서 척추동물 자연사 강좌는 한 학기짜리 강좌로 줄어들어 학생들이 계절의 변화를 온전히 실감할 만한 능력을 길러 줄 수 없었다. 시간이 많이 들어가는 현장 수업의 대안으로 선택할 수 있는 실험실 기반 선택과목이 늘어나면서 수강 학생 수도 크게 줄어들었다. 지난 시절 나는 정교수 셋이 가르치는 강좌를 듣는 100명 넘는 수강생 가운데 하나였지만, 이제 수업은 부교수들이 가르칠 수 있는 단일 강좌로 축소되었다.

자연사 강좌가 축소되는 흐름과 때를 같이해 유사한 변화들이 더 전문화된 '○○학' 분야에서도 일어나고 있었다. 어떤 것들은 더 이상 가르치지 않았다. 어떤 것들은 규모가 축소되어 한 학기 걸러 한 차례 개설되었다. 시에라네바다산맥과 코스트산맥에 위치한 캘리포니아대학의 출장소로 나가는 주말 현장학습은 축소되거나 없어졌다. 학생들은 기준에 부합한다면 박물관의 한 자리를 차지할 수도 있었을 연구용 피부 조직을 준비하지 않아도 됐다. 상황은 훨씬 더 나빴을 수도 있었다. 박물관은 여전히 애니 알렉산더의 유산과, 캘리포니아대학의 열성적 관심사나 문제점으로부터 어느 정도 분리된 전통으로부터 혜택을 누렸다. 대학이 생명과학 부문의 세포와 분자생물 요소들을 복합 단지로 옮기기로 결정했을 때 박물관 이전을 위한 돈은 더 현대적인 실험실 기반 과학 분야를 위한 자금보다 훨씬 더 빨리 들어왔다.

기쁘게도 교육 분야에서 균형추가 자연사에 더 우호적인 방향으로 돌아가고 있는 듯한 조짐들이 보인다. 1999년에 35명밖에 안 되던 척추동물 자연사 강좌의 수강생 수는 조금씩 늘어나 2011년에는 65명에 이르렀다. 1970년대의 수강생 수에는 여전히 한참 못 미치지만 흐름은 나쁘지 않다. 교수진은 여전히 학생들을 위한 현장 경험에 전념한다. 여기에는 올빼미와 박쥐, 봄날 오래가는 태양의 열기를 흡수하려고 도로 표면으로 스르륵 기어 나올 만큼 대담한 파충류들을 관찰하기 위해 리버모어무기연구소 끄트머리 거의 사막에 가까운 길쭉한 협곡인 코럴할로 서식지로 떠나는 전설적 현장학습도 포함되어 있다.

패튼 교수의 작업은 자연사에서 장기 기준선 연구의 중요성을 입증해 왔다. 어떤 측면에서 그는 그리널과 알렉산더도 바로 이해할 수 있었을 방식(꼼꼼한 노트 필기와 표본 수집, 형태학적 특징 분석)으로 계통분류학과 생태학을 연구하면서 일생을 보냈지만, 유연관계와 변형을 밝히는 데 한걸음 더 나가기 위해 한편으로 가장 현대적 분자생물학 기법을 활용해 왔다. 패튼의 가장 최근 연구는 한 세기 전 그리널의 노트를 가져다가 캘리포니아 전역의 조류와 포유류 개체군에서 일어난 변화의 정도를 연구하는 지표로 활용하는 것이다. '그리널 재조사 프로젝트'는 20세기 초에 그리널의 지도 아래 MVZ 생물학자들이 연구했던 일련의 트랜섹트들을 재표본 조사하려는 야심찬 시도이다.[14] 이 프로젝트는 과학에 대한 그리널의 전반적 생각과 기조가 많이 일치한다. 그리널이 말한 대로 "오랜 세월이 지난 뒤, 어쩌면 한 세기가 지난 뒤에 미래의 학생이 캘리포니아 동물군의 상태에 대한 원래 기록들에 접근할 것이다."[15] 이제 '미래의 학생(들)'은 그리널의 지적 증손들이고, 그의 노트와 스케치 지도, 표본들에 의존해 문자 그대로 그의 발자취를 되짚어 가고 캘리포니아 주의 동물군에 한 세기 동안 어떠한 변화가 일어났는지 살펴볼 수 있다.

패튼과 동료들이 발견한 내용 가운데 일부는 예상된 바였다. 다수의 포유류 종들이 시에라네바다산맥의 더 고지대까지 영역을 확대하거나 옮겼는데 이는 기후변화가 종의 습성에 영향을 끼쳤다는 증거일 수도 있다. 만일 이게 사실이라고 한다면, 기온이 계속 상승하면서 어떤 종들은 문자 그대로 산에서 뛰쳐나올 수도 있으므로 참으로 우려할 만한 사안이다. 마찬가지로 흥미로운 점은 어떤 종들은 아직 변화의 조짐을 보이지 않는다는 사실이다. 패튼이 말한 대로 이전 세기부터 이어 온 세심한 기록들이 없었다면 변화나 변화의 부재를 알아차리지 못했을 뿐 아니라, 종 습성과 생태학에 추가적 통찰을 제공할 새로운 관찰 자연사 정보가 없다면 어째서 어떤 종들은 기후변화에 취약하고 어떤 종들은 더 건재한지 알아낼 수 없을 것이다. 실험실 안의 기법들은 우리에게 많은 것을 가르쳐 줄 수 있지만, 최종 분석에서는 오로지 살아가는 환경 속에서 생물체를 직접 관찰하는 것만이 우리가 알아야 할 것들을 가르쳐 줄 것이다.

알렉산더와 그리널은 재조사 프로젝트로 자신들이 옳았음이 입증되었다고 느끼지 않을까? 재조사 프로젝트는 그들이 대표한 모든 것을 가장 좋은 방식으로 재현하는 것이다. 그들이 그렇게 잘 알았던 바로 그 땅 곳곳에 걸친 변화라는 퍼즐 그림에 핵심 조각들을 끼우기 위해 그들의 작업 성과들이 현대적 기법이나 테크놀로지와 결합되고 있는 것이다. 이 프로젝트는 매우 성공적이어서 미국의 다른 주들에서도 모델이 되고 있다. 물론 그렇게 상세한 역사적 기록들의 혜택을 누릴 수 있는 지역들은 별로 없지만 말이다. 그와 동시에 패튼도 마찬가지로 내가 이미 언급한 우려를 되풀이한다. 다시 말해 차세대 현장 생태학자를 육성하는 일에 신경을 더 쓰지 않는다면 미래 학생 집단에게 소중한 후속 연구를 수립할 기회가 없을지도 모른다는 것이다.

학계에서 자연사의 쇠퇴는 100년이 넘도록 지속되어 왔지만 이런 추세가 바뀌고 있다는 증거가 있다. 에드워드 O. 윌슨은 자서전 제목으로 '자연학자'(Naturalist)를 선택하면서 자신의 경력에서 자연사의 중요성에 관해 분명하게 진술했을 뿐 아니라, 다른 과학자들도 그들의 경력에서 자연사의 중요성을 인정하는 데 적어도 한걸음 나아갈 수 있도록 다시금 자연사의 위상을 상당한 수준으로 끌어올렸다. 사회생물학과 '생명애'(biophilia, 인간과 다른 생물 체계 간의 본능적 유대가 있다는 윌슨의 가설—옮긴이) 이론에서 윌슨의 위상을 둘러싼 좀처럼 사라지지 않는 논란은 양날의 검이었다. 그의 유명세는 과학에 대해 전체론적이고 미학적 접근이 필수불가결하다는 생각을 부각시키는 데 한몫했지만, 다른 한편으로 이러한 생각은 정치적으로 민감한 윌슨의 신념들과 엮임으로써 손상을 입었을지도 모른다.

대학 커리큘럼에서 자연사 강좌의 폐지는 환경 교육 프로그램과 자연센터에서 '단기 강좌'와 워크숍, 현장학습의 날 프로그램 등으로 어느 정도는 상쇄되어 왔다.[16] 이러한 학습 과정 가운데 일부는 뚜렷한 정치적 성향이나 사회학적 성향을 띠고 있지만, 우리는 인류가 처한 조건에 훔볼트가 헌신한 바를 기억할 필요가 있다. 인류가 처한 조건은 그에게 적어도 자신이 연구한 여타 생명체의 환경만큼 중요했으며, 19세기나 20세기의 자연사 학자들 가운데 어떤 형태로든 환경보호주의자가 아니었던 사람은 떠올리기 어렵다.

갈수록 많은 저자들이 분류의 중요성과, 병원균의 변이와 전파에서 다수의 종들의 결정적 역할을 비롯해 종 간 상호작용과 생활사를 더 잘 이해하는 일의 중요성을 지적했다. 그와 더불어 21세기의 첫 10년 동안 자연사의 관행을 혁신할 것을 촉구하는 목소리도 점점 커졌다.[17] 우리가 분류의 위대한 시절이 지나간 것이 아니라 오히려 우리 앞에 놓여 있다는 것을 인정한다면 생물다양성의 상실에 관한 우려는 더욱 높아질 따름이다. 코넬대학의 동료 해리 그린은 최근에 내게 1979년에 자기가 양서파충류학을 가르치기 시작한 이래 알려진 개구리 종은 곱절 이상 증가했다고 지적했다. 안타깝게도 양서파충류학적 다양성에 관한 우리의 지식이 확대됨에 따라 양서류가 빠른 속도로 멸종하고 있다는 인식도 높아지고 있지만, 우리가 존재를 확인하지 못하는 것을 보존하기를 기대할 수는 없다.

2007년에 다양한 교육 분야에 종사하는 열성적 자연사 애호가 다수가 누가 과연 차세대 자연학자를 길러 낼 것인가 하는 쟁점을 놓고 일련의 대담을 시작했다. 이 대담들은 결국에 자연 연구에 관한 이질적 관념들을 조정하려는 하나의 실험인 '자연사네트워크'(Natural History Network)로 합쳐졌다. 2009년 봄에 네트워크는 미국생태학회 연례 모임(나도 참석했다)에서 자연사에 관한 논문 발표 세션 형태로 '정식 출범 파티'를 열기로 했다.

참석자들한테는 무척 놀랍고도 기쁘게도 발표 세션과 후속 워크숍은 청중들로 꽉 들어찼다. 대학원생들은 자리에서 일어나 이렇게 발언했다. "제발 우리 교수님들한테도 바로 이런 것을 하기 위해 저희가 생태학과에 들어온 거라고 이야기해 주세요." 연방정부의 어떤 공무원은 나중에 이렇게 발언했다. "이보세요, 여러분 환경주의자들은 환경영향평가 보고서 작성을 요구하는 온갖 법안들을 통과시키는 데 성공했습니다. 이제 우리한테는 땅에서 뱀과 도마뱀을 알아볼 수 있는 현장 인력이 필요합니다. 당신들은 아카데미에 갇혀 파충류는 눈곱만큼도 모르는 실험실 인력만 배출하고 있어요. 뭔가 조치를 취해야 한다고요." 어느 모로 보나 훌륭한 출발이었다. 2009년 모임 이후로 미국생태학회는 자연사 섹션을 인가해 왔고, 국립과학재단은 교육과 연구, 사회, 환경 관리에서 자연사의 역할을 검토하는 일련의 워크숍 과정에 자금을 지원해 왔다.[18]

과학계가 자연사를 적극적으로 끌어안는 것까지는 아니라 해도 적어도 인정한다는 조짐을 보이는 것과 때를 같이해 테크놀로지가 어쩌면 확대경이나 망원경의 발명 이후로는 본 적 없는 수준의 기회를 열어젖히고 있다. 스마트폰은 이제 다른 새를 유혹하는 새 소리를 낼 수 있고, 또 그 새들의 위치를 기록하는 위치 정보 카메라로 활용할 수도 있다. '아이내추럴리스트'(I-Naturalist)같은 웹 그룹은 동정 작업의 크라우드소싱을 가능케 하고, 아마추어와 전문가가 대등한 지위에서 만날 수 있는 사회관계망을 제공한다. 머지않아 데이터 분석과 데이터 종합 기술도 제공할지 모른다. 자연사의 부흥에서 결정적 고비를 넘겼다고 말하기에는 이르지만, 지금이 지난 얼마 동안보다 조짐이 더 좋은 것 같다.

이 책을 쓰면서 나는 적어도 3천 년이라는 기간에 걸쳐 살아가고 활동한, 진정으로 대단한 몇몇 남녀들이 쓴 글을 읽고 그들이 그린 그림을 즐길 기회를 누렸다. 나는 수많은 영웅들을 만났고 이따금 악당들과도 마주쳤다. 그 가운데 만나보고 싶지 않은 사람이 거의 없고, 현장에서 시간을 함께하고 싶은 사람은 무수히 많다. 문화와 언어, 기술은 모두 변하게 마련이다. 제국들은 흥망성쇠를 거듭해 왔다. 신념 체계 전체가 꽃 피었다가 소멸해 왔다. 그러나 이 모든 시간대에 걸쳐 그럭저럭 어떤 공통성이 존재한다. 처음으로 어떤 종을 볼 때 느끼는 기쁨은 굉장히 오래가는 구석이 있다. 특정 행동의 목격자가 되거나, 예기치 못한 샘 옆에서 뜻밖의 꽃을 발견하는 정지된 순간에는 누구든 겪을 법한 마법이 존재한다. 가장 낙담한 순간에도 나는 자연학자와 자연사는 언제나 있을 것이라고 믿는다. 우리는 많은 것을 잃었다. 우리 가운데 누구도 레오폴드가 나그네비둘기의 비행을 가리켜 말한 "살아 있는 폭풍"을 두 번 다시 경험하지 못할 것이지만(레오폴드 본인도 그 전성기는 결코 보지 못했다), 우리는 여전히 지금 우리에게 있는 것에 기뻐하고, 우리의 선배들이 알아내고 이룬 것에 경탄하고, 우리 자식들이 경이를 누리고 미래에 물려줄 수 있도록 노력할 수 있다.

이런 이야기는 어쩔 수 없이 자연사라는 전체 이야기의 작고 편향된 일부에 불과하다. 내가 일을 제대로 해냈다면 여러분 가운데 일부는 다른 문헌들을 찾아 떠나서 여기서 다루어야 했지만 빠트린 각양각색의 멋진 사람들을 찾아낼 것이다. 또 일부는 먼 훗날 역사의 장에 등장할 멋진 사람들이 될 것이다(그리고 일부는 이미 그런 사람들이다). 자연사는 완벽하지도 완전하지도 않지만 적어도 자연사 학자들은 욥에게 하느님과 벌이는 논쟁에서 대꾸할 거리를 제공했을 것이다. 자연사 학자들은 "산양이 새끼를 칠 때"를 잘 알고 "암사슴이 언제 새끼를 낳는지 정할" 수 있으니까.

이 모든 것을 위해서 수많은 남녀들이 대대로 바깥으로 나갔고 저마다 어둠속에 깊이 감추어진 것을 가져왔다.

'그거 한다고 밥이 나오느냐 떡이 나오느냐?' 인생에 딱히 보탬이 될 것 같지 않은 일 할 때마다 듣는 소리다. 당대 최고의 박학가로 알려진 알렉산더 폰 홈볼트도 남아메리카 우림 한복판에서 왜 "자기 땅도 아닌 땅을 측량하러" 여기까지 왔느냐는 핀잔을 들었다.

홈볼트만이 아니다. 밥이 나오지도 떡이 나오지도 않지만 순전히 호기심을 채우고자, 그저 순수한 앎의 기쁨을 만끽하고 또 그 앎을 다른 사람들과 널리 공유하고자 많은 이들이 발견과 탐험의 여정을 떠났다. 그들은 머리가 떨어져나갈 것 같은 뱃멀미를 감수하고 대서양을 건넜고 남빙양의 험난한 수역에서 수심을 재고 해도를 그렸다. 모기에게 물어뜯기거나 재규어한테 잡어 먹힐 위험에도 아랑곳 않고 아마존의 수계를 탐험하고, 때론 겁도 없이 전기뱀장어의 전기 충격을 직접 체험해보기도 했다. 또 말라리아에 걸려 끙끙 앓으면서도 '왜 이 지역의 생물군은 저 지역의 생물군과 다른가?' 같은 질문을 던지기도 했다. 그런 못

말릴 호기심 대장들이 던진 질문과 찾아낸 대답들이 자연과 우리 자신에 대한 이해를 넓혀 왔다.

이 책은 아리스토텔레스부터 레이철 카슨까지 유명한 자연학자들이 자연에 대한 이해를 추구해 온 과정을 각 인물들에 대한 짤막한 전기와 함께 마치 독자 옆에 앉아 편안히 이야기를 들려주듯 설명해 주는 책이다. 예전에는 '자연학자'(naturalist)를 '박물학자'(博物學者)라 번역했다. 자연계의 동물, 식물, 광물 …… 한마디로 이 세상 만물에 대해 두루두루 아는 사람이란 뜻이다. 요즘 같은 전문화의 시대에 점점 희귀해지는 족속이지만 환경오염과 기후변화 같은 전 지구적 위기의 시기에 지엽적 시야를 넘어서 지구라는 자연 전체를 포괄하는 시야를 제시해 줄 수 있는, 그래서 어느 때보다도 그 존재가 절실한 부류이다.

나는 주로 역사책을 번역하지만 평소에 리처드 포티나 리처드 도킨스 같은 이들이 쓴 자연사, 생물학, 고생물학 분야 도서를 즐겨 읽고, 또 데이비드 애튼버러 경이 출연하는 BBC 자연다큐멘터리도 꼭꼭 챙겨 봐서 이 주제에 제법 친숙하다고 자부한다. 주제넘게 이름표를 붙이자면 일종의 '안락의자 자연학자' 유형이라고 할까? 또 아마존과 관련하여 이미 자연사 책을 한 권 번역한 경험도 있어서 이 책의 번역 제의를 선뜻 받아들였다. 덕분에 뱅크스, 다윈, 월리스처럼 영국 출신 자연학자들에 견줘 소개가 덜 된 그리널이나 알렉산더, 레오폴드 같은 미국의 자연학자들과 안면을 틀 수 있었다.

하지만 이 책을 읽고 번역하며 얻은 가장 큰 수확은 다음과 같은 깨달음이다. HD 고화질 자연다큐멘터리도 물론 좋지만 밖에 나가 진짜 생물을 들여다봐야 한다는 것을. 그리고 더 많이 알수록 더 사랑하게 된다는 것을. 그래서 요즘에는 자전거를 타러 여의도 샛강생태공원에 나갈 때마다 자전거 도로 주변 수풀을 유심히 살핀다. 그리고 세밀화로 묘사된 풀 도감, 새 도감도 챙겨 나간다. 덕분에 이제는 박새와 딱새를 구분할 줄 알고 참새보다 약간 더 작고 몸집이 더 동그란 붉은머리오목눈이도 알아본다. 샛강 일대에는 해오라기와 황조롱이까지 서식한다고 하는데, 지금껏 왜가리만 잔뜩 보고 아직 해오라기와 황조롱이는 보지 못했다. 언젠가 그 녀석들도 볼 날이 오겠지.

이 책에서 미처 소개하지 못한 자연사의 또 다른 영웅들에 관해 알고 싶다면 아름다운 도판이 풍성한 로버트 헉슬리의 《위대한 박물학자》를 추천한다. 남아메리카에서 월리스와 베이츠, 훔볼트의 자연사 활동에 관해서는 존 헤밍의 《아마존》을 읽어 볼 것을 권한다(이 책에는 소개되지 않았지만 에번스 슐츠나 리처드 스프러스 같은 멋진 식물학자들도 만날 수 있다). 훔볼트는 최근에 번역되어 나온 전기 《자연의 발명》(안드레아 울프 지음)을 추천하며, 컬러 도판이 다수 실린 울리 쿨케의 《훔볼트의 대륙》도 참고할 만하다.

더 이상 설명이 필요 없는 다윈의 경우, 대표작 《종의 기원》과 《비글호 항해기》가 여러 번역본으로 나와 있으며 자서전은 《나의 삶은 서서히 진화해 왔다》라는 제목으로 국내에 소개되어 있다. 다윈이 여러 동료 학자들과 주고받은 편지를 간추린 《찰스 다윈 서간집》 1, 2권도 추천한다. 다윈과 함께 진화론을 확립한 월리스에 관해서는 아직 국내에 이렇다 할 만하게 나온 책이 없는 듯하다. 그에 대한 충실한 전기와 대표작 《말레이 군도》가 언젠가 국내 독자들을 만날 수 있길 기대해 보자.

책상물림 자연학자에만 머무르고 싶지 않은 서울 거주 독자들에게는 서대문 자연사박물관을 방문할 것을 권한다. 가장 좋은 것은 지금 당장 가까운 공원이나 숲으로 가는 것이다. 물론 조류도감이나 식물도감도 챙겨서!

2016년 7월 4일
최파일

주석

1장 수렵채집인에서 아시리아제국까지

1. 이 이야기에 대한 패러디는 Macauley 1979.

2. Williams and Nesse 1991과 이 책에 나오는 참고문헌.

3. Boone 2002.

4. Penn 2003; Kretch 2000와 Martin 1984도 보라.

5. Steadman 1989; Pimm Moulton, and Justice 1994도 보라.

6. Steadman 1995.

7. Flannery 2002.

8. 워슈 수렵 관행들에 대한 소설 상의 묘사는 Sanchez 1973; Clemmer 1991도 보라.

9. 식단 선택에 관한 논의와 아메리카 대륙에서 수렵채집인들의 전문화나 일반화에 관한 논쟁은 Waguespack and Surovell 2003 그리고 Surovell and Waguespack in Haynes, 2009. Waguespack 2007은 이 논쟁을 훌륭하게 요약하고 있으며 Lyman 2006과 Lyman and Wolverton 2002은 유럽인의 도래 이전 미국에서 사냥이 포유류 개체군들에 미친 충격에 의문을 제기하는 연구 가운데 두 가지 실례일 뿐이다. Grayson 2001(John Alroy의 반론과 재반론)은 인간의 수렵 활동과 홍적세 멸종 간의 연관성을 확고하게 거부한다. 멸종에서 인위 개변적 요인을 지지하지만 기후변화의 연관성도 살펴보는 더 전반적인 논의로는 Barnosky, Koch, Feranec, et al. 2006도 보라.

10. Waguespeck 2005.

11. 일례로 Aalvard and Kuznar 2001.

12. Breasted 1920.

13. 염소에 관해서는 Zeder and Hesse 2000; 양에 관해서는 Pedrosa, Uzun, Arranz, et al. 2005.

14. Beija-Pereira, Caramelli, Lalueza-Fox, et al. 2006. 가축화 과정과 역사에 대한 전반적인 개관으로는 Clutton-Brock 1999을 보라.

15. Outram, Stear, Bendrey, et al. 2009.

16. 니네베의 주요 발굴자였던 오스틴 헨리 레이어드에 관한 다소 대중적인 전기는 Waterfield 1963을 보라. *Nineveh and Babylon: A Narrative of a Second Expedition to*

Assyria during the Years 1848, 1850, and 1851 (Layard 1867)을 비롯한 레이어드 본인의 책들은 흥미진진한 모험 여행기임과 동시에 실제 고고학 유적지에 대한 묘사를 담고 있다. Smith 2002 [1875]도 보라.

17. Oppenheim 1965과 Daley 1993.

18. Walker 1888는 아수르바니팔의 인생과 공로를 개략적으로 설명하고 있다. Porter 1993는 아시리아 농업 생태학의 초창기 측면들을 논의한다. Dick 2006은 아수르바니팔의 왕궁 부조 일부를 묘사한 삽화를 수록하고 있으며, 아시리아의 세계관과 이후 성서 내용 사이의 연관 가능성을 논의한다.

19. Johnston 1901.

2장 아리스토텔레스와 고대 그리스

1. 다윈은 Heather 1939, 244에서 재인용.

2. 다윈의 서신은 다윈 서신 프로젝트 www.darwinproject.ac.uk/home에서 읽어 볼 수 있다. 1879년 크롤리에게 보내는 편지에서 다윈은 아리스토텔레스를 읽어 본 적이 없다고 분명하게 밝힌다.

3. Macgillivray 1834, 64.

4. 예를 들어 Aristotle 1984는 암컷 하이에나와 수컷 하이에나를 올바르게 구분하지만 (*History of Animals* VI: 32), 훗날 많은 저자들은 암컷 점박이 하이에나의 커다란 음핵을 음경으로 착각하여 하이에나한테는 암컷이 없다고 주장한다! 후대에 아리스토텔레스에 덧붙여진 내용보다는 실제로 아리스토텔레스가 어떻게 이야기했는지 살펴보기 위해 나는 *The Complete Works of Aristotle: The Revised Oxford Translation*을 주요 출전으로 삼았다.

5. Macgillivray 1834는 정보의 보고이다.

6. Chroust 1967.

7. 페르시아의 역사와 문화에 대한 개괄은 Briant 2002.

8. 아리스토텔레스와 소크라테스 이전 철학자들에 대한 논의는 French 1994.

9. Cary 1882, 334.

10. Aristotle, *History of Animals* IX: 1, in Aristotle 1984.

11. Aristotle 2004, 249.

12. Hamilton 1965.

13. Macgillivray 1834, 64.

14. Meyer 1992.

15. Aristotle, Physics I: 3, in aristotle 1984.

16. Tinbergen 1963. 틴베르헌은 하나의 행동은 즉각적인 인과관계, 유기체의 개체발생(발달), 그 행동의 즉각적인 생존 가치, 유기체의 진화(계통발생적) 역사의 관점들에서 설명

할 수 있다고 주장한다. 이 네 가지 요소는 아리스토텔레스의 4원인으로 절대적으로 치환 가능하지는 않지만 명백히 4원인으로부터 나왔다. 틴베르헌이 아리스토텔레스를 직접 인용하지는 않는데, 그러한 인용이 불필요하다고 생각해서였을 수도 있고 다윈처럼 그가 아리스토텔레스 원전을 읽지 않았기 때문일 수도 있다.

17. *Aristotle, Parts of Animals* I: 22와 I: 28은 Aristotle 1984, 997에서 "왜냐하면 동물이 어떤 물질로 이루어져 있는지를 말하는 것만으로는 충분하지 않기 때문에 …… 형상적 자연은 질료적 자연보다 훨씬 더 중요하기 때문이다"라고 말한다. 이어서 그는 죽은 몸뚱이는 한 인간의 형상을 하고 있을지 모르나 그 인간의 형상이 인간은 아니며, 따라서 자연사 학자는 영혼을 연구해야 한다고 지적한다.

18. 예를 들어, 사랑에 관해서는 아리스토텔레스의 《니코마코스 윤리학》을 보라. 간에 관해서는 *Parts of Animals* III: 4.7, in Aristotle 1984, 1037-40을 보라.

19. Aristotle, Parts of Animals, II: 12.

20. Diogenes Laertius 1853, 187은 아리스토텔레스보다 대략 400년 뒤에 쓰였지만, 오늘날에는 구할 수 없는 출전들에서 가져온 이야기를 담고 있다.

21. 이러한 사고들이 최근에 어떻게 변형되어 왔는지에 관해서는 Weher, van der Werf, Thompson, et al. 1999을 보라.

22. French 1994. 아리스토텔레스와 테오프라스토스의 차이는 특히 2장 앞 부분을 보라.

3장 플리니우스와 로마제국

1. Erskine 1995.

2. Delia 1992.

3. 특히, 그리스적인 모든 것에 대한 대(大)카토의 강렬한 반감에 관한 논의는 Henrichs 1995와 이 책의 참고문헌을 보라.

4. Thiem 1979.

5. Macgillivray 1834.

6. 같은 책, 75.

7. 같은 책, 77.

8. Nicholson 1886은 플리니우스의 저작을 다소 무시하지만 Macgillivray 1834의 평가는 그야말로 인색하다.

9. 소플리니우스가 타키투스에게 보낸 편지는 Browne 1857, 419에 길게 인용되어 있다.

10. Sarton 1924, 75.

11. Thorndike 1922.

12. Arber 1912.

13. 같은 책. Arber는 일부 저자들이 디오스코리데스를 안토니우스와 클레오파트라의 어의

로 거론해 왔다고 말하지만 비극적 두 연인은 디오스코리데스가 태어나기 오래 전에 죽었다.

14. Riddle 1984.

15. Egerton 2001.

16. 갈레노스의 발언은 Thorndike 1922, 126에 인용된 것이다.

17. Galen 1985, 14.

18. Perry 1977.

19. Thiem, Macgillivray 1834에서 재인용.

20. 알렉산드리아 도서관의 최종적 파괴자로 비난받은 칼리프 오마르는 책들이 신의 말씀에 부합한다면 있을 필요가 없고 부합하지 않는다면 신성모독이므로 역시나 있을 필요가 없다는 요지의 발언을 했다고 한다. 이 이야기는 최근인 Macleod 2004, 10에서까지 되풀이되어 왔지만 이제는 대부분의 학자들에 의해 전거가 의심스러운 이야기로 간주된다.

21. Walzer 1953, Ivry 2001, Haskins 1925.

4장 신성로마제국 황제와 그 후예들

1. Huxley 2007, 45.

2. Nicholson 1886, 18.

3. Arber 1912.

4. Creasey 1851. 물론 빅토리아 시대 전성기에 편향된 시각으로 쓰인 글이다.

5. Trompf 1973과 이 책에 나오는 광범위한 참고문헌을 보라.

6. Hartwich 1882.

7. 같은 책, 527.

8. Lovejoy 1936.

9. Maddock 2001.

10. Baas 1889.

11. Sacks 1999; 힐데가르트의 증상에 대한 더 앞선 논의로는 Singer 1958를 보라.

12. Newman 1985.

13. Kington 1862은 황제와 그의 시대에 관한 뛰어난 정보 원천이다. Wood and Fyfe 1943의 서문도 보라.

14. Busk 1855, 364.

15. Voltaire 1756, chapter 70은 Gould 1992, 79에서 재인용.

16. Kington 1862.

17. Haskins 1911, White 1936, and Gabrieli 1964.

18. Kington 1862. 이전 설명들은 모두 군대의 규모와 사상자 규모를 매우 높게 잡은 듯하다.

19. 스콧의 생애에 대한 주요 전거는 Brown 1897으로, 이 책은 스콧을 역사적 인물로서 구체적으로 다룬다. Haskins 1921는 Brown의 연대 설정을 상당 부분 거부하며, 특히 스콧이 톨레도로 가기 전에 어린 프리드리히를 가르친 적 있다는 주장을 거부한다. Kington 1862은 스콧의 도착을 분명하게 그레고리우스 교황의 책임으로 돌린다. 다른 작가들은 스콧이 1220년대 어느 시점에 프리드리히의 궁정에 합류했다고만 적고 있다.

20. Dante 1871, 1: Canto XX.

21. Haskins 1921.

22. 같은 책.

23. 이하에서 나는 Wood and Fyfe의 훌륭한 1943년 판본 *The Art of Falconry*에 바탕을 둔다.

24. Wood and Fyfe 1943, 4.

25. 예를 들어 Jeffrey 1857.

26. 이 이야기에 대한 하나의 판본은 Pattingill 1901을 보라.

27. Thorndike 1914; 연금술에 관여한 것에 대해서는 Singer 1932.

28. Lockyer 1873.

29. Thorndike 1916.

30. Stevens 1852; Lockyer 1873도 보라.

31. Arber 1912.

32. Aiken 1947.

33. Aprague 1933.

34. Lockyer 1873.

35. Thorndike 1923.

36. Sarton 1924은 특히 이러한 개념에 반대한다. 그는 손다이크의 저작을 다소 가차 없이 다루면서 훌륭한 논점을 많이 제기하지만, 그가 손다이크의 저작의 전반적 가치를 강조하며 글을 마무리한다는 사실은 흥미롭다.

37. Debus 1978.

38. Wittkower 1942.《건강의 정원》은 15세기 내내 거듭하여 재출간되었다. Arber 1912도 보라.

39. Locy 1921.

5장 신세계

1. Diller 1940.

2. Lewis 1999.

3. Perry 1981.

4. 일례로 1553년 피에르 데셀리에의 세계지도는 같은 책 도판 3을 보라.

5. Butzer 1992.

6. Crosby 1986, 146.

7. Rohde 1922.

8. Ollivander and Thomas 2008.

9. Rohde 1922.

10. 제라드에 대한 인용은 따로 언급이 없으면 모두 Ollivander and Thomas 2008에서 가져왔다. 쪽수는 본문 안에 괄호를 쳐서 표시했다.

11. Lankester 1915.

12. 같은 책. Lankester는 따개비와 거위 주제에 2장을 할애하며 거위가 따개비에서 왔다는 생각을 뒷받침하는 사람으로 왕립학회의 초대 회장 로버트 모레이 경을 인용한다. 이 책에는 예술적인 해석이 어떻게 이러한 믿음을 부추겼는지를 보여 주는 멋진 도해도 실려 있다.

13. Turner 1903 [1544]. 이 판본은 터너의 삶에 관해 훌륭한 개관을 싣고 있다.

14. 같은 책, 128.

15. Lee 1899, 364에서 인용.

16. Macgillivray 1834는 17세기 이전 자연학자 대부분과 마찬가지로 게스너를 무시하지만 그래도 게스너에게 여러 페이지를 할애하며 이하의 내용은 이 책에 의존한다. 쪽수는 본문 안에 괄호를 쳐서 표시했다.

17. Ogilvie 2003.

18. Rohde 1922, 204-14. Rohde는 영국과 해외에서 나온 선대와 후대의 약초서를 정리해 주석을 단 참고문헌 목록도 제공한다.

19. Maplet 1930 [1567].

20. 같은 책, 149.

21. www.abdn.ac.uk/bestiary/comment/65velep.hti (2011년 9월 11일 접속).

22. Cronin 1942. Beebee 1944는 매플릿의 글과 매우 유사한 플리니우스 글의 영역본을 싣고 있는데, 전문을 읽어 보면 "용"은 사실 모종의 뱀이라는 점이 강하게 암시된다.

23. Stothers 2004.

24. De Asua and French 2005.

25. Dempsey 2000 [1637].

26. Josselyn 1672. 인용한 쪽수는 본문에 괄호를 쳐서 표기.

27. Wood 1634. 인용한 쪽수는 본문에 괄호를 쳐서 표기.

6장 세계에 질서를 부여하다

1. 이 책은 최근인 2010년까지도 Octavo 출판사의 고해상도 씨디롬 형태로 시중에 나와 있다.

2. Grew 1682.

3. Ncholson 1886.

4. Ray 1660.

5. De Beer 1950. 윌러비는 1661년 회원으로 선출되었다. (학회는 전해에 칙허장을 받았다) 레이는 1667년에 선출되었다. 레이는 비국교도였기 때문에 처음에는 회원 후보로서 부적격이라고 여겨졌을 수도 있다.

6. Lankester 1847, 153에서 인용.

7. 같은 책, 155.

8. 같은 책, 178.

9. McMahon 2000은 레이가 선서를 거부한 이유를 철저하게 검토해 본다. 그는 레이가 케임브리지의 정치적 분위기에 이미 불만을 느끼고 있었고 연구원들에게 요구된 일련의 선서들에 질려서, 그 무렵 과학 분야에서 덜 실험적인 방법론으로 회귀하는 듯 보였던 케임브리지에 남아 있는 것보다 윌러비와 함께하는 여행을 더 매력적이고 아마도 더 생산적인 기회로 봤을 것이라고 주장한다.

10. Lankester 1847.

11. Lankester 1848.

12. Ray 1673.

13. Lankester 1848, 7에서 인용.

14. Ray 1732, iv.

15. 전자의 주장은 Macgillivray 1834를 보라. 다른 사람의 저작을 깎아내릴 기회를 좀처럼 그냥 지나치지 않는 이 책은 종종 통찰력이 있지만 가감하여 받아들여야 한다. 후자의 주장으로는 일례로 Wood 1834를 보라. Wood는 "다정하고 온화한 레이가 식물학에서는 어떠했든 간에 조류학자로서는 별로 실력이 없었다고 말해야 한다. 그의 체계 전체와 그의 저작에서 사용된 조류 이름들도 모두 그의 친구 윌러비가 만들어 낸 것이기 때문이다."라고 쓴다(4). 레이와 윌러비의 기여에 관한 논의는 Stresemann 1975도 보라.

16. Miall 1912.

17. Willughby 1686. 불쌍한 레이. 이 책을 "레이의 서문이 달린" 전적으로 윌러비의 책으로 돌리는 사람은 Shringham 1902만이 아니다. 책에는 왕립학회의 회원들이 비용을 댄 훌륭한 도판들이 실려 있었다. 일기 작가이자 당시 학회의 회장이었던 새뮤얼 핍스가 주요 기부자였다.

18. Ray 1686.

19. Ray 1882 [1682].

20. Ray 1686, 1693, 1704.

21. 1691년에 개인적으로 배포되었다가 1714년에 레이의 글로 재출간되었다. 긴 제목은 그 자체로 교리와 관찰 내용을 조화시키려는 레이의 시도와 탐구 범위를 널리 가늠하게 해 준다는 측면에서 중요하다. 이전 판본에 대한 평가는 1803년에 나온 저자 미상의 글을 보라.

22. Paley 1813.

23. Werf 1992는 검토와 비판을 제공한다. 20세기 최고의 조류학자임과 별개로 랙이 신실한 영국 성공회 교도이자, 주도적인 다윈주의자로서 자신의 역할과 종교적 신념 간의 조화를 시도한 저술(Lack, 1957)의 저자임을 주목해 보는 것도 좋을 듯하다.

24. Ray 1692.

25. Macgillivray 1834, 165.

26. Birkhead 2010, 79.

27. Macgillivray 1834는 여러 장에 걸쳐 (보통은 괴팍하고 헐뜯기까지 하는 이 작가로서는 특이나) 다소 칭송 일색의 성인전 같은 분위기로 서술하면서 린나이우스에게 가장 많은 분량을 할애하고 있다. Stoever 1794는 묘하게 얼마간 영국 중심적이지만 여전히 훌륭한 정보를 제공한다.

28. 켈시우스는 섭씨 온도계를 발명한 천문학자 안데르스 켈시우스(1701.44)의 삼촌이다. 삼촌 켈시우스는 성서에 나오는 식물을 정리한 중요한 참고 도서 *Hierobotanicum*을 출판했다(Balfour 1885을 보라). 저자 미상 1863도 보라.

29. Linnaeus 1811.

30. 같은 책, 1.

31. Macgillivray 1834, 216.

32. Gourlie 1953; 대립된 견해로는 Koerner 2001 and Blunt 1971를 보라.

33. Linnaeus 1811, 114.

34. 같은 책.

35. Farber 2000.

36. Stoever 1794.

37. 딜레니우스 인용은 Brightwell 1858, 8.

38. 세부 내용과 자신의 초창기 인생에 대한 린나이우스의 논평은 저명한 과학자이자 때로 린나이우스의 비판가였던 알베르트 할레르(1708~1777)에게 보내는 1793년 9월 12일자 편지에서 찾아볼 수 있다. 이 편지는 다른 여러 편지와 더불어 거의 사반세기 뒤에 할레르에 의해 출판되었다. 사적인 서신의 출간은 린나이우스에게 커다란 스트레스를 안겼

고 일부 전기작가들은 이 일을 그의 마지막 뇌졸중의 원인으로 보기도 한다. 편지 전문은 Macgillivray 1834에 실려 있으며 린나이우스의 관점에서 본 그의 해외여행들에 관해 얼마간의 이해를 제공한다.

39. Robbins 2007.

40. Trotter 1903.

41. 할레르는 Stoever 1794, 118에서 인용. 스퇴버는 논쟁의 수위를 가늠할 수 있도록 당대의 논평을 빠짐없이 인용하면서 린나이우스 체계의 반대자들과 옹호자들에 관한 흥미로운 내용을 담고 있다.

42. Smith 2005.

43. Blunt 1971, 240. Blunt는 눌러 말린 식물 19,000점과 1,500점의 조가비, 3,200점의 곤충, 3,000권의 책, 3,000통의 편지를 총망라한 보물창고이다.

44. Yoon 2009, 187.

45. Nabokov 2000.

46. Vila, Bell, Macniven, Goldman-Huertas, et al., 2011.

7장 관찰과 탐험의 여정

1. Schmidt-Loske 2009.

2. 이하의 내용 다수는 Allen 1937을 보라. 전기작가들은 케이츠비의 생애에 관한 자세한 내용들이 모호하다는 데 모두 동의하지만, Allen은 대다수의 작가들보다 원래 출전들을 찾아내는 점에서 더 뛰어나다. Boulger 1904도 보라.

3. Allen 1937, 350은 그가 에식스 주 캐슬 허딩엄에서 태어난 것으로 본다.

4. 같은 책.

5. Catesby 1754 [1731], viii.

6. Catesby 1747a, viii.

7. Catesby 1747b.

8. Mabey 2006는 화이트와 그의 주변 환경에 관한 매우 훌륭하고 간결한 묘사이다.

9. White 1911 [1788].

10. Holt-White 1901, 191에서 인용.

11. May 1999, 1951. May는 카오스 이론을 군집 생물학에 결합시킨 이론적 지주들 대부분의 근원이다. 그는 역학과 모델 생태계 구조에 관한 광범위한 조사 연구도 수행했다.

12. 저자 미상 1899를 보라. Dadswell 2003은 생태학과 동물 습성에 관한 화이트의 견해에 여러 흥미로운 시야를 보여 주며 화이트의 공책과 편지의 여러 영인본을 비롯해 다수의 도판을 수록하고 있다.

13. 티모시는 화이트보다 1년을 더 살았고 그녀("그"는 알고 보니 "그녀"였다)를 주제로 한

책도 있다: Warner 1982 [1946]. 이 책은 말하자면 '한 권으로 알 수 있는' 티모시와 관련한 모든 정보의 원천이며 화이트의 편지 상대였던 데인스 배링턴이 요청한 대로 거북이의 몸무게 표를 온전히 수록하고 있다.

14. 이러한 편지들 다수는 런던린네학회가 소장하고 있다. 화이트의 필체는 대단한 수준이어서 250년이 넘게 지난 지금도 또렷하게 읽을 수 있다.

15. 화이트의 것으로 돌려지는 두 편의 설교문이 셀본협회의 신탁 아래 런던린네학회 문서 보관소에 소장되어 있다. 두 편 모두 자연사와 하등 관련이 없으며, 한 편은 거의 분명히 화이트의 글이 아니다. 이 글은 완전히 다른 필체로 쓰였고 '그리고'(and)를 축약하지 않고 그대로 쓰는 반면, 놀랍도록 또렷한 화이트의 필체로 쓰인 두 번째 설교문은 '그리고'를 어김없이 약자(&)로 표기한다. 두 편의 설교문 모두 설교를 행한 장소와 날짜들을 열거하고 있는데, 첫 번째 설교문에는 화이트가 목사로 있지 않았던 장소와 날짜들이 다른 필체로 적혀 있다가 마지막 몇몇 대목에 가서 화이트의 필체로 바뀌는 것이 눈에 띈다. 해야 할 "과제"를 줄이고 싶어 하는 바쁜 목사들 사이에 설교문이 서로 오갔다고 짐작해 볼 수 있다. 전적으로 화이트의 필체로 쓰인 두 번째 설교문은 성서에서 가장 짧은 구절인 요한복음 11장 35절 "예수께서 우셨다"에 대한 매력적인 논의이다. 화이트는 이 두 어절로부터 "우리가 아는 모든 정념들을 간직한" 매우 인간적인 구세주로서 예수의 초상을 그려 낸다. 다시금 이 글은 자연사에 대한 정보를 제공해 주지는 않지만 화이트 본인의 믿음 체계에 대한 놀라운 시야를 제공한다. 그는 자신의 인간성을 열렬히 멋지게 끌어안는다. 여기, 함께 시간을 보내면 좋을 정말 괜찮은 사람이 있다는 느낌을 받게 된다.

16. White 1986, 40.

17. 같은 책.

18. 그는 나중에 린네의 체계를 매우 열렬히 받아들이게 된다. 그는 존에게 쓴 편지에서 "네가 린네의 진가를 느끼기 시작했다니 기쁘다. 무한한 자연사 분야에서 체계가 없이는 아무것도 할 수가 없어"라고 말한다. (존 화이트에게 보내는 1770년 5월 16일자, 편지, 런던린네학회 문서보관소)

19. White 1986, 192.

20. 같은 책.

21. Jardine 1849은 린네가 존 화이트에게 보낸 편지 세 통을 수록하고 있으며 두 사람이 한동안 서신을 교환했다는 증거가 있다. 흥미롭게도 길버트와 린네는 서신을 교환하지 않은 것 같다.

22. 런던린네학회가 소장하고 있는, 길버트 화이트에게 보내진 가장 흥미로운 편지 가운데 한 통은 제임스 깁슨이라는 사람이 쓴 1759년 퀘벡 포위전에 관한 매우 상세한 보고로, 깁슨은 퀘벡을 포격한 함대에 복무했다. 편지는 1759년 7월 8일에 시작하여, 도시가 함

락된 뒤 9월 21일에 가서야 마무리된다. 이 편지는 자연사와 아무런 상관이 없지만 눈앞에서 벌어지고 있던 어느 역사적인 중요 사건, 평화로운 셀본과 완전히 동떨어진 세상에 대한 감동적인 서술이다.

23. Pennant 1793.

24. Foster 1986.

25. 그는 결국에는 명예 학위를 받았다. Davis 1976는 페넌트가 "린네의 강력한 추천으로" 웁살라 왕립학회의 회원으로 선출되었다고 말한다(184). 그러나 데이비스가 논문에서 페넌트의 일생을 두 줄로 서술하면서 "그는 길버트 화이트와 편지를 주고받는 사이였다"고 말하는 대목에도 주목해야 한다(184). 웁살라 왕립학회 회원과 화이트와 서신을 교환하는 사이 가운데 어느 쪽이 더 큰 영예인지 궁금하지 않을 수 없다.
Pennant 1781도 보라. 이 여러 권짜리 시리즈의 출간 의도는 레이를 한 단계 개선하는 것이었다. 페넌트는 레이의 책에서 린나이우스를 다룬 부분들을 거부하는데, 한편으로 린나이우스 체계가 너무 불안정하고 너무 자주 갱신되어서 크게 쓸모가 없다고 생각했기 때문이고 한편으로는 린나이우스가 인간을 다른 영장류와 같은 집단에 둔 것에 동의하지 않았기 때문이다. 페넌트는 영국제도 곳곳을 여행한 경험을 다룬 여러 권의 여행기와 《왕립학회 철학회보》에 기고한 다양한 글들도 출판했다.

26. Lysaght 1971, 36.

27. 배링턴의 더 흥미로운 기록들 가운데 하나는 Barrington 1770인데, 여기서 그는 당시 여덟 살이었던 모차르트를 만나 연구한 일을 묘사한다. 배링턴은 또한 새의 지저귐 등에 관해서도 썼다.

28. 저자 미상 1913은 페넌트를 "당대 가장 잘 알려진 자연학자 가운데 한 사람"(405)이라고 묘사하고 있다.

29. 기록 노트의 실제 구조에 대한 논의는 평자들마다 다르다. Greenoak (White 1986의 공동 편집자)은 노트에 아홉 단이 있다고 말한다. Foster 1986는 열한 단이라고 말하지만 그가 제시한 실제 원본에서 "년"─화이트는 이 칸을 "날짜"를 기록하는 데에도 이용했다─과 "장소" 단까지 세면 총 열세 단이다.

30. 《길버트 화이트의 일기》(The Journals of Gilbert White)는 시리즈로 여러 권 출간되었다. (White 1986).

31. 일례로 White 1774. 길버트 화이트가 왕립학회의 회원으로 고려된 적이 없는 것 같다는 사실은 흥미롭다. 그의 형제 토머스는 회원으로 선출되었다: Benton 1867을 보라. 이 책은 토머스를 간단히 언급하며 "다년간 왕립학회의 회원이었고, 뛰어난 고전학자이자 화학자, 당시에 전기가 이해되던 수준에서 전기학자였다. 그는 형제인 길버트 화이트 목사의 셀본 자연사에 자료를 제공했다"고 묘사한다 (262). 길버트 화이트는 시시때때로 런던을 방문했고 학회에 논문이 낭독되었으며, 케임브리지의 연구원으로 선임될 만

큼 인맥도 매우 좋았던 것 같지만 왕립학회의 회원으로는 선출되지 않았다.

32. 동면 개념에 관해서는 White 1774를 보라. 이것은 보기만큼 우스운 소리가 아니다. 내가 어렸을 적 어머니는 야생 복원 활동에 관여했다. 혹한이 유독 심했던 캘리포니아의 어느 늦겨울, 추위에 횃대에서 떨어져 꼼짝하지 않는 벌새 수십 마리를 발견한 적이 있다. 어머니가 따뜻한 오븐에 넣고 처치를 하자 새들은 몇 분 만에 되살아나 날아다니기 시작했다.

33. Lowell 1871, 6.

34. White 1986, 286.

35. Smith 1911.

36. Lysaght 1971, 44.

37. Carter 1995는 당시 권력에서 밀려난 샌드위치가 뱅크스를 엔데버호에 승선시키는 데 영향력을 행사했을 것이라 믿지 않으며, 항해를 적극 장려한 뱅크스 본인의 열성과 주도적 자세를 지적한다.

38. 예를 들어 Thomas 2003와 저자 미상 2008도 보라. 제임스 쿡의 나중 항해를 위한 "비밀 지령들" 전문은 저자 미상 1893, 398-402에서 볼 수 있다.

39. 안타깝게도 파킨슨은 항해에서 살아남지 못했다. 그는 동인도제도에서 이질에 걸려 바다에 수장되었다. 그의 작품들은 살아남아서 식민화 여명기에 오스트레일리아에 관한 흥미로운 이해를 제공한다.

40. Sith 1911은 뭐든지 해군성 탓으로 돌리는 경향이 있는 반면 어떤 경우에도 뱅크스한테서는 잘못을 발견하지 못하는 것 같다. Lysaght 1971는 뱅크스를 비난에서 건져 주는 경향이 덜한 편이며, 정말로 뱅크스가 나쁘게 처신했던 것 같다. 어쩌면 그는 래브라도 탐사와 세계 일주로 거둔 연속적인 성공에 쏟아진 찬사로 너무 우쭐하게 되었는지도 모른다. 쿡은 싸움에 휘말려드는 것을 우려했던 것 같고 일단 항해를 떠난 뒤에 뱅크스를 달래는 편지를 썼다.

41. 헬파이어 클럽은 본질적으로 18세기 귀족층 가운데 더 방탕한 일원들을 위한 음주 사교 모임이었다. 모임은 다양한 유사 이교 의식들을 채택했지만, 옛날의 종교적 믿음을 되살리려는 진지한 시도라기보다는 일반적인 주색잡기를 위한 핑계에 더 가까웠던 것 같다. 대중 언론이 이 클럽에 커다란 재미를 본 것은 말할 것도 없으며, 여기서 벌어졌다는 행각들은 사실보다는 풍문에 가깝지 않나 의심스럽다. 헬파이어 클럽은 예의범절에 깐깐한 조지 3세 치하에서 인기를 잃었지만 더 방종한 섭정 시대에 얼마간 위세를 회복했을지도 모른다.

42. Middleton 1925, 193.

43. Darlington 1849, 324.

44. Van Horne and Hoffman 2004.

45. 바트람은 보존된 표본들을 잉글랜드로 보냈고 그의 편지들은 (Darlington 1849) 이따금 살아 있는 동물도 보냈음을 가리키는데 그 가운데는 황소개구리도 있었다. 황소개구리들은 대서양을 횡단하는 항해에서 살아남았지만 의도한 바와 달리 조지 3세에게 바쳐지지는 않았다.

46. Wilson 1978, 105에서 인용.

47. Darlington 1849, 340. 존 포더길(1712~1780)은 요크셔 출신의 부유한 내과의이자 아마추어 자연사 학자였다. 그는 에든버러에서 의학 박사학위를 받고 생애 대부분 동안 런던에서 의사로 활동했다. 쿡의 1차 항해를 다룬 시드니 파킨스의 회상록을 출간하는 비용을 지원했다. 포더길은 물리지도 않고 아메리카에 관한 정보를 열심히 물색했고 그가 바트람에게 보낸 편지를 보면 우리 대다수는 각 편지마다 담긴 긴 질문 목록들과 요청한 표본 목록에 눈이 돌아갈 것이다.

48. Middleton 1925, 201.

49. Quoted in Van Horne and Hoffman 2004, 107.

50. Middleton 1925, 213.

51. 전쟁의 양측에 속한 식물학자들 사이에는 놀라울 정도의 우의가 존재했던 것 같다. 바트람 부자에게 온 편지들 가운데 하나는 영국군이 필라델피아를 점령하고 있던 1777년 12월 15일자 "프레이저 대위"라는 사람한테서 온 편지이다. 편지에는 아무런 적대감도 드러나 있지 않으며, 그저 대위가 바트람 가족을 알고 싶고 식물원을 보고 싶으며, "이 나라를 떠난 뒤 귀하와의 정기적 서신 교환과 원하는 각종 종자들을 매년 받는 것을 확실히 하고 싶다."는 바람만 표명되어 있다. (Darlington 1849, 466). 대표 없는 과세와 관련한 쟁점들은 가령 식물 표본 같은 더 중요한 사안들 앞에서 뒷전으로 물러났던 모양이다.

52. Cashin 2007.

53. 포더길은 전에 윌리엄에 관해 그의 아버지 존 바트람에게 "그는 솜씨 있게 그림을 그리고 자연사에 강한 흥미가 있습니다. 그러한 비범한 재능이 곤궁으로 썩어야 한다면 참으로 애석한 일이지요. 자제분은 술을 마시지 않고 근면합니까?"라고 편지로 쓴 적이 있다 (Darlington 1849, 344에서 인용). 짐작건대 존은 긍정적 답변을 써 보냈을 것이다. Silver 1978도 보라.

54. 온전한 제목(참고문헌 목록을 보라)은 교육적임과 동시에 축약의 필요성을 보여 준다: Bartram 1791. 철자는 원문 그대로이다.

55. Gaudio 2001는 윌리엄의 작품 여러 점을 담은 근사한 도판과 더불어 윌리엄의 예술적 감수성과 비전에 대한 다소 특이한 해석을 담고 있다. Gaudio가 야외에서 홀로 많은 시간을 보냈는지 궁금하지 않을 수 없다.

56. Darlington 1849.

8장 '기원' 이전에

1. Wallace 1889a.

2. Mayr 1982.

3. Huxley 1900, 176.

4. Eiseley 1961는 다윈을 둘러싼 19세기 중요 과학자들에 대한 흥미로운 초상과 그들이 살았던 시대에 대한 그림을 그려 보인다. 이 책에는 정작 다윈이 빠져 있는데 이 눈에 띄는 누락은 기본적으로 다윈이 자신의 사상을 발전시키는 데 부정직했다고 비난하는 매우 이상한 얇은 책 Eiseley 1979로 설명될 수 있을 것 같다. 나는 Eiseley의 주장이 전혀 설득력이 없다고 생각한다.

5. 다윈을 다룬 전기들은 문자 그대로 책장 여러 칸을 꽉꽉 채울 정도이며(2010년 11월에 온라인 서점을 간단히 검색해 봤을 때 2천 건이 넘는 검색 결과가 나왔고, 이 중 다수는 중복판이거나 같은 책의 다른 판본이겠지만 어쨌든 그 순전한 분량은 엄청나다) 다윈은 대중 영화 〈크리에이션〉(라이온스게이트 영화사, 2009)의 주인공과 여러 텔레비전 시리즈의 소재가 되기도 했다. 물론 구할 수 있는 가장 훌륭한 전기는 Browne 1995 and 2002이다 (국내에는 재닛 브라운, 《찰스 다윈 평전》 1-2, 2010으로 출간됨). 다윈의 자서전은 아내인 에머가, 그리고 나중에는 아들 프랜시스가 편집한 것이다. 다행스럽게도 손녀인 노라 발로가 에머가 의도적으로 들어낸 대목을 다른 활자체로 다시 삽입한 판을 재출간하여(Darwin, 1958) 에머와 찰스가 틀림없이 의견이 갈린 몇몇 지점들을 알 수 있다. 월리스는 전기작가들 운이 그렇게 좋지는 않다. 그러나 그의 자서전(Wallace 1905, 1908)은 퍽 읽기 좋고, Raby 2001은 월리스의 전반적 경력에 매우 유용한 정보를 담고 있다.

6. Drury 1998. Drury는 인간의 사고 패턴이 초기의 경험에 의해, 흔히 무의식적 층위에서 좌우된다고 믿는다. 따라서 화학이나 물리학으로 과학에 입문한 학생들은 다수의 생물학적 질문들을 다루는 데 어려움을 겪게 되는데, 그들이 무엇이 "과학적인" 것이고 무엇이 과학적이지 않은 것인지 파악하도록 배우는 방식이 물리 과학들에서 이용되는 질문과 대답 유형들을 접하는 과정을 거쳐 무의식의 층위에서 "프로그램"되기 때문이다. 마이어도 이와 유사한 우려를 Mayr 2007에서 다룬다.

7. Buffon 1769.

8. Mayr 1982.

9. 같은 책, 331. 이러한 비판에도 불구하고 마이어는 뷔퐁의 열렬한 옹호자였고, 그를 "18세기 후반기 자연사에 등장한 모든 생각들의 아버지"(332)라고 불렀다.

10. Buffon 1766, Mayr 1982, 332에서 재인용.

11. 같은 책.

12. Stafleu 1971은 라마르크에 관한 다양한 전기적 정보들을 담고 있으며, 이하의 내용 다

수는 거기서 가져왔다.

13. 한 설명에 따르면(같은 책, 399), 라마르크는 친구가 머리를 잡고 그를 들어 올리려고 하다가 다쳐서 군에서 제대했다고 한다. 그때 입은 목 근육 손상으로 라마르크는 더 이상 복무가 불가능했다.

14. 역사상 가장 명백한 "사법 살인"의 사례에서 어쩌면 18세기 가장 위대한 화학자일 앙투안 라부아지에는 "무례"와 인민의 담배에 불순물을 섞었다는 죄목으로 공안재판소에 고발되었다. 그는 사형을 선고 받았고 부재판관은 "공화국은 과학자가 필요하지 않으며, 정의는 계속되어야 한다"(La republique n'a pas besoin de savants; il faut que la justice suive son cours)고 선언했다(Ramsey 1896, 102). 라부아지에의 목이 잘려나간 뒤 한 사람은 "이 머리를 치는 것은 한순간이지만 그런 머리를 다시 내놓으려면 백 년도 부족할 것"이라고 말했다(Thorpe 1894, 89). 라마르크는 라부아지에보다 정치적으로 훨씬 유능한 동물이었던 것 같고 그래서 공포정치 최악의 시기에 만연했던, 교육받고 잠재적으로 귀족적인 과학자들에게 씌워진 편견들을 피해 갔다.

15. Stafleu 1971, 401.

16. Lamarck 1802, Stafleu 1971, 419에서 재인용.

17. 어셔의 연대 설정이 성서 연구에 미친 결과들에 관한 흥미로운 논의는 Numbers 2000에서 찾을 수 있다. 추가적 논의와 과학에 초점을 맞춰 지구의 나이를 계산하려는 시도는 Knopf 1957에 나와 있다. 모든 자연사 학자들이 어셔의 계산에 동의하지 않았다는 사실은 지구의 진짜 나이는 수세기에 걸쳐 바다의 염도 변화를 측정함으로써 얻을 수 있다는 천문학자 에드먼드 핼리(1656~1742)의 주장에서 알 수 있다. (Holmes 1913, 61). 당대에 지질학에 대한 이해가 부족했던 점을 고려할 때 이것은 그래도 흥미로운 발상이며 우리는 그리스인과 로마인들이 이 지구 나이 계산 프로젝트를 시작했다면 자신은 진즉에 유용한 예측 정보를 얻었을 것이라고 한탄하는 핼리에 공감할 수도 있을 것 같다.

18. Lamarck 1801.

19. Lamarck 1783.89 Stafleu 1971, 433에서 재인용.

20. 식물의 성형 능력과 주변 환경에 반응하는 방식에 대한 고전적 연구는 Clausen, Keck, and Hiesey 1940. 이 연구는 캘리포니아 곳곳 다양한 자연환경에 위치한 "일반적인 정원들"에 복제 식물들을 조심스레 이식한 뒤 나타난 형태 변화와 염색체 변화 결과들을 측정한 것이다. 저자들은 환경이 실제로 한 세대 안에서 형태를 변화시킬 수 있지만 이러한 변화들은 유전 가능하지 않음을 보여 주었다. 다윈 자신은 《종의 기원》 나중 판본들에서 더 라마르크적인 요소들로 후퇴한다. 그러나 이는 라마르크의 생각들의 현실성에 대한 강한 믿음 탓이라기보다는 입자 유전의 유전적 메커니즘에 대한 이해 부족 탓이 더 큰 것 같다. 분자유전학은 가능성 있는 "신(新)라마르크"적 과정의 흥미로운 사례

들을 일부 보여 주지만 세상을 설명할 수 있는 이론이라기보다는 드문 예외 사례들인 것 같다.

21. Krause 1880의 '서문 일러두기'에는 초기 가족사에 관한 찰스의 제법 광범위한 배경 설명과 몇몇 재미난 가족 편지들이 실려 있다.

22. 마태복음 8장 32절. "예수께서 마귀 떼를 쫓아내면서 마귀들을 돼지 무리에 집어넣었고 마귀 들린 돼지들은 바다에 몸을 던졌다."

23. Krause 1880, 20. 마지막 문장은 이사야서 40장 6절("모든 육체는 풀이요")에서 가져온 것이다. 편지 내내 이래스머스가 누이를 놀리고 있고, 찰스가 그 농담을 독자와 함께 나누고 싶어 한다는 게 분명하다.

24. C. Darwin in Krause 1880, 20, 26, 27.

25. Uglow 2002는 이하의 주장만 빼면 읽기 쉽고 정보가 많은 책이다. 이 책은 이 편지를 일부 인용하면서 이래스머스 다윈이 결혼 직전에 "공포에 사로잡혔고" 결혼 허가서의 입수 가능성을 높고 전전긍긍했다고 주장한다. 그러나 이 편지에 대한 또 다른 독해는 반대의 내용을 가리킨다. 이래스머스는 두 사람의 결혼에 관해 젊은 약혼녀(그녀는 열일곱 살에 불과했다)를 안심시켜 줄 요량으로 편지를 쓰고 있었고 이런저런 뒷말들의 소재가 되길 원치 않았거나 주변 사람들이 어린 신부에게 할지도 모를 온갖 허황된 이야기들로 그녀가 괴로워하지 않길 바랐을 뿐이다. 다윈 가문 사람들은 사랑해서 결혼했던 것 같고 아내와 자식들을 사랑했으며 가족에 대한 그들의 애정은 대체로 화답을 받았던 것 같다.

26. Darwin 1785.

27. Darwin 1806.

28. Darwin 1806, 11.

29. Darwin 1794.

30. Krause 1880, 102.

31. Darwin 1794, ix.

32. Darwin 1804.

33. Krause 1880, 95. 이래스머스의 시는 Canning, Frere, Ellis, and Gifford의 작품으로 돌려지는 작자 미상의 패러디, (사랑의 트라이앵글 '삼각형의 사랑'이란 중의적 의미도 있다—옮긴이)(The Loves of Triangles, 1801)에서 조롱받았는데, 특히나 불쾌한 (그러나 인정하건대 재미있는) 마지막 행들은 다음과 같다.

오직 그대만의 것이었다네, 오, 거대한 골격의 젊은이,
이소스켈레스여! 그 길들이기 힘든 반항덩어리!
수줍은 마테시스는 헛되이 그대한테서 달아나려 하지만

환영에 홀린 듯한 다정한 눈길을 그대에게 돌리니

전기가 통하듯 불길과 함께 짜릿한 전율이, 구불구불한 신경을 건드리며

푸른 핏줄을 고동치게 하고, 냉정한 자제심을 없애는도다. (134)

(이소스켈레스는 이등변, 마테시스는 수학―옮긴이)

이 패러디 시는 끝에 가서 조지 3세 치하 토리당 수상이었던 소(小)피트가 기요틴에 목이 달아나는 것을 묘사하며 더욱 고약하게 마무리된다. 패러디는 이래스머스의 글을 적어도 한 세대 동안 웃음거리의 원천으로 만드는 데 성공하고도 남았다.

34. Darwin 1806, 54.

35. Darwin 1804, 3.

36. Hussakof 1916. 이래스머스는 언어와 발화 구조에 흥미를 느꼈다. 앞장에서 만난 중세 자연사 학자들처럼 그는 청동 두상도 만들었는데 그의 두상은 기계 장치를 통해 실제로 작동한다는 점에서 달랐다. 찰스 다윈에 따르면 청동 두상은 "엄마," "아빠" 같은 단순한 단어를 말할 수 있었다고 한다. 월광회의 친구 한 명은 이래스머스에게 주기도문을 읊을 수 있는 두상을 만들 수 있으면 천 파운드를 주겠다고 제안했지만 그 돈은 결코 받지 못했다. (Krause 1880, 121).

37. King-Hele 1998. "월광인"들과 그들의 시대에 대한 더 상세한 논의는 Uglow 2002를 보라. 이 책은 월광회의 시적, 사회적 환경과 더불어 산업혁명의 탄생에 그들이 미친 충격을 훌륭하게 포착한다. Schofield 1966도 보라.

38. 월광회의 다른 열세 명 회원 가운데 열 명은 왕립학회의 회원이었거나 회원이 된다.

39. 슬프지만 얄궂게도 웨지우드 가문의 아들들은 새뮤얼 콜리지가 자유롭게 시를 쓸 수 있도록 연금 150파운드를 지불했다. 콜리지는 이래스머스 다윈의 시를 가장 혹독하게 비판한 사람 중 한 명으로, 이래스머스의 글은 "구역질이 난다"고 말한 바 있다(Coleridge 1895, vol. 1, 164).

9장 가장 아름다운 형태들

1. Darwin 1958. 《찰스 다윈 자서전》(The Autobiography of Charles Darwin 1809-1882)은 아들 프랜시스가 《생애와 편지들》(Life and Letters, Darwin 1887)이라는 제목으로 편집한 판본을 비롯해 여러 판본이 나와 있다.

   그러나 노라 발로의 판본(Darwin 1958)이 다윈이 자식들을 위해 원래 쓴 내용을 고스란히 담고 있는 유일한 판본이다. 이하에서 다윈 자서전의 인용문은 다른 언급이 없으면 여기서 가져온 것이다. 쪽수는 본문에 괄호를 쳐서 표시했다.

2. 아마도 Clarke 1821. 19세기에는 "경이" 유형의 책이 많이 나왔지만 연도(1821년은 나중에 나온 미국판 연도이다)와 전반적인 내용의 초점 측면에서 이 책이 유력한 후보이

다. 나중에 다윈이 비글호에서 승선하여 구경하게 될 여러 장소들이 이 책에 나와 있다.

3. 베르너협회도 제임슨이 창립했다. 모든 퇴적층은 전 지구를 뒤덮은 원시 대양으로 설명될 수 있으며, 그로부터 다양한 종류의 광물이 침전되었다고 믿은 독일 지질학자 아브라함 베르너를 따서 이름이 지어졌다. 이 협회는 플리니우스협회의 학부생 버전이었던 것 같다. 제임슨 사후 곧 사라졌다.

4. Darwin 1902, 178.

5. 인종과 노예제에 관한 다윈의 태도를 다룬 최근의 논의는 Desmond and Moore 2009를 보라.

6. 다윈과 로버트 피츠로이가 브라질에서 노예제를 둘러싸고 논쟁을 벌인 기념비적인 순간에, 피츠로이가 한 노예를 불러서 그가 처한 상태가 마음에 들지 않느냐고 물었다. 노예는 그렇지 않다고 피츠로이를 확신시켜 주었고, 피츠로이는 돌아서서 다윈의 반응을 살폈다. 다윈은 요령도 없이 감독자가 바로 옆에 서 있지 않았다면 노예는 다르게 답변했을 것이라고 대꾸했다. 피츠로이는 화가 나서 씩씩거리며 배로 돌아갔고 두 사람은 그 뒤로 한 동안 말을 주고받지 않았다. Darwin 1887, 61.

7. 찰스 워터튼(1782~1865)은 요크셔 지주 출신으로, 남아메리카를 널리 여행하는 동안 인디오 부족들과 함께 지내며 그들한테서 쿠라레와 여타 독물 사용법을 배웠다. 그는 열성적인 박제가이자 환경보호론자, 조류학자이기도 했다. 대머리독수리한테서 후각의 역할을 둘러싸고 오듀본과 격렬한 논쟁도 벌였다. 그를 다룬 전기는 여러 권 나와 있으며 일례로 (비록 거의 못 읽을 수준이지만) 당대에 나온 것도 있다: Hobbson 1866을 보라. 최근에 쓰인 전기들도 존재하는데 워터튼은 자신이 괴짜임과 더불어 괴짜들을 끌어모으는 사람이었던 것 같다. Darwin 1958도 보라.

8. Darwin 1985.

9. Browne 2002.

10. 그는 "화이트의 '셀본'을 읽은 뒤 나는 새의 습성을 관찰하고 심지어 그 주제에 관해 기록을 작성하면서 커다란 즐거움을 얻었다"라고 쓰고 있다. (Darwin 1897, 45).

11. 찰스 다윈이 캐럴라인 다윈에게 쓴 1832년 4월 25~26일자 편지, Darwin 1985, 227에서 인용. 편지 곳곳에 유사한 언급이 나온다.

12. Paley 1813. 흥미롭게도 이 책은 더럼 주교이자 길버트 화이트의 편지 상대였던 데인스 배링턴의 동생 슈트 배링턴에게 헌정되었다.

13. Barlow 1967.

14. 프랜시스 다윈은 《다윈 자서전》(Darwin 1958)에서, 헨슬로가 케임브리지에서 옮겨 왔을 때 대학 내 지성계와 사교계의 간극이 너무 첨예하여 결국 케임브리지 레이협회가 창립되었다고 지적한다. 물론 협회 이름은 존 레이의 이름을 딴 것이었다.

15. Desmond and Moore 1991, v.

16. Barlow 1967, 28.

17. Walters and Stow 2001.

18. 피콕(George Peacock)이 존 헨슬로에게 1831년 8월 24일 이전에 쓴 편지, Barlow 1967, 28. 피콕은 케임브리지대학 동료 교수이자 해군 수로학자이자 보퍼트 풍력 등급의 창시자 프랜시스 보퍼트의 친구였다.

19. 존 헨슬로가 다윈에게 보낸 1831년 8월 24일자 편지, Barlow 1967, 29.

20. Litchfield 1915, 7.

21. 찰스 다윈이 로버트 다윈에게 보낸 1831년 8월 31일자 편지, Barlow 1967, 34. 우리는 에머가 결국에 찰스와 결혼하게 되리란 걸 알고 있기에 "웨지우드 집안사람들은 모두"란 표현은 특히 흥미롭다.

22. 조사이어 웨지우드가 로버트 다윈에게 보낸 1831년 8월 31일자 편지, 같은 책.

23. Parker King 1839.

24. Nichols 2003.

25. 1829년 5월 피츠로이의 항해 일지, Parker King 1839에서 인용. 날씨는 눈 깜짝할 새 바뀔 수 있었다. 바로 다음에 피츠로이는 날씨가 "맑다"고 하며 "가을 영국 해안에서 느끼는 것만큼 차지는 않은" 물에서 수영한 것을 언급한다. (225).

26. Nichols 2003.

27. Gribbin and Gribbin 2004.

28. 배는 1829년 4월 케이프혼 근처에서 어드벤처호와 만났다. 다른 뱃사람들이면 최대한 재빨리 도망쳐 버렸을 해역에 일부러 오래도록 머문, 이 항해 전체의 배들과 선원들에게 찬탄을 보내지 않을 수 없다.

29. 찰스 다윈이 존 헨슬로에거 보낸 1831년 11월 15일자 편지 16, Darwin 1897, 188.

30. 측정의 정확성과 정밀성에 대한 피츠로이의 고집을 한층 더 엿볼 수 있는 책은 Raper and Fitzroy 1854.

31. 이 대중적인 19세기 사이비과학은 두개골과 얼굴 형태에 대한 정확한 이해로 정신적 능력과 성격에 대한 실마리를 얻을 수 있다고 주장한다. 앨프리드 러셀 월리스도 골상학의 강력한 신봉자였고 마지막 책《멋진 세기》(The Wonderful Century, Wallace 1899)에서 그는 20세기에 과학에서 지배적 특징이 될 것이라고 예상한 열 가지 가운데 하나로 골상학을 꼽는다.

32. 찰스 다윈이 존 헨슬로에게 보낸 편지 9, Darwin 1897, 178.

33. Lyell 1831.

34. Railing 1979.

35. Darwin 2009, 43.

36. 같은 책, 44. 비스케이만은 날씨로 악명 높다. 150년도 더 뒤에 싱어송라이터 고든 복(자

신이 무슨 이야기를 하는지 잘 알고 있던)은 〈아일 오 호트의 언덕들〉이란 노래에서 "저 비스케이 만의 너울들이/네 머리가 어깨에서 곧장 굴러 떨어지게 만들 것"이라고 노래한다. 딱하게도 다윈이라면 이 가사가 무슨 의미인지 잘 알았을 것이다.

37. Darwin 2009, 45.

38. Darwin 1845.

39. 같은 책, 207.

40. Darwin 1902, 143.

41. Darwin 1985, 220.

42. 관찰 노트들은 활자로 옮겨지고 편집되어 훌륭한 텍스트가 되었다: Chancellor and van Wyhe 2009를 보라.

43. 같은 책, 35. 쉼표와 마침표, 철자는 원문 그대로이다.

44. Darwin 2009, 87.

45. 헨슬로는 다윈에게 이 책에서 일반적으로 참조하는 것보다 더 초기 번역본을 주었다. (Humboldt 1852): 초기 훔볼트 번역본은 1814년과 1825년 사이에 출간되었다(Van Whye 2011를 보라).

46. Darwin 1958. 자서전을 보면 다윈이 나중에 피츠로이와 관계가 불편해진 것을 회상하며 다소 서글퍼한다는 느낌을 받게 된다. 피츠로이가 선장으로서 다윈의 '최고 이상형'이던 시절은 오래전에 지나가 버렸지만 둘 사이에 오고 간 상처를 다윈이 마음 깊이 애석해했음을 느낄 수 있다.

47. Darwin 2009, 46.

48. 존 헨슬로가 찰스 다윈에게 보낸 1832년 1월 15일자 편지, Darwin 1985, 293.

49. 같은 책.

50. 그는 집에 보내는 편지에 포클랜드에 관해 좋게 이야기할 거리가 없었다. 섬은 당시 아르헨티나에서 영국으로 주인이 바뀌는 중이었고 여러 영국인이 근래에 살해된 상황이었다. 에드워드 램에게 보내는 1834년 3월 30일자 편지에서 그는 포클랜드 제도를 "인간사의 다툼과 더불어 폭풍우의 불협화음을 접할 수 있는 장소"라고 적었다. (Darwin 1985, 378).

51. 찰스 다윈이 캐럴라인 다윈에게 보낸 1833년 3월 30일자 편지, 같은 책 302.

52. 같은 편지에서 다윈은 어린 소년 하나가 "푸에고 남성들은 겨울에 여성들을 잡아먹는다"고 말했다며 푸에고 사람들을 식인종이라고 비난한다. 사람 대신 왜 개를 잡아먹지 않느냐고 묻자 소년은 "개는 수달을 잡는다"고 설명했다. 다윈은 계속해서 푸에고 여성들의 "비율이 더 적다"고 지적한다(같은 책, 303).

53. 1833년 8월 17일자 다윈 일기, Rawling 1979, 117.

54. 다윈의 병에 관해서는 훗날 그의 "이단적" 사고가 아내 에머에게 미친 충격에 대한 근

심에서 비롯된 심인성 질병이란 진단부터 샤가스 병이라는 진단까지 추측이 무성하다. Woodruff 1965는 몇몇 진단들을 검토해 보고 다윈이 남아메리카로 가기 전부터(그의 사고가 이단적이기 훨씬 전이다) 건강이 좋지 않다는 징후를 일부 보였다는 점을 근거로 샤가스 병이라는 주장은 거부한다. 반대로 Young 199은 루푸스 병이라는 진단에 동의한다.

55. 1835년 9월 16일자 일기, Darwin 2009, 309.

56. 1835년 9월 21일(?)자 노트 기록, Chancellor and van Wyhe 2009, 418.

57. Barlow 1963, 262.

58. Darwin 1851.

59. 그야말로 다윈답다고 밖에 할 수 없는 방식으로 다윈은 결혼 생활의 좋은 점과 나쁜 점 목록을 작성했고, 이 글은 그의 다른 글들과 더불어 남아 있다. 에머가 다윈 사후 남편의 문서를 정리하면서 이 목록을 불속에 집어던지지 않았다는 것이야말로 남편에 대한 에머의 감정이 어땠는지 짐작해 볼 수 있는 가장 훌륭한 잣대가 아닐까 싶다. 이 재미난 내면의 토론은 Darwin 1958의 부록에서 읽을 수 있다. 결혼하면 좋은 점 가운데에는 "지속적인 동반자(그리고 만년의 친구)이자 상대에게 관심을 가질 사람(애정을 쏟고 함께 놀 수 있는 대상) 어쨌거나 개보다 더 낫다. …… 음악과 여성적 대화의 매력. 이것들은 건강에 좋지만 한편으로 지독한 시간 낭비이다"(232). 결혼하면 안 좋은 점으로는 (여러 가지 중에) "어쩌면 아내가 런던을 좋아하지 않을지도 모른다. 그렇다면 형벌은 게으르고 무기력한 멍청이와 유배와 퇴행―"(233)이라는 걱정도 있다. 자신과의 논쟁의 결론은 "결혼해라, 결혼해라, 결혼해라"였고 결국 그렇게 했다. 틀림없이 에머는 남편의 끝없는 병을 참아 내며 계속 "부지런하게" 연구하도록 내조한 "천사"였겠지만 여러 가지 점에서 다윈의 예상이 맞기도 했다. 그는 결코 "열기구를 타고 하늘에 올라가거나" 미국이나 유럽을 방문하지 않았지만 결혼의 전반적 결과는 그가 상상할 수 있는 결과보다 더 좋았다고 할 수 있다(233).

60. 로버트 피츠로이가 찰스 다윈에게 보낸 1837년 11월 15일과 16일자 편지, Burkhardt and Smith 1986. 서문의 원인과 다윈의 답장은 존재한다 해도 현재는 전하지 않는다.

61. Raverat 1953.

62. 앤 다윈의 죽음은 많은 논란의 대상이 되었다. 아버지의 사랑을 가장 많이 받았다고 인정받는 그녀는 1851년 열 살 때 죽었다. 다윈의 고손자 렌들 케인스는 애니의 죽음이 다윈과 가족에 미친 충격에 관해 매우 감동적인 책을 썼다. 이 책은 2009년 극영화 〈크리에이션〉의 토대가 되었다.

63. Litchfield 1915, 2: 75.

64. 다윈은 지렁이에 의한 부식토 생성을 논의하면서 길버트 화이트를 다소 폄하하여 짧게만 언급한다(Darwin 1896을 보라). 알다시피 그는 일찍이 화이트를 읽었고 이래스머스

다윈의 경우에서와 마찬가지로 다윈은 제한된 관찰 내용으로부터 가설을 세우는 것을 참아 주지 못한 것 같다.

65. Browne 2002, 42에서 인용.

66. Darwin 1859.

67. Litchfield 1915, 2: 253.

68. Darwin 1859, 490.

10장 자연의 지리

1. Humboldt 1852, 1: ix.

2. 찰스 다윈이 훔볼트에게 보낸 1839년 11월 1일자 편지, Darwin 1986, 240.

3. Schlesier 1853.

4. Humboldt 1852, 1: 1.

5. 나는 아버지한테서 1870년대에 통행증 없이 발칸 지역을 여행하는 실수를 저지른 영국의 위대한 고고학자 아서 에번스 경에 관한 재미난 일화를 들은 적이 있다. 아서 경이 국경을 넘으려고 했을 때 관리가 관련 서류를 제시하라고 요청했다. 그는 절박한 심정으로 5파운드 지폐를 꺼내 뇌물을 먹일 심산으로 건넸다. 관리는 근엄하게 지폐를 이리저리 살펴본 본 다음 도장을 찍고 다시 건네주었다. 아버지는 "물론 당시에 5파운드 지폐면 정말 대단한 거였지"하고 말씀하셨다(현재 가치의 대략 50배이다―옮긴이).

6. 영국과 에스파냐의 관계는 종종 극도로 복잡했다. 에스파냐는 원래 프랑스에 맞서 영국과 한편이었지만 제1차 대불동맹이 패배한 뒤 편을 바꿨다. 영국은 1797년 에스파냐 해안에 봉쇄를 단행하여 에스파냐 라틴아메리카 식민지들과의 연락을 심각하게 저해했다. 이런 상황은 의혹을 고조시켰던 것 같고 훔볼트에게 통행 허가증이 허락된 것은 뜻밖의 반가운 일이었다. 에스파냐는 결국 나폴레옹 전쟁 때 다시금 편을 바꿨고, 영국은 공식적으로 동맹국 에스파냐를 지원하는 한편 아메리카 대륙에서 에스파냐의 통제력을 약화시켰다. 다윈이 남아메리카에 도착할 무렵 옛 에스파냐 식민지들 다수가 이미 독립을 이룬 상태였다.

7. Humboldt 1852, 1: 81.

8. 같은 책, 1: 88.

9. 같은 책, 1: 151.

10. 같은 책, 1: 165.

11. Vuilleumier 2003.

12. Griffin 1953은 아마도 조류 세계에서 유일한 사례일 과차로의 반향 정위(음파나 초음파의 반향으로 위치를 파악하는 것―옮긴이)를 묘사한다.

13. Humboldt 1852, 1: 295.

14. Sandwith 1925.

15. Humboldt 1852, 1: 474.

16. 같은 책, 2: 133.

17. 같은 책, 2: 152.

18. 같은 책, 2: 155.

19. 같은 책, 2: 184.

20. 같은 책, 2: 195.

21. Walls 2009.

22. Humboldt 1852, 2: 213.

23. 같은 책, 2: 406.

24. Humboldt 1885, 90.

25. 한 프랑스 함대가 봉쇄를 뚫었고 훔볼트는 오리노코 강에서 수집한 새와 원숭이들을 과
    달루페를 거쳐 프랑스로 보냈다. 안타깝게도 동물들은 항해 도중에 모두 죽었고 가죽만
    이 자르댕드플랑트(파리 국립식물원)에 도착했다.

26. Walls 2009은 후속권이 더 쓰였을지 모르지만 어쩌면 너무 정치적이거나 개인적인 성
    격의 내용을 담고 있어서 훔볼트가 공개하지 않았을지도 모른다고 주장한다. 그때는 에
    스파냐 식민지인 남아메리카 전체가 혁명으로 들끓을 참이었고 훔볼트는 자신이 권위주
    의적 국가를 좋아하지 않음을 분명히 피력한다. 특히나 그 나라들이 노예제를 허용한다
    면 말이다(그는 분명히 아이티 반란에 기뻐했다). 그는 자신의 글에 이름을 밝히면 위험
    해질 인물들이 너무 많다고 판단했을지도 모른다.

27. 침보라소는 고도가 6,200미터를 약간 넘는 반면, 에베레스트 산 정상은 8,848미터이다.
    위도상 훨씬 북쪽에 있는 에베레스트에 비해 침보라소는 거의 적도에 있기 때문에 지구
    상 어느 곳에서보다 침보라소 정상이 지구 중심으로부터 가장 멀리 떨어져 있다(지구는
    완벽한 구형이 아니라 적도 부근이 약간 더 튀어나온 형태이다―옮긴이).

28. Humboldt and Bonpland 2009 [1807]. Stephen Jackson과 Sylvie Romanowski
    는 이 책에서 시론에 대해 대단히 유익하고 흥미로운 개관과 명쾌한 번역본을 제공함으
    로써 영어권 독자들에게 크나큰 혜택을 베풀었다. 함께 수록된 아름다운 '자연환경' 도
    판 덕분에 이 책은 생물지리학자라면 반드시 소장해야 할 책이다.

29. Humboldt 1814.

30. 문자 그대로 "통과하게 해주라"는 의미의 통행허가증(laisser passer)은 이것을 소지한
    사람은 국경을 넘어서 여행하거나 전쟁 지대 안을 이동할 수 있게 하라고 명시한 정부
    관계자가 발행한 공식 문서이다.

31. 나폴레옹은 훔볼트의 지지자가 아니었다. "식물학에 관심이 있다고? 내 아내도 그걸 공
    부한다네." 훔볼트가 궁정에 있었을 때 황제가 건넨 말은 고작 그것뿐이었다. (Bruhns

et al. 1873, 344).

32. 같은 책.

33. Stoddard 1859, 305.

11장 빛의 심장부

1. Wallace 1899.

2. 같은 책, 378.

3. Williams-Ellis 1966.

4. Wallace 1905.

5. 멍고 파크(1771~1806)는 아프리카에서 여러 해를 보낸 스코틀랜드 탐험가이다. 그는 나이저 강으로 돌아오는 길에 살해되었지만 그의 책(Park 1816)은 빅토리아 시대에 동안 줄곧 대중적 인기를 누렸다. 홈볼트와 월리스, 다윈, 존 뮤어 모두 그의 책을 읽었다.

6. 맬서스(1766~1834)는 영국의 경제학자이자 역사가로, 산업화의 증대가 노동계급에 미치는 다수의 부정적 영향들에 적극적으로 반대의 목소리를 냈다. 월리스처럼 다윈도 맬서스의《인구론》을 자연선택이라는 착상의 핵심적 실마리로 인용한다.

7. Chambers 1845.《천지창조의 자연사의 흔적》은 원래 1844년 익명으로 출간되어, 이 단적인 진화론적 함의들과 저자를 둘러싼 수수께끼로 적잖은 파란을 불러일으켰다. 체임버스는 2판을 출간하며 후자에 관한 추측을 잠재웠다.

8. 다윈과 웨지우드 가문의 재산의 토대가 된 운하망은 그보다 더 포괄적인 철도망으로 대체되고 있었다. 다윈 가문은 딱 맞는 시점에 투자를 했고 그 결과 찰스의 재산이 확실하게 보장받았다. 다른 투자자들은 그보다 운이 없었다. 1846년에 사업이 제안된 철도 다수는 경쟁 회사들에 의해 중복 투자되었고 결국 건설되지 않거나 손해를 본 채 운영되었다.

9. Wallace 1915, 256.

10. Edwards 1847.

11. Woodcock 1969.

12. Raby 2001.

13. Wallace 1853.

14. 같은 책, iii.

15. 같은 책, 11.

16. Beddall 1969, 38.

17. 저자 미상, 1972 (원본의 영인본을 수록하고 있다).

18. Wallace 1889b [1853]. 책은 원래 월리스가 브라질과 베네수엘라에서 귀환한 직후인 1853년에 출간되었다.

19. 같은 책, 113.

20. 같은 책, 122.

21. 같은 책, 149.

22. 같은 책, 152.

23. Wallace 1889a, 271.

24. Darwin 1921.

25. Bates 1863. 이 책은 여러 판본이 존재한다. 안타깝게도 가장 흔히 구할 수 있는 판본은 여러 생물과 장소들에 대한 더 흥미로운 묘사가 다수 빠진 축약본이다. Darwin 1999, 322에서 찰스 다윈이 H. W. 베이츠에게 보낸 1862년 4월 18일자 편지도 보라.

26. Bates 1863, 27.

27. 찰스 다윈이 헨리 월터 베이츠에게 보낸 1862년 1월 13일자 편지: Darwin Correspondence project Database, www.darwinproject.ac.uk/entry-3382/, letter no. 3382 (2010년 12월 5일에 접속).

28. Wallace 1905, 327.

29. 같은 책.

30. Wallace 1869.

31. 여기서 월리스의 단어 선택에 주목해 볼 만하다. 오랑우탄이 원주민들을 공격하는 것이 아니라 공격을 받고 있다. 물론 오랑우탄이 이기고 있는 것처럼 보이긴 한다.

32. Wallace 1869, iv.

33. 브룩은 브루나이의 술탄에게 강요하여 1841년 보르네오 북서부 해안에 대한 지배권을 얻어냈다. 브룩과 그의 후계자들은 1946년까지 전제 군주로서 그 지역을 다스리다 마지막 라자가 영토를 영국에 이양했다. 이 지역은 1963년에 말레이시아 연방에 합류했다.

34. Wallace 1869, 85.

35. 같은 책, 36.

36. Smith and Beccaloni 2008에 수록된 월리스의 날개구리 수채화 도판에 주목할 수 있게 해준 찰스 스미스 교수에게 감사드린다.

37. Wallace 1869, 39.

38. 같은 책, 42.46.

39. Wallace 1855.

40. Wallace 1869, 67.

41. 같은 책, 74. 두리안은 "지옥의 냄새와 천국의 맛"을 지닌 것으로 악명 높다. 현지 일부에서는 냄새 때문에 공중 건물의 실내로 두리안을 가져오는 것을 금지한다. 월리스는 두리안이 풍기는 냄새를 "크림치즈, 양파 소스, 브라운 셰리주, 여타 어울리지 않는 것들"(같은 책, 75)의 냄새라고 묘사하나 보통은 심하게 썩은 고기 냄새에 비유된다. 반면 두리안

의 맛은 널리 인정받는 듯하다.

42. 같은 책, 75.

43. Wallace 1858, 다윈과 월리스의 합동 발표문에서 월리스의 발표 분량.

44. 수년 동안 다윈과 월리스 사이에 오간 일련의 편지들을 보면 서로가 누가 더 아파 보이
  는지 애를 쓰는 것처럼 보인다. 이는 다윈이 심기증 환자였다고 믿는 사람들한테는 재미
  있을지 모르지만, 한편으로는 빅토리아 시대 열대지방 여행과 의료가 낳은 효과들을 예
  증하는 것일지도 모른다.

45. Wallace 1905. Raby 2001는 이 숙녀분이 매리언 레슬리였다고 확인하며 월리스가 애
  니한테 구애하여 결혼에 성공하기까지보다 이 실패한 구애에 더 많은 시간을 들였다고
  지적한다.

46. Wallace 1869, 596. 첫 문장은 한 쪽에 걸친 주석을 달고 있는데 주석에서 그는 "야만
  성"이 어떤 의미인지를 어느 정도 자세히 설명한다.

47. 찰스 다윈이 앨프리드 러셀 월리스에게 보낸 1869년 3월 27일자 편지, Wallace 1915,
  197.

48. Wallace 1876.

49. 같은 책, v.

50. Wallace 1905, 255.

51. Wallace 1880.

52. Wallace 1907.

53. Huxley 1942. 줄리언 헉슬리는 다윈의 친구이자 옹호자이며 불가지론자라는 단어를
  만들어 내기도 한 토머스 헉슬리의 손자이다. 인생 만년에 줄리언은 월리스를 생각나게
  하듯, 피에르 테야르 드 샤르댕의 정신 진화 개념들을 지지하며, 심령주의에 기웃거리기
  도 했다.

54. Wallace 1905, 202.

12장 제국들의 전리품

1. James 1997.

2. Cabeza de Vaca 1983 [1542].

3. Houston, Ball, and Houston 2003은 자연사와 기후학 그리고 극북 지역에 대한 허
  드슨베이컴퍼니의 일반적 연구 활동에 참여한 사람들을 세심하게 조사한 내용과 함께
  아름다운 도판들을 수록하고 있다.

4. Rich 1954.

5. Pennant 1784.

6. Elton 1942.

7. 독립선언서에서 조지 3세에게 가해진 비난 중 하나는 다음과 같다. "그는……우리 변경지대의 거주민들에게 무자비한 인디언 야만인들을 불러들이려고 했다. 인디언들이 아는 전쟁 규칙은 남녀노소, 지위고하를 막론한 무차별적 학살이다." 어렸을 적 나는 이 문장이 실제로 의미하는 바는 딱한 조지 국왕이 식민지들의 서부 팽창을 제한하는 것을 골자로 한 인디언들과 맺은 조약을 지키려고 했으며, 보스턴 상인들은 이를 오하이오 강을 따라 경작을 할 수 있는 비옥한 저지대의 상실로 보고 분개한 것이라고 배웠다. 독립한 미합중국과 북아메리카의 남은 영국 식민지에서 인디언 부족들에 대한 처우를 살펴보는 것이 유익할 것이다.

8. Smith 1904는 미시시피 유역에 대해 "에스파냐인들이 발견했고, 프랑스인들이 탐험하고 그곳에 거대한 제국을 건설하는 것을 구상했으며, 앵글로색슨인들이 정착하여 자원을 개발하고 가장 대담한 프랑스 탐험가의 상상도 크게 뛰어넘는 인구를 발전시켰다"라고 꽤 정확하게 말한다(3).

9. 일례로 Humboldt 1812. Allen 1991은 탐험대의 여정에 바탕이 된(그리고 그로부터 나온) 아이디어들과 잘못된 생각들에 대한 흥미로운 논의와 더불어 당시 지도를 여러 장 수록한 탁월한 책이다.

10. Thomas 1996.

11. 존 F. 케네디 대통령은 노벨상 수상자들이 모인 자리에서 "여태까지 백악관에 인간의 지식과 재능들이 한자리에 모인 경우 가운데 가장 특별한 사례인 것 같군요. 아마도 토머스 제퍼슨이 이 자리에서 홀로 식사를 했던 때는 논외로 해야겠지만"이라고 말했다고 전해진다. (Gross 2006, 10).

12. Jefferson 1998 [1785].

13. 같은 책, 56.

14. Evans 1993.

15. Patton 1919.

16. Jackson 1978, 21.

17. 이 대목과 이하의 발췌문은 제퍼슨이 루이스에게 보낸 1803년 6월 20일자 기밀 편지에서 가져온 것이다. 전문은 Jackson 1978, 61-63에서 볼 수 있다.

18. Jefferson 1998 [1785]. 제퍼슨은 화이트의 주요 편지 상대인 토머스 페넌트와 데인스 배링턴이 출판한 책과 더불어 마크 케이츠비, 페터 칼름 같은 이들의 저서를 소장하고 있었다. 지난 100년 동안 미국의 어느 대통령이 (어쩌면 시어도어 루스벨트를 제외하고) 제퍼슨만큼 동식물에 친숙했을지 궁금하다.

19. Jackson 1978, 63.

20. Botkin 1995.

21. Lewis and Clark 2002 [1904].

22. Patton 1919, 3.

23. Jackson 1978, 21에서 인용.

24. Moulton 2003, 53에서 인용. 나는 Moulton이 옮긴 원문의 철자와 문법을 전혀 수정하지 않고 가져왔다.

25. Lewis and Clark 1902 [1814], 332.

26. Jackson 1962, 1: 59; Jefferson 1998 [1785].

27. 같은 책, 375.

28. Moulton 2003, 239에서 인용.

29. 같은 책, 344.

30. 같은 책.

31. Thomas 1996.

32. Goetzmann 1967.

33. Sellers 1980.

34. Bigelow 1856는 프리몬트가 대통령 후보로 나섰을 때 쓰인 "공인된 전기"이다. 이 책은 찬사 일색의 위인전에 가깝고 프리몬트의 부모가 정식으로 결혼하지 않은 사실은 편리하게 쏙 빼놓는다. 흥미롭게도 프리몬트가 찰스턴에서 쫓겨난 일과 쫓겨난 이유는 담고 있다. 당대 도덕적 기대치가 그런 식이었다.

35. 같은 책, 28.

36. Fremont 1845, 9.

37. Rolle 1991.

38. Fremont 1845, 216. 프리몬트와 부하들은 호수의 북동쪽 기슭에 도달했다. 다음날 그들은 호수 가장자리를 따라 남쪽으로 이동했고 호수의 이름이 된 독특한 바위 지형인 프리몬트의 피라미드를 목격한 첫 유럽인이 되었다.

39. Humboldt 1849, 37.

40. Davis 1853, 55.

41. Perrine 1926.

42. Moore 1986; 저자 미상 1855~61도 보라.

43. Stegner 1992는 구할 수 있는 여러 흥미로운 전기 가운데 하나일 뿐이다. Worster 2001도 보라.

44. 같은 책, i.

45. 일리노이자연사협회는 북아메리카에서 그런 단체로 가장 오래되고 영향력 있는 사례인 일리노이자연사연구소로 바뀌었다. 파월 외에도 이 단체의 가장 중요한 일원으로는 선구적인 호소(湖沼)학자이자 생태학자인 스티븐 포브스를 꼽을 수 있을 것이다. 그의 논문 〈축소판으로서의 호수〉(The Lake as a Microcosm, Forbes 1887)는 생태계 연구

의 현대적 관념들의 토대로 마땅히 간주된다. 간략한 배경 설명을 위해서는 Ayers 1958 를 보라.

46. Hobbs 1934.

47. 서부의 하천 개간 사업에 관한 최고의 책 가운데 하나로는 Reisner, 1993이 있다.

13장 빵나무 열매와 빙산

1. Synge 1897.

2. 머큐리호에 타고 있던 쿡이 길버트 화이트의 친구 제임스 깁슨과 같은 군대의 일원이었으리라는 걸 생각하면 뭔가 놀라운 구석이 있다. 깁슨은 퀘벡 시 앞바다에 정박한 군함에서 화이트에게 포위전을 자세히 보고한 사람이다.

3. Newbolt 1929.

4. Hooper (2003a, 76)는 다소 소름끼치는 후기로서, "제임스 쿡을 죽인 창"으로 만들어졌다는 지팡이가 2003년 경매에서 15만 유로(2억 9천만 원)에 팔렸다고 보고한다.

5. Powell 1977.

6. 같은 책

7. Stanton 1975.

8. 이것은 레이널즈(Clark 1873을 보라)의 지인이었던 존 클리브스 사임스 주니어가 미국에 대중화시킨 관념이다. 사임스는 지구가 일련의 동심 껍질들로 이루어져 있으며, 각 껍질마다 북극과 남극에 있는 구멍으로 접근할 수 있는 거주 가능한 공간을 담고 있다고 주장했다. 당대 과학자들은 이러한 생각을 무시하거나 조롱했지만 나치나 비행접시의 열성적 신봉자 등과 같은 다양한 주변부 집단들 가운데에서 21세기까지 존속해 왔다.

9. 그레이가 탐험대 과학 팀의 일원으로 데이나를 동행하는 데 동의했다면 후에 어찌 되었을지 궁금하지 않을 수 없다. 나중에 보게 되듯이 그레이는 데이나도 중요한 일원이었던 애거시의 라자로니(나폴리 거지들을 가리키는 자조적 명칭이다)와 대립각을 세우는 반대파의 지도자가 되었다. 그레이는 열렬한 다윈주의자였고 데이나는 마지못한 창조론자였다. 두 사람이 세계를 일주하며 2년을 함께 지냈다면 그 경험은 데이나–애거시 동맹보다 더 굳건한 관계를 낳았을 수도 있고, 그 결과 19세기 미국 과학은 불미스러운 몇몇 불화들을 피하고, 다윈의 사상을 더 널리 더 신속하게 수용했을지도 모른다.

10. Lansdown 2006.

11. Goldsmith 1822, 402.

12. 윌크스는 다른 많은 경우에서와 마찬가지로 여기서도 화를 자초했다. 그는 처음에 남쪽에서 육지가 보인다는 선원들의 보고를 무시했던 것 같고, 관찰 내용의 중요성이 분명해진 뒤에야 (그리고 프랑스가 발견의 우선권을 주장하는 상황에 직면하자) 항해 일지를 다시 찾아서 수정하고 빠트린 관찰 내용을 적어 넣었다. 이런 종류의 행위는 항해술에서

절대 저질러서는 안 될 잘못이지만 윌크스한테서는 경력 내내 전형적인 경우였다.

13. 비서구인이 어느 정도까지 식인종이었는지에 관해서는 최근에 엄청난 논쟁거리였는데, 대체로 미국 문화인류학에서 포스트모더니즘 비판 요소들이 강력히 부상한 탓이다. 논쟁은 어조는 "그래, 그들은 식인종이었다. 그들의 후손들이 조상들은 식인을 했다고 말한다. 이를 부정하는 것은 우리가 용인하지 않는 문화들을 지우려는 또 다른 실례이다." 부터 "식민주의자 심리 상태가 만들어 낸 잔인한 환상에 불과하다. 19세기 보고들은 망상적이거나, 장례 의식을 오해한 것이거나 순전한 거짓말이다."까지 전 범위를 아우른다. 논쟁의 분위기를 맛보려면 Hooper 2003b(와 오늘의 인류학Anthropology Today 같은 호에 실린, Hooper의 답변에 대한 추후의 답변)를 보라.

14. Gilman 1899.

15. Rader and Cain 2008은 1950~1960년대에 미국 박물관에서 디오라마와 박제에 바탕을 둔 전시가 폐기되고 더 '쌍방향적' 포맷이 등장하면서 전시와 포맷의 강조점이 변화하는 과정을 흥미롭게 논의한다.

16. Balch 1901.

17. Enderby 2008.

18. Huxley 1918.

19. McCalman 2009.

20. 다윈은 매코믹에게 아주 매정했다. 1831년 10월 30일자 헨슬로에게 쓴 편지를 보라: "의사 선생은 멍청이입니다. 하지만 우리는 매우 잘 지내고 있지요. 현재 그는 커다란 고민에 빠졌습니다. 자기 선실을 밝은 녹회색으로 칠할지 아니면 새하얗게 칠하지를 두고요. 그한테서 이 주제 말고 다른 이야기는 거의 듣지 못했습니다."(Darwin Coreespondence Project Database, www.darwinproject.ac.uk/entry-144/, letter no. 144 [accessed December 17, 2010]). 이러한 평가에도 불구하고 후커와 매코믹이 런던에서 우연히 다윈을 만났고, 두 사람 사이에 따뜻하고 편안한 우정의 분위기가 감돌아서(적어도 나중에 옛일을 회상하게 되었을 때) 후커가 깜짝 놀랐다는 것은 주목할 만하다.

21. McCormick 1884, 222.

22. Huxley 1918, 6.

23. Stanton 1975.

24. McCormick 1884, 274.

25. 같은 책, 333.

26. 같은 책.

27. Hooker 1847.

28. 찰스 다윈이 조지프 후커에게 보낸 1843년 11월 13일 혹은 20일자 편지, Darwin,

1986.

29. 찰스 다윈이 조지프 후커에게 보낸 1843년 3월 12일자 편지, 같은 책.

30. 찰스 다윈이 조지프 후커에게 보낸 1843년 11월 28일자 편지, 같은 책.

31. Darwin Correspondence Project Database, www.darwinproject.ac.uk/entry-729/, letter no. 729 (2010년 12월 18일 접속).

32. 같은 책, www.darwinproject.ac.uk/entry-734/, letter no. 734 (2010년 12월 18일에 접속).

33. 같은 책, www.darwinproject.ac.uk/entry-1067/, letter no. 1067 (2010년 12월 18일에 접속).

34. 같은 책, www.darwinproject.ac.uk/entry-736/, letter no. 736 (2010년 12월 18일에 접근).

35. 영국이 인도를 식민 지배한 대부분의 기간 동안 식민 정부와 행정 관청은 한여름이면 무더위를 피해 더운 남쪽 저지대에서 서늘한 고산 지대로 옮겨 가는 전통이 있었다. 이러한 고산 지대 관청 소재지 중 일부는 고지대로 들어가는 편리한 입구이자 얼마간 사교계의 온갖 음모들이 펼쳐지는 장소로 유명해졌다. 19세기 후반과 20세기 초에 정부 업무에 시달리는 남편과 장기간 떨어진 많은 백인 마님들은 그림을 그리거나 아마추어 자연사 연구 활동에 참여했다. 이런 식으로 관청 소재지 주변의 동식물을 아름답게 묘사한 그림들 일부가 오늘날 우리에게 전해져 온다.

36. Darwin Correspondence Project Database, www.darwinproject.ac.uk/entry-1220/, letter no. 1220 (2010년 12월 18일 접속).

37. 같은 책.

14장 뉴잉글랜드의 자연학자들

1. 저자 미상 1896, 113.

2. 같은 책.

3. Thoreau 1993 [1854], 72.

4. 그는 영어판이 나오기도 전에 훔볼트의 《개인적 서술》 일부를 번역했다. 그는 《자연의 모습》과 《코스모스》도 읽었다.

5. Richardson 1992, Scholnick 1992.

6. Thoreau 1883 [1863], 65.

7. 같은 책, 8; 랠프 월도 에머슨의 전기적 사실 설명.

8. 같은 책, 71.

9. Thoreau 1910 [1854], 259.

10. Egerton 1983은 이것에 대해서도 논평하는데, 소로의 초점은 "과학자보다는 사회 비

판가와 철학자"(273)의 초점에 더 가깝다고 주장하며 그를 생태학 발전의 주변부에 놓는 경향이 있다.

11. Thoreau 1873 [1849], 384.

12. Darwin 1958, 83.

13. 같은 책, 84.

14. Chamberlin 1897.

15. Lurie 1988.

16. Aylesworth 1965.

17. Macdougal 2004.

18. Mater 1911.

19. Clark and Hughes 1890, 447.

20. Lurie 1988.

21. Macdougal 2004.

22. Agassiz 1847.

23. Thoreau 1907, 9: 298-99. McCullough 1992는 아가시가 포름알데히드에 절인 물고기를 내놓은 다음 물고기를 묘사해 보라고 시켰다는 곤충학자 새뮤얼 스커더가 처음 한 이야기를 되풀이한다. 처음에 스커더는 잽싸게 스케치를 시도했다. 아가시는 그에게 계속 들여다보라고 했고 스커더는 몇 시간을, 그 다음 몇 날을 그 물고기를 연구했다. 그가 결과물을 제출할 때마다 교수는 다시 들여다보라고 촉구했다. 마침내 4주가 지난 뒤 물고기는 썩어 버렸지만 아가시는 스커더가 물고기를 "보기" 시작해서 흡족했다.

24. Adams 2010 [1906]는 하버드대학에서 교수로서 아가시에 대한 다소 재미난 평가를 담고 있다. "그(애덤스)의 상상에 호소하는 유일한 수업은 빙하기와 고생물학에 관한 루이 아가시의 강좌였고, 이 강좌는 대학에서의 나머지 교육을 전부 합친 것보다 그의 호기심에 더 큰 영향력을 행사했다." (50).

25. Winsor 1991.

26. Lurie 1988; 라자로니에 대한 반대 입장을 다룬 것으로는 특히 저자 미상 1956 and Dupree 1959도 보라.

27. Cochrane 1978.

28. Foster 1999.

29. 예를 들어 1920~1930년대에 프레더릭 클레멘츠가 제시한 거의 신비적인 풍경 구조화와 그의 제자 존 필립스의 순전히 신비적인 "초유기체"론을 보라. 이는 궁극적으로 아서 탠슬리 경의 "생태계"라는 착상으로 이어졌다.

30. Thoreau 1887 [1860], 51.

31. Torrey 1824.

32. Gray 1836.

33. Dupree 1959.

34. Gray 1863, 1.

35. Gray 1880, 8.

36. Keeney 1992.

37. Gray 1861.

38. Agassiz and Hartt 1870.

39. Cochrane 1978.

40. Haeckel, Winsor 1991, 54에서 인용.

15장 생태와 환경 문제

1. Keller and Golley, 9.

2. Farber 1997.

3. Semper 1881, v.

4. 같은 책, 3.

5. 같은 책, 29.

6. Worster 1993, 6.

7. Muir 1913.

8. 같은 책, 116.

9. Muir 1913, 130.

10. 같은 책, 286.

11. Holmes 1999.

12. Muir 1916.

13. Muir 1916, ix.

14. Worster 2008는 뮤어에 관해 이렇게 말한다. "평생 그는 거의 하이킹만큼이나 수다를 떠는 것을 좋아했다. 어디를 가든 그는 대화를 시작했고 대화는 흔히 끝없이 이어졌으며, 말은 거의 다 뮤어가 했다." (3)

15. Muir 1911.

16. Bade 1924, 163. 오스트레일리아 지질조사국 E. C. 앤드루스가 시에라클럽 총무에게 보낸 편지 중 일부.

17. 존 뮤어가 에이서 그레이에게 보낸 1873년 2월 22일자 편지, http://digitalcollections. pacific.edu/u?/muirletters,18906 (2011년 1월 8일 접속)

18. Huxley 1918.

19. Bade 1924, 358.

20. Goetzmann and Sloan 1982.

21. Hall 1987.

22. Branch 2001.

23. Merriam 2008 [1910].

24. Grinnell 1943.

25. Merriam and Steineger 1890; Merriam 1898도 보라.

26. Oehser 1952.

27. Bailey 1889.

28. Bailey 1898.

29. Bailey 1902.

30. Stein 2001.

31. Williams 1994.

32. Hall 1939와 Grinnell 1940. E. 레이먼드 홀은 그리널이 처음 가르친 대학원생 가운데 한 명으로, 북아메리카에서 으뜸가는 포유류학자가 되었다. 두 번째의 책의 지은이인 힐다 W. 그리널은 조지프의 미망인이다.

33. 첫 알래스카 여행에 관해 그는 집에 이렇게 편지를 썼다. "내 인생에서 이렇게 행복하고 좋은 적도 없습니다. 새로운 고장에서 매일같이 새로운 새를 수집하다니! 제가 이상적으로 생각하는 즐거운 시간입니다. 저는 그저 많은 모험과 함께, 낚시, 배타기를 원할 뿐이에요." (Grinnell 1940, 5에서 인용).

34. 여기에 서술된 알렉산더의 생애에 관한 자세한 내용 대부분은 B. Stein's (2001)의 뛰어난 전기에서 가져왔다. 이 책은 현재 척추동물학박물관에 소장된 편지와 문서들에 바탕을 두고 있다.

35. 같은 책.

36. E. 헬러가 조지프 그리널에게 보낸 1908년 5월 29일자 편지, Stein 2001, 102에서 인용.

37. Hall 1939.

38. Alexander 1927.

39. Kellogg 1910.

40. Merriam 1914.

41. Seton 1898과 Thompson 1901. 톰슨 시턴은 원래 《쫓기는 동물들의 삶》을 시턴-톰슨이라는 이름으로 출간했고 《내가 아는 야생동물들》은 톰슨 시턴(하이픈을 빼고 이름 순서를 바꿔서)이란 이름으로 출간했다. 본명은 사실 어니스트 톰슨이다.

42. Burroughs 1908.

43. Roosevelt 1920.

44. Meine 1988.

45. 같은 책.

46. 같은 책.

47. Leopold 1968, 130.

48. Guthrie 1919, 54.

49. Young 2002.

50. 카이바브 사슴은 이후 50년 넘도록 포식동물 관리 논의에서 상징이 되는 주제였다. 뉴질랜드 야생 생물학자 Graeme Caughley (1970)은 증거들을 재검토한 뒤 포식동물이 먹잇감의 개체수를 통제한다거나 심지어 이 경우 사슴떼가 "붕괴"했다는 주장을 뒷받침할 만한 증거는 거의 없다고 주장한다.

51. Meine 1988.

52. Leopold 1933.

53. 같은 책, xxxi.

54. Elton 1927, 1.

55. 같은 책, 3.

56. Leopold 1953, 61.

57. Leopold 1968, vii.

58. Lear 1997.

59. Lytle 2007.

60. Carson 1941.

61. Carson 1951.

62. Carson 1955.

63. Lear 1997.

64. Carson 1962.

65. 같은 책, 1.

16장 자연사의 느린 죽음과 부활

1. Kohler 2002.

2. 에른스트 마이어는 내게 영국의 위대한 유전학자이자 통계학자인 R. A. 피셔의 강연에 참석한 이야기를 들려준 적이 있는데, 그때 강연에서 청중 중 누군가가 용감하게도 손을 들고서 피셔가 모든 모델에서 균형을 상정한다고 지적했다고 한다. 피셔는 "맞습니다. 균형을 상정하지 않는다면 수학이 적용되지 않으니까요"라는 요지의 답변을 했다. 마이어는 진짜 무서운 사실은 그 답변이 전적으로 충분하다고 간주된 것이라 말했다.

3. Leopold 1953, 64.

4. Macarthur 1958.

5. Stilling 2012은 맥아서의 완벽한 삼각형 "가문비" 도해를 그보다 더 예쁘장한 나무 그림들로 대체한, 눈에 보기에 좋은 일련의 글들 가운데 최근의 것이다. 스틸링 교수는 마침 내가 이 글을 작성하고 있는 곳에서 25킬로미터 떨어진 곳에 위치한, 맥아서가 작업했던 실제 가문비나무를 보면 경악할지도 모른다. 나무들은 나이를 더 먹었고 가지를 많이 잃었다. 스틸링의 그림들이나 맥아서의 도해와 닮은 것은 거의 없지만 진짜라는 장점은 있다.

6. 노퍼크의 면적은 2,000제곱마일이 조금 넘을 뿐이지만 Stevenson 1866은 이 지역의 조류군을 다룬 1,300쪽이 넘는 세 권짜리 저작이다. 반면 Sprunt 1954는 65,700제곱마일 면적의 플로리다에 서식하는 조류군을 527쪽에 걸쳐 다룬다. 어쩌면 캘리포니아 새를 다룬 권위적인 연구서 Dawson's (1923)이 더 공평한 비교 대상이 될 것이다. 이 책은 총 네 권으로 2천 쪽이 넘는데 물론 캘리포니아의 면적은 163,696제곱마일이다.

7. Marren 2005.

8. 같은 책, 26.

9. Boyd 1951.

10. Hamilton 2005.

11. 같은 책, 187.

12. Tansley 1923, 97, Elton 1927, 3에 재인용. 어쩌면 엘턴이 길버트 화이트를 인용하며 책을 시작한다는 사실이 본서의 주제에 그만큼 중요할 것 같다. 엘턴이 인용한 화이트의 문장 일부는 다음과 같다. "그러나 동물의 생활을 조사하고 그에 정통해지는 것은 훨씬 힘들고 어려운 일이며, 적극적이고 탐구적인 사람, 그리고 오래 시골에 거주하는 사람이 아니고는 이룰 수 없다." (White 1911 [1788], 125).

13. Wilson 1994, 11.

14. http://mvz.berkeley.edu/grinnell/index.html (2011년 1월 28일 접속).

15. 같은 자료.

16. 인터넷을 검색해 보면 미국에서만 자연사박물관 또는 활동 소개에 자연사를 내세우는 기관이 250군데 넘게 나온다. http://en.wikipedia.org/wiki/List_of_natural_history_museums (2011년 12월 22일 접속).

17. Fleischner 2005, Greene 2005, 그리고 Schmidly 2005는 일부일 뿐이다.

18. Hampton and Wheeler 2011.

참고문헌

Adams, H. 2010 [1906]. *The Education of Henry Adams: An Autobiography* (New York: Forgotten Books).

Agassiz, L. 1847. *An Introduction to the Study of Natural History* (New York: Greeley & McElrath).

Agassiz, L., and C. F. Hartt. 1870. *Scientific Results of a Journey in Brazil: Geology and Physical Geography of Brazil* (Boston: Fields Osgood & Co.).

Aiken, P. 1947. The Animal History of Albertus Magnus and Thomas of Cantimpre. *Speculum* 22: 205-225.

Alexander, A. 1927. A further Chronicle of the Passenger Pigeon and of Methods Employed in Hunting It. *Condor* 29: 273.

Aligheri, Dante. 1871. *Divine Comedy*. Vol. 1 of 3 (Boston: Fields Osgood and Co.).

Allen, E. G. 1937. New Light on Mark Catesby. *Auk* 54: 349-363.

Allen, J. L. 1991. *Lewis and Clark and the Image of the American Northwest* (Mineola, NY: Dover).

Alvard, M. S., and L. Kuznar. 2001. Deferred Harvests: The Transition from Hunting to Animal Husbandry. *American Anthropologist* 103: 295-311.

Anonymous. 1803. Review of John ray's *The Wisdom of God Manifested in the Works of the Creation. Philosophical Transactions of the Royal Society of London Abridged: 1683-1694* 3: 492-495.

Anonymous. 1855-61. *Reports of Explorations to Ascertain the Most Practicable and Economical Route for a Railroad from the Mississippi River to the Pacific Ocean, Made under the Direction of the Secretary of War, in 1853-4*. 13 vols (Washington, DC: Government Printing Office).

Anonymous. 1863. Olaus Celsius. *Notes and Queries: A Medium of Intercommunication for Literary Men, General Readers, Etc.* 3rd ser., vol. 4., 170.

Anonymous. 1893. Cook: 1762-1780. *Historical Records of New South Wales*. Vol. 1, pt. 1 (Canberra: National Library of Australia).

Anonymous. 1896. Scientific News and Notes. *Science* 4: 109-115.

Anonymous. 1899. Gilbert White of Selborne. Private reprint of a proof for the *Dictionary of National Biography*. Vol. 61 (Cambridge, MA: Samuel Henshaw Collection, Harvard University Library).

Anonymous. 1913. The Thomas Pennant Collection. *Science N.S.* 37: 404–405.

Anonymous. 1956. National Academy Began as Social Club. *Science Newsletter* (November 24, 1956): 322.

Anonymous. 1972. Review: Wallace's Palm Trees of the Amazon. *Taxon* 21: 521–522.

Anonymous. 2008. *Cook's Endeavor Journal: The Inside Story* (Canberra: National Library of Australia).

Arber, A. 1912. *Herbals, Their Origin and Evolution: A Chapter in the History of Botany, 1470–1670* (Cambridge: Cambridge University Press).

Aristotle. 1984. *The Complete Works of Aristotle: The Revised Oxford Translation*. ed. J. Barnes (Princeton, NJ: Princeton Bolingen Series XXI).

_____, 2004. *History of Animals* (New York: Kessinger Publications).

Ayers, J. B. 1958. Illinois State Natural History Survey. *AIBS Bulletin* 8: 26.

Aylesworth, T. G. 1965. The Heritage of Louis Agassiz. *American Biology Teacher* 27: 597–599.

Baas, J. H. 1889. *Outlines of the History of Medicine and the Medical Profession* (New York: J. H. Vail and Co.).

Bade, W. F. 1924. *The Life and Letters of John Muir* (New York: Houghton Mifflin & Co.).

Bailey, F. M. 1889. *Birds through an Opera Glass*. New York: Houghton Mifflin & Co.

_____, 1898. *Birds of Village and Field: A Bird Book for Beginners* (New York: Houghton Mifflin & Co.).

_____, 1902. *Handbook of Birds of the Western United States Including the Great Plains, Great Basin, Pacific Slope, and Lower Rio Grande Valley* (New York: Houghton Mifflin & Co.).

Balch, E. S. 1901. Antarctica: A History of Antarctic Discovery. *Journal of the Franklin Institute* 152: 26–45.

Balfour, J. H. 1885. *The Plants of the Bible* (Edinburgh: T. Nelson and Sons).

Bandelier, A. F. 1905. *The Journey of Alvar Nunez Cabeza de Vaca and His Companions from Florida to the Pacific 1528–1536. Translated from His Own Narrative by Fanny Bandelier* (New York: A. S. Barnes and Co.).

Barlow, N., ed. 1963. Darwin's Ornithological Notes. *Bulletin of the British Museum (Natural History). Historical Series* 2, no. 7: 201-228.

———, 1967. *Darwin and Henslow: The Growth of an Idea: Letters, 1831-1860* (Berkeley and Los Angeles: University of California Press).

Barnosky, A.D., P.L. Koch, R.S. Feranec, S.L. Wing, and A.B. Shabel. 2006. Assessing the Causes of Late Pleistocene Extinctions on the Continents. *Science* 306: 70-75.

Barrington, D. 1770. Account of a Very Remarkable Young Musician. in a Letter from the Honourable Daines Barrington, F.R.S., to Mathew Maty, M.D. Sec. R.S. *Philosophical Transactions of the Royal Society* 57: 204-214.

Bartram, W. 1791. *Travels through North and South Carolina, Georgia, East and West Florida, the Cherokee Country, the Extensive Territories of the Muscogulges, or Creek Confederacy, and the Country of the Chactaws; Containing an Account of the Soil and Natural Productions of Those Regions, Together with Observations on the Manners of the Indians* (Philadelphia: James and Johnson).

Bates, H. W. 1863. *The Naturalist on the River Amazons: A Record of Adventures, Habits of Animals, Sketches of Brazilian and Indian Life, and Aspects of Nature under the Equator, during Eleven Years of Travel.* 2 vols (London: John Murray).

Beddall, B. G., ed. 1969. *Wallace and Bates in the Tropics: An Introduction to the Theory of Natural Selection* (London: Macmillan).

Beebee, W. 1944. *The Book of Naturalists: An Anthology of the Best Natural History* (New York: Knopf).

Beija-Pereira, A., D. Caramelli, C. Lalueza-Fox, C. Vernesi, et al. 2006. The Origin of European Cattle: Evidence from Modern and Ancient DNA. *Proceedings of the National Academy of Sciences* 103: 8113-8118.

Benton, P. 1867. *The History of the Rochford Hundred* (New York: A. Harrington).

Bigelow, J. 1856. *Memoir of the Life and Public Services of John Charles Fremont* (New York: Derby and Jackson).

Birkhead, T. 2010. How Stupid Not to Have Thought of That: Post-Copulatory Sexual Selection. *Journal of Zoology* 281: 79-93.

Blunt, W. 1971. *Linnaeus: The Compleat Naturalist* (Princeton, NJ: Princeton University Press).

Bonta, M. 1995. *American Women Afield: Writings by Pioneering Women Naturalists* (College Station, TX: Texas A&M University Consortium Press).

Boone, J. L. 2002. Subsistence Strategies and Early Human Population History: An Evolutionary Ecological Perspective. *World Archaeology* 34, no. 1: 6-25.

Botkin, D. B. 1995. *Our Natural History: The Lessons of Lewis and Clark* (New York: Putnam).

Boulger, G. S. 1904. Catesby and the Catalpa. *Nature Notes* 15: 248-249.

Boyd, A. W. 1951. *A Country Parish* (London: Collins).

Branch, M. P. 2001. *John Muir's Last Journey: South to the Amazon and East to Africa* (Washington, DC: Island Press).

Breasted, J. H. 1920. The Origins of Civilization. *Scientific Monthly* 10: 182-209.

Briant, P. 2002. *History of the Persian Empire: From Cyrus to Alexander*. Trans. Peter Daniels (Winona Lake, IN: Eisenbrauns. Originally published Paris: Fayard.)

Brightwell, C. L. 1858. *The Life of Linnaeus* (London: John VanVoorst).

Brown, J. W. 1897. *An Enquiry into the Life and Legend of Michael Scot* (Edinburgh: David Douglas).

Browne, J. 1995. *Charles Darwin: A Biography.* Vol. 1 of 2. *Voyaging* (Princeton, NJ: Princeton University Press).

_____, 2002. *Charles Darwin: A Biography.* Vol. 2 of 2. *The Power of Place* (Princeton, NJ: Princeton University Press).

Browne, R. W. 1857. *A History of Roman Classical Literature* (Philadelphia: Blanchard and Lea).

Bruhns, C., J. Lowenberg, R. Ave-Lallemant, A. Dove, and J. Lassell. 1873. *Life of Alexander von Humboldt.* Vol. 1 of 2 (London: Longmans, Green and Co.).

Buffon, g. L. 1769. *Histoire naturelle generale et particuliere.* Paris: Royal Press (Later translated into English by William Smellie: Buffon, G. L. 1791. *Natural History General and Particular by the Count du Buffon.* London: Strahan and Cadell).

_____, 1857. *Buffon's Natural History of Man, the Globe, and of Quadrupeds, with Additions from Cuvier, Lacepede, and Other Eminent Naturalists* (New York: Leavitt and Allen).

Burkhardt, F., ed. 1999. *The Correspondence of Charles Darwin.* Vol. 11. 1863 (Cambridge: Cambridge University Press).

Burkhardt, F., and S. Smith, eds. 1986. *The Correspondence of Charles Darwin.* Vol. 2. *1837-1843* (Cambridge: Cambridge University Press).

Burroughs, J. 1908. Seeing Straight. *The Independent* 64: 34-36.

Busk, W. 1855. *Mediaeval Popes, Emperors, Kings and Crusaders: Or Germany, Italy and Palestine from A.D. 1125 to A.D. 1268.* Vol. 2 of 4 (London: Hookam and Sons).

Butzer, K. W. 1992. From Columbus to Acosta: Science, Geography and the New World. *Annals of the Association of American Geographers* 82: 543-565.

Cabeza de Vaca, A. 1983 [1542]. *Cabeza de Vaca's Adventures in the Unknown Interior of America*. Trans. C. Covey (Albuquerque: University of New Mexico Press.

Canning, G., J. frere, G. Ellis, and W. gifford. 1801. *Poetry of the Anti-Jacobin*. 4th ed (London: J. Wright).

Carson, R. 1941. *Under the Sea Wind* (New York: Simon & Schuster).

_____, 1951. *The Sea around Us* (Oxford: Oxford University Press).

_____, 1955. *The Edge of the Sea* (New York: Houghton Mifflin & Co.).

_____, 1962. *Silent Spring* (New York: Houghton Mifflin & Co.).

Carter, H. B. 1995. The Royal Ssociety and the Voyage of HMS "Endeavor." *Notes and Records of the Royal Society of London* 49: 245-260.

Cary, H. 1882. *Select Dialogs of Plato: A New and Literal Version* (New York: Harper Bros).

Cashin, E.J. 2007. *William Bartram and the American Revolution on the Southern Frontier* (Columbia: University of South Carolina Press.

Catesby, M. 1747a. Of Birds of Passage, by Mr. Mark Catesby, F.R.S. *Philosophical Transactions of the Royal Society of London* 44: 435-444.

_____, 1747b. Of Birds of passage. *Gentlemen's Magazine* 17: 447-448.

_____, 1754 [1731]. *The Natural History of Carolina, Florida, and the Bahama Islands: Containing the Figures of Birds, Beasts, Fishes, Serpents, Insects, and Plants: Particularly the Forest-Trees, Shrubs, and Other Plants, Not Hitherto Described or Very Incorrectly Figured by Authors* (London: Marsh Wilcox and Stitchall).

Caughley, g. 1970. Eruption of Ungulate Populations with Emphasis on Himalayan Thar in New Zealand. *Ecology* 51: 53-72.

Chamberlin, T. C. 1897. The Method of Multiple Working hypotheses. *Journal of Geology* 5: 837-848.

Chambers, R. 1845. *Vestiges of the Natural History of Creation*. 2nd ed (New York: Wiley and Putnam).

Chancellor, G., and J. van Wyhe, eds. 2009. *Charles Darwin's Notebooks from the Voyage of the Beagle* (Cambridge: Cambridge University Press).

Chroust, A. 1967. Aristotle Leaves the Academy. *Greece and Rome* 14: 39-43.

Clark, p. 1873. The symmes Theory of the earth. *Atlantic Monthly* 31: 471-480.

Clark, J. W., and T. hughes. 1890. *The Life and Letters of the Reverend Adam Sedgwick*. Vol. 1 of 2 (Cambridge: Cambridge University Press).

Clarke, C. 1821. *The Hundred Wonders of the World and the Three Kingdoms of Nature Described According to the Latest and Best Authorities and Illustrated by Engravings* (New Haven, CT: John Babcock).

Clausen, J., D. Keck, and W. M. Hiesey. 1940. *Experimental Studies on the Nature of Species. I. Effect of Varied Environments on Western North American Plants* (Washington, DC: Carnegie Institution of Washington).

Clemmer, R. O. 1991. Seed Eaters and Chert Carriers: The Economic Basis for Continuity in Western Shoshone Identities. *Journal of California and Great Basin Archaeology* 13: 3-14.

Clutton-Brock, J. 1999. *A Natural History of Domesticated Mammals.* 2nd ed (Cambridge: Cambridge University Press).

Cochrane, R. C. 1978. *The National Academy of Sciences: The First Hundred Years* (Washington, DC: National Academy of Sciences).

Coleridge, E. H. 1895. *Letters of Samuel Taylor Coleridge.* 2 vols (Boston and New York: houghton Mifflin).

Creasey, E. S. 1851. *The Fifteen Decisive Battles of the World: From Marathon to Waterloo* (New York: Harper and Bros).

Cronin, G. Jr. 1942. John Mirk on Bonfires, elephants, and Dragons. *Modern Language Notes* 57: 113-116.

Crosby, A. W. 1986. *Ecological Imperialism: The Biological Expansion of Europe 900. 1900* (Cambridge: Cambridge University Press).

Dadswell, T. 2003. *The Selborne Pioneer: Gilbert White as Scientist and Naturalist: A Re-Examination* (Aldershot, UK: Ashgate Publishing Ltd).

Daley, S. 1993. Ancient Mesopotamian Gardens and the Identification of the Hanging Gardens of Babylon Resolved. *Garden History* 21: 1-13.

Darlington, W. 1849. *Memorials of John Bartram and Humphry Marshall with Notices of Their Botanical Contemporaries.* philadelphia: Lindsay and Blakiston.

Darwin, C. 1845. *Journal of Researches into the Natural History and Geology of the Countries Visited during the Voyage round the World of H.M.S. "Beagle" under the Command of Captain Fitz Roy* (R.N. London: John Murray).

_____, 1851. *Geological Observations on Coral Reefs, Volcanic Islands, and South America* (London: smith, elder and Co.).

_____, 1859. *On the Origin of Species by Means of Natural Selection, or the Preservation of Favored Races in the Struggle for Life* (London: John Murray).

_____, 1896. *The Formation of Vegetable Mould through the Actions of Worms with Observations on Their Habits* (New York: D. appleton and Co.).

_____, 1897. *The Life and Letters of Charles Darwin*. ed. f. Darwin (New York: D. appleton and Co.).

_____, 1902. *Journal of Researches* (New York: American Home Library Co.).

_____, 1921. An Appreciation. Foreword in H. W. Bates. *A Naturalist on the River Amazons* (New York: E. P. Dutton and Co. Everyman's Library Edition).

_____, 1958. *The Autobiography of Charles Darwin 1809.1882. Edited with Appendix and Notes by His Grand-Daughter, Nora Barlow.* 1st complete ed (New York: Harcourt, Brace and Co.).

_____, 1985. *The Correspondence of Charles Darwin*. Vol. 1 of 19. *1821-.1836*. Eds. F. Burkhardt and S. Smith (Cambridge: Cambridge University Press).

_____, 1986. *The Correspondence of Charles Darwin*. Vol. 2. *1837.1843*. Eds. F. Burkhardt and S. Smith (Cambridge: Cambridge University Press).

_____, 1999. *The Correspondence of Charles Darwin*. Vol. 11. ED. F. Burkhardt (Cambridge: Cambridge University Press).

_____, 2009. *Charles Darwin's Beagle Diary (1831-1836)*. ED. R. Keynes (Cambridge: Cambridge University Press).

Darwin, E. 1785. *The System of Vegetables Translated from the Systema Vegetablium* (London: Ligh and Sotheby).

_____, 1794. *Zoonomia, or the Laws of Organic Life* (London: J. Johnson).

_____, 1804. *The Temple of Nature or, the Origin of Society, A Poem with Philosophical Notes* (Baltimore: John W. Butler).

_____, 1806. *Poetical Works of Erasmus Darwin*. Vol. 2 of 3. The Loves of Plants (London: J. Johnson).

Darwin, F., ed. 1887. *The Life and Letters of Charles Darwin, Including an Autobiographical Chapter* (London: John Murray).

Davis, E. B. 1976. A Bicentennial Remembrance: Important Contributors to Mid-eighteenth Century Biology. *Bios* 47: 178-186.

Davis, J. 1853. *Report of the Secretary of War*. executive Document I. house of representatives, 33rd Cong., 1st sess (Washington, DC: Government Printing Office).

Dawson, W. 1923. *The Birds of California*. 4 vols (San Diego: South Moulton Co.).

De Asua, M., and R. French. 2005. *A New World of Animals: Early Modern Europeans on the Creatures of Iberian America* (Aldershot, UK: Ashgate Publishing Ltd).

De Beer, E. S. 1950. The Earliest Fellows of the Royal Society. *Notes and Records of the Royal Society of London* 7: 172-192.

Debus, A. G. 1978. *Man and Nature in the Renaissance* (Cambridge: Cambridge University Press).

Delia, D. 1992. From Romance to Rhetoric: The alexandrian Library in Classical and islamic Traditions. *American Historical Review* 97: 1449-1467.

Dempsey, J., ed. 2000 [1637]. *New English Canaan by Thomas Morton of "Merrymount": Text and Notes* (Scituate, Ma: Digital Scanning Inc).

Desmond, A., and J. Moore. 1991. *Darwin: The Life of a Tormented Evolutionist* (New York: W. W. Norton and Co.).

_____, 2009. *Darwin's Sacred Cause: How a Hatred of Slavery Shaped Darwin's Views on Human Evolution* (New York: houghton Mifflin).

Dick, N. B. 2006. The Neo-Assyrian Lion Hunt and Yahweh's Aanswer to Job. *Journal of Biblical Literature* 125: 243-270.

Diller, A. 1940. The Oldest Manuscripts of ptolemaic Maps. *Transactions and Proceedings of the American Philological Association* 71: 62-67.

Diogenes Laertius. 1853. *The Lives and Opinions of Eminent Philosophers*. Trans. C. D. Yonge (London: Bohn).

Drury, W. H. Jr. 1998. *Chance and Change: Ecology for Conservationists* (Berkeley and Los Angeles: Unversity of California Press).

Dupree, A. H. 1959. *Asa Gray, 1810-1888* (Cambridge, MA: Harvard University Press).

Edwards, W. h. 1847. *A Voyage on the River Amazon Including a Residence at Para* (New York: D. appleton and Co.).

Egerton, f. 1983. The history of ecology achievements and Opportunities, part One. *Journal of Historical Biology* 16: 259-310.

_____, 2001. a history of the ecological sciences. part 3. hellenistic natural history. *Bulletin of the Ecological Society of America* 82: 201-205.

Eiseley, L. 1961. *Darwin's Century: Evolution and the Men Who Discovered It* (New York: Anchor).

_____, 1979. *Darwin and the Mysterious Mr. X: New Light on the Evolutionists* (New York: Harcourt).

Elton, C. 1927. *Animal Ecology* (London: Sidgwick and Jackson Ltd).

_____, 1942. The Ten-Year Cycle in numbers of the Lynx in Canada. *Journal of Animal Ecology* 11: 96-126.

Enderby, J. 2008. *Imperial Nature: Joseph Hooker and the Practices of Victorian Science* (Chicago: Unversity of Chicago Press).

Erskine, A. 1995. Culture and Power in Ptolemaic Egypt: The Museum and Library of alexandria. *Greece & Rome*, 2nd ser., 42: 38-48.

Evans, H. E. 1993. *Pioneer Naturalists* (New York: Henry Holt and Co.).

Farber, P. L. 1997. *Discovering Birds: The Emergence of Ornithology as a Scientific Discipline, 1760-1850* (Baltimore: Johns Hopkins University Press).

_____, 2000. *Finding Order in Nature: The Naturalist Tradition from Linnaeus to E. O. Wilson* (Baltimore: Johns Hopkins University Press).

Flannery, T. 2002. *The Future Eaters: An Ecological History of the Australasian Lands* (New York: Grove Press).

Fleischner, T. L. 2005. Natural History and the Deep Roots of Resource Management. *Natural Resources Journal* 45: 1-13.

Forbes, S. 1887. The Lake as a Microcosm. Originally Published in the *Bulletin of the Illinois Natural History Society*. www.uam.es/personal_pdi/ciencias/scasado/documentos/forbes.pdf (accessed July 4, 2011).

Foster, D. R. 1999. *Thoreau's Country: Journey through a Transformed Landscape* (Cambridge, MA: Harvard University Press).

Foster, P. G. M. 1986. The Hon. Daines Barrington F.R.S.—Annotations on Two Journals Compiled by Gilbert White. *Notes and Records of the Royal Society of London* 41: 77-93.

Fremont, J. C. 1845. *Report of the Exploring Expedition to the Rocky Mountains* (Washington, DC: Gales and Seaton).

French, R. 1994. *Ancient Natural Histories* (London and New York: Routledge).

Gabrieli, F. 1964. Greeks and Arabs in the Central Mediterranean. *Dumbarton Oaks Papers* 18: 57-65.

Gage, A. T., and W. T. Stearn. 1988. *A Bicentennial History of the Linnean Society* (New York: Academic Press).

Galen. 1985. *Three Treatises on the Nature of Science*. Trans. M. Frede (Indianapolis: Hackett Publishing Co.).

Gaudio, M. 2001. Swallowing the Evidence: William Bartram and the Limits of Enlightenment. *Winterthur Portfolio* 36: 1-17.

Gee, W. 1918. South Carolina Botanists: Biography and Bibliography. *Bulletin of the University of South Carolina* 72: 9-13.

Gilman, D. C. 1899. *The Life of James Dwight Dana* (New York: Harper and Bros).

Goetzmann, W. H. 1967. *Exploration and Empire: The Explorer and the Scientist in the Winning of the American West* (New York: knopf).

Goetzmann, W. H., and K. Sloan. 1982. *Looking Far North: The Harriman Expedition to Alaska, 1899* (princeton, NJ: princeton University Press).

Goldsmith, O. 1822. *A History of the Earth and Animated Nature: New Edition, with Corrections and Revisions* (Liverpool: Whyte and Co.).

Gould, S. J. 1992. *Ever Since Darwin* (New York: W. W. Norton).

Gourlie, N. 1953. *The Prince of Botanists: Carl Linnaeus* (London: H. F. & G. Witherby).

Gray, A. 1836. *Elements of Botany* (New York: G. & C. Carvill & Co.).

————, 1861. *Natural Selection Not Inconsistent with Natural Theology: A Free Examination of Darwin's Treatise on the Origin of Species, and of Its American Reviewers* (London: Trubner and Co. reprinted from the Atlantic Monthly, July, august, and October 1860.)

————, 1863. *Botany for Young People and Common Schools: How Plants Grow, a Simple Introduction to Structural Botany* (New York: Ivison, Phinney Blakeman & Co.).

————, 1880. *Natural Science and Religion: Two Lectures Delivered to the Theological School of Yale College* (New York: Charles Scribner's Sons).

Grayson, D. 2001. Did human hunting Cause Mass extinction? *Science* 294: 1459-1462.

Greene, H. W. 2005. Organisms in Nature as a Central Focus for Biology. *Trends in Ecology & Evolution* 20: 23-27.

Grew, N. 1682. *The Anatomy of Plants with an Idea of a Philosophical History of Plants and Several Other Lectures to the Royal Society* (London: W. Rawlins).

Gribbin, J., and M. gribbin. 2004. *Fitzroy: The Remarkable Story of Darwin's Captain and the Invention of the Weather Forecast* (New Haven, CT: Yale University Press).

Griffin, D. 1953. Acoustic Orientation in the Oil Bird, *Steatornis*. *Proceedings of the National Academy of Sciences* 39: 884-893.

Grinnell, H. W. 1940. Joseph Grinnell 1877-1939. *Condor* 42: 2-34.

————, 1943. Bibliography of Clinton Hart Merriam. *Journal of Mammalogy* 24: 436-457.

Gross, J. 2006. *Thomas Jefferson's Scrapbooks: Poems of Nation, Family and Romantic Love Collected by America's Third President* (New York: Steerforth).

Guthrie, J. D. 1919. *The Forest Ranger and Other Verse* (Boston: richard D. Badger/ Gorham Press.

Haeckel, E. 2000 [1869]. *The Philosophy of Ecology: From Science to Synthesis.* eds. D. Keller and F. Golley(Athens: Unversity of Georgia Press).

Hall, C. M. 1987. John Muir in New Zealand. *New Zealand Geographer* 43: 99-103.

Hall, E. R. 1939. Joseph Grinnell (1877.1939). *Journal of Mammalogy* 20: 409-417.

Hamilton, J. R. 1965. Alexander's Early Life. *Greece and Rome* 12: 117-124.

Hamilton, W. D. 2005. *Narrow Roads of Gene Land.* Vol. 3 of 3. *Last Words.* ed. M. Ridley (Oxford: Oxford University Press).

Hampton, S. E., and T. A. Wheeler. 2011. Fostering the Rebirth of Natural History. *Biology Letters* (august 31, 2011), doi: 10.1098/rsbl.2011.0777.

Hartwich, C. 1882. A Botanist of the Ninth Century. *Popular Science Monthly* 20: 523-527.

Haskins, C. 1925. Arabic Science in Western Europe. Isis 7: 478-485.

Haskins, C. H. 1911. England and Sicily in the 12th Century. *English Historical Review* 104: 641-665.

_____, 1921. Michael Scot and Frederick Ⅱ. *Isis* 4: 250-275.

Haynes, G., ed. 2009. *American Megafaunal Extinctions at the End of the Pleistocene* (New York: Springer).

Heather, P. J. 1939. Some Animal Beliefs from Aristotle. *Folklore* 50: 243-258.

Henrichs, A. 1995. Graecia Capta: Roman Views of Greek Culture. *Harvard Studies in Classical Philology* 97: 243-261.

Hobbs, W. W. 1934. John Wesley powell 1834-1902. *Scientific Monthly* 39: 519-529.

Hobson, R. 1866. *Charles Waterton: His Home Habits and Handiwork* (London: Whittaker & Co.).

Holmes, A. 1913. *The Age of the Earth* (London and New York: Harper Bros).

Holmes, S. J. 1999. *The Young John Muir: An Environmental Biography* (Madison: Unversity of Wisconsin Press).

Holt-White, R. 1901. *The Life and Letters of Gilbert White of Selborne.* Vol. 2 of 2 (New York: E. P. Dutton and Co.).

_____, 1907. *The Letters of Gilbert White of Selborne from His Intimate Friend and Contemporary the Rev.* John Mulso (London: R. H. Porter).

Hooke, R. 2007 [1665]. *Micrographia: Or Some Physiological Descriptions of Minute Bodies* (New York: Cosimo Classics).

Hooker, J. D. 1847. *The Botany of the Antarctic Voyage of H.M. Discovery Ships* Erebus *and* Terror *in the Years 1839-1843* (London: Reeve Bros).

Hooper, S. 2003a. Making a killing? Of Sticks and Stones and James Cook's Bones. *Anthropology Today* 19: 6-8.

_____, 2003b. Cannibals Talk: A Response to Obeyesekere & Arens. *Anthropology Today* 19: 20.

Houston, S., T. Ball, and M. Houston. 2003. *Eighteenth-Century Naturalists of Hudson's Bay* (Montreal and Kingston: Mcgill-Queens University Press).

Humboldt, A. von. 1812. *Carte générale du royaume de la Nouvelle Espagne* (paris: Barriere).

_____, 1814. *Political Essay on the kingdom of New Spain.* 2nd ed (London: Longman & Co.).

_____, 1849. *Aspects of Nature in Different Lands and Different Climates* (Philadelphia: Lea and Blanchard).

_____, 1852. *Personal Narrative of Travels to the Equinoctial Regions of America, during the Years 1799-1804.* Vol. 1 of 3. Trans. T. Ross (London: H. Bohn).

_____, 1885. *Personal Narrative of Travels to the Equinoctial Regions of America, during the Years 1799.1804, by Alexander von Humboldt and Aime Bonpland.* Vol. 3. Trans. T. Ross (London: George Bell and Sons).

Humboldt, A. von, and A. Bonpland. 1852. *Personal Narrative of Travels to the Equinoctial Regions of America, during the Years 1799-1804.* Vol. 2. Trans. T. Ross (London: H. Bohn).

_____, 2009 [1807]. *Essay on the Geography of Plants.* ed. S. Jackson. Trans. S. Romanowski (Chicago: Unversity of Chicago Press).

Hussakof, L. 1916. Benjamin Frankliﾉn and Erasmus Darwin: With Some Unpublished Correspondence. *Science* 43: 773-775.

Huxley, J. 1942. *Evolution: The Modern Synthesis* (London: Allen and Unwin).

Huxley, L. 1900. *The Life and Letters of Thomas Huxley* (New York: D. Appleton and Co.).

_____, 1918. *Life and Letters of Sir Joseph Dalton Hooker Based on Materials Collected and Arranged by Lady Hooker* (London: John Murray).

Huxley, R. 2007. *The Great Naturalists* (London: Thames and Hudson).

Ivry, A. 2001. The Arabic Text of Aristotle's "De Anima" and Its Translator. *Oriens* 36: 59-77.

Jackson, D. D. 1962. *Letters of the Lewis and Clark Expedition, with Related Documents, 1789-1854*. Vol 1 (Chicago: Unversity of Illinois Press).

_____, 1978. *Letters of the Lewis and Clark Expedition, with Related Documents, 1789. 1854* (Chicago: Unversity of Illinois Press).

James, L. 1997. *The Rise and Fall of the British Empire* (London: St. Martins).

Jardine, W. 1849. *Contributions to Ornithology 1848-1852* (London: General Books).

Jefferson, T. 1998 [1785]. *Notes on the State of Virginia*. ed. F. shuffelton (New York: Penguin).

Jeffrey, A. 1857. *The History and Antiquities of Roxburghshire and Adjacent Districts, from the Most Remote Period to the Present Time* (London: J. F. Hope).

Johnston, C. 1901. The fall of Nineveh. *Journal of the American Oriental Society* 22: 20-22.

Josselyn, J. 1672. *New England's Rarities Discovered in Birds, Beasts, Fishes, Serpents and Plants of That Country* (London: G. Widdowes).

Keeney, E. B. 1992. *The Botanizers: Amateur Scientists in Nineteenth-Century America* (Chapel Hill: Unversity of North Carolina Press).

Keller, D., and F. Golley. 2000. *The Philosophy of Ecology: From Science to Synthesis* (Athens: Unversity of Georgia Press).

Kellogg, L. 1910. Rodent Fauna of the Late Tertiary Beds at the Virgin Valley and Thousand Creek, Nevada. *University of California Publications, Bulletin of the Department of Geology* 5: 421-437.

Keller, D. and F. Golley, eds. 2000. *The Philosophy of Ecology: From Science to Synthesis* (Athens: Unversity of Georgia Press).

Keynes, R. 2001. *Annie's Box: Charles Darwin, His Daughter and Human Evolution* (London: Fourth Estate).

King-hele, D. 1998. Erasmus Darwin, the Lunaticks, and Evolution. *Notes and Records of the Royal Society of London* 52: 153-180.

Kington, T. L. 1862. *History of Frederick the Second, Emperor of the Romans* (Cambridge: Macmillan).

Knight, R. L., and S. Riedel, eds. 2002. *Aldo Leopold and the Ecological Conscience* (Oxford: Oxford University Press).

Knopf, A. 1957. Measuring geologic Time. *Scientific Monthly* 85: 225-236.

Koerner, L. 2001. *Linnaeus: Nature and Nation*. Cambridge (Cambridge, MA: Harvard University Press).

Kohler, R. 2002. *Landscapes and Labscapes: Exploring the Lab-Field Border in Biology* (Chicago: Unversity of Chicago Press).

Krause, E. 1880. *Erasmus Darwin, with a Preliminary Notice by Charles Darwin* (New York: D. Appleton and Co.).

Kretch, S. 2000. *The Ecological Indian: Myth and History* (New York: W. W. Norton).

Lack, D. 1957. *Evolutionary Theory and Christian Belief, the Unresolved Conflict* (London: Methuen and Co.).

Lamarck, J. B. 1783.89. *Encyclopédie Méthodique Botanique.* 8 vols (Paris: n.p).

_____, 1801. *Système des animaux sans vertèbres, ou Tableau général des classes, des ordres et des genres de ces animaux* (Paris: Musée d'Histoire Naturelle).

_____, 1802. *Hydrogéologie ou recherches sur l'influence qu'ont les eaux sur la surface du globe terrestre* (Paris: n.p).

Lankester, E., ed. 1847. *Memorials of John Ray: Consisting of His Life by Dr. Derham; Biographical and Critical Notices by Sir J. E. Smith, and Cuvier and Dupetit Thouars: With His Itineraries, Etc* (London: Ray Society).

_____, ed. 1848. *The Correspondence of John Ray, Consisting of Selections From the Philosophical Letters Published by Dr. Derham, and Original Letters of John Ray, in the Collection of the British Museum* (London: Ray Society).

Lankester, E. R. 1915. *Diversions of a Naturalist* (London: Methuen).

Lansdown, R. 2006. *Strangers in the South Seas: The Idea of the Pacific in Western Thought: An Anthology* (Honolulu: Unversity of Hawaii Press).

Layard, A. H. 1867. *Nineveh and Babylon: A Narrative of a Second Expedition to Assyria during the Years 1848, 1850, and 1851* (London: John Murray).

Lear, L. 1997. *Rachel Carson: Witness for Nature* (New York: Henry Holt and Co.).

Lee, S., ed. 1899. *The Dictionary of National Biography.* Vol. 62 (London and New York: MacMillan).

Leopold, a. 1933. *Game Management* (New York: Charles Scribners Sons).

_____, 1953. *Round River: From the Journals of Aldo Leopold.* ed. L. Leopold (Oxford: Oxford University Press).

_____, 1968. *A Sand County Almanac and Sketches Here and There* (Oxford: Oxford University Press).

Lewis, M. W. 1999. Dividing the Ocean Sea. *Geographical Review* 89: 188-214.

Lewis, M., and W. Clark. 1902 [1814]. *History of the Expedition under the Command of Captains Lewis and Clark to the Sources of the Missouri, across the Rocky Mountains, down the*

Columbia River to the Pacific in 1804-6. Vol. 2 of 3 (New York: New Amsterdam Books).

_____, 2002 [1904]. *The Journals of Lewis and Clark.* ed. F. Bergon (London: Penguin Classics. Edited version of a version originally published in 1904 by Reuben Thwaites.)

Linnaeus, C. 1811. *Lachesis Lapponica, or a Tour in Lapland Now First Published from the Original Manuscript Journal of the Celebrated Linnaeus.* 2 vols. Trans. J. E. Smith (London: White and Cochrane).

Litchfield, H. 1915. *Emma Darwin: A Century of Family Letters, 1792-1896.* 2 vols (New York: D. Appleton and Co.).

Lockyer, N. 1873. The Birth of Chemistry Ⅶ. *Nature* 7: 285-287.

Locy, W. A. 1921. The Earliest Printed Illustrations of Natural History. *Scientific Monthly* 13: 238-258.

Lovejoy, A. 1936. *The Great Chain of Being: A Study of the History of an Idea* (Cambridge, MA: Harvard University Press).

Lowell, J. r. 1871. *My Garden Acquaintance* (Cambridge, MA: Houghton Mifflin).

Lurie, E. 1988. *Louis Agassiz: A Life in Science* (Baltimore: Johns Hopkins University Press).

Lyell, C. 1831. *Principles of Geology, Being an Attempt to Explain the Former Changes of the Earth's Surface, by Reference to Causes Now in Operation.* 3 vols (London: John Murray).

Lyman, R. L. 2006. Late prehistoric and Early Historic Abundance of Columbian White-Tailed Deer, Portland Basin, Washington and Oregon, USA. *Journal of Wildlife Management* 70: 278-282.

Lyman, R. L., and S. Wolverton. 2002. The Late Prehistoric.early Historic Game Sink in the Northwestern United States. *Conservation Biology* 16: 73-85.

Lysaght, A. M. 1971. *Joseph Banks in Newfoundland and Labrador, 1766* (Berkeley and Los Angeles: Unversity of California Press).

Lytle, M. 2007. *The Gentle Subversive: Rachel Carson, silent spring, and the Rise of the Environmental Movement* (Oxford: Oxford University Press).

Mabey, R. 2006. *Gilbert White: A Biography of the Author of* The Natural History of Selborne (London: Profile Books Ltd).

Macarthur, R. 1958. Population Ecology of Some Warblers of Northeastern Coniferous Forests. *Ecology* 39: 599-619.

Macauley, D. 1979. *Motel of the Mysteries* (New York: Graphia Press).

Macdougal, D. 2004. *Frozen Earth: The Once and Future Story of Ice Ages* (Berkeley and Los Angeles: Unversity of California Press).

Macgillivray, W. 1834. *Lives of Eminent Zoologists, from Aristotle to Linnaeus, with Introductory Remarks on the Study of Natural History, and Occasional Observations on the Progress of Zoology* (Edinburgh: Oliver and Boyd).

Macleod, R. 2004. *The Library of Alexandria: Centre of Learning in the Ancient World.* rev. ed (London and New York: I. B. Tauris).

Maddock, F. 2001. *Hildegard of Bingen: The Woman of Her Age* (New York: Random House).

Maplet, J. 1930 [1567]. *A Greene Forest or a Naturall Historie, Wherein May Be Seen First the Most Sovereign Virtues in All the Whole Kinde of Stones and Metals: Next of Plants, as of Herbes, Trees, and Shrubs, Lastly of Brute Beasts, Foules, Fishes, Creeping Wormes, and Serpentes, and That Alphabetically So That a Table Shall Not Neede* (London: Hesperides Press).

Marren, P. 2005. *The New Naturalists* (London: Collins).

Martin, C. 1978. *Keepers of the Game: Indian-Animal Relationships and the Fur Trade* (Berkeley and Los Angeles: Unversity of California Press).

Martin, P. S. 1984. Prehistoric Overkill: The Global Model. in P. S. Martin and R. G. Kleins, eds., *Quaternary Extinctions: A Prehistoric Revolution* (Tucson: Unversity of arizona Press), 354-403.

Mater, A. G. 1911. alexander agassiz, 1835-1910. *Annual Report of the Board of Regents of the Smithsonian Institution for 1910* (Washington, DC: Government Printing Office), 447-472.

May, R. 1999. Unanswered Questions in Ecology. *Philosophical Transactions of the Royal Society B: Biological Sciences* 354: 1951-1959.

Mayr, E. 1982. *The Growth of Biological Thought: Diversity, Evolution, and Inheritance* (Cambridge, MA: Harvard University Press).

_____, 1993. *One Long Argument: Charles Darwin and the Genesis of Modern Evolutionary Thought* (Cambridge, MA: Harvard University Press).

_____, 2007. *What Makes Biology Unique? Considerations on the Autonomy of a Discipline* (Cambridge: Cambridge University Press).

McCalman, I. 2009. *Darwin's Armada: Four Voyages and the Battle for the Theory of Evolution* (New York: W. W. Norton).

McCormick, R. 1884. *Voyages of Discovery in the Arctic and Antarctic Seas, and round the World: Expedition up the Wellington Channel in Search of Sir John Franklin and Her Majesty's Ships*

"Erebus" and "Terror" in Her Majesty's Boat "Forlorn Hope" under the Command of the Author (London: Rampson, Low, Marston, Rearle, and Rivington).

McCullough, D. 1992. *Brave Companions: Portraits in History* (New York: Simon and Schuster).

McMahon, S. 2000. John Ray (1627.1705) and the Act of Uniformity 1662. *Notes and Records of the Royal Society of London* 54: 153-178.

Meine, C. 1988. *Aldo Leopold: His Life and Work* (Madison: Unversity of Wisconsin Press).

Merriam, C. H. 1898. Life Zones and Crop Zones of the United States. *Department of Agriculture Bulletin 10* (Washington, DC: Government Printing Office).

_____, 1914. The Museum of Vertebrate Zoology of the Unversity of California. *Science* 40: 703-704.

_____, 2008 [1910]. *The Dawn of the World: Myths and Weird Tales Told by the Mewan (Miwok) Indians of California* (New York: Forgotten Books).

Merriam, C. H., and L. Steineger. 1890. Results of a Biological Survey of the San Francisco Mountain Range and the Desert of the Little Colorado, Arizona. *North American Fauna Report 3* (Washington, DC: U. S. Department of Agriculture, Division of Ornithology and Mammalogy).

Meyer, S. 1992. aristotle, Teleology and reduction. *Philosophical Review* 101: 791-825.

Miall, L. C. 1912. *The Early Naturalists, Their Lives and Work 1530.1789* (London: Macmillan and Co.).

Middleton, W. S. 1925. John Bartram, Botanist. *Scientific Monthly* 21: 191-216.

Moore, J. 1986. Zoology of the Pacific Railroad Surveys. *American Zoology* 26: 331-341.

Moulton, G. E. 2003. *An American Epic of Discovery: The Lewis and Clark Journals* (Lincoln: Unversity of Nebraska Press).

Muir, J. 1911. *My First Summer in the Sierra* (New York: Houghton Mifflin & Co.).

_____, 1913. *The Story of My Boyhood and Youth* (Boston and New York: Houghton Mifflin & Co.).

_____, 1916. *A Thousand Mile Walk to the Gulf.* ed. W. F. Bade (New York: Houghton Mifflin & Co.).

Nabokov, V. 2000. *Nabokov's Butterflies: Unpublished and Uncollected Writings.* eds. B. Boyd and R. Pyle (Boston: Beacon Press).

Newbolt, H. 1929. Captain James Cook and the sandwich islands. *Geographic Journal* 73: 97–101.

Newman, B. 1985. hildegard of Bingen: Visions and Validation. *Church History* 54: 163–75.

Nichols, P. 2003. *Evolution's Captain* (New York: HarperCollins).

Nicholson, H. A. 1886. *Natural History: Its Rise and Progress in Britain as Developed in the Life and Labors of the Leading Naturalists* (London and edinburgh: W. and R. Chambers).

Numbers, R. L. 2000. "The Most important Biblical Discovery of Our Time": William Henry Green and the Demise of Ussher's Chronology. *Church History* 69: 257–276.

Oehser, P. H. 1952. in Memoriam: florence Merriam Bailey. *Auk* 69: 19–26.

Ogilvie, B. 2003. The Many Books of Nature: Renaissance Naturalists and Information Overload. *Journal of the History of Ideas* 64: 29–40.

Ollivander, H., and h. Thomas, eds. 2008. *Gerard's Herbal* (London: Velluminous Press).

Oppenheim, A. L. 1965. On Royal Gardens in Mesopotamia. *Journal of Near Eastern Studies* 24: 328–333.

Outram, A. K., N. A. Stear, R. Bendrey, S. Olsen, et al. 2009. The earliest horse harnessing and Milking. *Science* 323: 1332–1335.

Paley, W. 1813. *Natural Theology or Evidences of the Existence and Attributes of the Deity, Collected from the Appearances of Nature* (London: J. Paulder).

Park, M. 1816. *Travels in the Interior Districts of Africa Performed in the Years 1795, 1796 and 1797* (London: John Murray).

Parker King, P. 1839. *Narrative of the Surveying Voyages of His Majesty's Ships Adventure and Beagle between the Years 1826 and 1836 Describing heir Examination of the Southern Shores of South America and the* Beagle's *Circumnavigation of the Globe.* ed. R. Fitzory (London: henry Colburn).

Pattingill, H. R. 1901. The Brazen head. *Timely Topics* 7: 270.

Patton, J. S. 1919. Thomas Jefferson's Contributions to natural history. *Natural History Magazine* (april.May). http://naturalhistorymag.com/picks-from-thepast/231435/thomas-jefferson-s-contributions-to-natural-history(accessed July 15, 2012).

Pedrosa, S., M. Uzun, J.-J. Arranz, B. Gutierrez-Gil, et al. 2005. Evidence of Three Maternal Lineages in Near Eastern Sheep Supporting Multiple

Domestication Events. *Proceedings of the Royal Society B: Biological Sciences* 272: 2211-2217.

Penn, D. T. 2003. The Evolutionary Roots of Our Environmental Problems: Toward a Darwinian Ecology. *Quarterly Review of Biology* 78: 275-.301.

Pennant, T. 1781. *History of Quadrupeds.* 2 vols (London: B. White).

_____, 1793. *The Literary Life of the Late Thomas Pennant Esq. by Himself* (London: Benjamin & John White).

_____, 1784. *Arctic Zoology* (London: Henry Hughs).

Perrine, F. 1926. Uncle Sam's Camel Corps. *New Mexico Historical Review* 1: 434-444.

Perry, J. 1981. *The Discovery of the Sea* (Berkeley and Los Angeles: Unversity of California Press).

Perry, M. 1977. Saint Mark's Trophies: Legend, superstition, and Archaeology in Renaissance Venice. *Journal of the Warburg and Courtauld Institutes* 40: 27-49.

Pimm, S. L., M. P. Moulton, and L. J. Justice. 1994. Bird Extinctions in the Central pacific. *Philosophical Transactions of the Royal Society of London B: Biological Sciences* 347: 27-33.

Porter, B. P. 1993. Sacred Trees, Date Palms, and the Royal Persona of Ashurnasirpal Ⅱ. *Journal of Near Eastern Studies* 52: 129-139.

Powell, D. 1977. The Voyage of the Plant Nursery, H.M.S. *Providence*, 1791-1793. Economic Botany 31: 387-341.

Raby, P. 2001. *Alfred Russel Wallace: A Life.* Princeton (NJ: Princeton University Press).

Rader, K. A., and V. E. M. Cain. 2008. From Natural History to Science: Display and the Transformation of American Museums of Science and Nature. *Museum and Society* 6, no. 2: 152-171.

Railing, C. 1979. *The Voyage of Charles Darwin* (New York: Mayflower Books).

Ramsay, W. 1896. *The Gases of the Atmosphere: The History of Their Discovery* (London: Macmillan and Co.).

Raper, H., and R. Fitzroy. 1854. Hints to Travelers. *Journal of the Royal Geographic Society of London* 24: 328-358.

Raven, C. E. 1950. *John Ray: Naturalist.* 2nd ed (Cambridge: Cambridge University Press).

Raverat, G. 1953. *Period Piece: A Cambridge Childhood* (London: Faber and Faber).

Rawling, C., ed. 1979. *The Voyage of Charles Darwin* (New York: Mayflower Books).

Ray, J. 1660. *A Catalogue of Plants Growing around Cambridge* (Cambridge: Cambridge

University Press).

_____, 1673. *Observations, Topographical, Moral and Physiological, Made on a Journey through Part of the Low-countries, Germany, Italy, and France, with a Catalog of Plants Not Native to England, Found Growing in Those Parts, and Their Virtues. Also Is Added, a Brief Account of Francis Willughby, Esq., His Voyage through a Great Part of Spain* (London: John Martyn).

_____, 1686. *De Historia Piscium* (London: Royal Society).

_____, 1686, 1693, 1704. *Historiae Plantarum*. 3 vols (London: Smith and Benjamin).

_____, 1692. *Three Physico-Theological Discourses* (London: William Innys).

_____, 1714 [1691]. *The Wisdom of God Manifested in the Works of the Creation in Two Parts; viz. the Heavenly Bodies, Elements, Meteors, Fossils, Vegetables, Animals (Beasts, Birds, Fishes, and Insects) More Particularly in the Body of the Earth, Its Figure, Motion, and Consistency, and in the Admirable Structure of the Bodies of Man, and Other Animals, and Also in Their Generation Etc., with Answers to Some Objections* (London: William Innys).

_____, 1732. *A Compleat Collection of English Proverbs; Also the Most Celebrated Proverbs of the Scotch, Italian, French, Spanish, and Other Languages: The Whole Methodically Digested and Illustrated with Annotations, and Proper Explications*. 3rd ed (London: J. Hughs).

_____, 1882 [1682]. *Methodus Plantarum Nova, Brevitatis & Perspicuitatis Causa Synoptice in Tabulis: Exhibita Cum notis Generum tim Summorum tum subalternorum Characteristicis, Observationibis nonnullis de feminibus Plantarum & Indice Copioso* (London: Faitborne & Kersey).

Reisner, M. 1993. *Cadillac Desert: The American West and Its Disappearing Water* (New York: Penguin Books).

Rich, E. E. 1954. The hudson's Bay Company and the Treaty of Utrecht (*Cambridge Historical Journal* 11: 183-203).

Richardson, R. 1992. *American Literature and Science*. ed. R. J. Scholnick (Lexington: University Press of Kentucky).

Riddle, J. 1984. Byzantine Commentaries on Dioscorides. *Dumbarton Oaks Papers* 38: 95.102.

Robbins, P. I. 2007. *The Travels of Peter Kalm: Finnish-Swedish Naturalist through Colonial North America, 1748-1751* (Fleischmanns, NY: Purple Mountain Press).

Rohde, E. S. 1922. *The Old English Herbals* (London: Longman's Green and Co.).

Rolle, A. 1991. *John Charles Fremont: Character as Destiny* (Norman: Unversity of Oklahoma Press).

Roosevelt, T. R. 1920. Nature Fakers. *Nature Fakers in Roosevelt's Writings: Selections from* the Writings of Theodore Roosevelt. ed. M. fulton. New York: MacMilllan, 258.66.

Sacks, O. 1999. *Migraine: Understanding a Common Disorder*. New York: Vintage.

sanchez, T. 1973. *Rabbit Boss* (New York: Random House).

Sandwith, N. Y. 1925. Humboldt and Bonpland's Itinerary in Venezuela. *Bulletin of Miscellaneous Information (Royal Gardens, Kew)* 1925: 295-310.

Sarton, G. 1924. Review [of Thorndike 1923]. *Isis* 6: 74-89.

Schlesier, K. 1853. *Lives of the Brothers Humboldt, Alexander and William*. Trans. J. Bauer. New York: Harper and Bros.

Schmidly, D. J. 2005. What It Means to Be a Naturalist and the Future of Natural History at American Universities. *Journal of Mammalology* 86: 449-456.

Schmidt-Loske, K. 2009. *Maria Sibylla Merian: Insects of Surinam* (New York: Taschen America).

Schofield, R. 1966. The Lunar society of Birmingham: a Bicentenary appraisal. *Notes and Records of the Royal Society of London* 21: 144-161.

Scholnick, R. J. 1992. *American Literature and Science* (Lexington: University Press of Kentucky).

Semper, K. 1881. *Animal Life as Affected by the Natural Conditions of Existence* (New York: D. Appleton & Co.).

Sellers, C. C. 1980. *Mr. Peale's Museum: Charles Wilson Peale and the First Popular Museum of Natural Science and Art* (New York: W. W. Norton).

Seton, E. T. 1898. *Wild Animals I Have Known* (New York: Grosset & Dunlap).

Sheringham, J. 1902. The Literature of angling. *British Sea Anglers Society Quarterly* 2: 33-42.

Silver, B. 1978. William Bartram's and Other eighteenth-Century Accounts of Nature. *Journal of the History of Ideas* 39: 597-614.

Singer, C. 1958. *From Magic to Science Essays on the Scientific Twilight* (New York: Dover).

Singer, D. W. 1932. Alchemical Writings attributed to Roger Bacon. *Speculum* 7: 80-86.

Smith, C.h., and G. Beccaloni, eds. 2008. *Natural Selection and Beyond: The Intellectual Legacy of Alfred Russel Wallace* (Oxford: Oxford University Press).

Smith, E. 1911. *The Life of Sir Joseph Banks President of the Royal Society with Some Notices of His Friends and Contemporaries* (London: Bodley Head).

Smith, G. 2002 [1875]. *Assyrian Discoveries: An Account of Exploration and Discoveries on the Site of Nineveh during 1873 and 1874* (Piscataway, NJ: Gorgias Press).

Smith, P. 2005. *Memoir and Correspondence of Sir James Edward Smith*. Vol. 1 of 2 (London: general Books).

Smith, W. R. 1904. *Brief History of the Louisiana Territory* (St. Louis: St. Louis News Co.).

Sprague, T. A. 1933. Plant Morphology in Albertus Magnus. *Bulletin of Miscellaneous Information (Royal Gardens, Kew)* 1933: 431-440.

Sprunt, A. 1954. *Florida Bird Life* (New York: Coward-McCann inc.).

Stafleu, F. A. 1971. Lamarck: The Birth of Biology. *Taxon* 20: 397-442.

Stanton, W. R. 1975. *The Great United States Exploring Expedition of 1838-1842* (Berkeley and Los Angeles: Unversity of California Press).

Steadman, D. W. 1989. Extinction of Birds in Eastern Polynesia: a Review of the Record and Comparison with Other Pacific Island groups. *Journal of Archaeology* 16: 177-205.

_____, 1995. Prehistoric Extinctions of Pacific Island Birds: Biodiversity Meets Zooarchaeology. *Science* 267: 1123-2231.

Stegner, W. E. 1992. *Beyond the Hundredth Meridian: John Wesley Powell and the Second Opening of the West* (New York: Penguin Books).

Stein, B. R. 2001. *On Her Own Terms: Annie Montague Alexander and the Rise of Science in the American West* (Berkeley and Los Angeles: Unversity of California Press).

Stevens, A. 1852. Albertus Magnus. *National Magazine* 1: 309-310.

Stevenson, H. 1866. *The Birds of Norfolk with Remarks on Their Habits, Migration, and Local Distribution*. 3 vols (London: John Van Voorst).

Stilling, P. 2012. *Ecology: Global Insights and Investigations* (New York: Mcgraw-Hill).

Stoddard, R. H. 1859. *The Life and Travels of Alexander von Humboldt with an Account of His Discoveries and Notices of His Scientific Fellow-Labourers and Contemporaries* (London: James Blackwell & Co.).

Stoever, D. H. 1794. *The Life of Sir Charles Linnaeus*. Trans. J. Trapp (London: Hobson).

Stothers, R. B. 2004. Ancient Sscientific Basis of the "Great Serpent" from Historical Evidence. *Isis* 95: 220-238.

Stresemann, E. 1975. *Ornithology from Aristotle to the Present* (Cambridge, MA: Harvard University Press).

Surovell, T., and N. Waguespack. 2009. Human Prey Choice in the LatePpleistocene and its Relation to Megafaunal Extinctions. in G. Haynes, ed., *American Megafaunal Extinctions at the End of the Pleistocene* (New York: Springer),

77-105.

Synge, M. B. 1897. *Captain James Cook's Voyages around the World* (London: Thomas Nelson and Sons).

Tansley, A. 1923. *Practical Plant Ecology* (London: Allen & Unwin).

Thiem, J. 1979. The Great Library of Alexandria Burnt: Towards the History of a Symbol. *Journal of the History of Ideas* 40: 507-526.

Thomas, N. 2003. *Discoveries: The Voyages of Capt. James Cook* (London: Penguin).

Thomas, P. D. 1996. Thomas Jefferson, Meriwether Lewis, the Corps of Discovery and the Investigation of Western Fauna. *Transactions of the Kansas Academy of Sciences* 99: 69-85.

Thompson, E. T. 1901. *Lives of the Hunted, Containing a True Account of the Doings of Five Quadrupeds & Three Birds* (New York: Charles Scribners Sons).

Thoreau, H. D. 1863 [1842]. natural history of Massachusetts. in h. D. Thoreau, ed., *Excursions* (Boston: Ticknor and Fields), 26.46.

_____, 1873 [1849]. *A Week on the Concord and Merrimack Rivers.* New and ev. ed (Boston: James Osgood and Co.).

_____, 1883 [1863]. *Excursions* (Boston: Houghton Mifflin & Co.).

_____, 1887 [1860]. *The Succession of Forest Trees & Wild Apples: With a Biographical Sketch by R. W. Emerson* (Boston: Houghton Mifflin & Co.).

_____, 1907. *The Writings of Henry David Thoreau: Journals.* Vol. 9: *August 16, 1856. August 7, 1857.* ed. B. Torrey (Boston and New York: houghton Mifflin & Co)

_____, 1910 [1854]. *Walden.* ed. R. M. Alden (New York: Longmans, Green, and Co.).

_____, 1993 [1854]. *Walden.* New York: random house.

Thorndike, L. 1914. Roger Bacon and Experimental Method in the Middle Ages. *Philosophical Review* 23: 271-298.

_____, 1916. The True Roger Bacon ii. *American Historical Review* 21: 468-480.

_____, 1922. Galen: The Man and his Times. *Scientific Monthly* 14: 83-93.

_____, 1923. *A History of Magic and Experimental Science during the First Thirteen Centuries of Our Era.* 8 vols (New York: Columbia University Press).

Thorpe, T. E. 1894. *Essays in Historical Chemistry* (London: Macmillan and Co.).

Tinbergen, N. 1963. On Aims and Methods of Ethology. *Zeitschrift fur Tierpsychology* 20: 410-433.

Torrey, J. 1824. *A Flora of the Northern and Middle Sections of the United States: Or, A Systematic*

Arrangement and Description of All the Plants Hitherto Discovered in the United States North of Virginia (New York: T. and J. Swords).

Trompf, G. 1973. The Concept of the Carolingean Renaissance. *Journal of the History of Ideas* 34: 3-26.

Trotter, S. 1903. Notes on the Ornithological Observations of Peter Kalm. *Auk* 20: 249-262.

Turner, W. 1903 [1544]. *Turner on Birds: A Short and Succinct History of the Principal Birds Noticed by Pliny and Aristotle*. ed. A. H. Evans (Cambridge: Cambridge University Press).

Uglow, J. 2002. *The Lunar Men*. 2002 (New York: Farrar, Straus and Giroux).

Van horne, J., and N. Hoffman. 2004. *America's Curious Botanist: A Tercentennial Reappraisal of John Bartram (1699.1777). Memoirs of the American Philosophical Society*, series 243 (Philadelphia: American Philosophical Society).

Vila, R. C. Bell, R. Macniven, B. Goldman-Huertas, et al. 2011. "Phylogeny and Palaeoecology of *Polyommatus* Blue Butterflies Show Beringia Was a Climate-Regulated Gateway to the New World." *Proceedings of the Royal Society B: Biological Sciences*, doi 10:1098/rspb 2010.2213.

Voltaire, M. de. 1756. *An Essay on Universal History, the Manners, and Spirit of Nations. Vol. 4 of 4. From the Reign of Charlemaign to the Age of Lewis XIV* (London: General Books).

Vuilleumier, F. 2003. neotropical Ornithology: Then and Now. *Auk* 120: 577-590.

Waguespack, N. 2005. The Organization of Male and Female Labor in Foraging Societies: Implications for Early Paleoindian Archaeology. *American Anthropologist* 107: 666-676.

_____. 2007. Why We're Still Arguing about the Pleistocene Occupation of the Americas. *Evolutionary Anthropology* 16: 63-74.

Waguespack, N., and T. surovell. 2003. Clovis Hunting Strategies, or How to Make Out on Plentiful Resources. *American Antiquity* 68: 333-352.

Walker, D. A. 1888. The Assyrian King, Asurbanipal. *Old Testament Student* 8: 57-62, 96-101.

Wallace, A. R. 1853. *Palm Trees of the Amazon and Their Uses* (London: John Van Voorst).

_____. 1855. On the Law Which has Regulated the Introduction of New Species. *Annals and Magazine of Natural History* 16: 184-196.

_____. 1858. On the Tendency of Varieties to Depart indefinitely from the Original Type. *Journal of the Proceedings of the Linnean Society* 3: 53-62.

_____, 1869. *The Malay Archipelago: The Land of the Orang-Utan, and the Bird of Paradise: A Narrative of Travel with Studies of Man and Nature* (New York: Harper and Bros).

_____, 1876. *The Geographical Distribution of Animals, with a Study of the Relations of Living and Extinct Faunas as Elucidating the Past Changes of the Earth's Surface.* 2 vols (New York: Harper and Bros).

_____, 1880. *Island Life, or The Phenomena and Causes of Insular Faunas and Floras, Including a Revision and Attempted Solution of the Problem of Geological Climates* (London: Macmillan and Co).

_____, 1889a. *Darwinism, an Exposition of the Theory of Natural Selection with Some of Its Applications.* 2nd ed (London: Macmillan and Co).

_____, 1889b [1853]. *Travels on the Amazon and the Rio Negro, with an Account of the Native Tribes and Observations on the Climate, Geology, and Natural History of the Amazon Valley* (London: Ward, Locke, and Co).

_____, 1899. *The Wonderful Century, Its Successes and Failures* (New York: Dodd, Mead and Co).

_____, 1905. *My Life: A Record of Events and Opinions.* Vol. 1 (London: George Bell and Sons).

_____, 1907. *Is Mars Habitable? A Critical Examination of Professor Percival Lowell's Book "Mars and Its Canals" with an Alternative Explanation* (London: Macmillan and Co.).

_____, 1908. *My Life: A Record of Events and Opinions.* Vol. 2 (London: Chapman and Hall).

_____, 1915. *Letters and Reminiscences.* ed. J. Marchant (New York: Harper and Bros).

Walls, L. D. 2009. *Passage to Cosmos: Alexander von Humboldt and the Shaping of America* (Chicago: Unversity of Chicago Press).

Walters, S. M., and E. G. Stow. 2001. *Darwin's Mentor John Stevens Henslow, 1796-1861* (Cambridge: Cambridge University Press).

Walzer, R. 1953. New Light on the Arabic Translations of Aristotle. *Oriens* 6: 91-142.

Warner, S. 1982 [1946]. *The Portrait of a Tortoise, Extracted from the Journals of Gilbert White* (London: Avon Books).

Waterfield, G. 1963. *Layard of Nineveh* (London: John Murray).

Weher, E., A. van der Werf, K. Thompson, M. roderick, E. Garnier, and O. Eriksson. 1999. Challenging Theophrastus: a Common Core List of Plant Traits for Functional ecology. *Journal of Vegetation Science* 10: 609-620.

Werf, E. V. 1992. Lack's Clutch Size hypothesis: an Examination of the Evidence Using Meta-analysis. *Ecology* 73: 1699-1705.

White, G. 1774. Account of the House Martin or Martlet, in a Letter from the Rev. Gilbert White to the Hon. Daines Barrington. *Philosophical Transactions of the Royal Society* 64: 196-201.

_____, 1911 [1788]. *The Natural History and Antiquities of Selborne in the County of Southampton* (London: Macmillan and Co.).

_____, 1986. *The Journals of Gilbert White 1751-1773*. Vol. 1 of 3. Eds. F. Greenoak and R. Mabey (London: Century Hudson).

White, L. Jr. 1936. The Byzantinization of Sicily. *American Historical Review* 42: 1-21.

Wyhe, J. van. 2011. *The Complete Works of Charles Darwin Online*. http://darwin-online. org.uk/editorialintroductions/Chancellor_humboldt.html. (Accessed July 2 2012).

Williams, G. C., and r. M. nesse. 1991. The Dawn of Darwinian Medicine. *Quarterly Review of Biology* 66: 1-21.

Williams, R. M. 1994. Annie Montague Alexander: Explorer, Naturalist, Philanthropist. *Hawaiian Journal of History* 28: 113-127.

Williams-ellis, A. 1966. *Darwin's Moon: A Biography of Alfred Russel Wallace* (London: Blackie and Sons).

Willughby, F. 1686. *Historia Piscum* (London: Royal Society of London).

Wilson, D. S. 1978. *In the Presence of Nature* (Boston: Unversity of Massachusetts Press).

Wilson, E. O. 1994. *Naturalist* (Washington, DC: Island Press).

Winsor, M. P. 1991. *Reading the Shape of Nature: Comparative Zoology at the Agassiz Museum* (Chicago: Unversity of Chicago Press).

Wittkower, R. 1942. Marvels of the East: a Study in the History of Monsters. *Journal of the Warburg and Courtald Institutes* 5: 159-197.

Wood, C. A., and F. M. Fyfe, eds. 1943. *The Art of Falconry by Frederick II of Hohenstaufen* (Stanford, CA: Stanford University Press).

Wood, N. 1834. *Ornithologist's Textbook* (London: John W. Parker).

Wood, W. 1634. *New England's Prospect: A True, Lively, and Experimental Description of That Part of America Commonly Called New England: Discovering the State of That Countrie Both as It Stands to Our New-Come English Planters; and the Old Native Inhabitants* (London: Thomas Cotes).

Woodcock, G. 1969. *Henry Walter Bates, Naturalist of the Amazons* (London: Faber and Faber).

Woodruff, A. W. 1965. Darwin's Health in Relation to His Voyage to South America. *British Medical Journal* 1: 745-750.

Worster, D. 1993. *The Wealth of Nature: Environmental History and the Ecological Imagination* (Oxford: Oxford University Press).

_____, 2001. *A River Running West: The Life of John Wesley Powell* (Oxford: Oxford University Press).

_____, 2008. *A Passion for Nature: The Life of John Muir* (Oxford: Oxford University Press).

Yoon, C. K. 2009. *Naming Nature: The Clash between Instinct and Science* (New York: W. W. Norton).

Young, C. 2002. *In the Absence of Predators: Conservation and Controversy on the Kaibab Plateau* (Omaha: Unversity of Nebraska Press).

Young, D. A. B. 1997. Darwin's Illness and Systematic Lupus Erythematosus. *Notes and Records of the Royal Society of London* 51: 77-86.

찾아보기